国家级职业教育规划教材
全国技工院校服装设计与制作专业教材（中级技能层级）
全国中等职业学校服装类专业教材

（第3版）

服装CAD

人力资源社会保障部教材办公室　组织编写
陈义华　主　编

中国劳动社会保障出版社

简　介

本教材以 CorelDRAW X3 软件和富怡 V9 服装 CAD 系统为平台，通过对精选案例的详细讲解，系统地介绍了在 CorelDRAW X3 软件中进行款式设计、在富怡 V9 服装 CAD 系统中进行服装结构设计、放码、排料、纸样输入、纸样输出的具体操作流程、方法、技巧和注意事项。教材可作为服装 CAD 课程教学的教材，也可作为服装企业技术人员的技术培训与实践参考用书。

本教材由陈义华主编，杨小红审稿。

图书在版编目（CIP）数据

服装 CAD/ 陈义华主编 . --3 版 . -- 北京：中国劳动社会保障出版社，2018

全国技工院校服装设计与制作专业教材：中级技能层级　全国中等职业学校服装类专业教材

ISBN 978-7-5167-3567-1

Ⅰ . ①服…　Ⅱ . ①陈…　Ⅲ . ①服装设计 – 计算机辅助设计 –AutoCAD 软件 – 中等专业学校 – 教材　Ⅳ . ① TS941.26

中国版本图书馆 CIP 数据核字 (2018) 第 166423 号

中国劳动社会保障出版社出版发行

（北京市惠新东街 1 号　邮政编码：100029）

*

三河市华骏印务包装有限公司印刷装订　　新华书店经销

787 毫米 × 1092 毫米　16 开本　22.75 印张　427 千字

2018 年 8 月第 3 版　　2023 年 12 月第 6 次印刷

定价：41.00 元

营销中心电话：400-606-6496

出版社网址：http://www.class.com.cn

http://jg.class.com.cn

前 言

全国中等职业技术学校服装设计与制作专业教材自 2002 年出版以来，在职业院校教学及相关培训中发挥了重要作用，受到广大师生的好评。近年来，随着服装行业的发展，企业对服装从业人员的知识水平和技能水平提出了更高的要求。为了适应这一变化，满足学校培养人才的需求，我们对现有教材进行了修订。

在本次修订工作中，我们收集了服装企业对技能型人才的具体要求以及学校使用教材的反馈意见，组织了一批教学经验丰富、实践能力强的教师与行业、企业专家进行充分研讨，确定重点做好以下三方面工作：

第一，更新教材内容。根据服装行业的发展变化，调整更新了相关教材的结构和内容，体现行业新理念、新标准、新技术和新工艺。进一步增加实践性教学内容的比重，在服装结构制图、服装 CAD 等主要技能课教材中，更多地选用与企业生产结合紧密的实践案例，并配以详细的过程分析和操作指导，以引导学生运用所学知识分析和解决实际问题。

第二，提升教材表现力。通过设置“操作提示”“自测园地”“知识拓展”等不同栏目，增加教材的亲和力，激发学生的学习兴趣。同时，尽可能多地以图表代替冗长的文字叙述，使教材更加生动直观，易于学习。

第三，加强立体化资源建设。在修订教材的同时，补充开发配套的电子课件，电子课件可登录中国技工教育网（http://jg.class.com.cn）免费下载。在《服装 CAD（第三版）》等教材中引入二维码技术，针对教材的重点和难点制作了演示视频等多媒体素材，使用移动终端扫描书中相应位置处的二维码即可在线观看。

本套教材的修订工作得到了有关学校的大力支持，教材的编审人员做了大量的工作，在此，我们表示衷心的感谢！同时，恳切希望广大读者对教材提出宝贵的意见和建议。

人力资源社会保障部教材办公室

目录

第一章
认识服装 CAD

CAD 即计算机辅助设计，它是应用计算机实现产品设计和工程设计的技术。服装 CAD 系统是计算机辅助设计技术与服装产业有机结合的产物，它利用计算机运算速度快、信息存储量大、可靠性高、能快速处理图形图像的特点，结合人脑丰富的想象力和创造力，极大地提高了服装设计的质量和效率。从 1972 年世界首套服装 CAD 系统——MARCON 研制成功至今，经过近半个世纪的改进与发展，服装 CAD 技术已经基本成熟，并被众多服装企业采用。

学习目标

通过本章的学习，学生应能够：

1. 叙述服装 CAD 的基本概念。
2. 叙述服装 CAD 的系统组成及各子系统的基本功能。
3. 简述目前国内市场常见的服装 CAD 系统。
4. 叙述服装 CAD/CAM 的基本硬件配置，了解常见设备的主要作用。
5. 简述服装 CAD 的作用与发展趋势。

第一节　服装 CAD 系统组成

目前已经产品化的服装 CAD 系统主要包括款式设计系统、打板系统、放码系统、排料系统、工艺设计系统、试衣系统和量身定制系统。

一、款式设计系统

服装 CAD 款式设计系统主要用于款式图、工艺图、面料和图案等的设计绘制。

款式设计系统提供了多种绘画工具，方便设计师进行创作。款式设计系统具有面料设计与处理功能，不仅能够进行面料设计，还能够对已有面料进行二次设计。对于织造面料，款式设计系统能够完成从纱线设计、经纬定义、组织定义到面料生成的全过程，从简单的机织面料到复杂的提花面料皆可生成。

款式设计系统提供的色盘和颜色填涂模式，可以让设计师按照自己的想法，在很短的时间内完成服装的填色、换色、配色等工作，最终达到满意的着色效果。

二、打板系统

打板系统是服装 CAD 系统的核心模块，主要用于基本结构图设计、基础样板生成和样板编辑处理等。

打板系统支持款式输入、尺码建立、结构设计、样板生成、样板变化和处理、样板输出等功能。在打板系统中，制板师可以调用设计师设计好的款式图和效果图，以此作为打板的参考和依据，从而最大限度地提高工作的效率。

图 1—1 所示为在 NAC2000 服装 CAD 系统中依据款式图进行男衬衫打板的示例。

三、放码系统

服装 CAD 放码系统主要用于对打板系统中生成的样板进行放码，以生成系列号型样板，其放码方式有手动放码和全自动放码两种。

手动放码的基本方法是：首先通过大幅面数字化仪，把制板师用手工绘制好的标准样板读入计算机，在计算机上建立原图 1∶1 的数字模型（或在打板系统中直接打制基础板），计算机可自动生成样板的放码基准点，然后建立各基准点的放码规则表（或者分别设定各

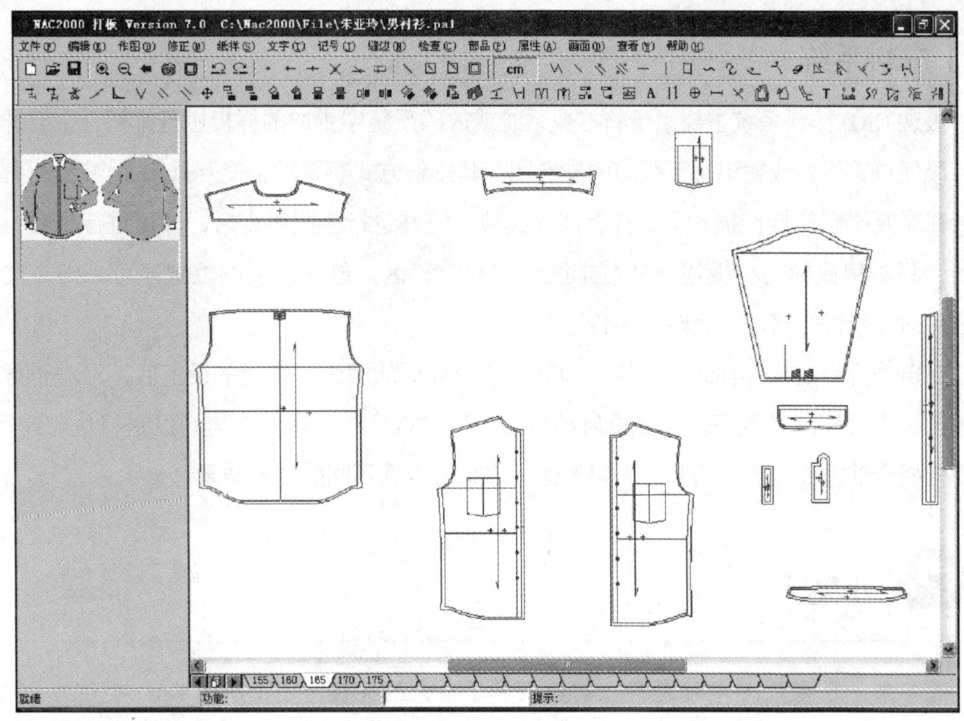

图 1—1　在 NAC2000 服装 CAD 系统中依据款式图打板

点的放码量，计算机依此自动生成放码规则表），在此基础上即可进行放码。

全自动放码的基本方法是：按照一定的号型档差，建立生成样板所需的各码尺寸表，选择一个打板基准码，然后依据基准码的尺寸生成样板。之后，计算机可根据先前建立的尺寸表自动生成各码的样板，从而完成全自动放码。

图 1—2 所示为男西装大身与袖子样板 CAD 放码示意图。

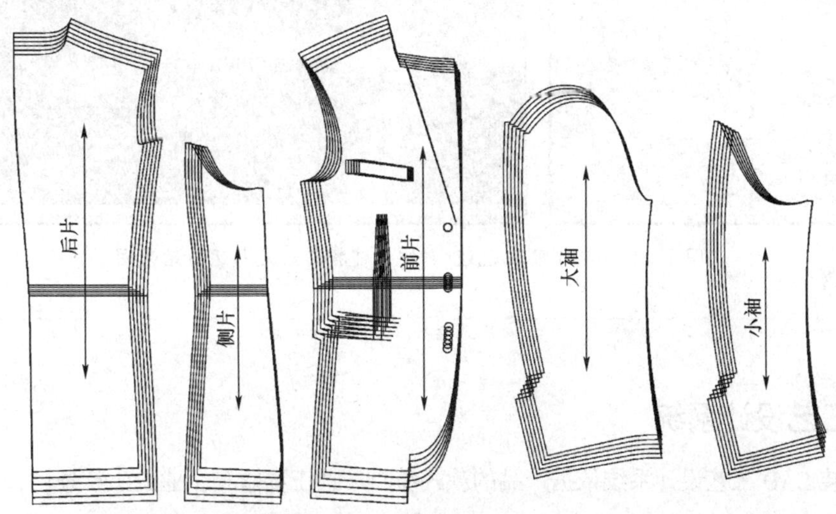

图 1—2　男西装大身与袖子样板 CAD 放码示意图

四、排料系统

服装 CAD 排料系统主要用于将打板系统或放码系统中生成的样板进行排料，生成排料图，以便核算用料或输出用于裁剪的排料图，其排料方式有两种：交互排料和自动排料。

在交互排料的操作模式下，样板调入排料系统并进行排版设定后，即可进行排料。排料时，只需用鼠标将样板逐一从待排区拖放到排料区，放到合适的位置即可。排料过程中，可对样板进行移动、旋转、翻转等调整。

在自动排料的操作模式下，排版师完成待排样板的编辑和排版的设定后，不需要再进行干预。在程序的控制下，计算机自动从待排区调取样板，逐一在排料区进行优化排放，直到样板全部排放完毕。通常，不同的优化方案可得到不同的排料结果。

小贴士

近年来，服装 CAD 智能排料在功能上有了很大的突破，不少服装 CAD 软件如 PGM、格柏、B.K.R.、富怡等，其研发的智能排料系统或超级排料系统的用布率已经与工厂里有经验的排版师不相上下，甚至有所超越。计算机全自动智能排料取代手工排料已经成为现实。图 1—3 所示为 PGM 服装 CAD 系统智能排料设定与运行结果图。

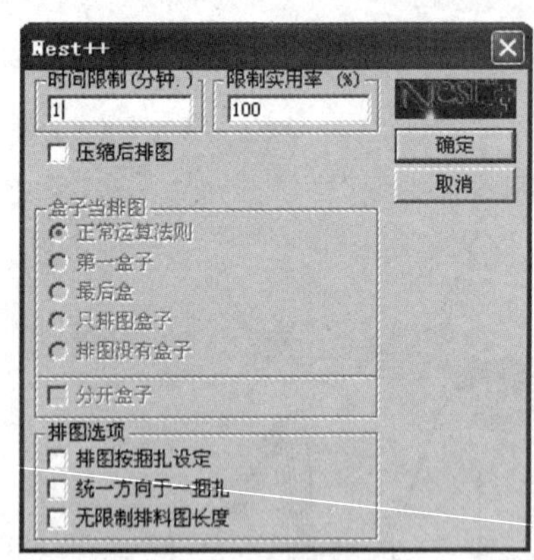

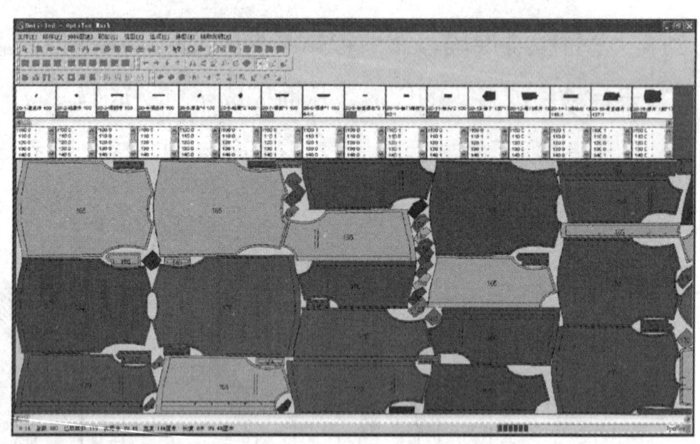

图 1—3 PGM 服装 CAD 系统智能排料设定与运行结果图

五、工艺设计系统

服装 CAD 工艺设计系统依据产品的款式特点、加工要求和企业的生产条件，对产品的加工方法、制造流程、工艺编排等进行系统设计，并进行辅助决策。该系统主要解决服装如何做的问题。

服装 CAD 工艺设计系统不仅能有效地管理大量信息数据，进行快速、准确的计算和各种形式的比较与选择，而且能自动绘图、编制表格文件、提供便利的编辑手段和模拟加工方法，实现服装工艺设计自动化；同时还能把生产实践中行之有效的工艺设计原则及方法转换成工艺决策模型，并建立科学的决策逻辑，从而编辑出最优的制造方案。

图 1—4 所示为智尊宝纺服装 CAD 工艺设计系统界面。

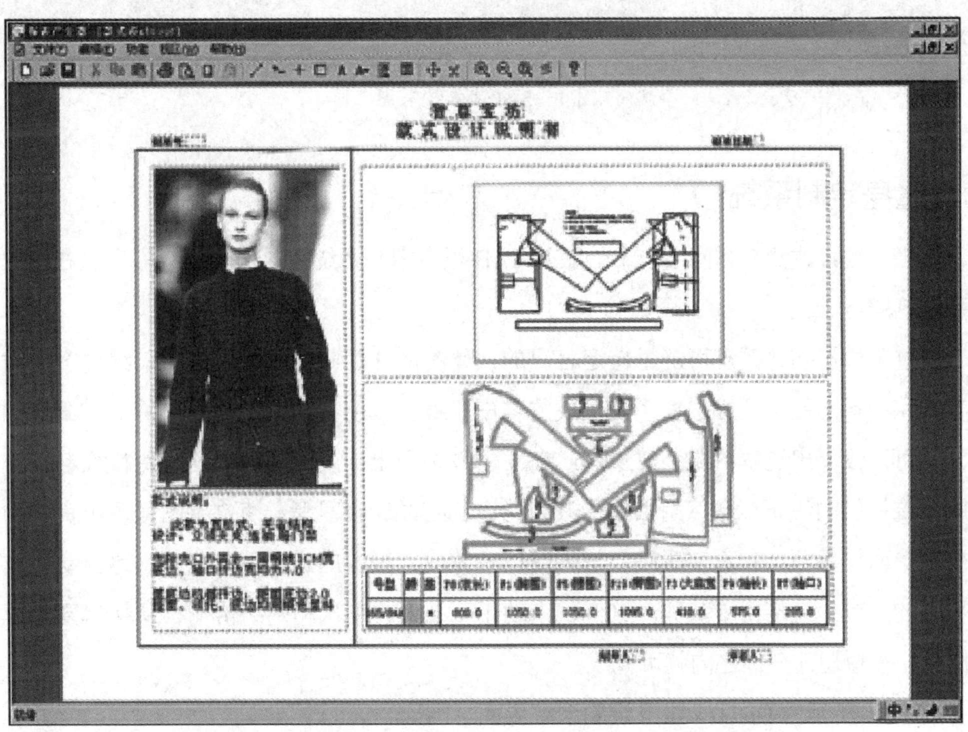

图 1—4　智尊宝纺服装 CAD 工艺设计系统界面

六、试衣系统

服装 CAD 试衣系统主要用于帮助顾客挑选和修改服装局部细节。

服装 CAD 试衣的基本原理是：通过连接在视频卡上的数码相机为顾客摄像，并将其照片显示在计算机屏幕上，在对其进行测量后，即可调用系统款式库中已有的服装款式让顾客试衣。试衣款式可连续在计算机屏幕上显示，供顾客浏览和挑选，只需轻轻一按鼠标，顾客即可在计算机屏幕上看到自己的着装效果，如图 1—5 所示，对于不满意的细节部位还可以随时修改。

除了系统本身提供的款式以外，设计师还可以用扫描仪、数码相机或手机输入想要的服装图片，并为其建库，建库后的图片同样可以用来试衣。

图 1—5　试衣效果图

七、量身定制系统

基于三维人体测量和网络技术的服装 CAD 量身定制系统主要用于为客户提供在线个人服装定制服务。

通过三维扫描，系统可测量特定客户的人体参数并据此生成人体模型。结合客户对服装款式和面料的具体要求，在系统生成的客户三维立体模特上，设计师只需通过简单的勾勒，就可以设计出逼真的服装效果图。在立体效果图上，设计师可以任意更换面料，充分利用系统提供的线条、自然阴影和褶皱、花边、纹样、肌理等，使效果图呈现出良好的自然褶皱、面料垂坠感和真实质感。效果图设计完成，经客户确认下单以后，可自动生成二维平面的样板，直接用于裁剪。这样，借助于三维人体测量和网络传输，从接单到生成裁剪样板，在短短几分钟之内就可完成。

图 1—6 所示为 OptiTex 量身定制系统界面。

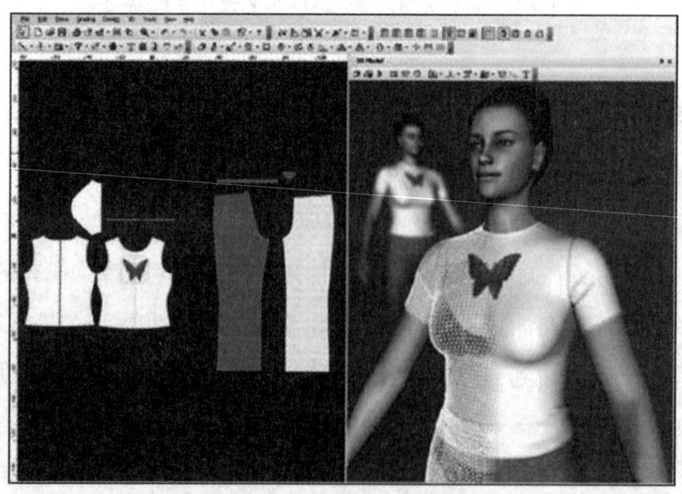

图 1—6　OptiTex 量身定制系统界面

第二节　服装 CAD 硬件配置

服装 CAD 系统以计算机为核心，由硬件和软件两部分组成。硬件是指可见的实际物理设备，如计算机、打印机和扫描仪等，其中计算机是用于核心控制的硬件，也是软件运行的基础。软件是指为服装设计应用而专门编制的程序，只有在软件的控制下，计算机和外部设备才能够按照设计师的想法和意图，完成设计、打板、推板、排料、打印、绘图、裁剪等各项工作。

一、软件

目前，在国内市场常见的服装 CAD 系统主要有富怡、ET、博克、日升、丝绸之路、智尊宝纺、格柏、力克、派特、匹基姆等。

二、硬件

服装 CAD/CAM 的硬件设备主要包括计算机、打印机、绘图机、切绘一体机、自动裁床、读图板、扫描仪、数码相机和光笔等。

1. 计算机

典型的计算机至少由四部分组成：主机、显示器、键盘和鼠标，如图 1—7 所示。

近年来，随着计算机技术的发展，将主机和显示器合二为一的大屏幕一体机成为服装 CAD 从业人员的新宠，如图 1—8 所示；而出于携带方便的考虑，很多服装专业人士，尤其是自由职业者，则会更多地选择笔记本电脑，如图 1—9 所示。

图 1—7　台式计算机

图 1—8　一体机

图 1—9　笔记本电脑

2. 打印机

打印机主要用于文字、图形、图像等的打印输出，喷墨打印机是应用最广泛的打印机。图 1—10 所示为 EPSON 喷墨打印机。

随着计算机三维技术的逐渐成熟和 CAD 研究应用的深入，能够实现服装立体打印的 3D 打印机随之应运而生。图 1—11 所示为 3D 服装打印机。

图 1—10　EPSON 喷墨打印机

图 1—11　3D 服装打印机

3. 绘图机

绘图机是服装 CAD 系统中必不可少的输出设备，样板设计系统生成的样片、放码系统产生的放码图、排版系统生成的排料图都可以用绘图机绘出。绘图机一般分为笔式绘图机（见图 1—12）和喷墨式绘图机（见图 1—13）两种。

图 1—12　笔式绘图机

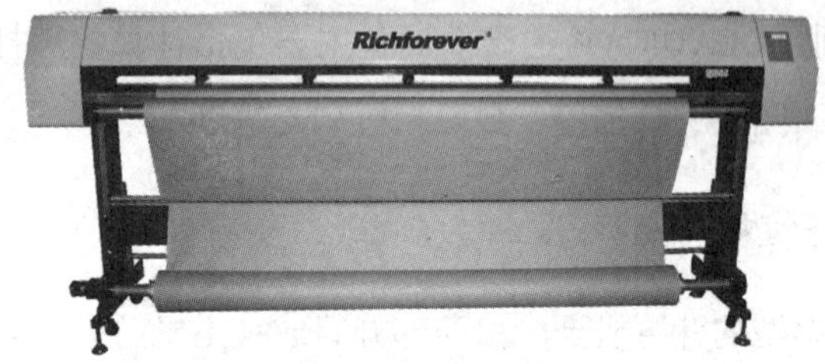

图 1—13　喷墨式绘图机

4. 切绘一体机

为避免手工剪切的不精确，降低劳动强度、提高效率，在绘图机的基础上，技术人员研发出切绘一体机，用于纸板、皮革、塑料和橡胶等材料的切割。

切绘一体机按照产品结构和工作原理的不同可分为板式切绘一体机和立式切绘一体机。图 1—14 所示为板式切绘一体机，图 1—15 所示为立式切绘一体机。

5. 自动裁床

自动裁床是服装 CAM 的主要输出设备（见图 1—16），主要用于面料的自动裁剪。自动裁床与板式切绘一体机的工作原理基本相同，但在设备精度、复杂性和功能上却远远胜出板式切绘一体机。

图 1—14 板式切绘一体机

图 1—15 立式切绘一体机

图 1—16 自动裁床

6. 读图板

读图板也称为数字化仪，是服装 CAD 重要的图形输入设备，它能将手工打制的服装样板读入计算机储存起来，从而可以保存大量有价值的服装样板。用于服装 CAD 的读图板的常用规格为 A0。

读图板由图形板和游标两部分组成。图 1—17 所示为富怡读图板。

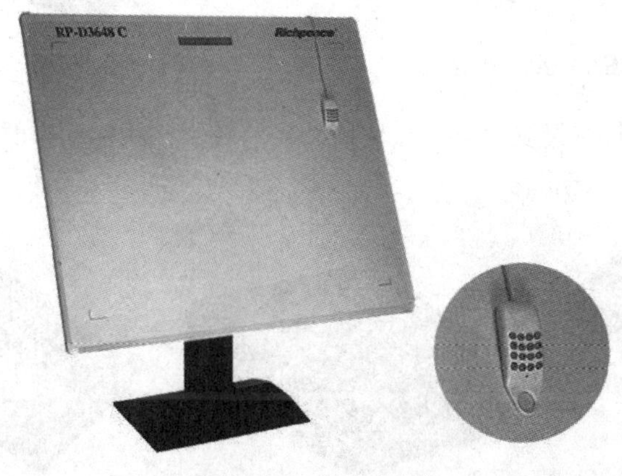

图 1—17 富怡读图板

7. 扫描仪和数码相机

在服装 CAD 系统中，扫描仪（见图 1—18）和数码相机（见图 1—19）是专门为款式设计系统和试衣系统配备的。利用扫描仪和数码相机，设计师可以将顾客的照片或已有的服装图片和款式图、效果图输入计算机，在顾客试衣的同时调整款式细节，从而成倍地提高设计效率。

图 1—18　扫描仪

图 1—19　数码相机

8. 光笔

光笔也称为压感笔，如图 1—20 所示，是专门为图形、图像处理而设计的一种光电绘图笔。光笔在外形上与普通铅笔相近，用它在计算机上绘图正好符合人们长期以来的绘图习惯，且手感非常相似。

近年来，集电脑主机、显示器和数位板于一体的数位屏成为数字艺术行业创作的新宠。利用光笔，设计师在显示器屏幕上就可以实现创作。图 1—21 所示为数位屏。

图 1—20　光笔

图 1—21　数位屏

另外，CAD 应用还涉及文件存储和转移，目前较常见的移动存储设备主要有 U 盘、移动硬盘、移动存储卡和手机等，如图 1—22 所示。

图 1—22　常见移动存储设备（从左向右依次是：U 盘、移动硬盘、移动存储卡和手机）

第三节　服装 CAD 的作用与发展趋势

一、服装 CAD 的作用

应用服装 CAD 是现代服装工业发展的必然趋势。服装 CAD 具有速度快、绘图准确、管理方便、易于修改等优点，非常适合于多品种、小批量、短周期、变化快的服装行业。

服装 CAD 在工业生产中的作用主要表现在以下四个方面：

1. 提高工作效率，缩短产品设计和生产加工周期。
2. 改善工作环境，减轻劳动强度，提高设计质量。
3. 降低生产成本，提高经济效益。
4. 方便生产管理，利于资源共享。

二、服装 CAD 的发展趋势

随着计算机技术的不断发展、多媒体和网络技术的逐渐成熟、服装流行速度的加快、消费需求的多样化，服装 CAD 正朝着智能化、三维立体化、集成化、网络化、简易直观化、开放式和标准化的方向发展。

1. 智能化

随着 CAD 应用人群的不断扩大和计算机技术的飞速发展，开发智能化专家系统已成为服装 CAD 发展的新方向。

服装款式千变万化，但万变不离其宗。利用人工智能技术开发的服装智能化系统，可以帮助设计师构思和设计更多新颖的服装款式，完成服装从款式设计、样片自动生成到三维立体展示修改的全过程，从而提高服装设计的水平与效率。

2. 三维立体化

随着三维人体测量技术的逐渐成熟，三维服装 CAD 逐步完成了从理论研究向实践应用的转变，基于 3D 技术的量身定制系统和虚拟试衣系统已经走进了人们的生活。图 1—23

所示为 3D 设计示意图。

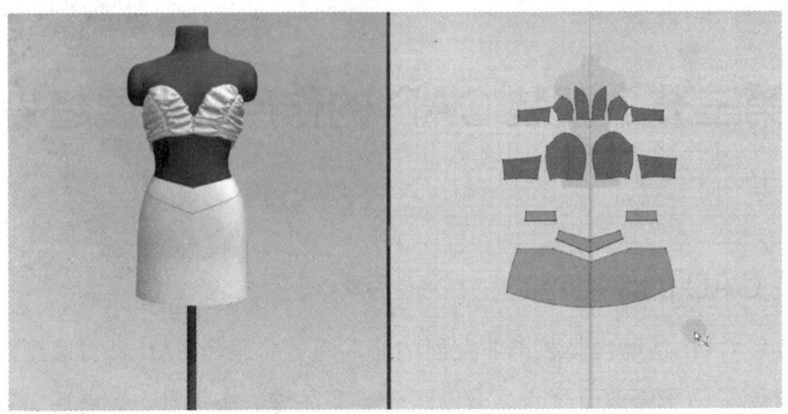

图 1—23　3D 设计示意图

3D 打印机的出现为三维服装 CAD 的应用扫清了前进途中的最大障碍，也翻开了服装制造业崭新的篇章。近年来，3D 打印机打印的服装作品引起了业界的广泛关注。图 1—24 所示为用 3D 打印机打印的服装作品。

图 1—24　3D 打印机打印的服装

 小贴士

3D 打印是指通过材料逐层数字化增加制造三维物体的技术，它将信息、材料、生物、控制等技术融合渗透，影响着未来制造业的生产模式与人类的生活方式。相比于传统制造，3D 打印至少具备十大优势：

（1）制造复杂物品不增加成本；（2）产品多样化不增加成本；（3）无需组装；（4）零

时间交付；（5）设计空间无限；（6）零技能制造；（7）不占空间，便于携带；（8）减少废弃副产品；（9）材料无限组合；（10）实体复制精确。

---

3. 集成化

实现整个服装生产的高度集成化是当今服装行业发展的必然趋势。

计算机集成制造系统是在信息网络技术、计算机技术、自动化技术和现代科学管理的基础上，将设计、生产、管理、营销、服务等各个环节，通过新的生产管理模式、工艺制造理论和计算机网络有机地集成起来，根据市场需求变化，随时做出相应的合理调整。由于系统信息资源共享，因此企业内部各部门之间很容易协调，反应的速度也非常快，从而可以充分利用人力物力资源，最大限度地降低生产成本，提高生产效率。

计算机集成制造系统给工业自动化赋予了崭新的含义，是迄今为止计算机技术与设计系统、制造系统完美结合的最佳典范。计算机集成制造系统将在传统服装产业向现代化产业过渡中起到决定性作用，因而正在逐步被服装企业接纳和采用。

4. 网络化

从接单、原料采购、设计、制定工艺到生产出货的全过程的网络化运作，已成为服装企业在市场竞争中不可缺少的快速反应手段。近年来，随着国际互联网的高速发展，一个现代服装企业的计算机集成制造系统已成为国际信息高速公路上的一个网点，其产品信息可以在几秒之内传输到世界各地。随着专业化、全球化生产经营模式的发展，企业对异地协同设计、制造的需求越来越迫切。21世纪是网络的时代，基于网络的辅助设计系统可以充分利用网络的强大功能保证数据的集中、统一和共享，实现产品的异地设计和并行加工。因此，开发开放式、分布式的工作站或网络环境下的CAD系统将成为网络时代服装CAD发展的重要趋势。

5. 简易直观化

一套好的服装CAD系统，不仅要性能稳定、功能强大，还要界面友好、操作方便、易学易懂、快捷高效。只有这样，才能最大限度地激发设计者的创作灵感、简化操作过程、提高生产效率。因此，简易直观化是服装CAD系统在发展与完善过程中的必然选择。界面友好、易学易懂的最明显标志就是将原本很抽象的界面和工具图标变得非常直观形象，对每一步操作都给出简洁明了的提示，让多数操作者只看提示就能饶有兴趣地做下去。

6. 开放式和标准化

目前服装CAD系统众多，所采用的计算机外部设备也是品牌繁多，因此系统宜采用开放式，以便用户根据需要灵活地选择、配置各种设备。开放式系统主要体现在开放的工作平台、

用户接口、开发环境、应用系统以及各系统之间的信息交换和共享。在信息化时代，开放的标准是一个全球性的问题。制定和完善服装 CAD 技术标准并贯彻执行，不仅可以促进服装 CAD 技术进一步提高，而且能够促进服装 CAD 技术在服装行业的普及应用，同时还能促进国际间的交流与合作。只有开放式和标准化的服装 CAD 系统，才有利于计算机数据管理，便于查询和资源共享，才能加快信息传递的速度，减少等待的时间和重复劳动，从而更好地推广和应用。

本章小结

本章主要介绍了服装 CAD 的系统组成、硬件配置、作用和发展趋势，重点是服装 CAD 的系统组成和硬件配置，难点是服装 CAD 各系统和硬件的基本功能。

思考与练习

1. 什么是服装 CAD？服装 CAD 系统主要由哪几部分组成，各有什么功能？
2. 服装 CAD 的输入和输出设备主要有哪些？各设备主要有哪些功能？
3. 服装 CAD 相比手工的优势主要有哪些？
4. 服装 CAD 的发展趋势是什么？

第二章
服装 CAD 款式设计

现代服装企业款式设计这项工作基本上是借助于通用图形设计软件如 CorelDRAW、Illustrator 和 Freehand 等在计算机上完成。通过应用图形设计软件，设计师可以快速完成图形创建与处理、材质与颜色填涂、文字编辑、整体修改等工作，迅速产生大量的设计方案，及时遴选有价值的设计构思，从而提升设计品质，提高生产效率。

本章以 CorelDRAW X3 软件为平台，具体介绍服装 CAD 款式设计的基本流程和方法。

学习目标

通过本章的学习，学生应能够：

1. 依据教材内容介绍，对照软件，简述款式设计系统的工作画面组成和工具箱中常用图标工具的名称。

2. 对照教材内容介绍，简述款式设计系统中的常用快捷键及其功能，并进行实践操作。

3. 在教师的指导下，结合教材内容和视频，完成本章介绍的所有服装款式设计的全过程。

4. 以独立探究或小组合作的方式，在款式设计系统中完成思考与练习中给定服装的款式设计。

5. 归纳选择、填充、调整、群组、拆分、顺序、对齐与分布、变换、修整、效果等工具和菜单命令操作的基本方法和技巧。

第一节　服装 CAD 款式设计系统介绍

作为一个基于矢量的绘图程序，CorelDRAW 可以用来创作专业级的美术作品，无论是简单的产品标识，还是复杂的技术图纸，制作起来都会得心应手。CorelDRAW 软件不仅仅适用于服装行业，它在与图形设计相关的各个行业和领域都有着非常深入、广泛的应用，是通用图形图像设计软件中非常受欢迎的软件之一。

一、工作画面

双击 Windows 桌面上的快捷图标 ，弹出【选择语言】对话框，如图 2—1 所示，单击【确定】按钮，进入 CorelDRAW X3 的启动画面，弹出【欢迎屏幕】，如图 2—2 所示，单击【新建图形】按钮 ，打开工作画面，如图 2—3 所示。工作画面窗口主要由标题栏、菜单栏、标准工具栏、文本工具栏、属性栏、工具箱、调色板、状态栏、标尺、绘图区等组成。

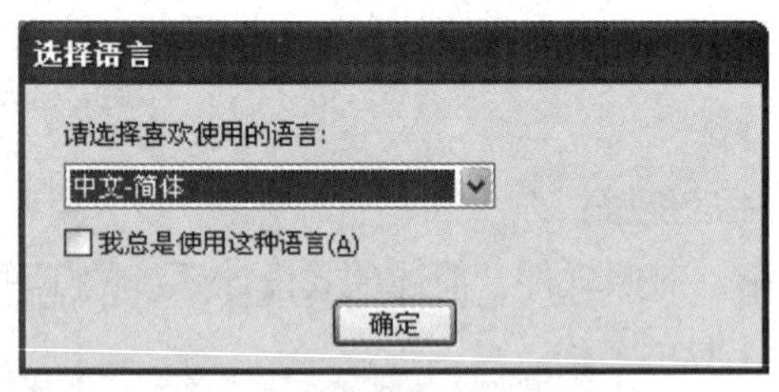

图 2—1 【选择语言】对话框

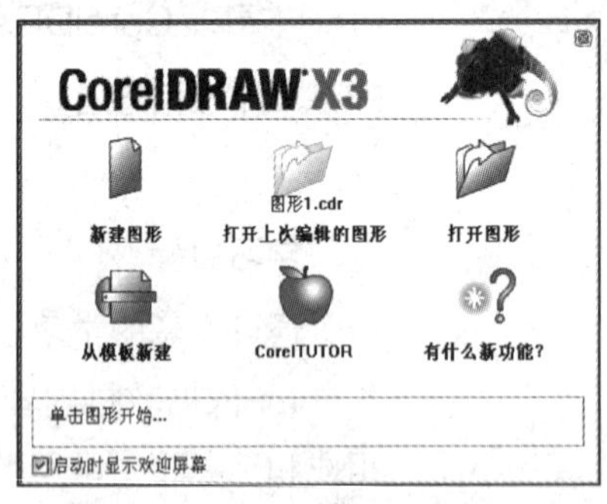

图 2—2 欢迎屏幕

1. 标题栏

【标题栏】位于 CorelDRAW X3 工作画面的顶部，通常为蓝色。【标题栏】的左侧显示软件名称与文件保存的路径和名称，右侧有三个按钮，分别是【最小化】按钮 ，【向下还原】按钮 和【关闭】按钮 。

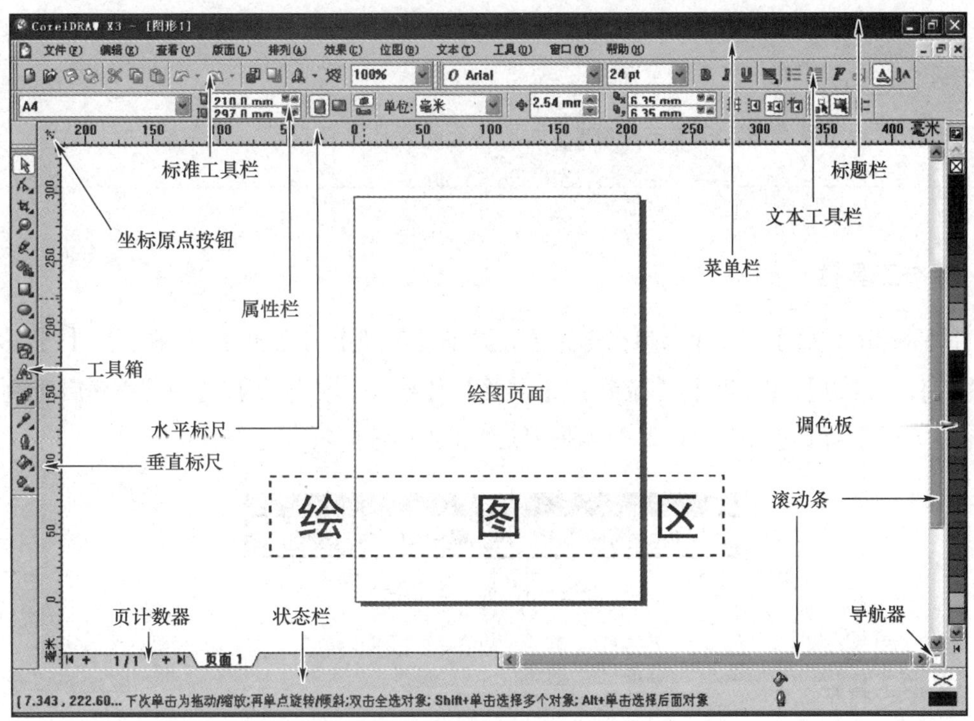

图 2—3　CorelDRAW X3 工作画面

2. 菜单栏

【菜单栏】位于【标题栏】下方，共有 11 个菜单，分别是【文件】、【编辑】、【查看】、【版面】、【排列】、【效果】、【位图】、【文本】、【工具】、【窗口】和【帮助】，如图 2—4 所示。

图 2—4　菜单栏

每个菜单下面又分若干子菜单。单击一个主菜单，便会弹出相应的子菜单。

【菜单栏】的右侧也有三个按钮，分别是【最小化】按钮 -，【向下还原】按钮 🗗 和【关闭】按钮 ✕ 。

操作提示

（1）【标题栏】右侧的三个按钮与【菜单栏】右侧的三个按钮功能不同，【标题栏】的三个按钮用来控制整个软件窗口的最小化、还原或关闭，而【菜单栏】的三个按钮用来控制打开文件的最小化、还原或关闭。

（2）双击【菜单栏】左侧的图标也可以关闭文件窗口。

3. 标准工具栏

【标准工具栏】位于【菜单栏】下方，共有【新建】、【打开】、【保存】、【打印】、【剪切】、【复制】、【粘贴】、【撤销】、【重做】、【导入】、【导出】、【应用程序启动器】、【Corel在线】和【显示比例】14个快捷图标，如图2—5所示。

图2—5 标准工具栏

4. 文本工具栏

【文本工具栏】位于【标准工具栏】右侧，上面放置了用于文字编辑的12个快捷图标，包括【字体列表】、【字体大小列表】、【粗体】、【斜体】、【下划线】、【水平对齐】、【显示/隐藏项目符号】、【显示/隐藏首字下沉】、【字符格式化】、【编辑文本】、【文本水平】和【文本垂直】，如图2—6所示。

图2—6 文本工具栏

5. 属性栏

【属性栏】位于【标准工具栏】下方、【水平标尺】上方。【属性栏】是CorelDRAW变化性最大的一栏，选择不同的工具会有与之相对应的【属性栏】。图2—7所示是【选择】工具在不选中任何图形的情况下对应的【属性栏】。

图2—7 属性栏

6. 工具箱

【工具箱】位于工作画面最左侧，是 CorelDRAW 软件最核心的模块，上面共有 16 类 65 个工具图标，涵盖了 CorelDRAW 用于绘图和造型的大部分工具。【工具箱】的多数工具图标右下角带有黑色的小三角形，表示该工具按钮中还隐含着一系列其他同类型的工具，具体如图 2—8 所示。工具箱各工具图标与名称见表 2—1。

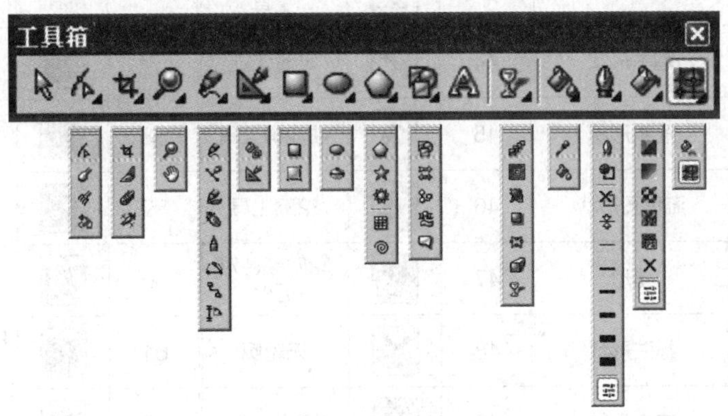

图 2—8 工具箱

表 2—1 【工具箱】工具图标与名称

序号	图标	名称	序号	图标	名称	序号	图标	名称
1		选择工具	10		缩放工具	19		度量工具
2		形状工具	11		手形工具	20		智能绘图工具
3		涂抹笔刷	12		手绘工具	21		智能填充工具
4		粗糙笔刷	13		贝塞尔工具	22		矩形工具
5		自由变换工具	14		艺术笔工具	23		三点矩形
6		裁切工具	15		钢笔工具	24		椭圆工具
7		刻刀工具	16		多点线工具	25		三点椭圆
8		橡皮擦工具	17		三点曲线工具	26		多边形工具
9		删除虚设线工具	18		交互式连线工具	27		星形工具

续表

序号	图标	名称	序号	图标	名称	序号	图标	名称
28		复杂星形工具	41		封套	54		16 点轮廓
29		图纸工具	42		交互式立体化工具	55		24 点轮廓
30		螺旋形工具	43		交互式透明工具	56		颜色泊坞窗
31		基本形状	44		吸管工具	57		填充颜色对话框
32		箭头形状	45		油漆桶工具	58		渐变填充
33		流程图形状	46		轮廓工具	59		图案填充对话框
34		星形	47		轮廓颜色对话框	60		纹理填充对话框
35		标注形状	48		无轮廓	61		PostScript 填充对话框
36		文本工具	49		细线轮廓	62		无填充
37		交互式调和工具	50		1/2 点轮廓	63		交互式填充工具
38		交互式轮廓图工具	51		1 点轮廓	64		交互式网格填充
39		交互式变形工具	52		2 点轮廓			
40		交互式阴影工具	53		8 点轮廓			

7. 调色板

【调色板】位于 CorelDRAW X3 工作画面右侧，可用于改变选中对象的轮廓色或填充色。CorelDRAW X3 提供多种调色板供用户选择，图 2—9 所示为常用的几种调色板。

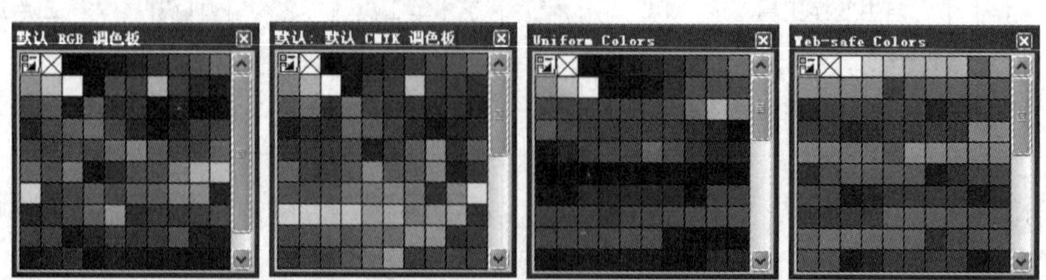

图 2—9　CorelDRAW 常用调色板

鼠标左键单击调色板中的色块，该色即为选中对象的填充色；鼠标右键单击调色板中的色块，该色即为选中对象的轮廓色。

如果要删除选中对象的填色，只需鼠标左键单击调色板顶部的 ⊠ 按钮即可；如果要删除选中对象的轮廓色，只需鼠标右键单击调色板顶部的 ⊠ 按钮即可。

操作提示

按住【Ctrl】键，可将后一次选择的颜色与前一次选择的颜色进行调和，且可进行多次调和。

8. 状态栏

【状态栏】位于 CorelDRAW X3 工作画面的底部。【状态栏】提供了关于当前操作或者所选对象的有关信息或提示。鼠标右键单击状态栏，可在弹出的快捷菜单中对状态栏进行设置。

9. 标尺

【标尺】分为水平标尺和垂直标尺两种，分别位于【绘图区】的上方和左侧。

鼠标左键在水平标尺上单击并按住向下拖动可拖出一条水平辅助线，鼠标左键在垂直标尺上单击并按住向右拖动可拖出一条垂直辅助线。

鼠标左键单击水平标尺和垂直标尺相交处的图标 并按住向右下方拖动十字线至绘图区的指定位置，可将坐标原点设定在该位置。

按住【Shift】键，然后用鼠标移动标尺，可将标尺放到指定位置。

鼠标右键单击标尺，可在弹出的快捷菜单中对网格、标尺和辅助线进行设置。

10. 页计数器

【页计数器】位于【绘图区】下方、【状态栏】上方。

【页计数器】显示了当前页码、总页数等信息，并可查阅多页文档中各页的内容。CorelDRAW X3 允许在一个图形文件中创建多页文档，使用【页计数器】可方便查找各页内容。

【页计数器】各按钮的功能如图 2—10 所示。

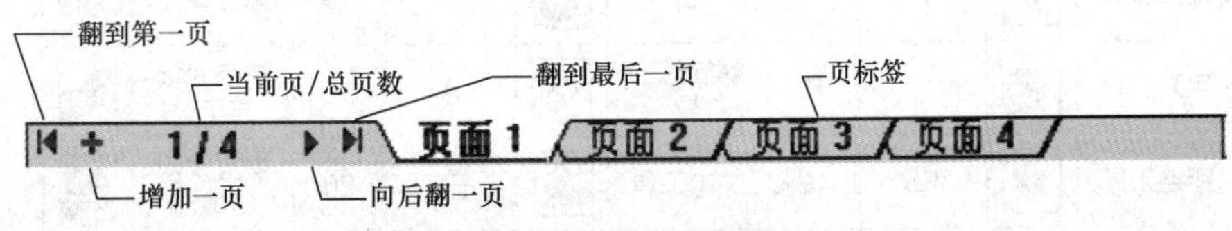

图 2—10　页计数器

11. 滚动条

【滚动条】位于【绘图区】的下方和右侧，分为水平滚动条和垂直滚动条两种，用于移动当前窗口，以便查看当前窗口未显示的图形。水平滚动条和垂直滚动条交点位置的图标 □ 是【导航器】。当【绘图区】的图形被放大不能全部显示时，鼠标在【导航器】窗口上移动可查看图形的每一个部位。

12. 绘图区与绘图页面

工作画面中间白色的大区域为【绘图区】，【绘图区】中间的矩形区域为【绘图页面】。用户可在绘图区编辑图形，如果要打印编辑的图形，则必须将图形放入绘图页面。

鼠标右键在绘图页面右下方的阴影上单击，会弹出图 2—11 所示的【页面设置】快捷菜单。

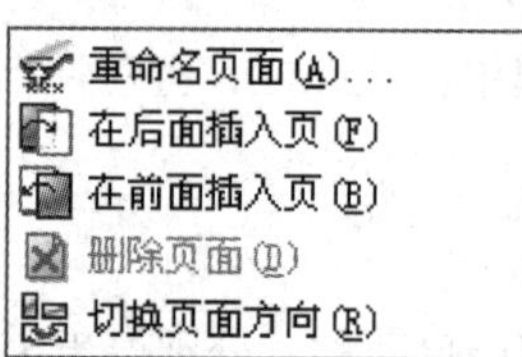

图 2—11 【页面设置】快捷菜单

二、快捷键

在 CorelDRAW X3 软件中定义了大量的快捷键，熟练运用快捷键可极大提高工作效率。部分常用快捷键见表 2—2、表 2—3。

表 2—2 【工具箱】图标工具选择快捷键

序号	工具名称	图标	快捷键	序号	工具名称	图标	快捷键	序号	工具名称	图标	快捷键
1	选择工具		空格键	8	智能绘图工具		Shift+S	15	轮廓颜色对话框		Shift+F12
2	形状工具		F10	9	矩形工具		F6	16	颜色泊坞窗		F
3	橡皮擦工具		X	10	椭圆形工具		F7	17	填充颜色对话框		Shift+F11
4	缩放工具		Z	11	多边形工具		Y	18	渐变填充		F11
5	手形工具		H	12	螺旋形工具		A	19	交互式填充工具		G
6	手绘工具		F5	13	文本工具		F8	20	交互式网格填充		M
7	艺术笔工具		I	14	轮廓画笔对话框		F12				

表 2—3　部分常用画图功能快捷键

序号	快捷键	功能	序号	快捷键	功能	序号	快捷键	功能
1	Ctrl+N	新建	16	Alt+F7	变换位置	31	Ctrl+PageUp	向前一位
2	Ctrl+O	打开	17	Alt+F8	变换旋转	32	Ctrl+PageDown	向后一位
3	Ctrl+S	保存	18	Alt+F9	变换比例	33	Ctrl+G	群组
4	Ctrl+Shift+S	另存	19	Alt+F10	变换大小	34	Ctrl+U	取消群组
5	Ctrl+Z	撤销创建	20	L	左对齐	35	Ctrl+L	结合
6	Ctrl+Shift+Z	重做	21	R	右对齐	36	Ctrl+K	拆分
7	Ctrl+R	重复	22	T	顶端对齐	37	Ctrl+Q	转换为曲线
8	Ctrl+X	剪切	23	B	低端对齐	38	Ctrl+Shift+Q	将轮廓转换为对象
9	Ctrl+C	复制	24	E	水平居中对齐	39	Ctrl+F9	轮廓图
10	Ctrl+V	粘贴	25	C	垂直居中对齐	40	Ctrl+F7	封套
11	+（数字键盘区）	复制、粘贴	26	P	在页面居中	41	Alt+F3	透镜
12	Delete	删除	27	Ctrl+Home	到页面前面	42	Ctrl+T	字符格式化
13	Ctrl+D	再制	28	Ctrl+End	到页面后面	43	Ctrl+F11	插入字符
14	Ctrl+Shift+D	多重复制	29	Shift+PageUp	到图层前面			
15	Ctrl+Y	对齐网格	30	Shift+PageDown	到图层后面			

第二节　领子款式设计

一、领子款式图

领子款式图如图 2—12 所示。

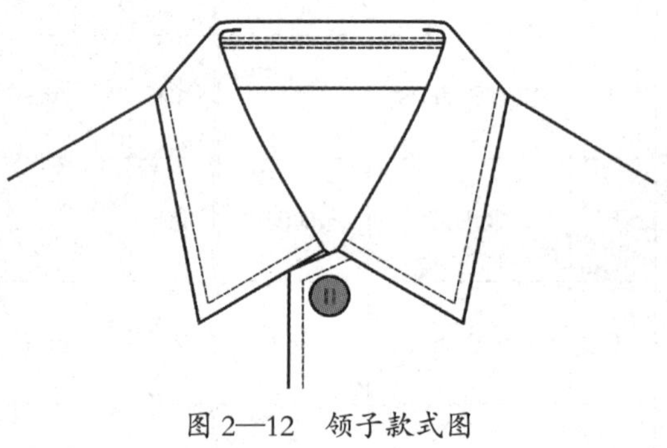

图 2—12　领子款式图

二、领子 CAD 款式设计

1. 打开软件，鼠标右键单击工作画面的【水平标尺】，在弹出的快捷菜单中单击【辅助线设置】命令，弹出【选项】对话框，如图 2—13 所示，勾选【显示辅助线】和【对齐辅助线】选项，单击【确定】按钮，完成辅助线设置。

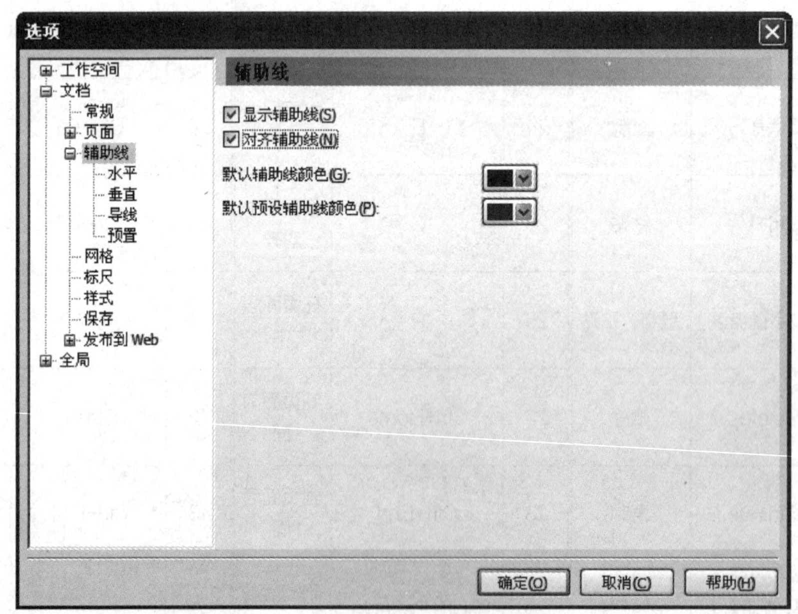

图 2—13 【选项】对话框

提个醒

想要观看领子 CAD 款式设计完整视频，请扫描二维码。

2. 鼠标在【垂直标尺】上按住左键向右拖动，在【绘图页面】的中间位置画一条垂直辅助线；鼠标单击，或按【F6】键，选中【工具箱】中的【矩形】工具，在垂直辅助线左侧画一个矩形，如图 2—14 所示；鼠标单击【属性栏】上的【转换为曲线】按钮（或按【Ctrl +Q】键），将画出的矩形转换成曲线。

3. 鼠标单击或按【F10】键，选中【工具箱】中的【形状】工具，鼠标移到节点上按住拖动，参照图 2—12，调整出领子的基本型，如图 2—15 所示。

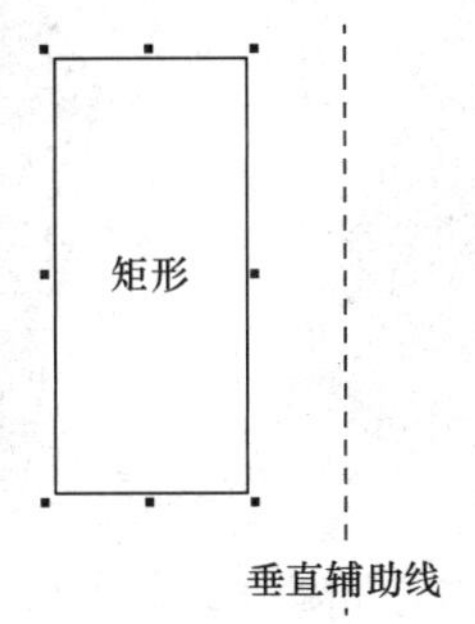

图 2—14　画辅助线和矩形

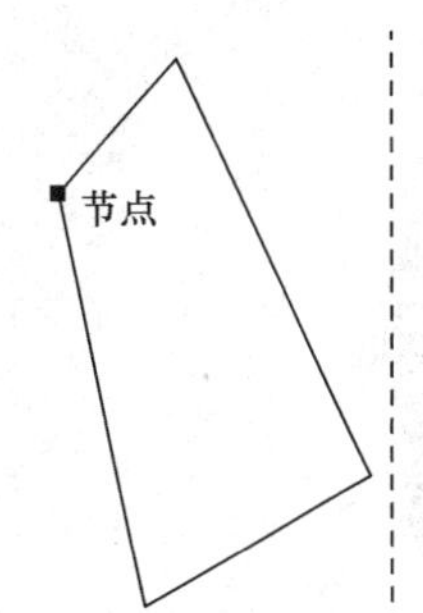

图 2—15　调整出领子基本型

4. 鼠标移到右侧【调色板】中的【10% 黑】色块上单击，给领子填色，如图 2—16 所示。

5. 选中【效果】菜单下的【轮廓图】命令（或按【Ctrl+F9】键），在弹出的【轮廓图】对话框中参照图 2—17 所示设置，单击【应用】按钮，生成的图形如图 2—18 所示。

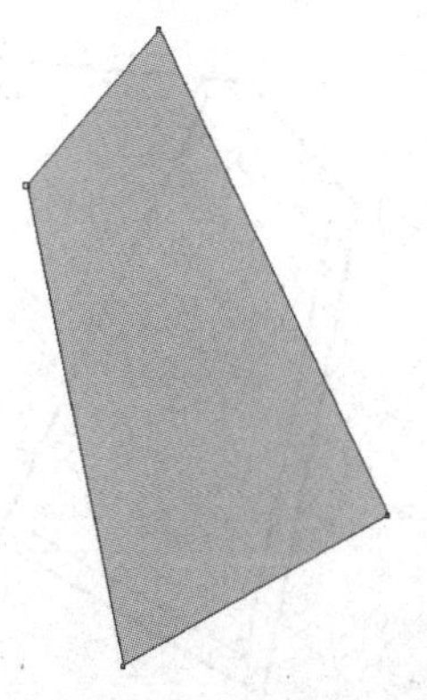
图 2—16　领子填色

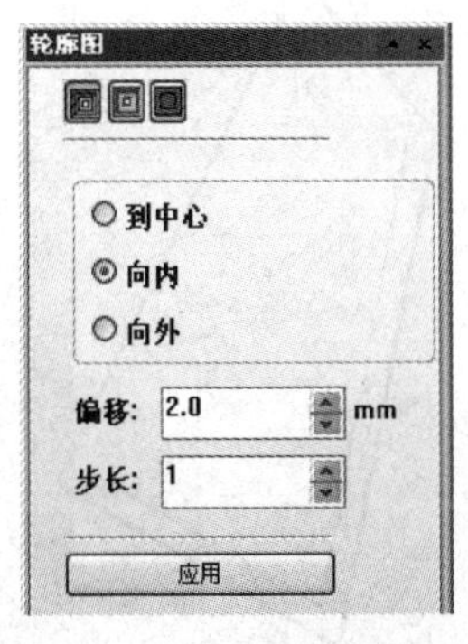

图 2—17　【轮廓图】对话框

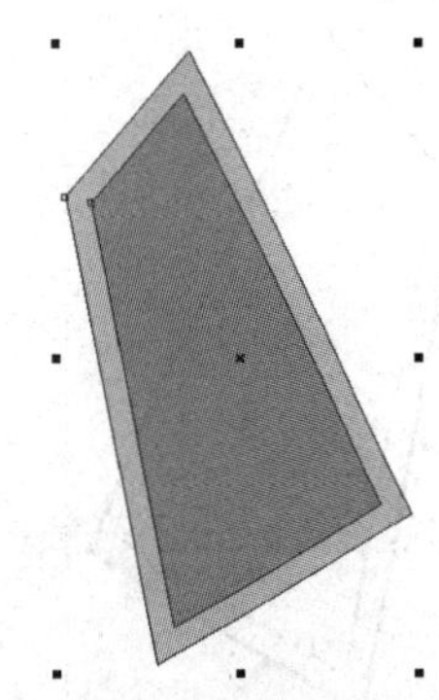
图 2—18　生成内轮廓图

6. 鼠标右键单击图形，在弹出的对话框中选中【拆分】命令（或按【Ctrl +K】键），将生成的内部轮廓图与原图进行拆分。鼠标在空白位置单击，取消对图形的选择。

7. 选中【工具箱】中的【选择】工具 ，鼠标单击选中已经拆分的内轮廓图；选中【形状】工具 ，按住【Shift】键，鼠标依次单击内轮廓图上的 A、B 两点，如图 2—19 所示；再单击【属性栏】上的【分割曲线】按钮 ，轮廓线断开，填色消失，如图 2—20 所示。

8. 选中【选择】工具 ，鼠标在内轮廓图上右键单击，在弹出的对话框中选中【拆分】命令，之后在空白位置单击，取消对图形的选择，再单击选中内轮廓图的右上侧部分，按【Delete】键，将选中的图形删除，如图 2—21 所示。接着选中剩余的折线 ACB，鼠标单击【属性栏】上的【轮廓式样选择器】 中的下拉按钮，单击选择【虚线】线型；再单击【属性栏】上的【轮廓宽度】 .25 mm 中的下拉按钮，选择线的宽度为 0.25 mm。鼠标单击选中领子外轮廓图，将线的宽度设为 0.5 mm。以上操作如图 2—22 所示。

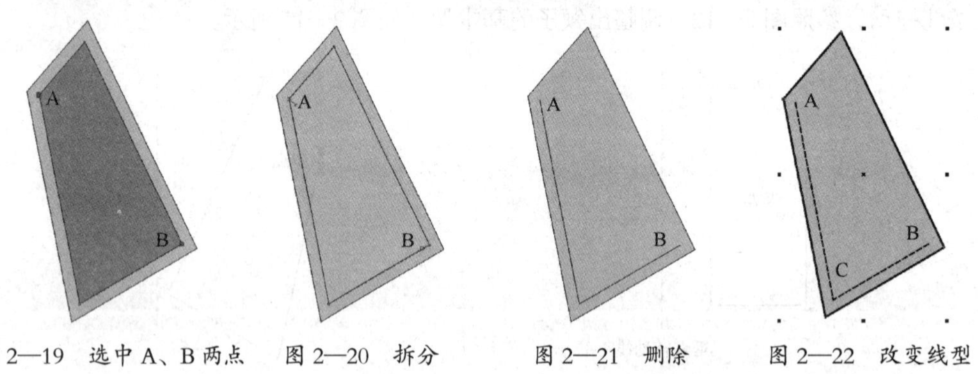

图 2—19　选中 A、B 两点　　图 2—20　拆分　　图 2—21　删除　　图 2—22　改变线型

9. 鼠标在【水平标尺】上按住左键向下拖动到领子外轮廓图的 D 点松开，水平辅助线与垂直辅助线的交点为 E；选中【形状】工具 ，将外轮廓图在 D 点断开，填色消失，然后将断开点向下适当移动分开，如图 2—23 所示。鼠标分别在线段 DF 和 D1G 上通过双击加点的方式，依次在两条线段上各加 3 个节点，如图 2—24 所示，然后将 D 点移到 E 点处，如图 2—25 所示。

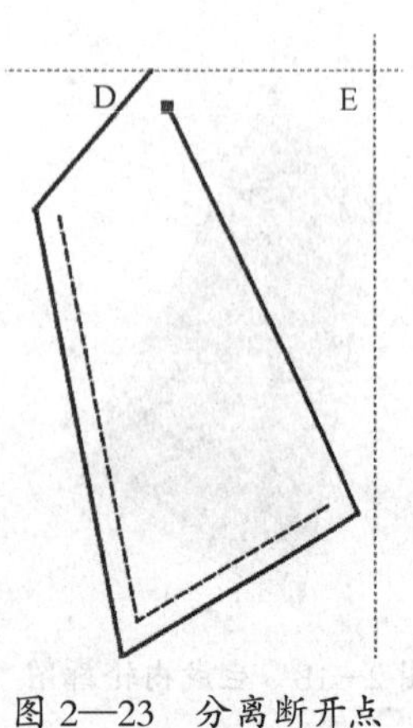

图 2—23　分离断开点

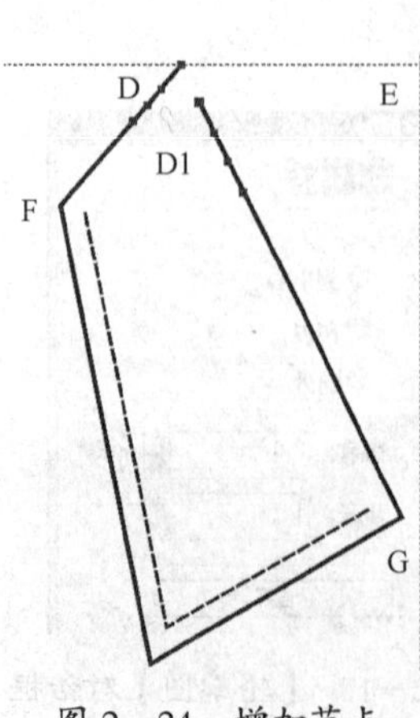

图 2—24　增加节点

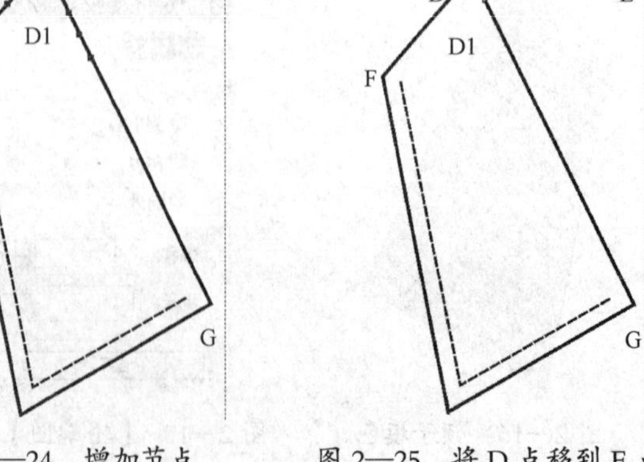

图 2—25　将 D 点移到 E 点处

10. 鼠标框选节点，如图 2—26 所示，然后单击【属性栏】上的【转换直线为曲线】按钮 ，将选择点设定为曲线点。参照图 2—12，先将节点移到合适的位置，然后鼠标单击节点，出现带箭头的控制柄，如图 2—27 所示，鼠标在箭头上按住拖动可调节曲线的弧度，调好的线条造型如图 2—28 所示。

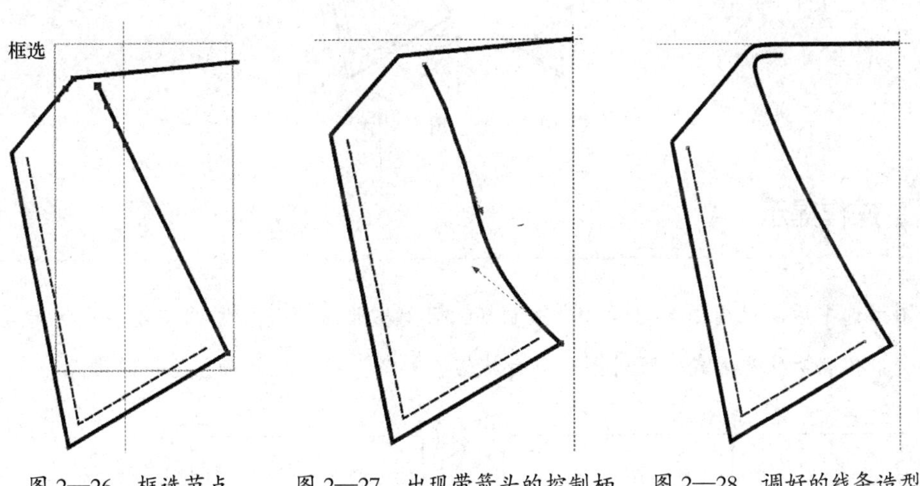

图 2—26　框选节点　　图 2—27　出现带箭头的控制柄　　图 2—28　调好的线条造型

11. 选中【形状】工具 ，沿着线段延长线方向将两条虚线分别延长至领轮廓线上。选中【工具箱】中的【贝塞尔】工具 ，鼠标依次单击起点和终点，画出肩斜线；选中【选择】工具 ，将线的宽度设为 0.5 mm；然后用【形状】工具 将肩斜线调整到合适位置，如图 2—29 所示。

12. 选中【选择】工具 ，鼠标框选所有的线段，然后单击【属性栏】上的【群组】按钮 （或按【Ctrl+G】键），框选线段群组，接着按一下数字键盘区的【+】键，将群组的线段复制、粘贴一份；按住【Ctrl】键，鼠标移到选中图形左侧的长度调节控制柄上按下左键向右拖动，如图 2—30 所示，直到选中的图形对称到右侧，如图 2—31 所示，最后松开鼠标，再松开【Ctrl】键。

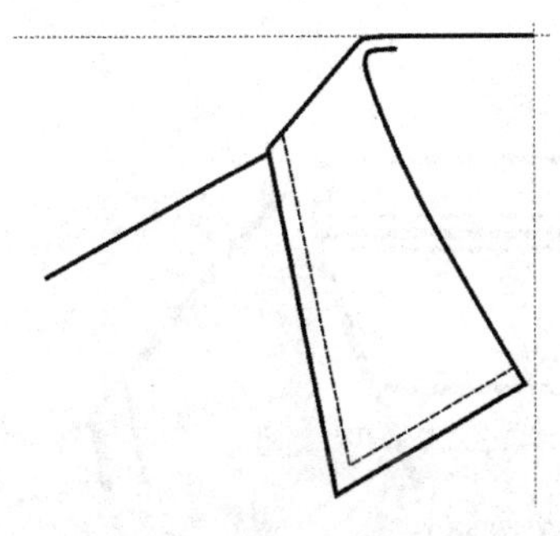

图 2—29　画出并调整肩斜线

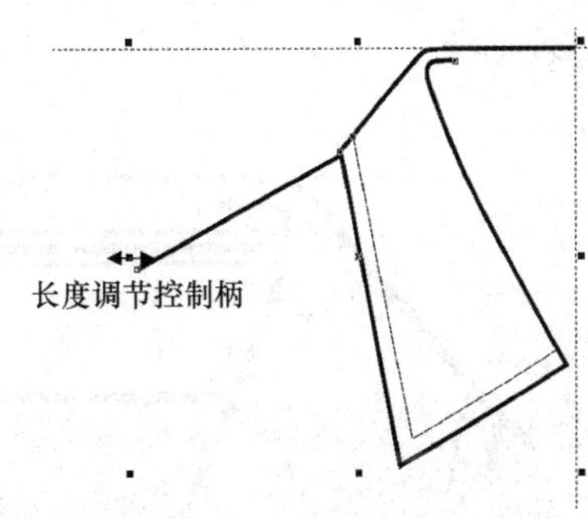

图 2—30　按住控制柄向右拖动

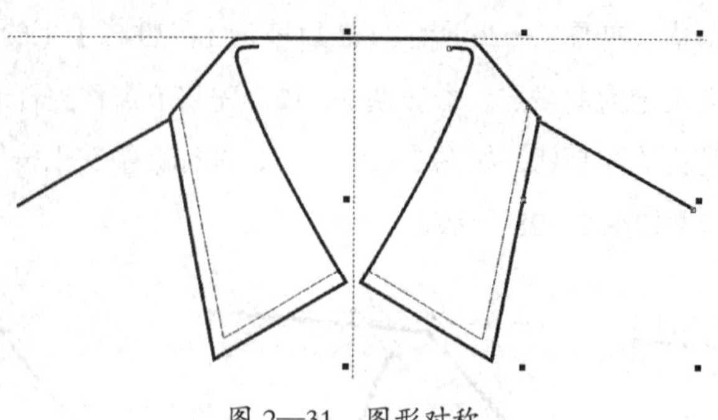

图 2—31　图形对称

操作提示

图形选中后，其周围会出现 8 个控制柄，可对图形进行长、宽调节或按比例缩放；再次单击，控制柄变化形式，可对图形进行旋转和倾斜操作，具体如图 2—32 所示。

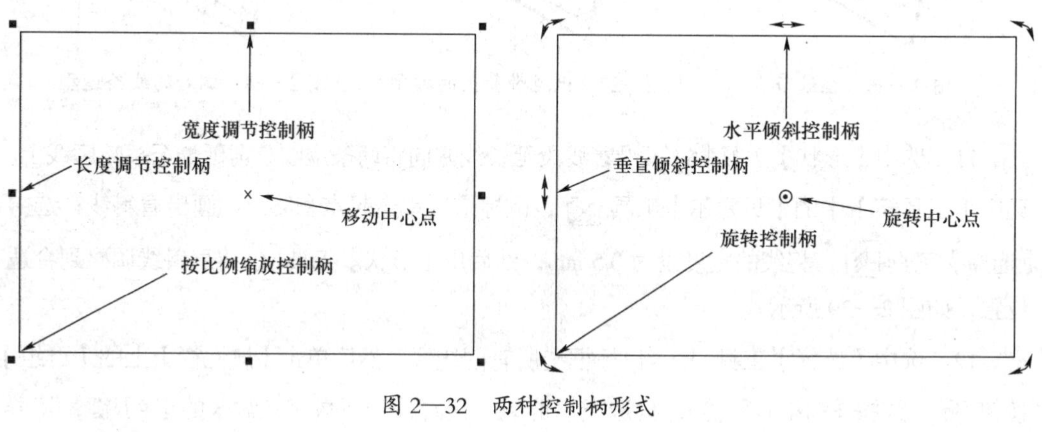

图 2—32　两种控制柄形式

13. 选中【贝塞尔】工具，按住【Ctrl】键，画出领脚线、分座领线及其明压线；选中【选择】工具，设定所画线的宽度和式样，其中实线宽度 0.5 mm，虚线宽度 0.25 mm，如图 2—33 所示。

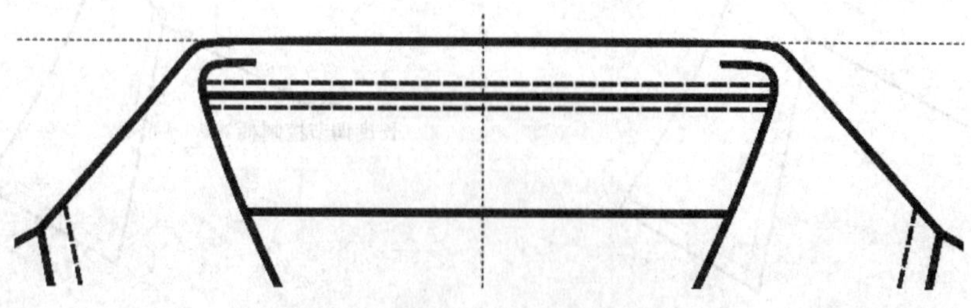

图 2—33　画出并设置领脚线和分座领线

14. 鼠标在【垂直标尺】上按住左键向右拖动，距离第一条垂直辅助线左侧合适位置松开，定出搭门线的位置；选中【贝塞尔】工具，画出门襟止口线和门襟压线（注意画垂直线时要按住【Ctrl】键）；选中【形状】工具，将门襟止口线和门襟压线调整到位，选中【选择】工具，参照分座领线及其明压线设定所画线的宽度和式样，如图2—34所示。

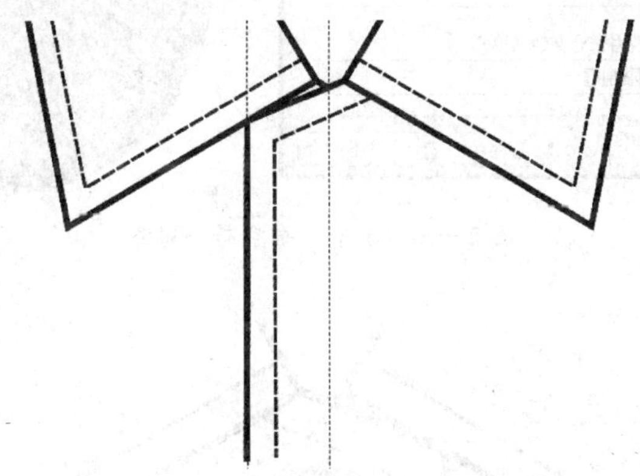

图2—34 画出并设置门襟止口线和门襟压线

15. 鼠标单击，或按【F7】键，选中【工具箱】中的【椭圆】工具，再单击【属性栏】上的【椭圆】按钮，按住【Ctrl】键，画一个正圆，并将其填充"20%黑"色，轮廓线的宽度设定为0.5 mm。

16. 选中【矩形】工具，对照图2—12和刚画出的圆，画一个相应的矩形，并将其填充"30%黑"色；按一下数字键盘区的【+】键，将画出的矩形复制并粘贴一份；选中【选择】工具，按住【Ctrl】键，将粘贴的矩形水平向右移动到合适位置，然后框选两个矩形，将其群组。

以上操作如图2—35所示。

17. 鼠标框选画出的圆和矩形，然后单击【属性栏】上的【对齐与分布】按钮，弹出【对齐与分布】对话框，勾选"水平居中对齐"和"垂直居中对齐"选项，单击【应用】按钮，将圆和矩形居中对齐，如图2—36所示，纽扣制作完成（也可以先按【E】键，再按【C】键即可）。

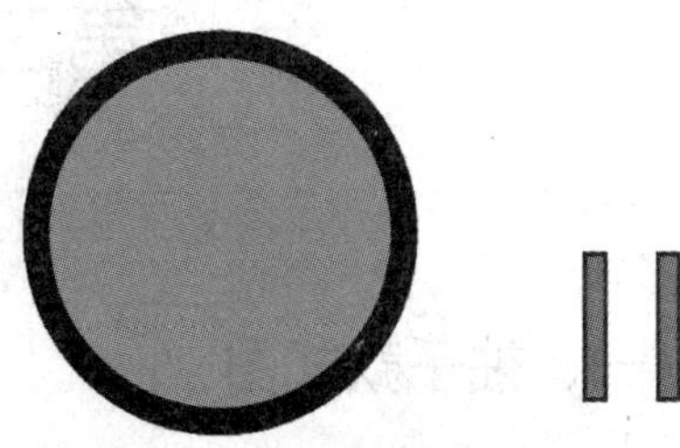

图2—35 画出的圆和矩形

18. 再次将纽扣群组。选中【选择】工具，将群组的纽扣移到前门襟的合适位置，鼠标移到选中纽扣的【按比例调整】控制柄上按住向内拖动，调整纽扣大小至合适尺寸，如图2—37所示。

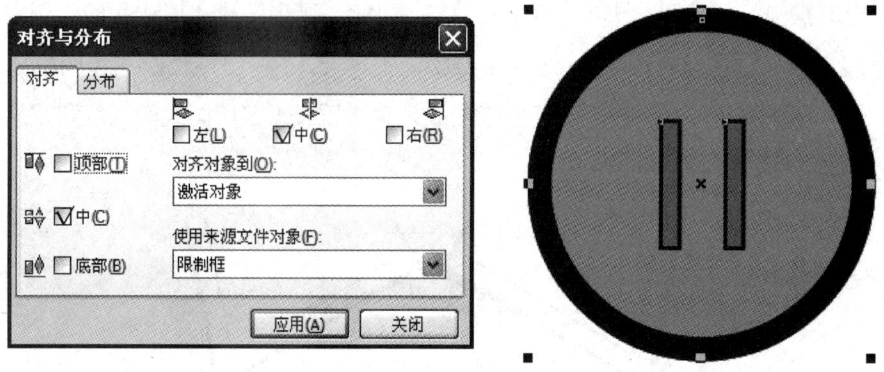

图 2—36 水平、垂直居中对齐

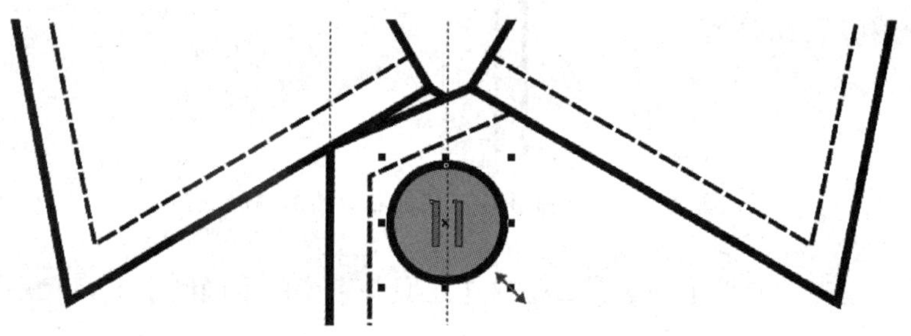

图 2—37 按比例调整纽扣大小

19. 按住【Shift】键，鼠标依次单击选中所有的辅助线，按【Delete】键将其删除。领子 CAD 款式设计完成，最终效果如图 2—12 所示。

第三节 袖子款式设计

一、袖子款式图

袖子款式图如图 2—38 所示。

二、袖子 CAD 款式设计

1. 鼠标单击【标准工具栏】上的【新建】按钮 ，新建一个工作画面。

提个醒

想要观看袖子 CAD 款式设计完整视频，请扫描二维码。

2. 选中【贝塞尔】工具，鼠标在绘图页面区的 A 点单击定第一个节点，参照图 2—38，单击定出若干个节点，最后回到 A 点单击结束，画一个封闭的袖子基本形，如图 2—39 所示。

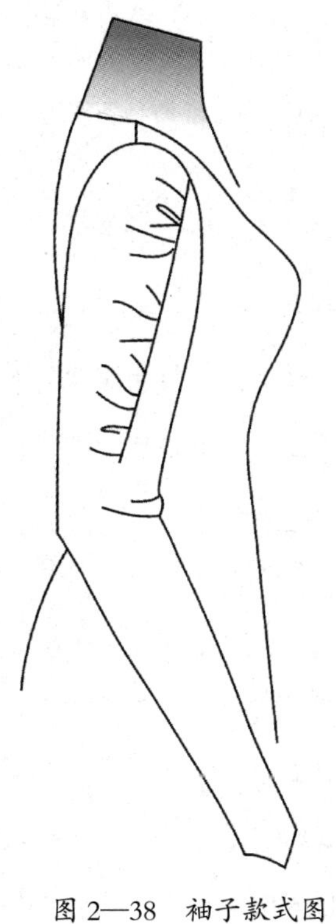

图 2—38　袖子款式图

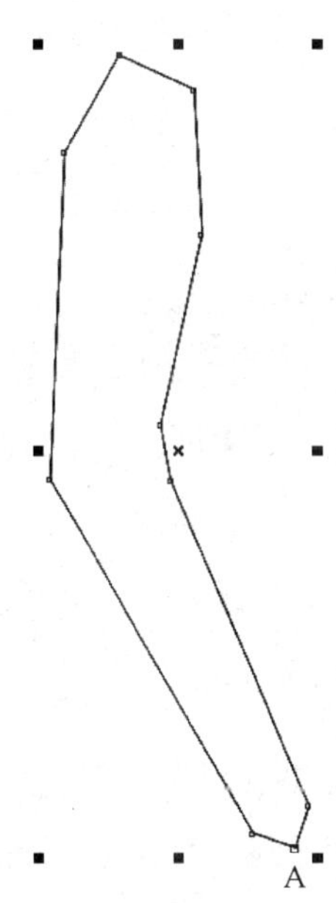

图 2—39　袖子基本形

3. 选中【形状】工具，鼠标框选刚画出的袖子的所有节点，然后单击【转换直线为曲线】按钮，将选择的所有折线点设定为曲线点。鼠标在空白位置单击，取消对节点的选择。鼠标单击选中某个节点，出现曲度调节控制柄后在其箭头上按下左键拖动，调整曲线的造型，如图 2—40 所示。

最终调整好的袖子图形如图 2—41 所示。

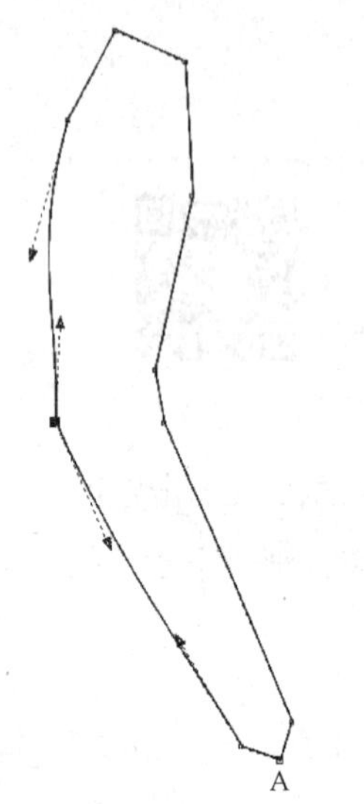

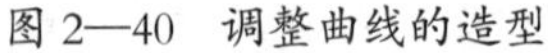

图 2—40 调整曲线的造型

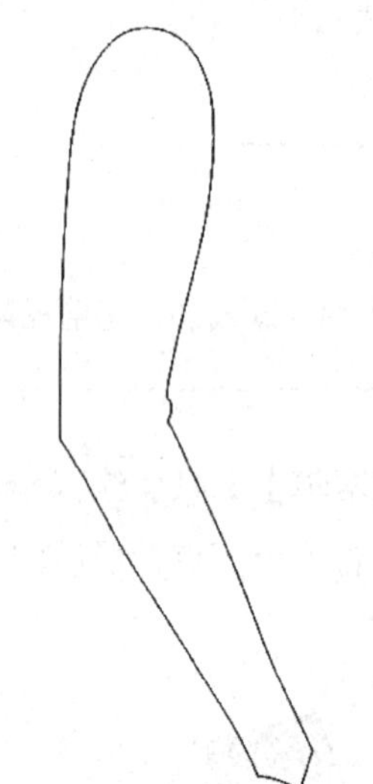

图 2—41 调整好的袖子图形

操作提示

（1）在调整图形的过程中，鼠标在曲线上双击（或单击，再单击【属性栏】上的【添加节点】按钮 ）可增加曲线节点，鼠标在节点上双击（或单击选中节点，再单击【属性栏】上的【删除节点】按钮 ）可删除节点。

（2）在绘制图形时，曲度大的部位节点要多一些，曲度小的部位节点要少一些；调整曲线时，节点越多，难度越大，节点越少，难度越小。

4. 参照图 2—38，用【贝塞尔】工具 画线，用【形状】工具 调整，画出袖子上面的分割线和褶皱线以及其他的相关图形，如图 2—42 所示。

5. 选中【选择】工具 ，按住【Shift】键，鼠标依次单击选中人台的脖颈线，如图 2—43 所示，然后将其群组，按一下数字键盘区的【 + 】键，将其复制、粘贴，再将粘贴的图形移到空白位置。

6. 选中【贝塞尔】工具 ，将移到空白位置的图形的 B、C 两点用直线连接；选中【形状】工具 ，框选刚画出的直线，将其端点转换为曲线点，再将曲线调整到位，如图 2—44 所示。

7. 选中【选择】工具 ，鼠标框选移到空白位置的所有脖颈线；选中【工具箱】中的【智能填充】工具 ，【属性栏】设置如图 2—45 所示，鼠标在选中的图形内单击，会自动在图形的上方生成一个与原图轮廓完全相同的图形，并填充设定的颜色，如图 2—46 所示。

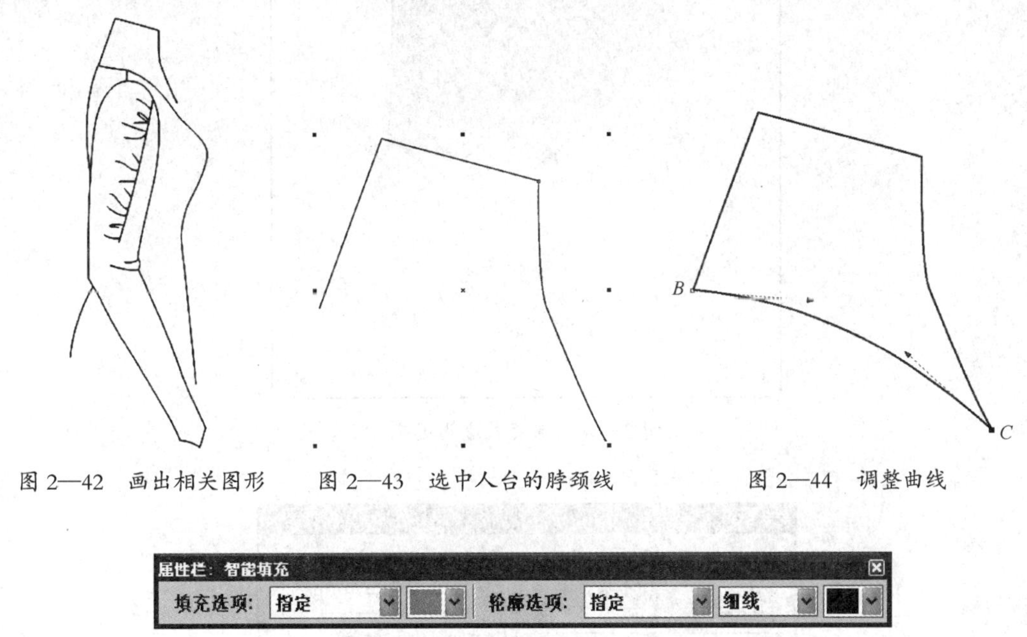

图 2—42　画出相关图形　　图 2—43　选中人台的脖颈线　　图 2—44　调整曲线

图 2—45　属性栏

8. 选中【选择】工具，将填色的图形移到旁边，再框选之前填色图形底下的图形，按【Delete】键将其删除。再次选中填色的图形，鼠标单击选中【工具箱】中的【交互式透明】工具，【属性栏】设置如图 2—47 所示，鼠标在图形的右上方按住左键向左下方拖动，松开左键，完成对图形的渐变式透明填充，如图 2—48 所示。

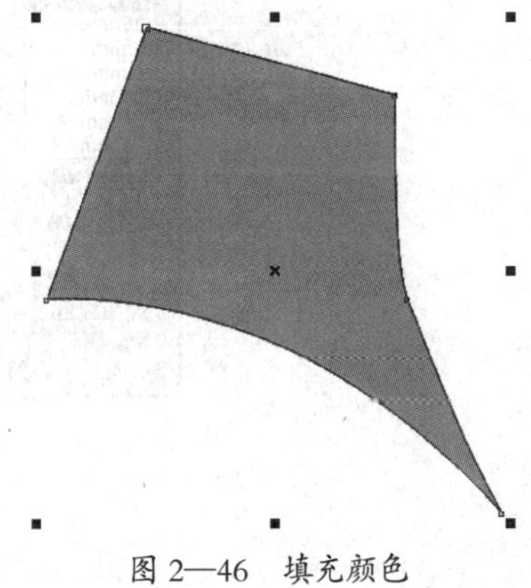

图 2—46　填充颜色

9. 选中【选择】工具，将透明填充的脖颈图形对齐到原来的脖颈线，再框选所有图形，鼠标单击选中【工具箱】中的【轮廓】工具，弹出【轮廓笔】对话框，将线条的宽度设为 “0.25 mm”，如图 2—49 所示，单击【确定】按钮。袖子 CAD 款式设计完成，最终效果如图 2—38 所示。

图 2—47　属性栏

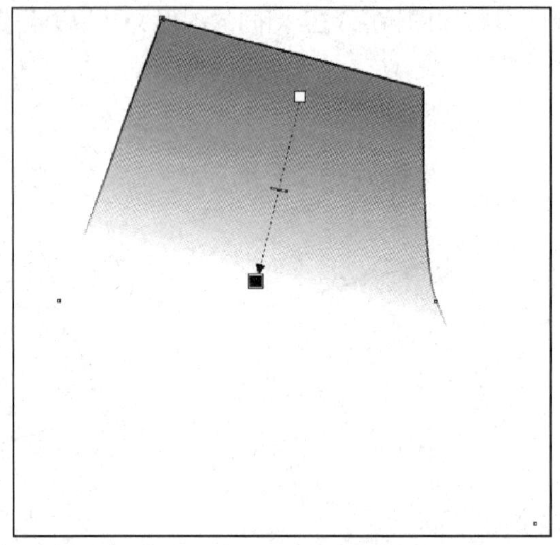

图 2—48　渐变式透明填充

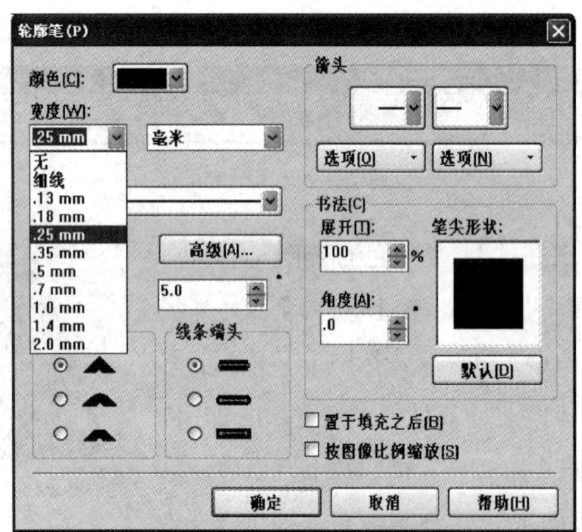

图 2—49　【轮廓笔】对话框

第四节　口袋款式设计

一、口袋款式图

口袋款式图如图 2—50 所示。

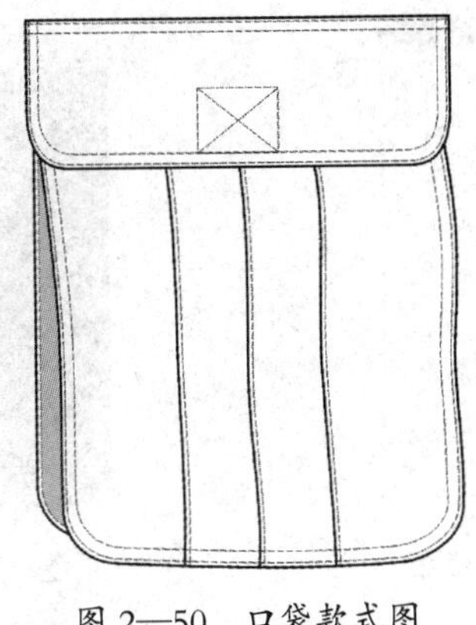

图 2—50　口袋款式图

二、口袋 CAD 款式设计

1. 鼠标单击【新建】按钮 ，新建一个工作画面。

提个醒

想要观看口袋 CAD 款式设计完整视频，请扫描二维码。

2. 参照图 2—50，用【矩形】工具画一个矩形作为贴袋基本形，并将其线条的宽度设为“0.35 mm”。鼠标移到【属性栏】的【左边矩形的边角圆滑度】输入框内单击，输入数值“25”，再移到【属性栏】的【右边矩形的边角圆滑度】输入框内单击，输入数值“25”，如图 2—51 所示，按【Enter】键将贴袋的两个下角进行圆角处理，如图 2—52 所示。

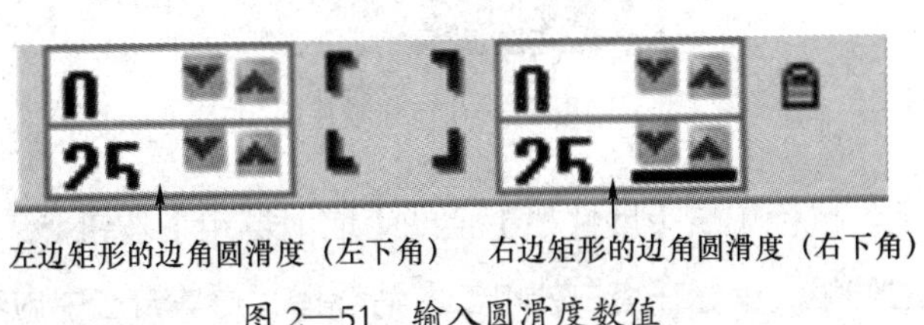

图 2—51　输入圆滑度数值

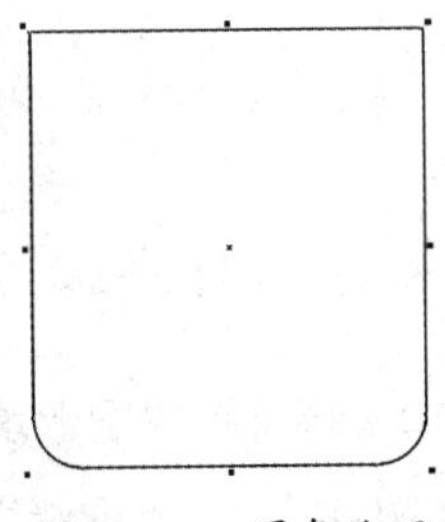

图 2—52　圆角处理

3. 将圆角处理后的贴袋基本形填充“10% 黑”色。

4. 按【Ctrl+F9】键，将弹出的【轮廓图】对话框设置为图 2—53 所示参数，单击【应用】按钮，生成的图形如图 2—54 所示。

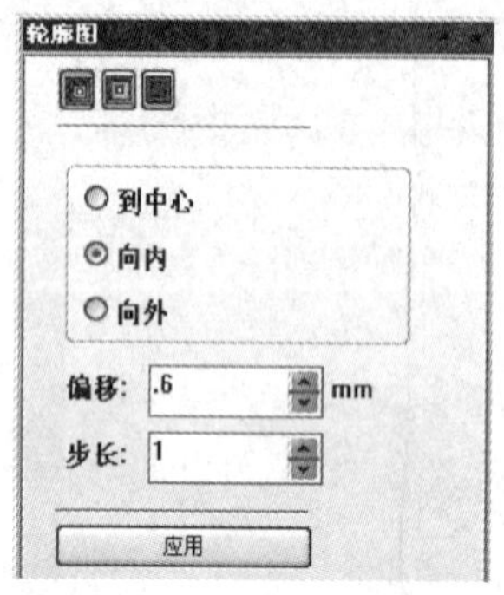

图 2—53　轮廓图对话框

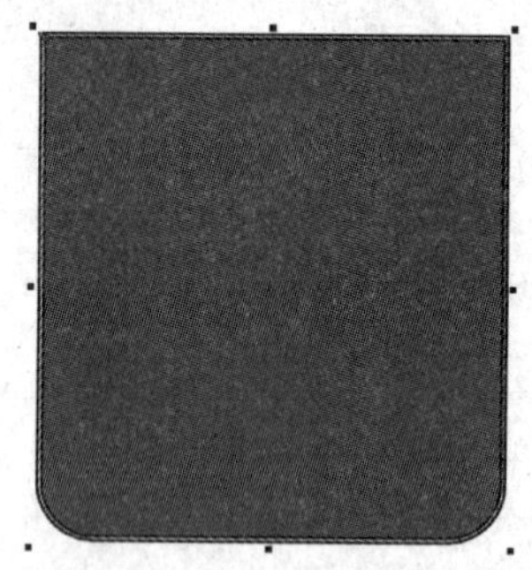
图 2—54　生成内轮廓图

5. 鼠标单击【属性栏】中【填充色】选择框 的下拉按钮，单击选择“10% 黑”色，修改生成的内轮廓图的填色。

6. 鼠标在图形内右键单击，在弹出的快捷菜单中选择【拆分】命令。

7. 鼠标在空白处单击取消选择，再单击选中内轮廓图，在【轮廓式样选择器】 中选择虚线线型，在【轮廓宽度】 .25 mm 中选择线的宽度为 0.25 mm。

8. 鼠标框选所有图形，然后单击【群组】按钮 （或按【Ctrl+G】键），将框选图形群组。

9. 按【Alt+F7】键，打开【变换】对话框，对话框中参数设置如图 2—55 所示，单击【应用到再制】按钮，将群组的图形再制一份，如图 2—56 所示。

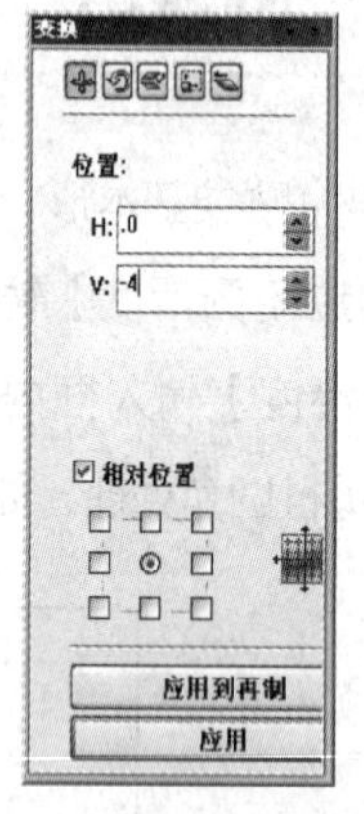

图 2—55　变换对话框

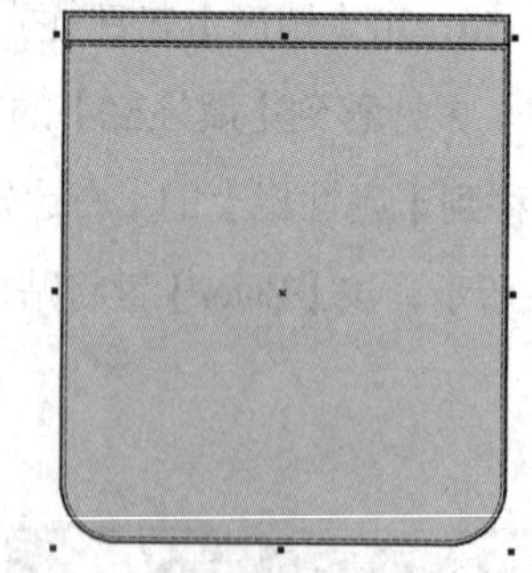
图 2—56　图形再制

10. 将再制的图形填充为白色。鼠标单击【属性栏】上的【取消群组】按钮 （或按【Ctrl+U】键），取消再制图形的群组。鼠标在空白处单击取消选择，再单击选中内轮廓图，按【Delete】键将其删除。

11. 单击选中外轮廓图，再单击【转换为曲线】按钮 ，将选中的外轮廓图转换为曲线。选中【形状】工具 ，框选刚转换的曲线，单击【转换直线为曲线】按钮 ，将其端点转换为曲线点，再将曲线调整到位，如图 2—57 所示。

12. 按【Ctrl+F9】键，设置偏移方向为“向内”、偏移值为“0.6”，做选中图形的内轮廓图；右键单击图形，在弹出的快捷菜单中选择【拆分】命令，拆分轮廓图；鼠标在空白处单击取消选择，再单击选中内轮廓图，设置偏移方向为“向内”、偏移值为“1.8”，做选中图形的内轮廓图。

13. 鼠标单击【轮廓】工具，弹出【轮廓笔】对话框，将线条的宽度设为“0.25 mm”、线型选为“虚线”，单击【确定】按钮，设置完成，效果如图 2—58 所示。

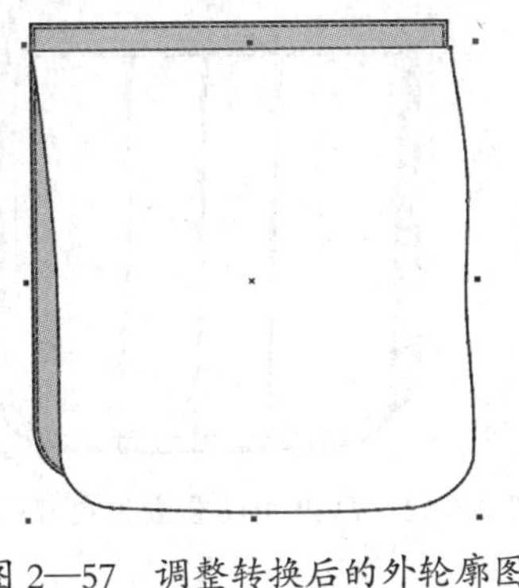

图 2—57 调整转换后的外轮廓图

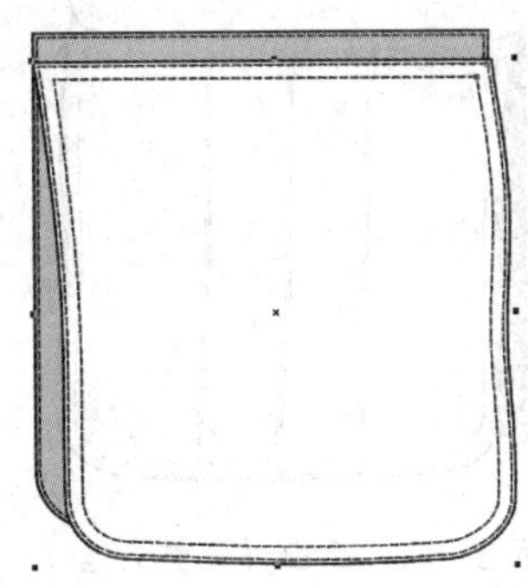

图 2—58 设置线宽与线型

14. 框选所有图形，按【Ctrl +G】键将其群组。

15. 参照图 2—50，用【贝塞尔】工具在上层贴袋上画三条线，再用【形状】工具将其调整到位，如图 2—59 所示。

16. 选中【选择】工具，按住【Shift】键选中三条线，将其宽度值设为“0.35”，然后将其群组，按【Alt+F7】键打开【变换】对话框，水平偏移值设为“0.6”，单击【应用到再制】按钮，将群组的图形向右再制一份，然后单击【轮廓】工具，在弹出的【轮廓笔】对话框中将线条的宽度设为“0.25 mm”、线型设为“虚线”，单击【确定】按钮，设置完成，效果如图 2—60 所示。

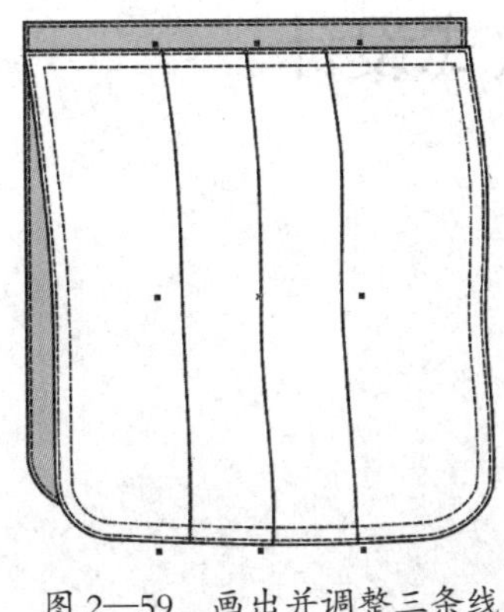

图 2—59 画出并调整三条线

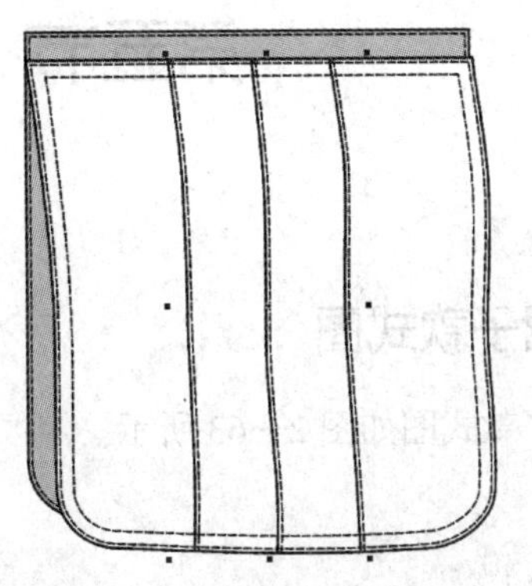

图 2—60 再制并设置线条

17. 框选所有图形，按【Ctrl +G】键将其群组。然后参照图 2—50，在图形的上方和左、右两侧画出四条辅助线，并在【选项】对话框中勾选【显示辅助线】和【对齐辅助线】选项。选中【矩形】工具，对齐辅助线，在贴袋的上方画出袋盖，然后设定其线宽和袋脚圆滑度，如图 2—61 所示。

18. 参照与贴袋相同的处理方法，画出并设置袋盖内部的明线，如图 2—62 所示。

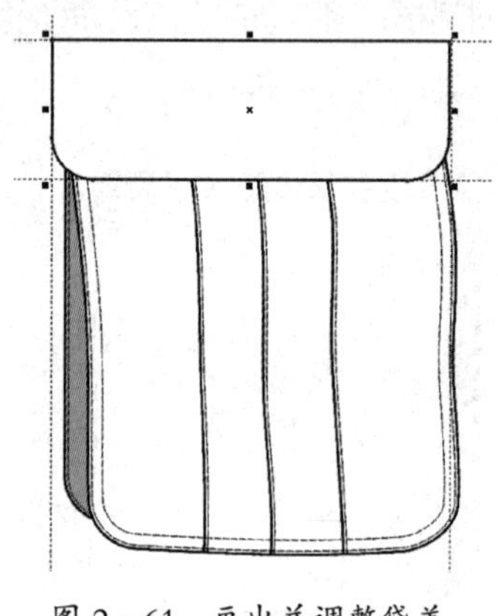

图 2—61　画出并调整袋盖

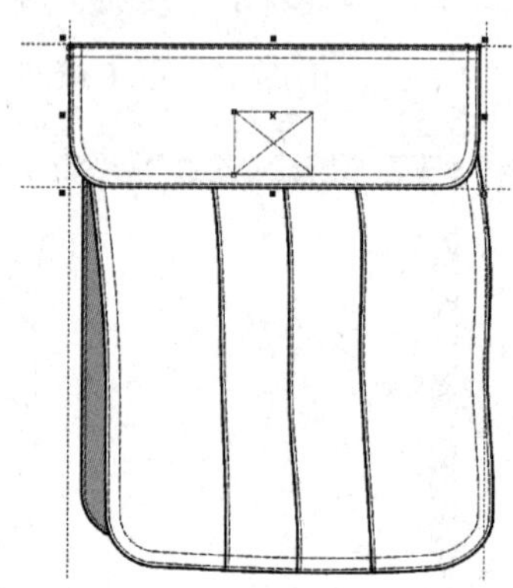

图 2—62　画出并设置袋盖内部的明线

19. 将袋盖所有图形群组。按住【Shift】键，鼠标依次单击选中所有的辅助线，按【Delete】键将其删除。

20. 框选口袋所有图形，按住【C】键，将贴袋和袋盖垂直居中对齐。

21. 鼠标在空白处单击取消选择，再单击选中袋盖，然后在袋盖上按住左键，再按住【Ctrl】键，左右拖动，水平调整袋盖到合适位置后松开左键，再松开【Ctrl】键。

口袋 CAD 款式设计完成，最终效果如图 2—50 所示。

第五节　裙子款式设计

一、裙子款式图

裙子款式图如图 2—63 所示。

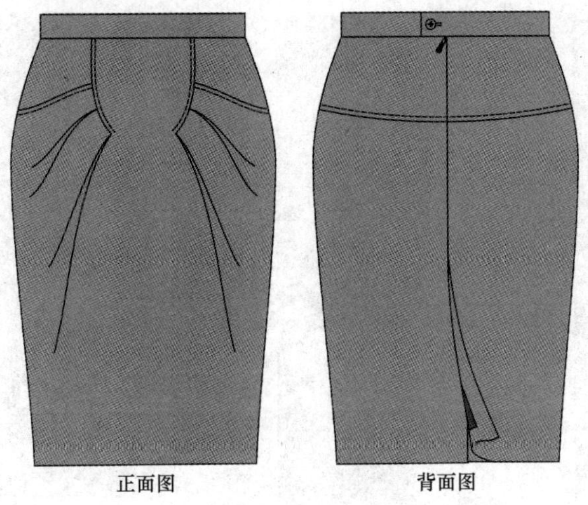

图 2—63　裙子款式图

二、裙子 CAD 款式设计

1. 单击【新建】按钮，新建一个工作画面。

想要观看裙子 CAD 款式设计完整视频，请扫描二维码。

2. 选中【矩形】工具，参照图 2—63 画一个矩形，然后将其线条宽度设为“0.35 mm”，并填充“20% 黑”色，单击【转换为曲线】按钮，将画出的矩形转换成曲线。

3. 选中【形状】工具，鼠标框选矩形左侧的两个节点，单击【转换直线为曲线】按钮，将其转换为曲线点，然后在左侧线上双击加一个节点，再将曲线调整到位，如图 2—64 所示。

4. 选中【贝塞尔】工具，参照图 2—63 画出内部的结构线，并用【形状】工具将线条调整到位，如图 2—65 所示。

5. 框选所有内部结构线，按【Ctrl +G】键将其群组。再框选所有图形，按一下数字键盘区的【+】键，复制、粘贴框选的图形。按住【Ctrl】键，将粘贴的图形对称到右侧，如图 2—66 所示。

6. 按住【Shift】键，鼠标依次单击选中左、右裙片，然后单击【属性栏】中的【焊接】按钮，将两个裙片变成一个整片，如图 2—67 所示。

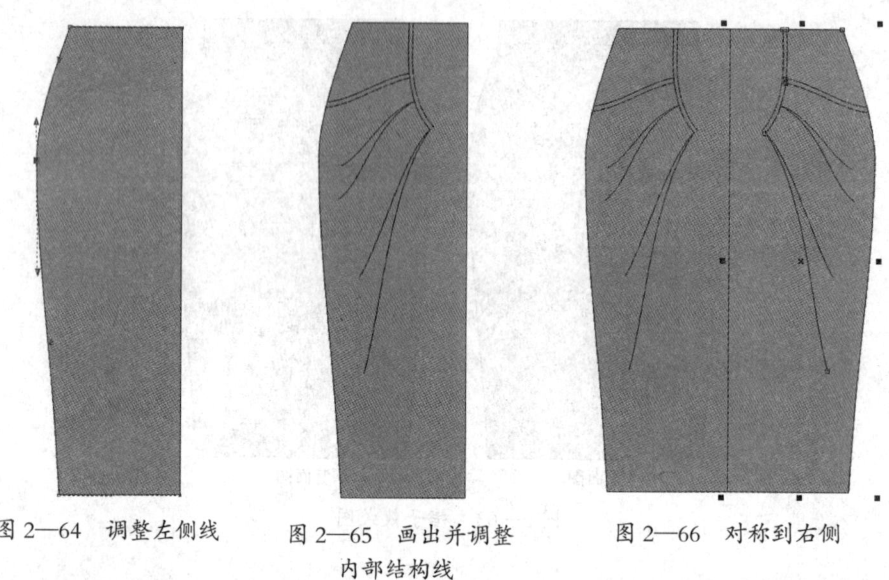

图 2—64　调整左侧线　　图 2—65　画出并调整内部结构线　　图 2—66　对称到右侧

7. 按一下数字键盘区的【+】键，将焊接的裙片复制、粘贴。按住【Ctrl】键，用鼠标将粘贴的图形移到右侧，如图 2—68 所示。

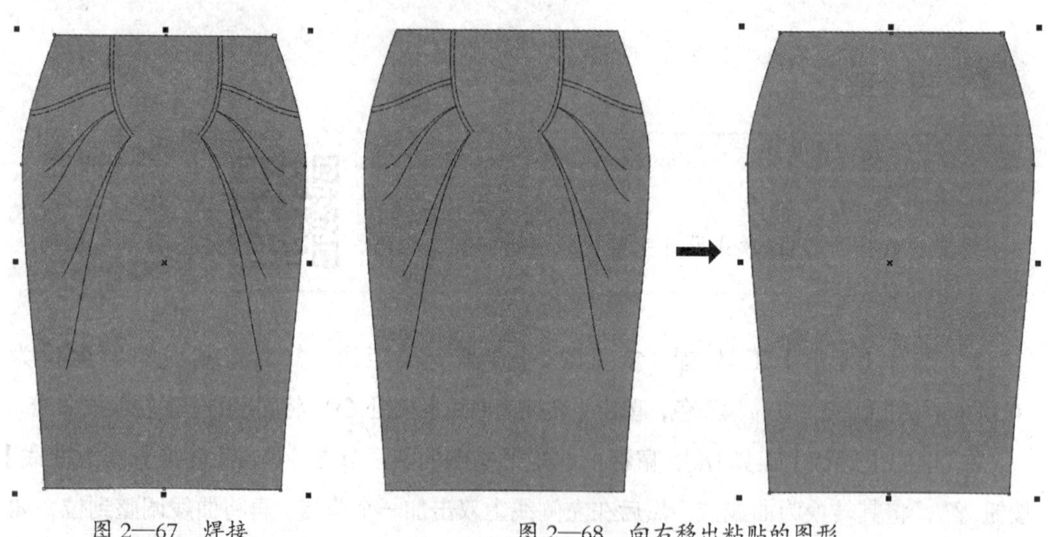

图 2—67　焊接　　图 2—68　向右移出粘贴的图形

8. 参照图 2—63，在图形的上方和左、右两侧画出四条辅助线，并在【选项】对话框中勾选【显示辅助线】和【对齐辅助线】选项。选中【矩形】工具，对齐辅助线，在前裙片的上方画出腰头，然后设定其线宽为 0.35 mm，并填充“20% 黑”色，如图 2—69 所示。

9. 按一下【+】键，将腰头复制、粘贴一份。鼠标移到粘贴的腰头的左下节点上按住，向右拖动到后片左上侧的腰节点上松开，将其移动对接到后片上，如图 2—70 所示。

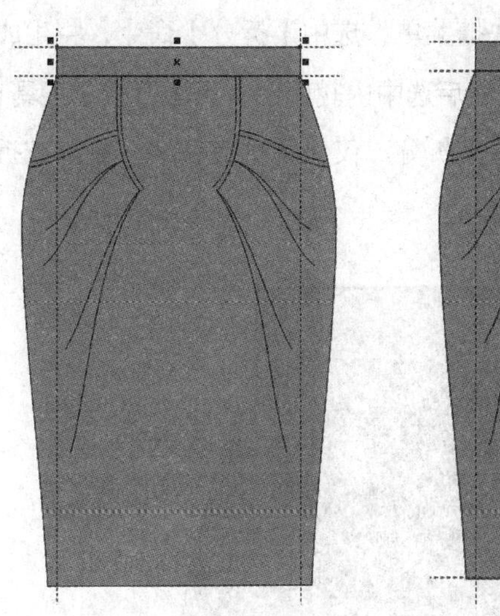

图 2—69　画出并设定腰头

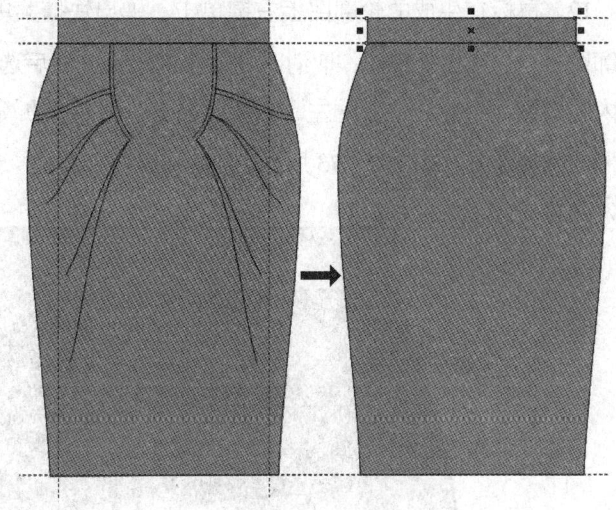

图 2—70　腰头对接到后片

10. 参照图 2—63，在后片的后中线画垂直辅助线，在后片育克分割线与侧缝的交点和开衩翻起点画水平辅助线。选中【贝塞尔】工具，参照图 2—63，画出后片的育克分割线，设定其宽度为 0.35 mm，并用【形状】工具将线条调整到位，如图 2—71 所示。

11. 选中【智能填充】工具，填充后育克。按【Ctrl+F9】键，在弹出的【轮廓图】对话框中设置偏移方向为"向内"、偏移值为"1.5"，单击【应用】按钮，生成的图形如图 2—72 所示。

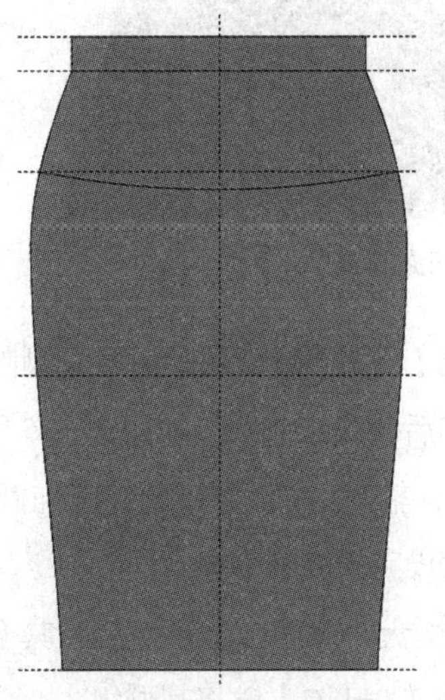

图 2—71　画出并调整后育克线

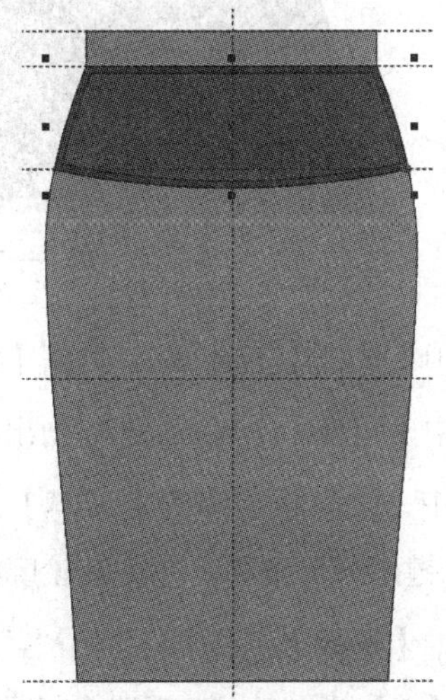

图 2—72　生成后育克轮廓图

12. 鼠标在生成的轮廓图上右键单击，弹出快捷菜单，选中【拆分】命令，将生成的轮廓图拆分。空白处单击，取消对轮廓图的选择，然后选中内轮廓图，用【形状】工具将内轮廓图在育克线位置的左、右两点断开，并将其拆分。仅保留育克压线，删除被拆分图形的其他部分，如图 2—73 所示。

图 2—73　仅保留育克压线

13. 选中保留的育克压线，将其线宽设为 0.35 mm、线型设为虚线。

14. 选中【形状】工具，鼠标分别在育克压线上左、右端点附近单击，各加一个曲线节点，然后沿着延长线的方向将育克压线的两侧端点分别延长到侧缝线上，如图 2—74 所示。

图 2—74　调整育克压线

15. 选中【选择】工具，将用【智能填充】工具填色的后育克删除。

16. 选中【贝塞尔】工具，画出后中线和后腰头止口线，如图 2—75 所示。

17. 选中【工具箱】中的【文本】工具，输入“+”号；选中【椭圆】工具，按住【Ctrl】键画一个正圆，并将其轮廓线的宽度设定为 0.35 mm。

18. 选中【选择】工具，将“+”号和圆的大小调整合适，然后将其全部框选，按【E】键再按【C】键将两个图形居中对齐，之后按【Ctrl+G】键将其群组。

19. 选中【矩形】工具，在群组图形的左侧画一个矩形；选中【选择】工具，调整矩形的大小和位置与群组图形匹配，设定其线宽为 0.35 mm，鼠标框选圆和矩形，按

【E】键将其水平居中对齐，再按【Ctrl+G】键将其群组。纽扣和扣眼制作完成，效果如图 2—76 所示。

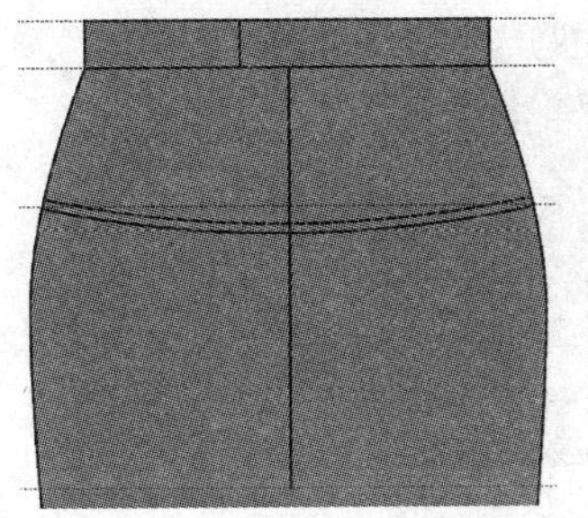

图 2—75　画出后中线和后腰头止口线

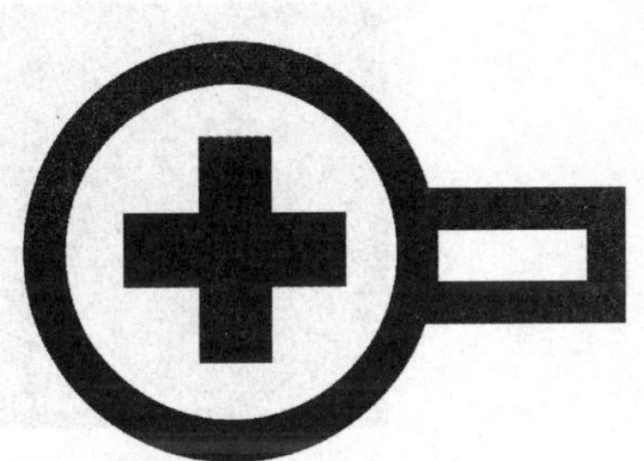

图 2—76　画出纽扣与扣眼

20. 将群组后的纽扣和扣眼移到后腰头上，与后腰头水平居中对齐。

21. 选中【贝塞尔】工具，画出拉链头，然后用【形状】工具将其调整到位，再用【选择】工具将其群组并移到后中线的上端点，如图 2—77 所示。

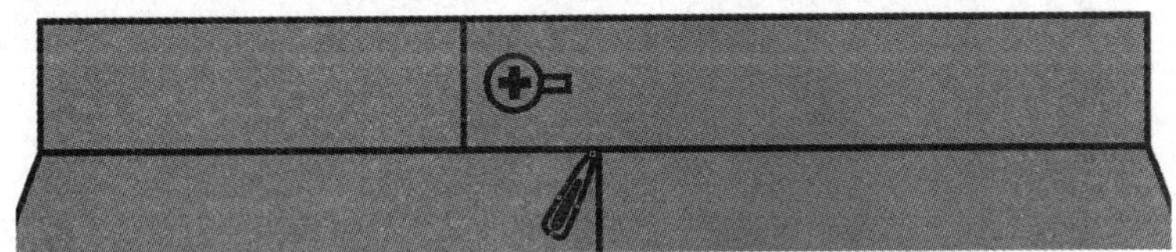

图 2—77　画出拉链头并移至后中线的上端点

22. 选中【贝塞尔】工具，画出后中下摆的开衩线，设定其线宽为 0.35 mm，再用【形状】工具将其调整到位，如图 2—78 所示。

23. 选中【贝塞尔】工具，画出外露的里子，设定其线宽为 0.35 mm，并填充"50% 黑"色，再用【形状】工具将其调整到位，如图 2—79 所示。

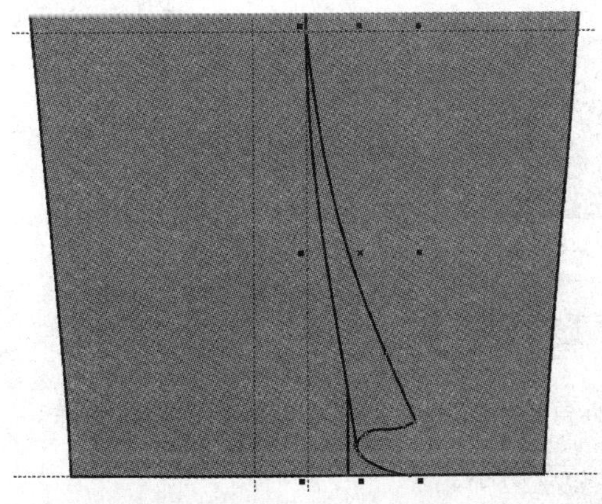

图 2—78　画出并调整开衩线

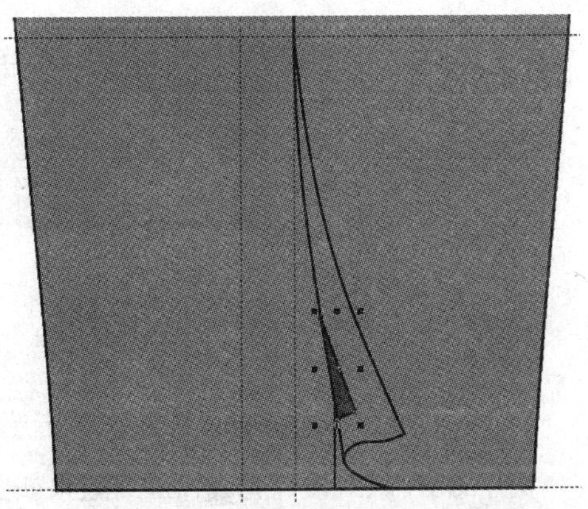

图 2—79　画出并调整外露的里子

24. 拖一条垂直辅助线到裙子后下摆的里襟开衩线上，然后在下摆线的 A 点附近双击加两个节点 B、C，如图 2—80 所示。

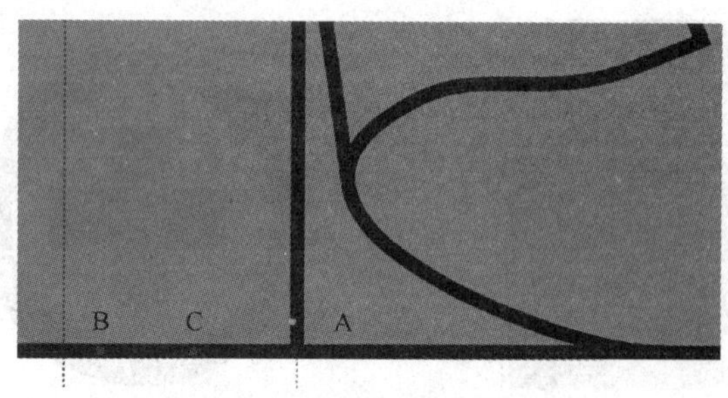

图 2—80　增加节点 B 和 C

25. 选中【形状】工具，鼠标框选 B、C 两个节点，单击【属性栏】上的【转换曲线为直线】按钮将其转换为折线节点。之后将 B 点移到 A 点的正下方适当位置，C 点移到 A 点上，如图 2—81 所示。

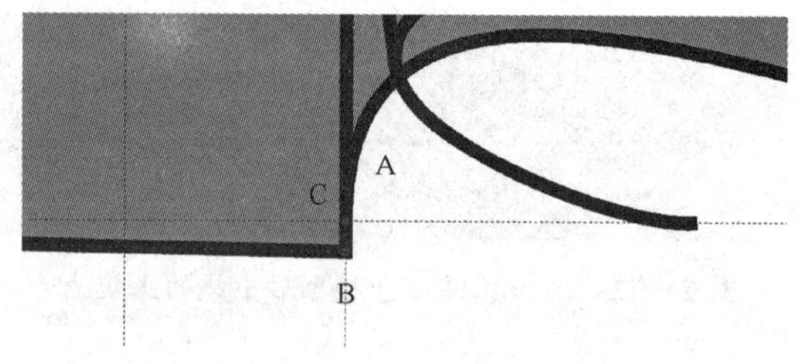

图 2—81　移动节点 B 和 C

26. 鼠标单击【属性栏】上的【使节点成为尖突】按钮，将 C 点转换为尖突节点，然后鼠标移到 C 点的调节控制柄箭头上，将 C 点右侧的裙子下摆线调成水平线，如图 2—82 所示。

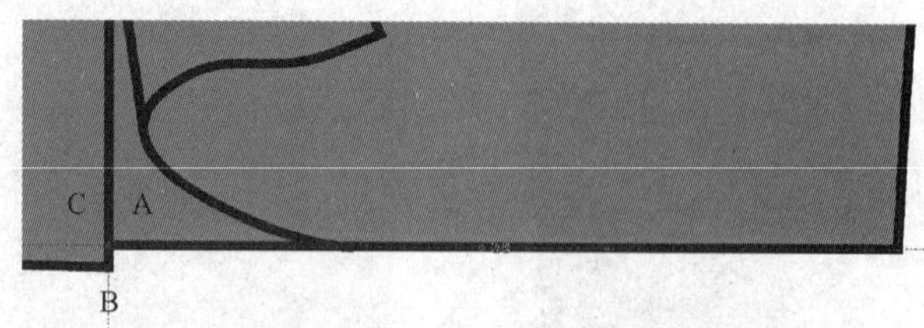

图 2—82　调节下摆线水平

27. 按住【Shift】键，鼠标依次单击选中所有的辅助线，按【Delete】键将其删除。裙子 CAD 款式设计完成，最终效果如图 2—63 所示。

第六节　裤子款式设计

一、裤子款式图

裤子款式图如图 2—83 所示。

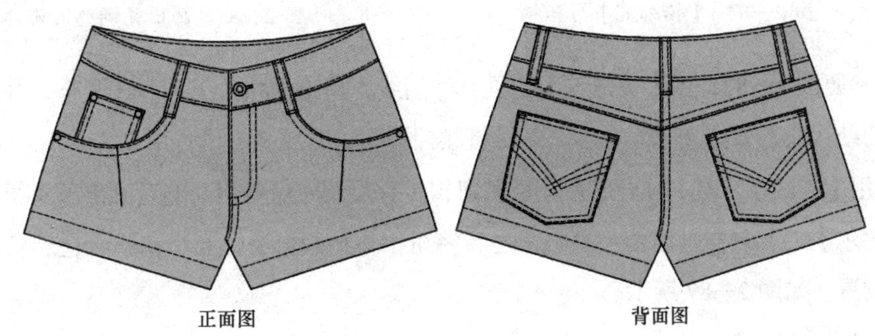

图 2—83　裤子款式图

二、裤子 CAD 款式设计

1. 单击【新建】按钮 ，新建一个工作画面。

想要观看裤子 CAD 款式设计完整视频，请扫描二维码。

2. 单击【轮廓】工具 （或按【F12】键），弹出【轮廓笔】对话框，如图 2—84 所示，勾选“图形”，单击【确定】按钮，在弹出的对话框中将线的宽度设为“0.25 mm”，单击【确定】按钮，完成画图线宽的设置。

3. 选中【贝塞尔】工具 ，画出裤子右前片的基本型，将其填充“10% 黑”色，然后用【形状】工具 将其调整到位，如图 2—85 所示。

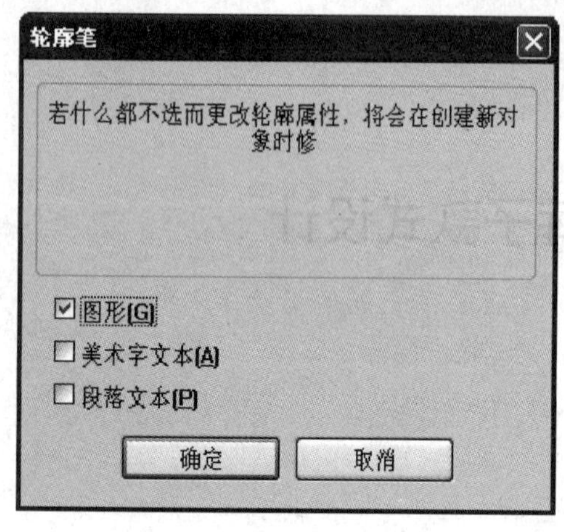

图 2—84 【轮廓笔】对话框

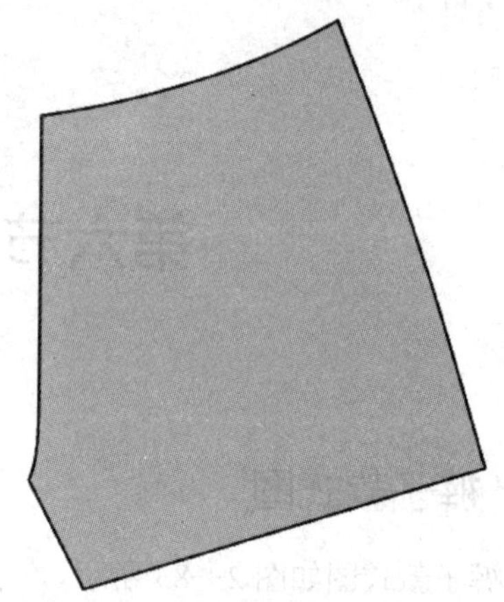

图 2—85 画出并调整右前片

4. 参照图 2—83，用【贝塞尔】工具画线，用【形状】工具调整，画出右前片内部的结构线，如图 2—86 所示。然后将腰袢群组，并复制一份备用。

5. 用【椭圆】工具画出月牙袋侧纽扣，并复制一份备用。然后画出腰头纽扣，再用【贝塞尔】工具画出腰头扣眼，之后将纽扣与扣眼群组，大小调整合适后将其移到适当的位置，如图 2—87 所示。

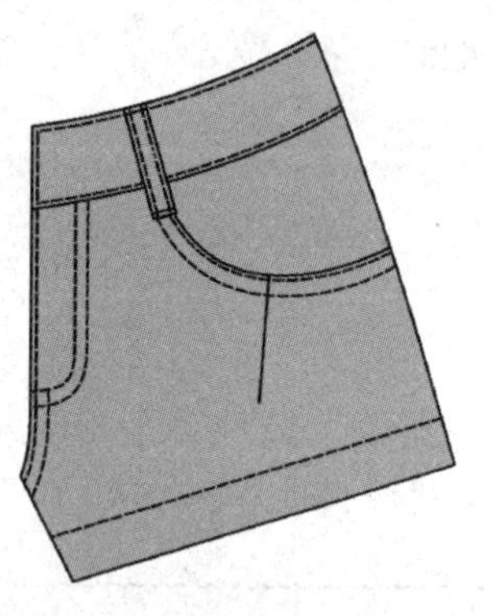

图 2—86 画出并调整内部的结构线

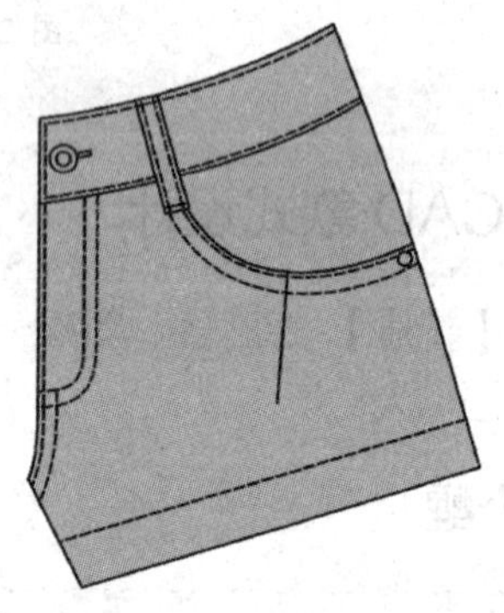

图 2—87 画出纽扣和扣眼

6. 框选前片的所有图形线，按【Ctrl+G】键将其群组，再按一下数字键盘区的【+】键，复制、粘贴框选的图形，按住【Ctrl】键，将其对称到左侧，如图 2—88 所示。

7. 按【Ctrl+U】键将对称到左侧的图形取消群组，然后将纽扣、扣眼、门襟压线、下裆缝压线删除，再群组剩余的部分，并将其对齐右前片，如图 2—89 所示。

8. 选中【排列】菜单中【顺序】命令下的【到页面后面】命令（或直接按【Ctrl+End】键），将左侧前片放到最下面。之后在左侧前片上用【贝塞尔】工具画线，用【形状】工具调整，画出硬币袋，再将原来复制的纽扣复制两份，移到硬币袋的袋口左、右两侧。

9. 框选左侧前片的所有图形线，按【Ctrl+G】键将其群组。

以上操作如图 2—90 所示。

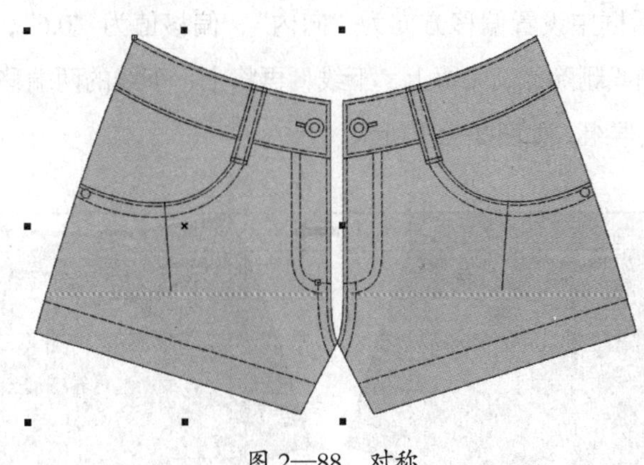

图 2—88　对称

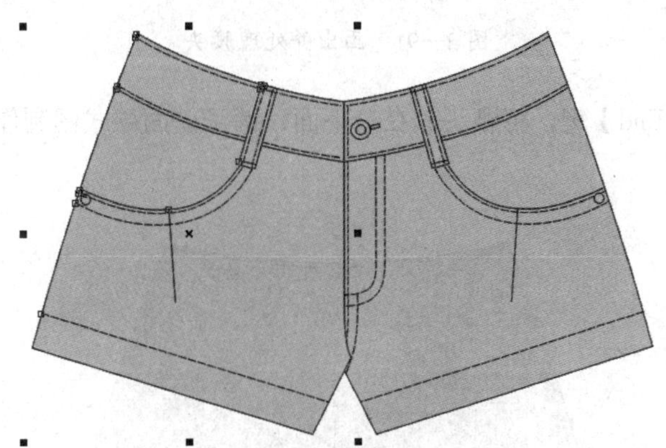

图 2—89　对齐

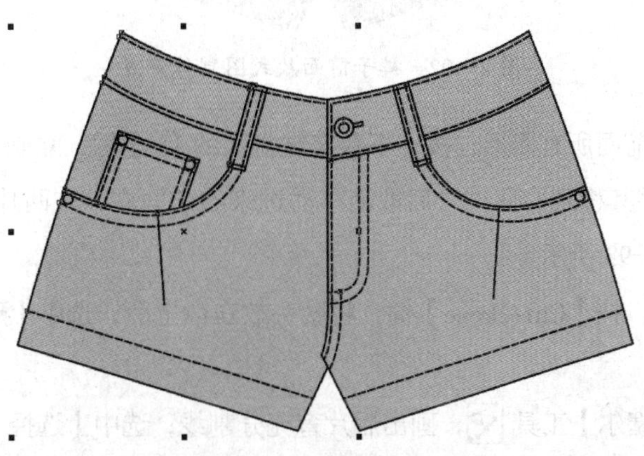

图 2—90　处理左侧前片

10. 参照图2—83，在图形的上方和左、右两侧画出六条辅助线，并在【选项】对话框中勾选【显示辅助线】和【对齐辅助线】选项。选中【矩形】工具，画出腰头，然后将其转化为曲线，再用【形状】工具将图形调整到位，接着按【Ctrl+F9】键，在弹出的【轮廓图】对话框中设置偏移方向为“向内”、偏移值为“0.6”，生成腰头内轮廓，再将其拆分，将两侧线删除，仅保留上、下线，再将上、下线的两端移至侧缝，并将其设为虚线，最后将腰头群组，如图2—91所示。

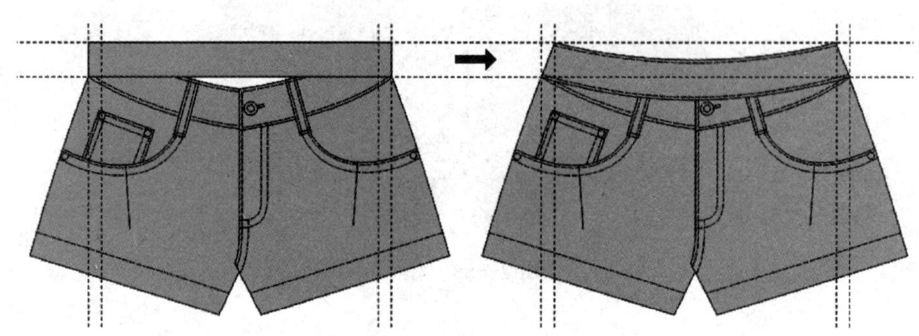

图2—91 画出并处理腰头

11. 按【Ctrl +End】键，将腰头放在最下面，裤子前面款式图制作完成，如图2—92所示。

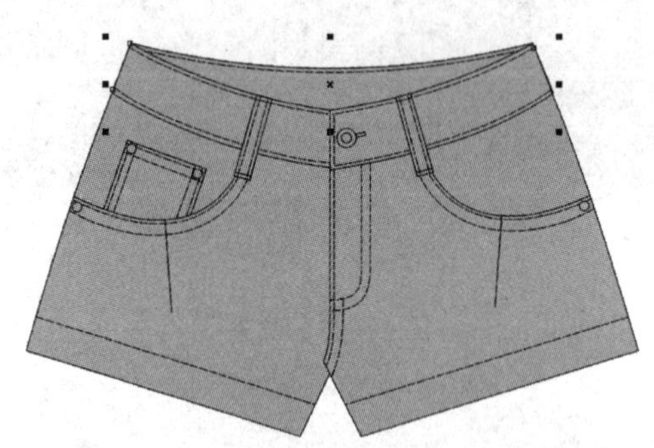

图2—92 裤子前面款式图制作完成

12. 框选裤子前面所有图形，按一下数字键盘区的【+】键，复制、粘贴框选的图形，按住【Ctrl】键，将其移到右侧。之后取消移动过来的前面左、右两片群组，并删除不要的结构线，如图2—93所示。

13. 选中腰头，按【Ctrl+Home】键，将腰头放在最上面；选中【形状】工具，将后裆压线调整到位。

14. 选中【贝塞尔】工具，画出后片育克分割线；选中【选择】工具，设置画出线的线型；再用【形状】工具将线条调整到位。

以上操作如图 2—94 所示。

15. 选中【矩形】工具，画一个矩形，设置其线宽为 0.25 mm，再将其转换为曲线；用【形状】工具调整其形状。

16. 按一下数字键盘区的【+】键，复制、粘贴框选的图形，按住【Ctrl】键，将其对称到右侧。

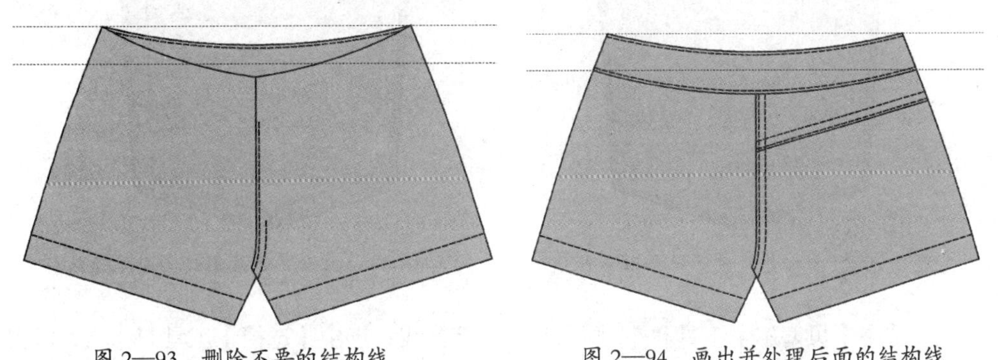

图 2—93　删除不要的结构线　　图 2—94　画出并处理后面的结构线

17. 鼠标框选两个图形，然后单击【属性栏】上的【创建一个选择对象的边界】按钮，再按【Ctrl+End】键，将创建的图形放到最下面，之后选中原来的两个图形，将其删除。以上操作如图 2—95 所示。

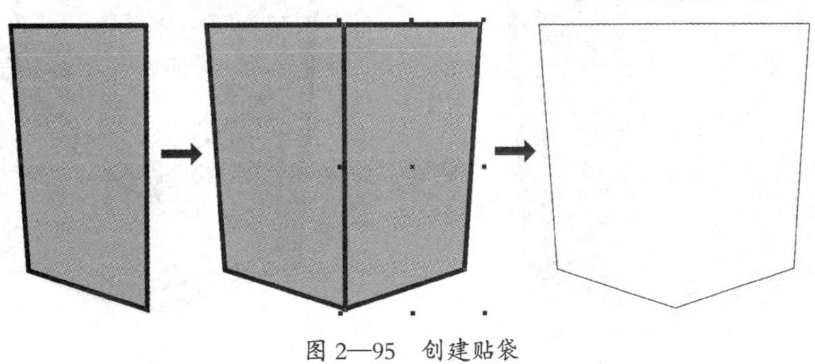

图 2—95　创建贴袋

18. 选中创建的图形，设定其线宽为 0.25 mm，并填充“10％黑”色。按【Ctrl+F9】键，在弹出的【轮廓图】对话框中设置偏移方向为“向内”、偏移值为“0.4”，单击【应用】按钮，生成内轮廓图。之后将内轮廓图与外轮廓图拆分，再将内轮廓图在袋口两侧进行线段拆分，然后将其线型设为虚线，并用【形状】工具调整线段到位，如图 2—96 所示。

19. 再次选中创建的图形，按【Ctrl+F9】键，在弹出的【轮廓图】对话框中设置偏移方向为“向内”、偏移值为“1.4”，单击【应用】按钮，生成内轮廓图。之后将内轮廓图与外轮廓图拆分，再将内轮廓图在袋口两侧进行线段拆分，并用【形状】工具调整线段到位，如图 2—97 所示。

20. 参照图2—83，在贴袋上画出五条垂直辅助线和六条水平辅助线，其中一条垂直辅助线（AB）经过贴袋的中点，另外四条垂直辅助线对称在AB的两侧，如图2—98所示，并在【选项】对话框中勾选【显示辅助线】和【对齐辅助线】选项。

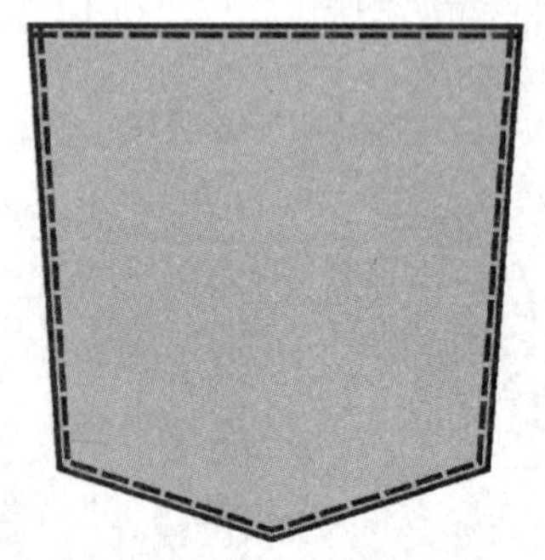

图2—96 画出并修改第一条贴袋压线

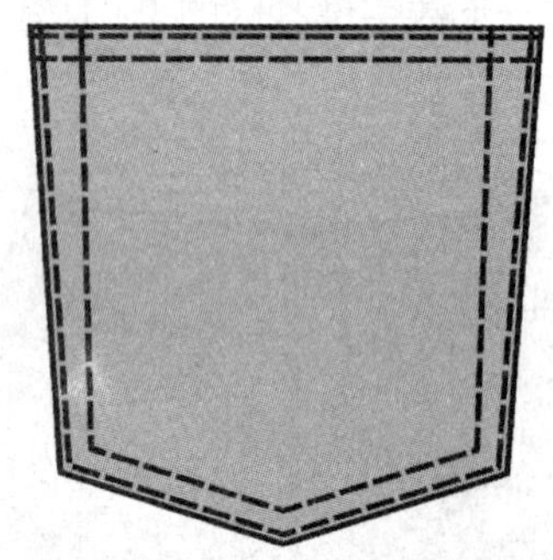

图2—97 画出并修改第二条贴袋压线

21. 选中【贝塞尔】工具，画出后贴袋装饰线；选中【选择】工具，设置画出线的线型；再用【形状】工具将线条调整到位，调整时注意对齐相关辅助线的交点，且左右对称。画好的后贴袋装饰明线 如图2—99所示。

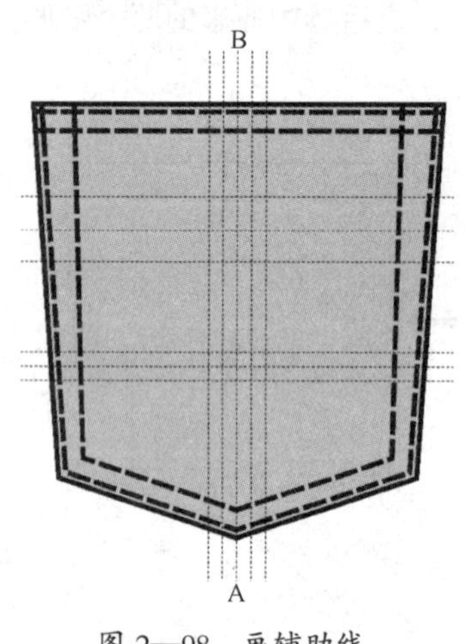

图2—98 画辅助线

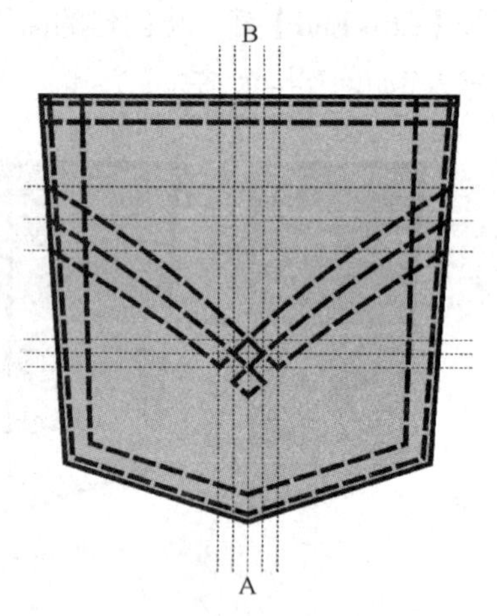

图2—99 画出后贴袋装饰明线

操作提示

辅助线画出后，为方便确认其所处的确切位置，可将鼠标移到标尺的左上角按钮上按住左键拖动，到后贴袋的下尖点A点上松开，将其设为坐标原点，则过A点的水平辅助线和垂直辅助线就相当于坐标轴，如图2—100所示。之后选中任意一条辅助线，【属性栏】的【对象的位置】对话框中即可显示水平辅助线的Y坐标值、垂直辅助线的X坐标值，修改坐标值即可调整辅助线的坐标位置，从而方便调整对称的辅助线。

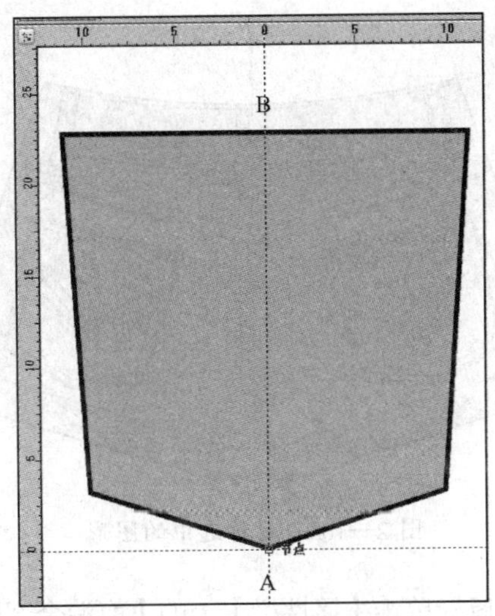

图 2—100　将 A 点设为坐标原点

22. 选中【选择】工具，框选后贴袋的所有图形线，按【Ctrl+G】键将其群组，然后将其移到后裤片上，并调整到合适大小，如图 2—101 所示。之后再次单击选中的后贴袋，出现旋转和倾斜控制柄后将鼠标移到旋转控制柄上，旋转贴袋到合适位置，如图 2—102 所示。

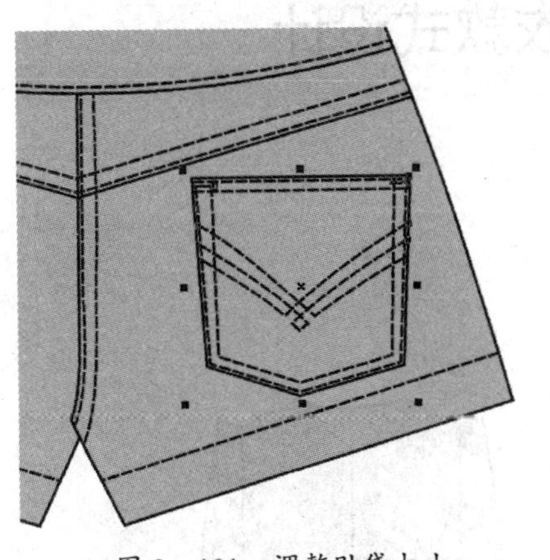

图 2—101　调整贴袋大小

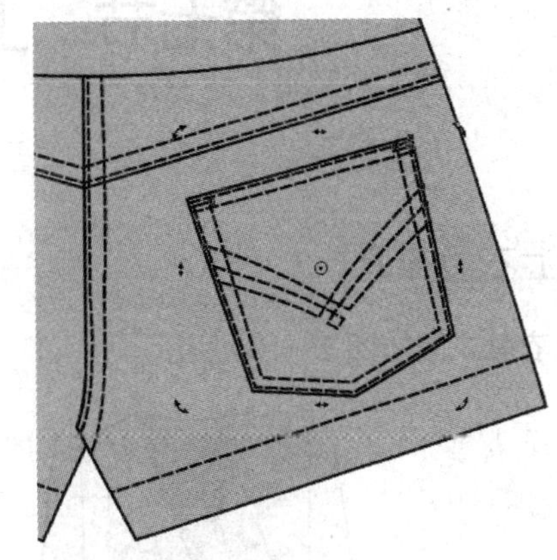

图 2—102　旋转贴袋

23. 同样的方法，将之前复制的裤袢移到后腰上。

24. 拖出一条垂直辅助线到后片的后中线上。选中【贝塞尔】工具，在后裤片的上方、垂直辅助线上画一条竖直的短线段，之后按住【Shift】键，再选中左侧的裤袢和贴袋，按一下数字键盘区的【+】键，复制、粘贴框选的图形，按住【Ctrl】键，将其对称到左侧，如图 2—103 所示。

25. 将短线段和所有的辅助线删除。

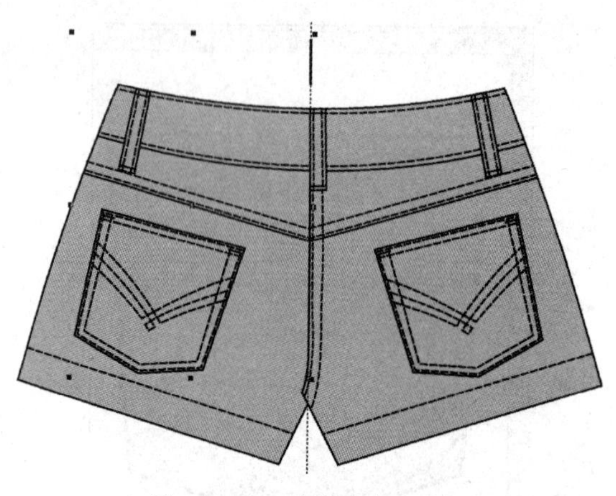

图 2—103 对称选中的图形

26. 框选所有的图形，鼠标单击【属性栏】上的【取消全部群组】按钮，然后选中所有的轮廓线和分割线，将其线宽设为 0.35 mm，再将裤子前面图形和后面图形分别群组。

裤子 CAD 款式设计完成，最终效果如图 2—83 所示。

第七节　上衣款式设计

一、上衣款式图

上衣款式图如图 2—104 所示。

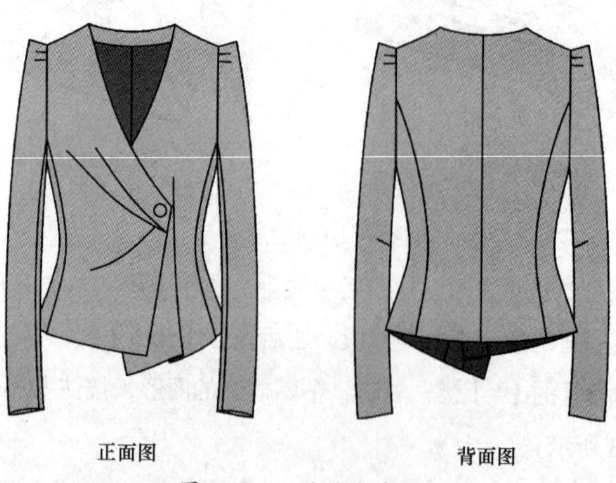

图 2—104 上衣款式图

二、上衣 CAD 款式设计

1. 单击【新建】按钮，新建一个工作画面。

提个醒

想要观看上衣 CAD 款式设计完整视频，请扫描二维码。

2. 按【F12】键，在弹出的【轮廓笔】对话框中将线的宽度设为“0.25 mm”，单击【确定】按钮，完成画图线宽的设置。

3. 选中【贝塞尔】工具，画出上衣左前片的基本型，填充“10% 黑”色，然后用【形状】工具将其调整到位，如图 2—105 所示。再用【贝塞尔】工具画出内部的结构线，并用【形状】工具将画出的内部结构线和左前片的下摆线调整到位，如图 2—106 所示。

4. 参照图 2—104，在左前片合适位置画一条垂直辅助线，并在【选项】对话框中勾选【显示辅助线】和【对齐辅助线】选项。按住【Ctrl】键，在辅助线上画一条竖直短线。选中【选择】工具，框选所有图形线，按一下数字键盘区的【+】键，复制、粘贴框选的图形，按住【Ctrl】键，将其对称到右侧，如图 2—107 所示。

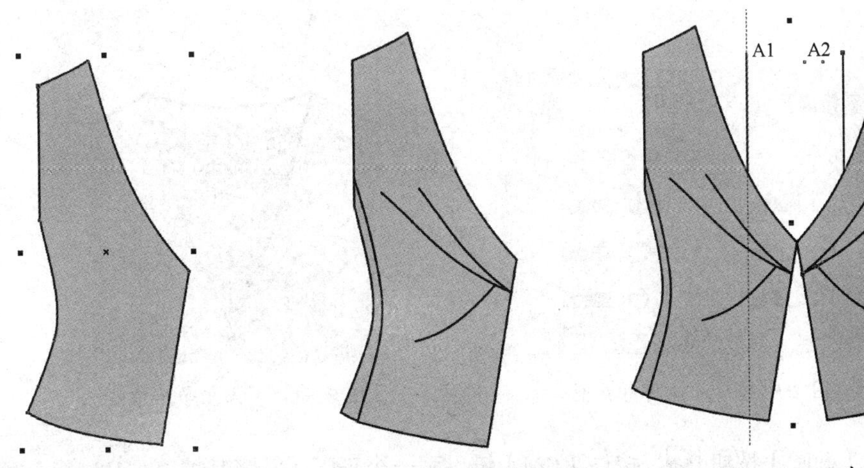

图 2—105　左前片基本形　图 2—106　画出并调整线段　图 2—107　对称

5. 鼠标移到对称过来的图形的 A2 点上，按住左键拖动到 A1 点上松开，然后按【Ctrl+End】键将移动过来的图形放到最下面，再选中多余的线段将其删除，如图 2—108

所示。然后用【贝塞尔】工具画出右前片内部的结构线、后领窝线和后领贴线，并用【形状】工具将内部结构线、后领窝线、后领贴线和下摆线调整到位，如图 2—109 所示。

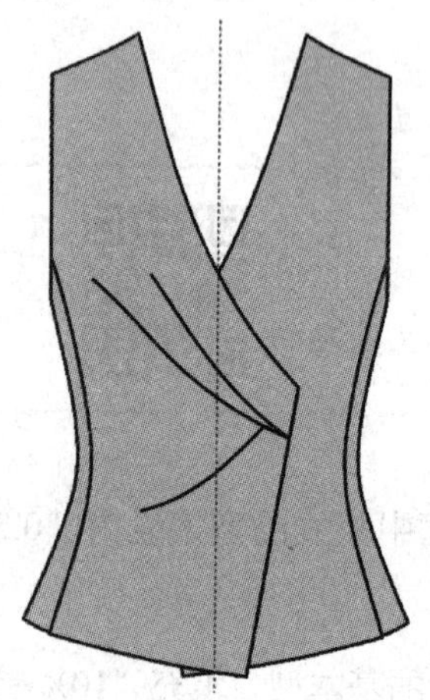
图 2—108　移动对齐图形、删除多余的线段

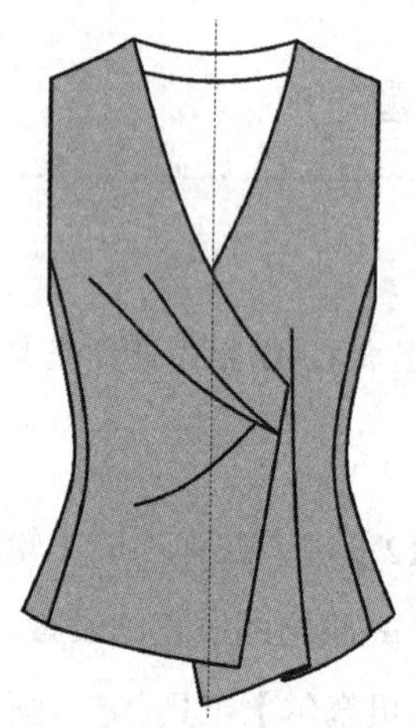
图 2—109　画出并调整线段

6. 选中【智能填充】工具，【属性栏】中设置填充“10% 黑”色，鼠标单击后领贴内的白色区域，会自动在图形的上方生成一个与原图轮廓完全相同的图形。按【Ctrl+End】键，将生成的图形放到最下面。按【F12】键，在弹出的对话框中点选圆角图标，如图 2—110 所示，单击【确定】按钮即可。同样的方法，填充“30% 黑”色，完成里子图形的处理。之后用【贝塞尔】工具画出里子后中线，如图 2—111 所示。

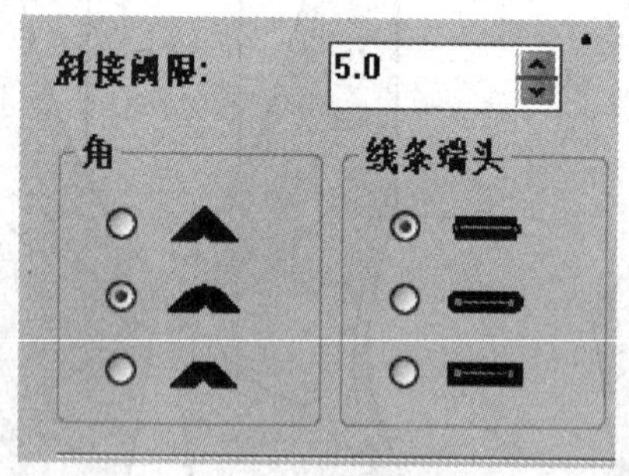

图 2—110　选择圆角类型

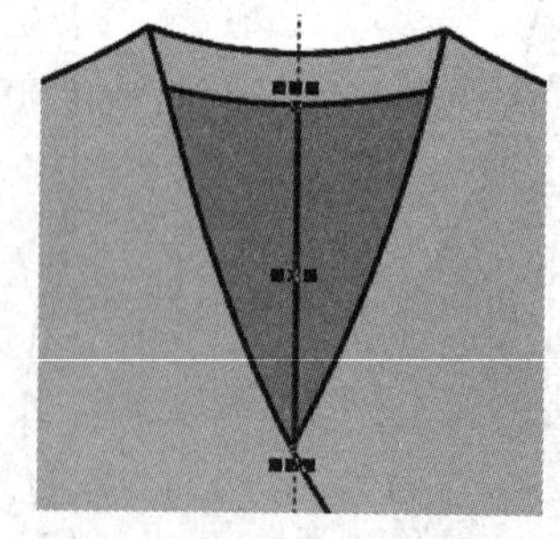
图 2—111　画里子后中线

7. 选中【椭圆】按钮，按住【Ctrl】键，画一个正圆，并将其填充“10% 黑”色。选中【选择】工具，将圆移动调整到位。

8. 选中【贝塞尔】工具，画出袖子的基本型，将其填充“10% 黑”色，然后用

【形状】工具 将其调整到位，如图2—112所示。再用【贝塞尔】工具 画出内部的结构线和袖口线，并用【形状】工具 将其调整到位，如图2—113所示。

9. 选中【选择】工具 ，按住【Shift】键，框选袖子所有图形和后中线，按一下数字键盘区的【+】键，复制、粘贴框选的图形，按住【Ctrl】键，将其对称到右侧，如图2—114所示。上衣前面款式绘制完成。

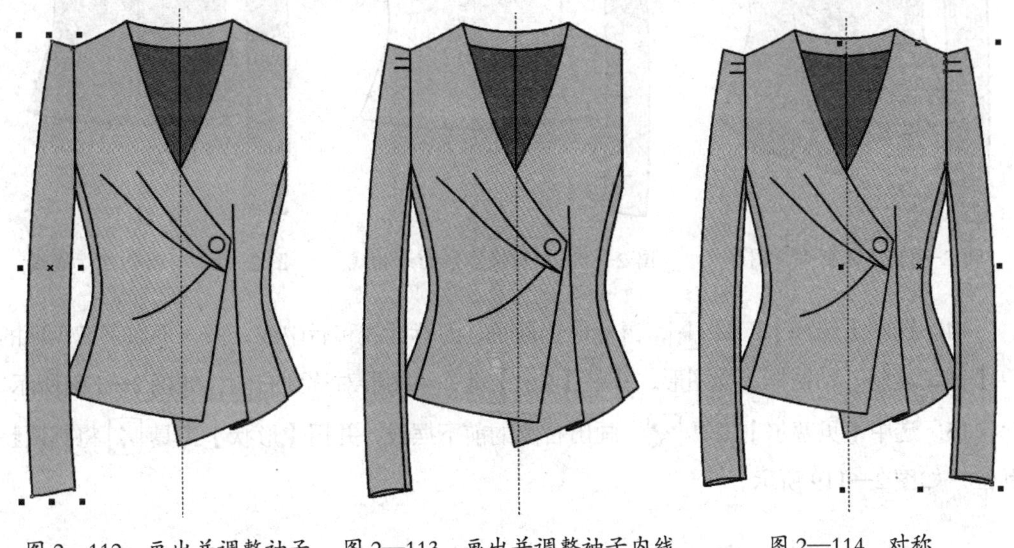

图2—112　画出并调整袖子　图2—113　画出并调整袖子内线　图2—114　对称

10. 鼠标框选上衣前面所有图形，按一下数字键盘区的【+】键，复制、粘贴框选的图形，按住【Ctrl】键，将图形移到右侧，然后将不需要的线段删除，余下的图形留作画上衣后面用，如图2—115所示。

11. 选中【贝塞尔】工具 ，画出袖肘省，并用【形状】工具 将其调整到位。选中【选择】工具 ，框选袖子所有图形，按【Ctrl+G】键将其群组；再按【Ctrl+End】键，将其放在最后面。然后将其适当向左移开。

12. 选中【贝塞尔】工具 ，画出后下摆线，并用【形状】工具 调整到位。然后将复制移动过来的两块前片图形在颈侧点和下摆与侧缝线的交点断开，再拆分图形，拖一条垂直辅助线到后中位置，之后将多余的结构线删除，如图2—116所示。

13. 选中【智能填充】工具 ，【属性栏】中设置填充“10%黑”色，轮廓宽度设为0.25 mm，填充生成后片轮廓。选中【选择】工具 ，框选生成后片轮廓图的基本图形，按【Delete】键将其删除，再将群组的袖子移回对齐到肩点。然后用【贝塞尔】工具 画出后中线和后片刀背缝线，并用【形状】工具 将刀背缝线调整到位，如图2—117所示。

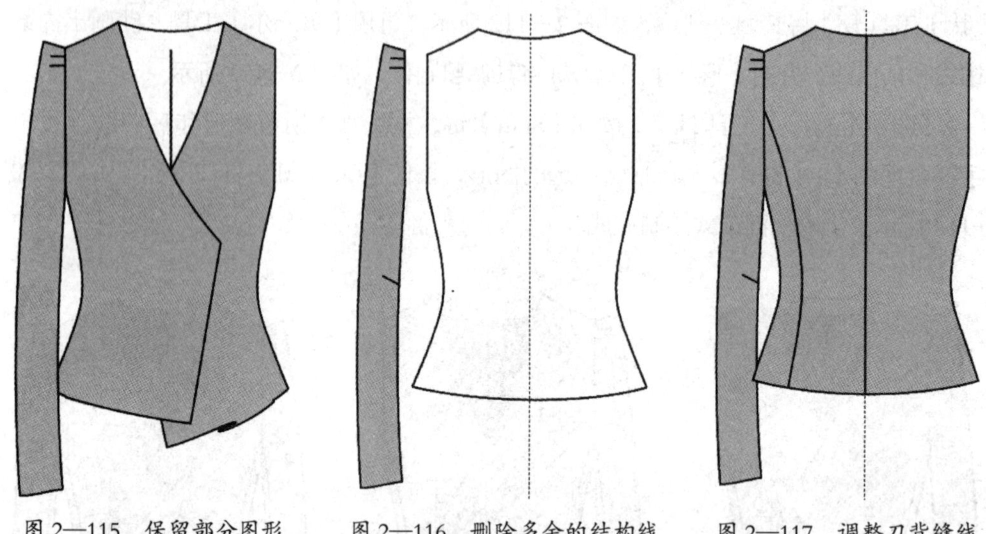

图 2—115 保留部分图形　　图 2—116 删除多余的结构线　　图 2—117 调整刀背缝线

14. 选中【选择】工具，鼠标框选袖子、刀背缝线和后中线，按一下数字键盘区的【+】键，复制、粘贴框选的图形，按住【Ctrl】键，将图形对称到右侧，如图 2—118 所示。

15. 选中【贝塞尔】工具，画出右侧的前下摆线，并用【形状】工具将其调整到位，如图 2—119 所示。

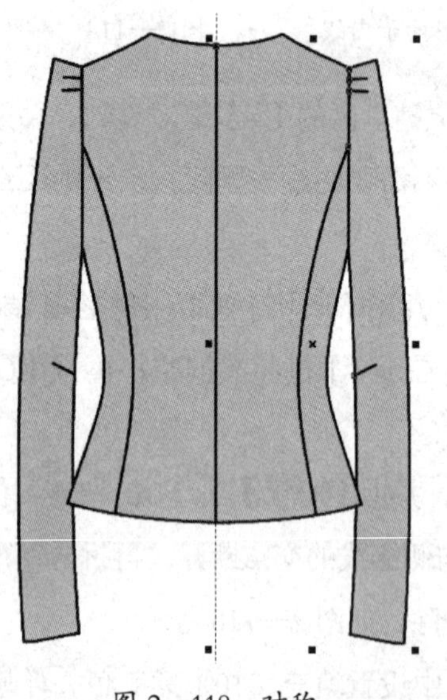

图 2—118 对称

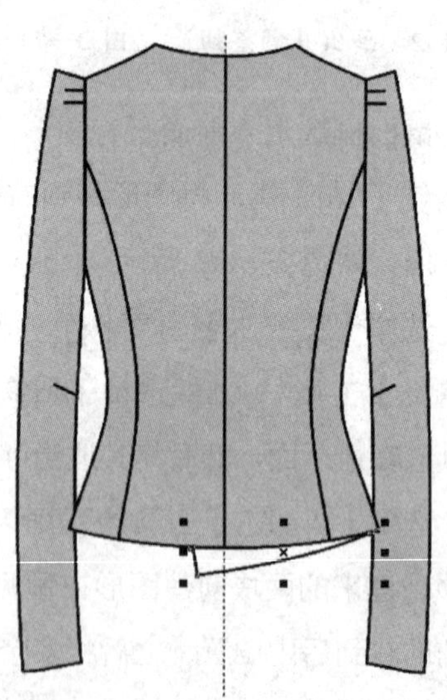

图 2—119 画出并调整右侧前下摆

16. 选中【智能填充】工具，【属性栏】中设置填充“30% 黑”色，轮廓宽度设为 0.25 mm，填充生成前右下摆轮廓。按【F12】键，在弹出的【轮廓笔】对话框中将角的类型选为“圆角”，单击【确定】按钮即可。按【Ctrl+End】键，将生成的图形放到最下面，如图 2—120 所示。选中【选择】工具，框选生成前右下轮廓图的基本图形，按【Delete】键将其删除。

17. 按照画前右下摆轮廓相同的方法，画出前左下摆轮廓，如图 2—121 所示。

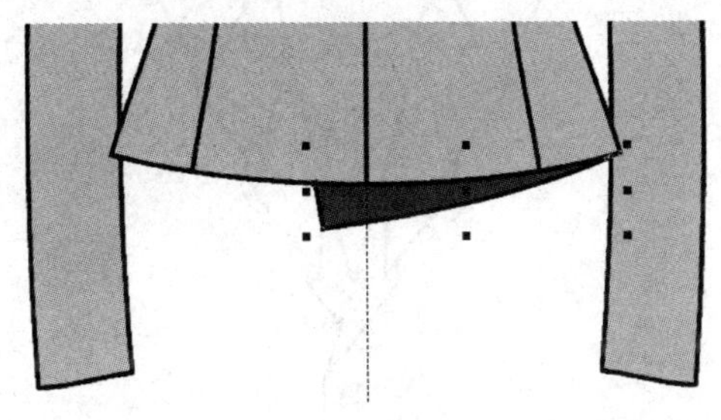

图 2—120　处理右侧前下摆

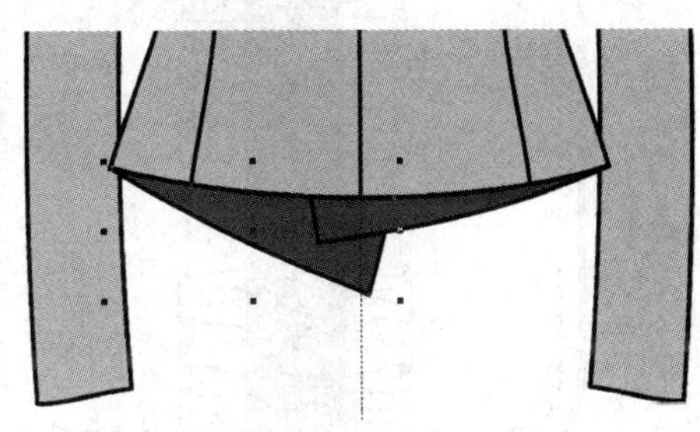

图 2—121　处理左侧前下摆

18. 参照图 2—104，用【贝塞尔】工具画出下摆的相关结构线，并用【形状】工具将其调整到位，然后删除辅助线。

上衣 CAD 款式设计完成，最终效果如图 2—104 所示。

本章小结

本章对 CorelDRAW X3 款式设计软件的工作画面组成、图标工具名称与快捷键做了一个简要介绍，通过典型案例重点介绍了在系统中进行图形绘制、图形变化处理的流程和方法，其中，图形的群组与拆分、排列的前后顺序、对齐的方式、线条的调整和快捷键的灵活应用等是难点，学习的关键是要加强实践。

思考与练习

1. CorelDRAW X3 的绘图工作区与绘图页面有何区别？
2. 群组的目的是什么？取消群组和取消全部群组的作用有何不同？
3. 【焊接】命令和【创建一个选择对象的边界】命令的功能有何不同？
4. 用【轮廓图】命令生成新轮廓图后，一般都要做两次拆分，两次拆分的作用有何不同？
5. 对于封闭的图形，判断其前后顺序的最好方法是什么？
6. 对齐的方式共有几种？其快捷键各是什么？
7. 折线节点和曲线节点的最大区别是什么？调整的时候两者有何不同？
8. 将本章介绍的款式设计案例反复练习三遍。
9. 完成图 2—122 至图 2—131 的款式设计绘制。

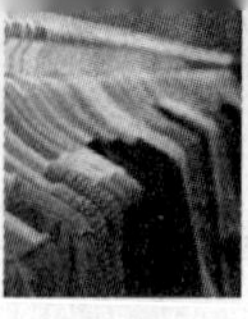

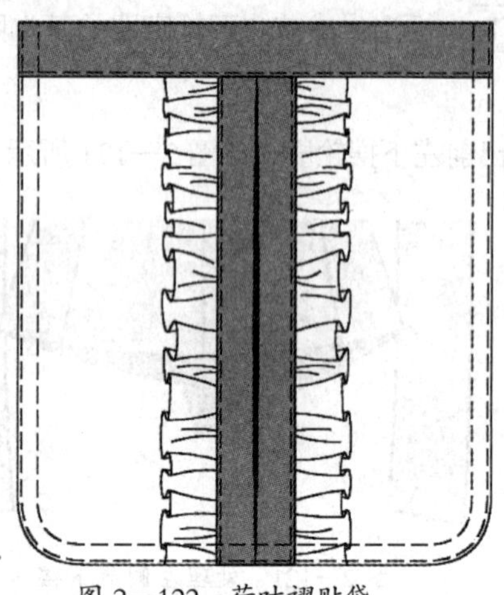

图 2—122 荷叶褶贴袋

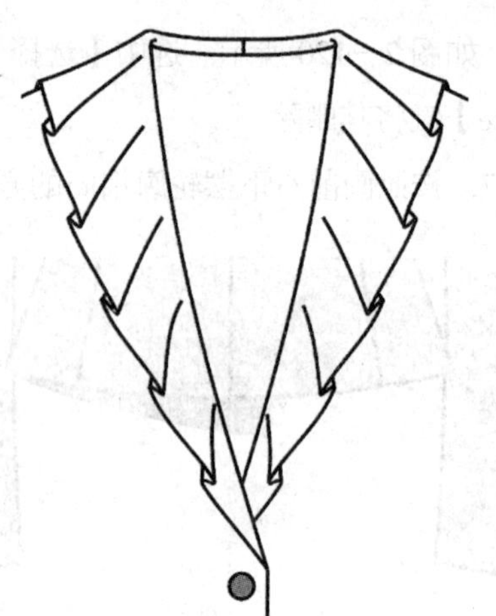

图 2—123 荷叶边领

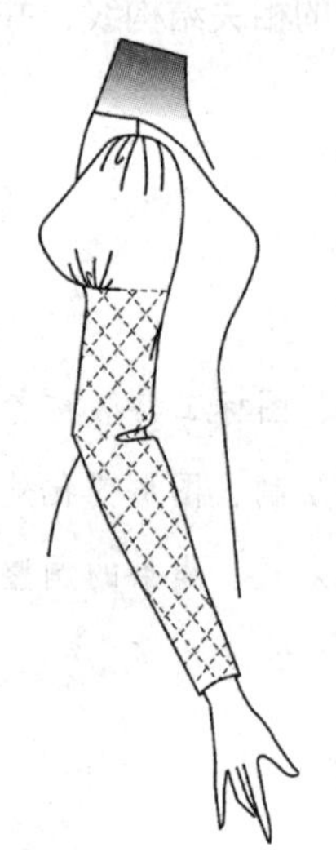

图 2—124 大泡袖

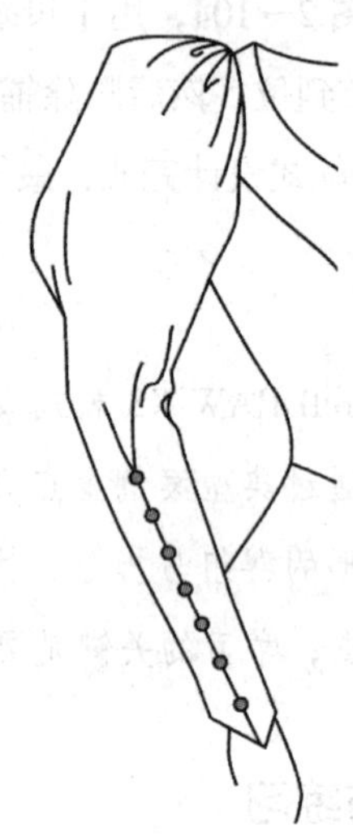

图 2—125 羊腿袖

图 2—126 圆裙

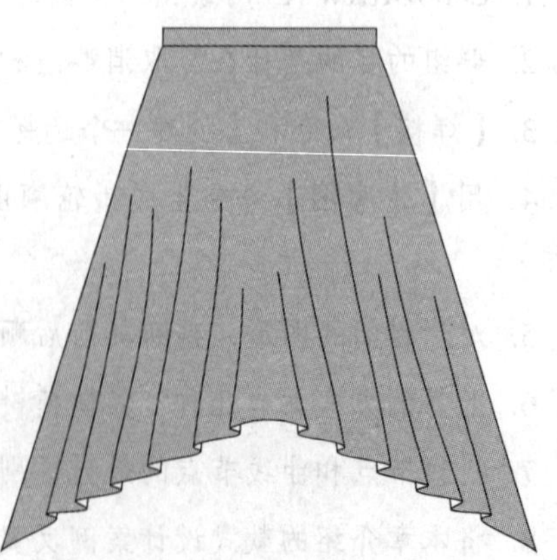

图 2—127 手帕裙

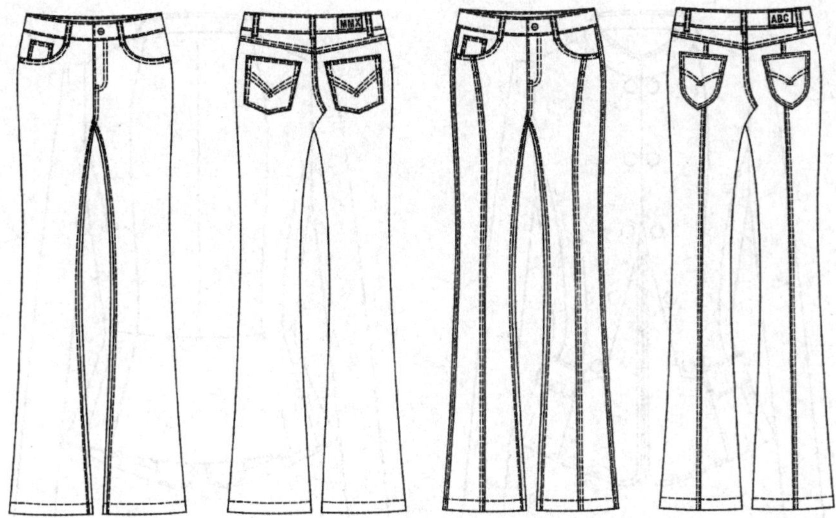

图 2—128 低腰牛仔裤

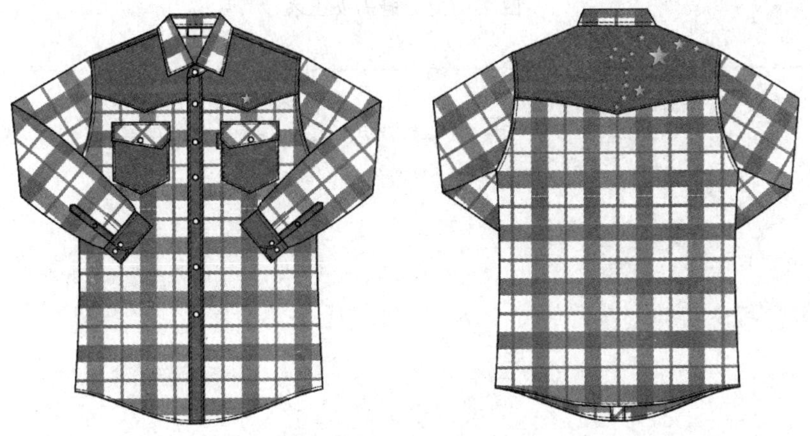

图 2—129 休闲男衬衫

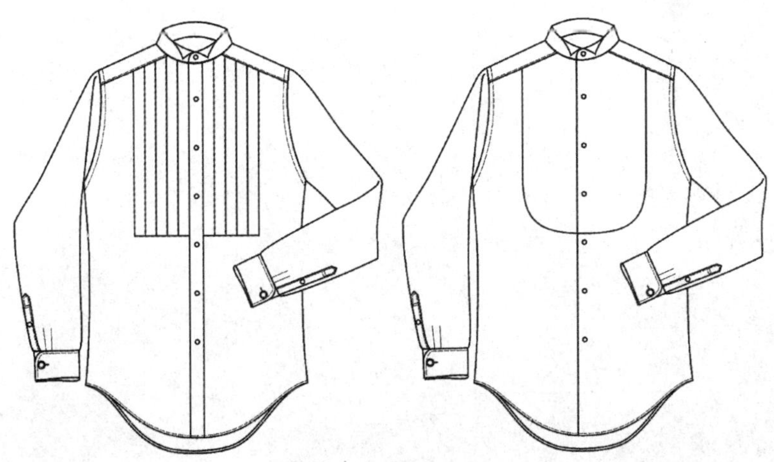

图 2—130 礼服男衬衫

图 2—131　时尚女上衣

第三章
服装 CAD 结构设计与放码基本操作

本章及后续章节采用的是富怡 V9 服装 CAD 系统。该系统由自由设计与放码系统、公式设计与放码系统、排料系统三个模块组成。自由设计与放码系统主要用于手动打板、纸样变化、加缝、纸样标注、手动放码等工作，公式设计与放码系统主要用于交互打板、纸样编辑和全自动放码等工作，排料系统主要用于排料和算料工作。不管是自由设计与放码系统，还是公式设计与放码系统，其生成的纸样文件都可以在排料系统中进行排料和算料，只不过文件的格式有所不同。自由设计与放码系统中生成的纸样文件是 dgs 格式的，而公式设计与放码系统中生成的纸样文件是 fgs 格式的；在自由设计与放码系统中可以打开 fgs 格式的文件，但在公式设计与放码系统中不可以打开 dgs 格式的文件。

学习目标

通过本章的学习，学生应能够：

1. 参照教材内容介绍，完成富怡服装 CAD 软件的安装、启动、关闭与卸载。

2. 依据教材内容介绍，对照软件，叙述自由设计与放码系统的工作画面组成和主要图标工具的名称。

3. 对照教材内容介绍，写出自由设计与放码系统中的常用快捷键及其功能，并在软件中进行实践操作。

4. 简述自由设计与放码的基本流程。

5. 依据教材内容介绍，对照软件，完成号型规格表编辑、基本图形绘制与处理、纸样提取与编辑处理、纸样放码等基本操作。

第一节　服装 CAD 设计、放码与排料系统安装、运行与卸载

一、软件安装

1. 找到图 3—1 所示富怡服装 CAD 安装程序所在的文件夹，双击安装图标 Setup.exe，弹出【安装程序】界面和【安装程序】对话框，如图 3—2 所示。

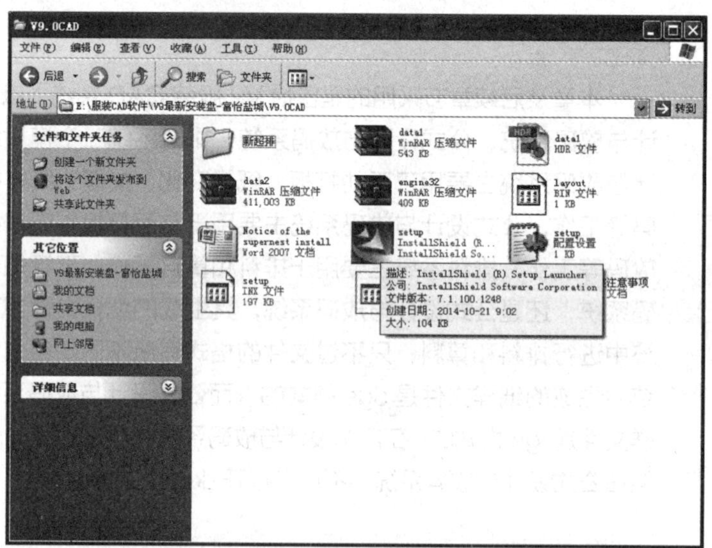

图 3—1　安装程序所在的文件夹

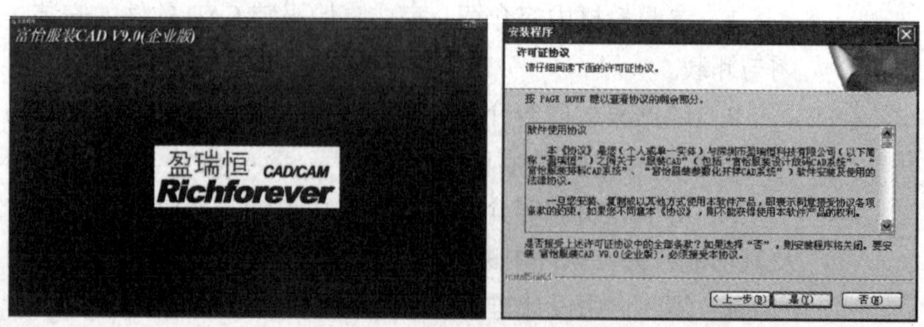

图 3—2　【安装程序】界面和【安装程序】对话框

2. 单击【是（Y）】按钮，弹出【安装程序】对话框，选择安装程序的类型和所使用绘图仪的类型，单击【Next>】按钮，弹出【安装程序】对话框，单击【浏览】按钮，选择程序安装的目标文件夹，之后回到【安装程序】对话框，如图 3—3 所示。

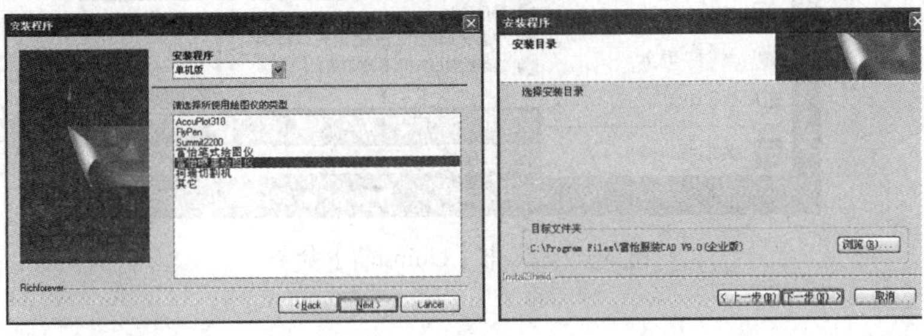

图 3—3　选择安装程序的类型、所使用绘图仪的类型和安装目标文件夹

3. 单击【下一步】按钮，弹出安装进度条，开始安装，如图 3—4 所示。

图 3—4　安装进度条

4. 程序安装完成后，弹出图 3—5 所示的加密狗安装对话框，单击【Next>】按钮，然后按照提示操作，最后弹出图 3—6 所示的【安装程序】对话框，单击【完成】按钮，软件安装结束。

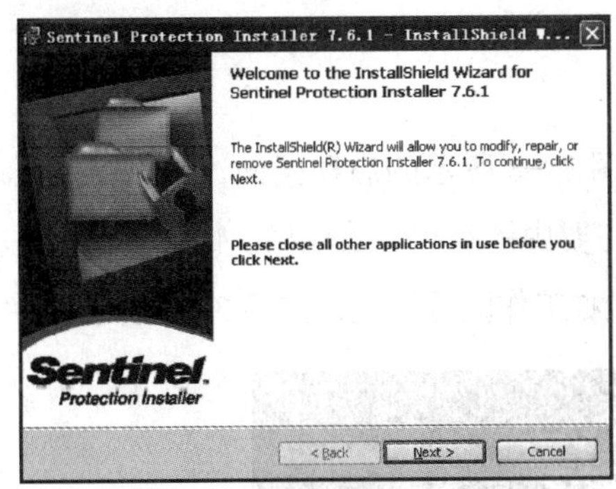

图 3—5　加密狗安装对话框

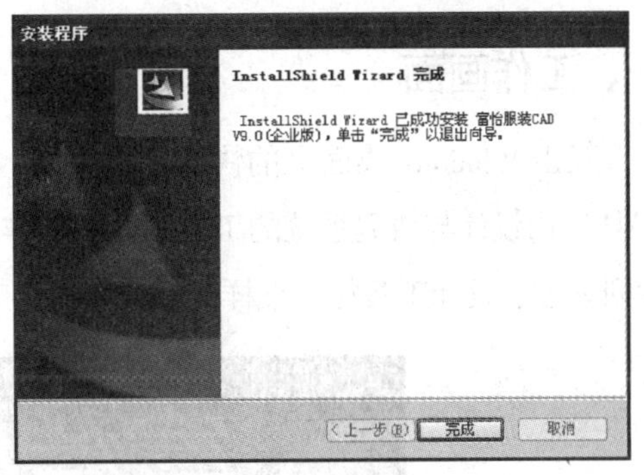

图 3—6　安装结束对话框

二、软件运行与卸载

1. 软件安装结束后，Windows 桌面上会出现程序的快捷图标。双击快捷图标可进入自由设计与放码系统；双击快捷图标可进入公式设计与放码系统；双击快捷图标可进入排料系统。进入系统后，单击【标题栏】右上角的【关闭】按钮，即可退出程序。

2. 如果要卸载软件，可打开 Windows【开始】菜单，在【程序】→【富怡服装 CAD V9.0（企业版）】菜单下选中【Uninstall】命令即可，如图 3—7 所示。

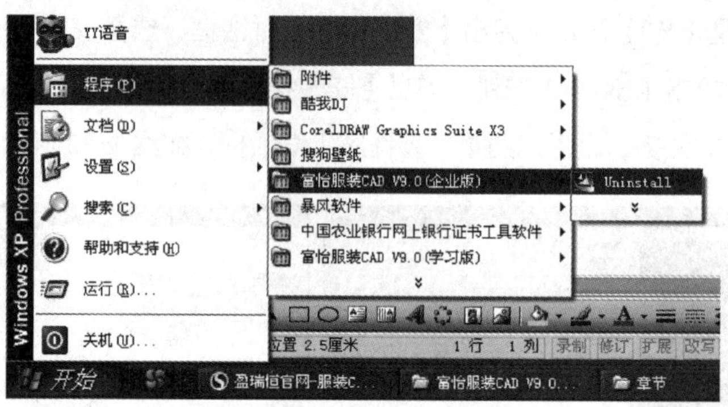

图 3—7　选中【Uninstall】命令

第二节　服装 CAD 自由设计与放码系统简介

自由设计与放码系统是富怡服装 CAD 系统中极具特色的一个子系统，也是服装制板师进行电脑打板、纸样设计和放码的主要工具。

一、工作画面

双击 Windows 桌面上的快捷图标，出现图 3—8 所示的启动画面，进入富怡服装 CAD 自由设计与放码系统的工作画面。工作画面主要由标题栏、菜单栏、快捷工具栏、衣片列表框、设计工具栏、纸样工具栏、放码工具栏和工作区等组成，如图 3—9 所示。

图 3—8　启动画面

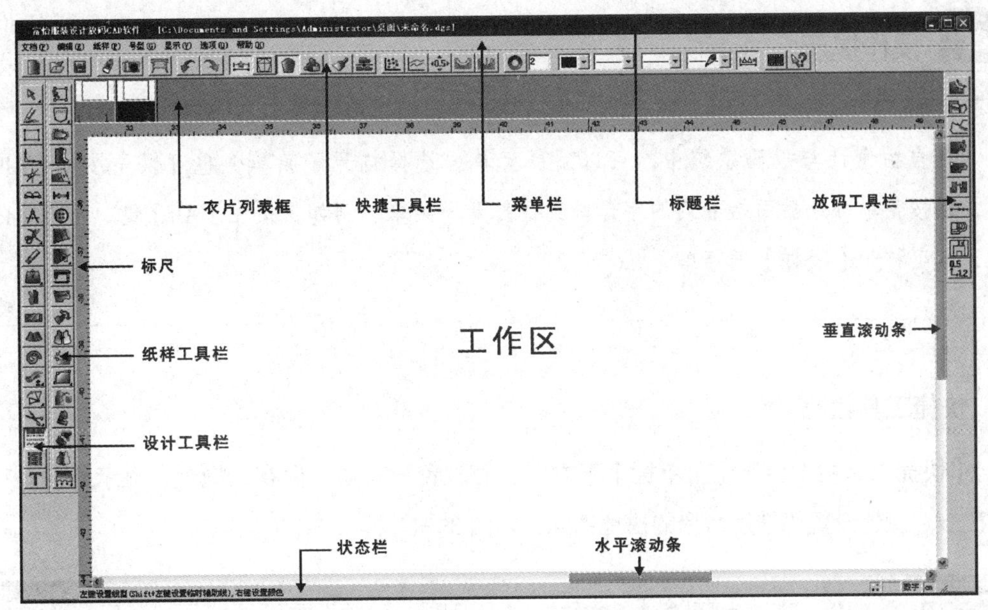

图 3—9　自由设计与放码系统的工作画面

1. 标题栏

【标题栏】位于自由设计与放码系统工作画面顶部，通常为蓝色。【标题栏】左侧显示软件名称和文件保存的路径，右侧有 3 个按钮，分别是【最小化】按钮 、【向下还原】按钮 和【关闭】按钮 。鼠标移到【标题栏】右键单击，会弹出快捷菜单，能进行窗口移动、还原、关闭等操作。

2. 菜单栏

【菜单栏】位于【标题栏】下方，共有7个菜单，分别是【文档】、【编辑】、【纸样】、【号型】、【显示】、【选项】和【帮助】，如图 3—10 所示。

文档(F)　编辑(E)　纸样(P)　号型(G)　显示(V)　选项(O)　帮助(H)

图 3—10　菜单栏

每个菜单下面又分若干子菜单，单击一个主菜单就会弹出相应的子菜单。在自由设计与放码系统中，很多菜单命令被定义了快捷键，如【删除当前选中纸样】命令的快捷键为【Ctrl+D】，【号型编辑】命令的快捷键为【Ctrl+E】等。熟记快捷键会大大提高工作效率。

操作提示

在自由设计与放码系统中，可以用鼠标单击选择打开子菜单，也可以先按住【Alt】键，再按菜单命令后面括号内的字母来选择打开子菜单。例如，按住【Alt】键，再按【P】键，即可打开【纸样】子菜单。

3. 快捷工具栏

【快捷工具栏】位于【菜单栏】下方，上面放置了新建、保存、撤销、显示样片、点放码表、颜色设置等常用命令的快捷图标，如图3—11所示。

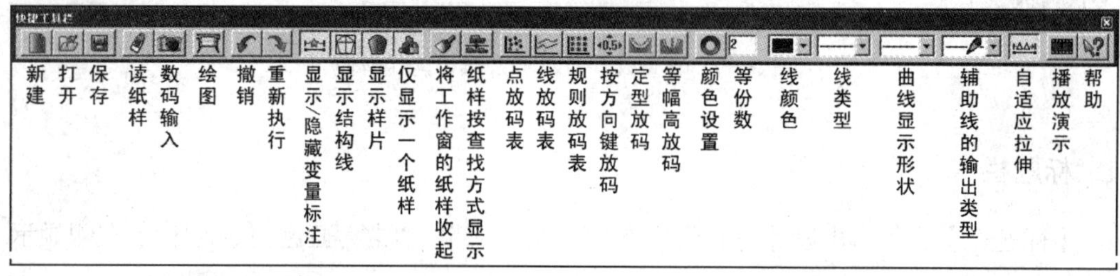

图3—11　快捷工具栏

4. 衣片列表框

【衣片列表框】可放置在工作区的上、下、左、右位置，用来摆放经【剪刀】裁剪生成的服装纸样，每一块纸样单独放置在一小格衣片显示框中，纸样名称、份数和次序号都显示在这里，且不同的布料显示不同的背景色。用鼠标单击选中纸样后，可通过【纸样】菜单命令进行复制、删除等操作；用鼠标按住纸样在【衣片列表框】中拖动，可调整纸样的排放顺序；用鼠标双击纸样，会弹出【纸样资料】对话框，在【纸样资料】对话框中可对纸样的名称、份数、布纹方向等进行设置。

操作提示

用鼠标左键单击打开【选项】菜单栏，选择下拉菜单中的【系统设置】命令，在弹出的【系统设置】对话框中选中【界面设置】选项卡，可设置【衣片列表框】在界面上的摆放位置。

5. 设计工具栏

【设计工具栏】位于界面最左侧，上面存放着服装 CAD 结构制图、线条修改、尺寸测量、线条设定、文字标注、纸样生成等常用工具，如图 3—12 所示。

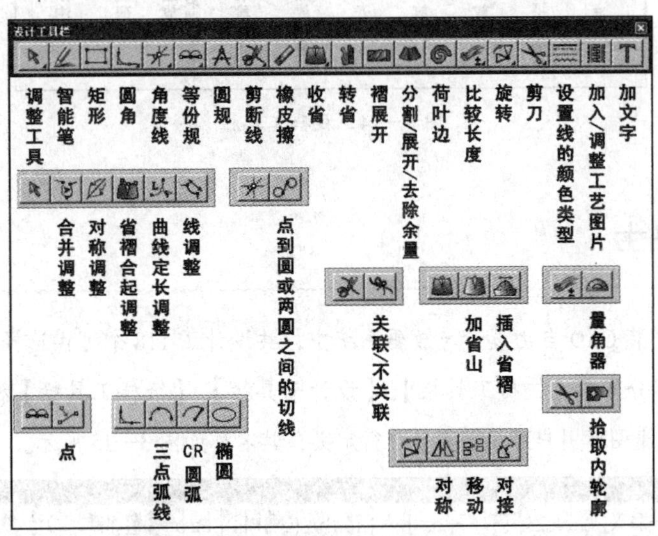

图 3—12 设计工具栏

6. 纸样工具栏

【纸样工具栏】位于【设计工具栏】右侧，提供了对裁片进行处理的常用工具，如加缝份、做衬、打剪口、开省、做裥、分割、合并等，如图 3—13 所示。

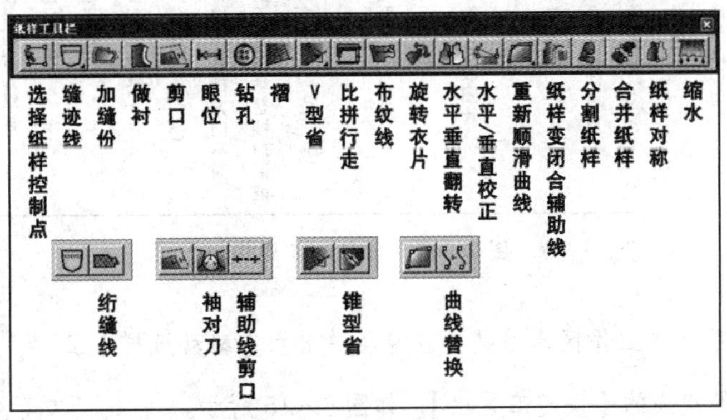

图 3—13 纸样工具栏

7. 放码工具栏

【放码工具栏】位于【纸样工具栏】右侧，上面存放着放码所需的常用工具，可用来对纸样进行多种形式的放码，如图 3—14 所示。

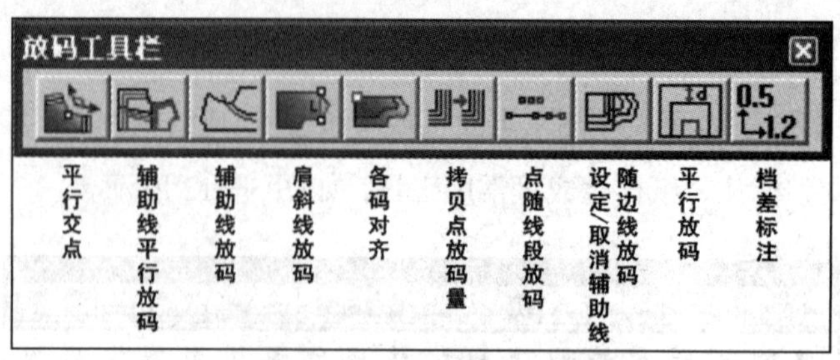

图 3—14 放码工具栏

小贴士

在富怡 V9 服装 CAD 自由设计与放码系统中，共设计了 118 个可供选择的快捷图标，其中 75 个常用图标分布在【快捷工具栏】、【设计工具栏】、【纸样工具栏】和【放码工具栏】中，其余 43 个快捷图标用户可根据需要自行定义，其名称如图 3—15 所示。

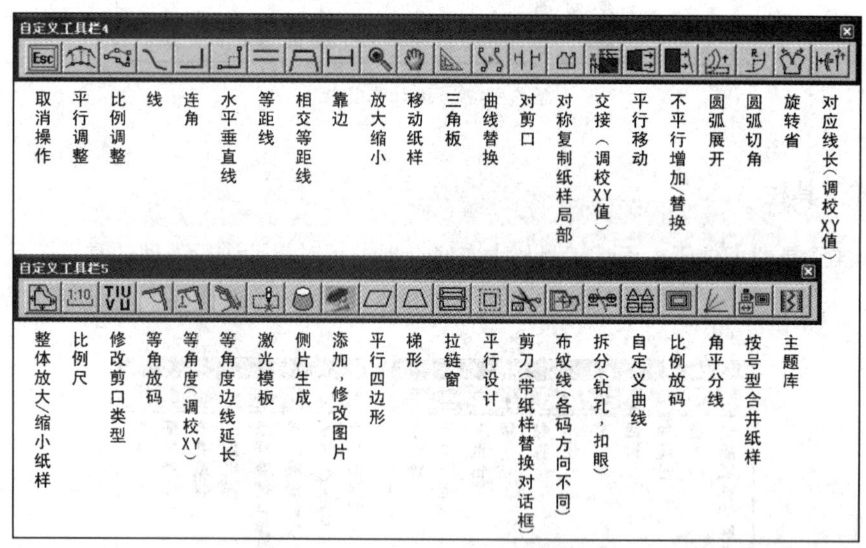

图 3—15 自定义工具栏

另外，软件默认在工作区单击鼠标右键会弹出由【移动纸样】工具 等 6 个工具组成的【快捷工具栏】，如图 3—16 所示。

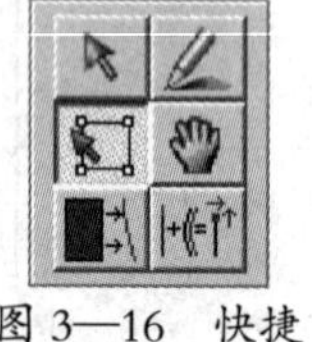

图 3—16 快捷工具栏

8. 状态栏

【状态栏】位于界面最底部，用来显示当前选择工具的名称以及该工具在使用过程中的一些操作提示。

9. 工作区、滚动条、标尺

工作区就像一张带有坐标的无限大的纸，设计结构线、纸样变化、纸样放码、绘图时显示纸张边界、纸样排版等操作都可以在上面完成。当工作区内的图形被放大不能全屏幕显示时，其下方和右侧会出现滚动条，用来控制图形的显示。用鼠标按住滚动条移动，可控制图形在工作区内左、右或上、下移动显示。

工作区的上方和左侧显示有标尺，可使操作更为精确。

操作提示

在富怡 V9 服装 CAD 自由设计与放码系统中，提供了多种工作区的显示与变换方式。

（1）可以通过向后、向前滚动鼠标左右键中间的滚轮，上、下滚动显示工作区内的图形；按住【Shift】键，可左、右滚动显示工作区内的图形；单击滚轮为全屏显示。

（2）按住【空格键】，向前滚动滚轮，可以鼠标所在位置为中心，缩小显示工作区内的图形；按住【空格键】，向后滚动滚轮，可以鼠标所在位置为中心，放大显示工作区内的图形；按住【空格键】，鼠标右键单击可全屏显示工作区内的图形。

（3）按住数字键盘区的【-】键，可以鼠标所在位置为中心，逐级缩小显示工作区内的图形；按住数字键盘区的【+】键，可以鼠标所在位置为中心，逐级放大显示工作区内的图形。

（4）按住小键盘区的上、下、左、右方向键【↑】、【↓】、【←】、【→】，工作区的图形可向相反的方向移动。

二、快捷键

富怡 V9 服装 CAD 自由设计与放码系统也定义了大量的快捷键。如果能牢记并熟练运用快捷键，就可实现在打板时左右开弓，这样不仅大大提高效率，有时甚至还能迅速发现问题所在，并及时化解。快捷键见表 3—1、表 3—2。

表 3—1　图标工具选择快捷键

序号	工具名称	图标	快捷键	序号	工具名称	图标	快捷键
1	调整工具		A	4	等分规		D
2	相交等距线		B	5	橡皮擦		E
3	圆规		C	6	智能笔		F

续表

序号	工具名称	图标	快捷键	序号	工具名称	图标	快捷键
7	移动		G	18	连角		V
8	对接		J	19	剪刀		W
9	对称		K	20	旋转		Ctrl+B
10	角度线		L	21	新建		Ctrl+N
11	对称调整		M	22	打开		Ctrl+O
12	合并调整		N	23	保存		Ctrl+S
13	点		P	24	重新执行		Ctrl+Y
14	等距线		Q	25	撤销		Ctrl+Z
15	比较长度		R	26	剪断线		Shift+C
16	矩形		S	27	线调整		Shift+S
17	靠边		T				

表 3—2 功能快捷键

序号	快捷键	功能
1	F2	切换影子与纸样边线
2	F4	显示所有号型 / 仅显示基码（连续按，在两种显示方式之间来回切换）
3	F5	切换缝份线 / 纸样边线（连续按，在缝份线与纸样边线之间来回切换）
4	F7	显示 / 隐藏缝份线（连续按，在显示与隐藏之间来回切换）
5	F8	依次显示每个号型（连续按即可）
6	F9	捕捉就近的交点 / 捕捉线的端点（连续按，在选择交点与端点之间来回切换）
7	F10	显示 / 隐藏绘图纸张宽度（连续按，在显示与隐藏之间来回切换）
8	F11	匹配一个码 / 所有码（连续按，在匹配一个码与匹配所有码之间来回切换）
9	F12	工作区所有纸样放回衣片列表框
10	Ctrl+F7	显示 / 隐藏缝份量（按住【Ctrl】，连续按【F7】，在显示与隐藏之间来回切换）
11	Ctrl+F10	一页里打印时显示 / 隐藏页边框（按住【Ctrl】，连续按【F10】，在显示与隐藏之间来回切换）
12	Ctrl+F11	1 ：1 显示
13	Ctrl+F12	衣片列表框所有纸样放入工作区
14	Ctrl+A	另存为
15	Ctrl+C	复制纸样
16	Ctrl+X	剪切纸样
17	Ctrl+V	粘贴纸样

续表

序号	快捷键	功能
18	Ctrl+D	删除纸样
19	Ctrl+G	清除纸样放码量
20	Ctrl+E	号型编辑
21	Ctrl+F	显示 / 隐藏放码点（按住【Ctrl】，连续按【F】，在显示与隐藏之间来回切换）
22	Ctrl+K	显示 / 隐藏非放码点（按住【Ctrl】，连续按【K】，在显示与隐藏之间来回切换）
23	Ctrl+J	颜色填充 / 不填充纸样（按住【Ctrl】，连续按【J】，在显示与隐藏之间来回切换）
24	Ctrl+H	调整时显示 / 隐藏弦高线（按住【Ctrl】，连续按【H】，在显示与隐藏之间来回切换）
25	Ctrl+Q	生成影子
26	Ctrl+R	重新生成布纹线
27	Ctrl+T	做规则纸样
28	Ctrl+U	显示临时辅助线与隐藏的辅助线
29	Shift+U	隐藏临时辅助线与部分辅助线
30	Ctrl+Shift+Alt+G	删除全部基准线
31	Esc	取消当前操作
32	Shift	1. 曲线与折线间相互转换 2. 转换结构线上的直线点与曲线点（连续按，在直线点与曲线点之间来回切换）
33	Enter	1. 文字编辑的换行操作 2. 更改当前选中点的属性 3. 弹出光标所在关键点移动对话框
34	U 键	辅助将工作区纸样逐一放回衣片列表框
35	X 键	与【各码对齐】工具结合使用，放码量在 X 方向上对齐
36	Y 键	与【各码对齐】工具结合使用，放码量在 Y 方向上对齐
37	Z 键	各码对齐
38	Alt+F4	关闭系统

第三节　自由设计与放码基本操作流程

熟悉软件操作基本流程是快速入门的有效途径。自由设计与放码的基本操作流程如下：

一、新建或打开文件

1. 双击桌面上的快捷图标，进入自由设计与放码系统的工作画面，即可新建一个 dgs 格式文件（也可以单击【快捷工具栏】上的【新建】工具，或选择【文档】菜单下的【新建】命令，还可以按【Ctrl+N】键）。

2. 如果要在已有文件上进行编辑，可在进入工作画面后，单击【快捷工具栏】上的【打开】工具（也可以选择【文档】菜单下的【打开】命令，或按【Ctrl+O】键），弹出【打开】对话框，选择需要打开的文件，单击【打开】按钮即可。

二、设定制图单位

单击打开【选项】菜单，选择下拉菜单中的【系统设置】命令，弹出【系统设置】对话框，选中【长度单位】选项卡，选择制图的度量单位和显示精度，单击【确定】按钮即可。

操作提示

软件有四种制图单位可供选择：厘米、毫米、英寸和市寸。系统默认的制图单位是厘米。如果想用英寸、市寸等制图单位打板，就可以在这里进行选择设置（也可以在【设置号型规格表】对话框中通过单击【cm】按钮，在弹出的【设置单位】对话框中进行设置）。如果以“厘米”为单位打板，可直接跳过这一步。

完成的设置可一直保留，直到下一次重新修改设置为止。

三、建号型规格表

这里以图 3—17 所示裙子号型规格表为例，具体介绍号型规格表编辑的方法。

号型名	☑S	◉M	☑L
裙长	58	60	62
腰围	63	66	69
臀围	87	90	93
臀高	16.5	17	17.5

图 3—17 裙子号型规格表

1. 选择【号型】菜单下的【号型编辑】命令，弹出【设置号型规格表】对话框，如图 3—18 所示。

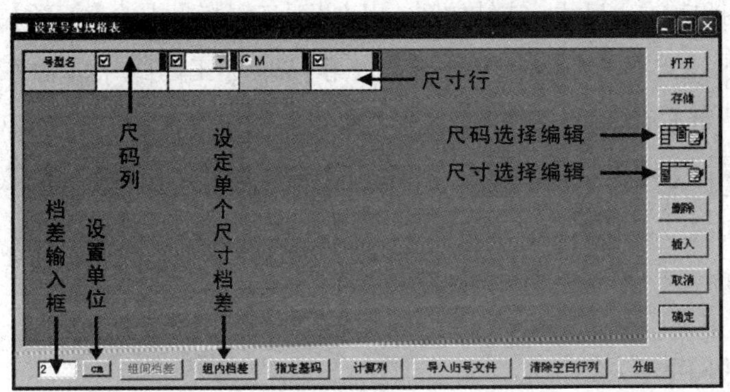

图 3—18 【设置号型规格表】对话框

2. 鼠标单击输入表格第一列的第二空格，空格被激活，出现输入提示符，该表格行的下方自动添加一行新的表格，按【Ctrl+ 空格】键切换到中文输入法，然后在空格中输入尺寸名称“裙长”。同样的方法，依次在第三、四、五空格中输入尺寸名称“腰围”“臀围”和“臀高”。

3. 鼠标单击第二列第一空格选择尺码代号“S”，单击第三列第一空格选择尺码代号“M”，再单击第四列第一空格选择尺码代号“L”。然后在 M 码规格列与各尺寸名称对应空格内填入具体的尺寸数值。

4. 鼠标在“裙长”行对应的任一空格内单击，在【档差输入框】中输入数值“2”，再单击【组内档差】按钮，系统会按所设定的档差，自动生成裙长基准码以外的其他各码尺寸。同样的方法生成其他名称所对应的系列号型尺寸。所有号型尺寸建好后，单击【清除空白行列】按钮，将空白的行列清除。

5. 鼠标单击【存储】按钮，弹出【另存为】对话框，如图 3—19 所示。选择文件保存的目标文件夹，输入文件名，单击【保存】按钮，将尺寸文件保存。再单击【确定】按钮，将【设置号型规格表】对话框关闭，按【Ctrl+ 空格】键切换到英文输入法，即可开始打板。

图 3—19 【另存为】对话框

四、结构制图

依据款式图和基准码尺寸，或结构图，用【设计工具栏】中的【矩形】工具、【智能笔】工具、【点】工具等画线定点，用【调整】工具、【合并调整】工具等调整结构线，用【移动】工具、【对称】工具等移动、复制和对称结构线，用【收省】工具、【转省】工具、【褶展开】工具、【分割、展开、去除余量】工具、【荷叶边】工具等处理结构图，用【比较长度】工具、【量角器】工具进行长度和角度测量，最终完成结构制图。

五、提取并处理纸样

结构图绘制完成后，用【设计工具栏】中的【剪刀】工具提取纸样，生成的纸样会自动出现在【衣片列表框】。之后可用【纸样工具栏】中的【分割纸样】工具、【合并纸样】工具、【纸样对称】工具等对纸样进行分割、合并、对称等相关处理，也可以用【褶】工具、【V 形省】工具等对纸样进行加褶和开省处理，还可以用【旋转衣片】工具和【水平垂直翻转】工具对纸样进行旋转和翻转处理，用【缩水】工具对纸样进行缩水处理。

六、纸样编辑

纸样处理完成后，可用【纸样工具栏】中的【布纹线】工具、【钻孔】工具、【眼位】工具、【剪口】工具等修改纸样布纹线，为纸样打上钻孔、纽扣位、眼位、剪口等标记，也可以用【加缝份】工具修改纸样缝份，用【缝迹线】工具和【绗缝线】工具为纸样标注明线和绗缝线，还可以选中【纸样】菜单中的【款式资料】命令和【纸样资料】命令编辑款式基本信息和纸样基本信息。

七、样板放码

纸样编辑完成后，如果要对纸样进行点放码或按方向键放码，则需要先选中【纸样工具栏】中的【选择纸样控制点】工具，再选中需要放码的点，之后单击【快捷工具栏】中的【点放码表】工具或【按方向键放码】工具，打开【点放码表】对话框或【按方向键放码】对话框，在对话框中设置选中点的放码量并放码；如果要对纸样进行线放码，则可单击【快捷工具栏】中的【线放码表】工具，打开【线放码表】对话框，通过绘制切割线设置放码量完成线放码；如果要完成特定要求的放码，则需选择【放码工具栏】中的相关工具。放码完成后，可用【放码工具栏】中的【各码对齐】工具 将各码以某一放码点为基准点对齐，用【档差标注】工具 标注各放码点的放码档差。

八、保存或另存文件

以上操作结束后，单击【快捷工具栏】中的【保存】工具 （也可以选择【文档】菜单下的【保存】命令，或按【Ctrl+S】键），将文件保存即可。如果是第一次保存，则会弹出【文档另存为】对话框，选择文件保存的文件夹，输入文件名，单击【保存】按钮即可。如果要另存文件，则要选中【文档】菜单下的【另存为】命令（或按【Ctrl+A】键），余下的操作与第一次保存完全相同。

至此，自由设计与放码全过程结束。

第四节　基本图形绘制与处理

再复杂的结构图也是由基本图形组成的，再巧妙的结构设计也是由基本图形变化处理得到的。要想灵活应用【设计工具栏】工具，高效地完成结构制图，基本图形的熟练绘制与处理是关键。

一、画水平线、竖直线和 45° 斜线

选中【线】工具 ，光标变为 ，鼠标在工作区空白位置单击，然后右键单击，将光标由【曲线】 状态切换到【丁字尺】 状态，松开鼠标移动，以单击点为原点，可选择画 0°、45°、90°、135°、180°、225°、270° 和 315° 共 8 种线。选中一种线，空白处单击，弹出【长度】对话框，输入长度值，单击【确定】按钮，画出线段，如图 3—20 所示。

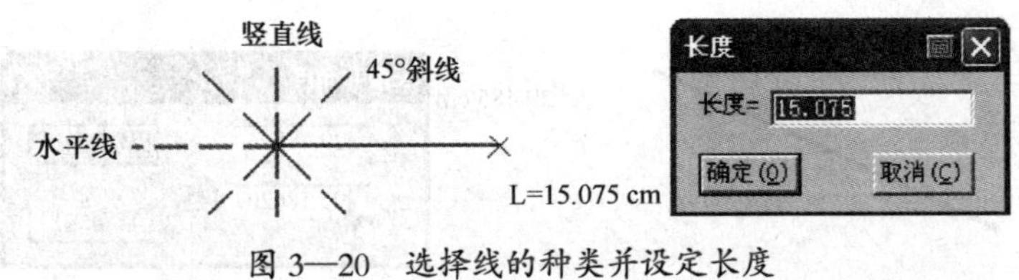

图 3—20　选择线的种类并设定长度

操作提示

【线】工具默认不在工具栏上，如果需要，可选中【选项】菜单下的【系统设置】命令，在弹出的【系统设置】对话框中单击【工具栏配置】按钮，弹出图 3—21 所示【设置自定义工具栏】对话框。选择自定义工具栏 4，然后单击选中右侧的工具，再单击【添加】按钮，即可将工具图标添加到左侧的自定义工具栏 4 中。图 3—21 设定的【自定义工具栏 4】如图 3—22 所示。

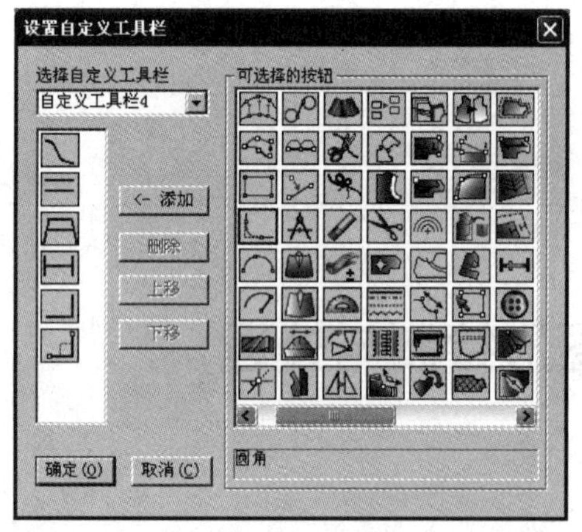

图 3—21 【设置自定义工具栏】对话框

图 3—22 【自定义工具栏 4】

二、画任意角度斜线、曲线和折线

1. 画任意角度斜线

选中【线】工具，鼠标在工作区空白位置单击，然后右键单击，将光标由【丁字尺】状态切换到【曲线】状态。鼠标移到空白位置再单击，再右键单击，弹出【长度和角度】对话框，输入长度值和角度值，单击【确定】按钮即可，如图 3—23 所示。

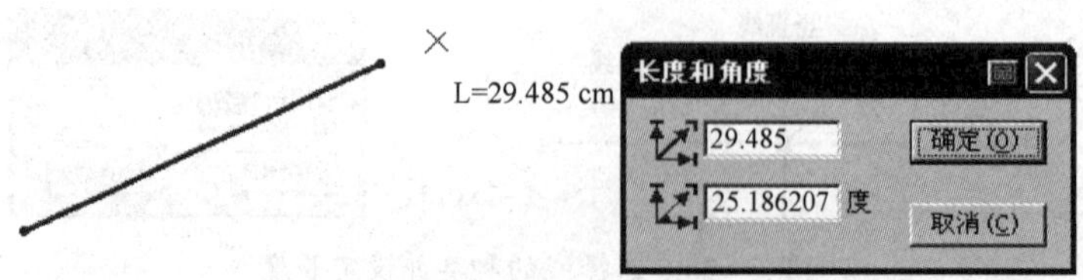

图 3—23 设定线的长度和角度

2. 画曲线

【线】工具 在【曲线】状态下，鼠标依次在空白位置单击，画出曲线，右键单击结束，如图 3—24 所示。

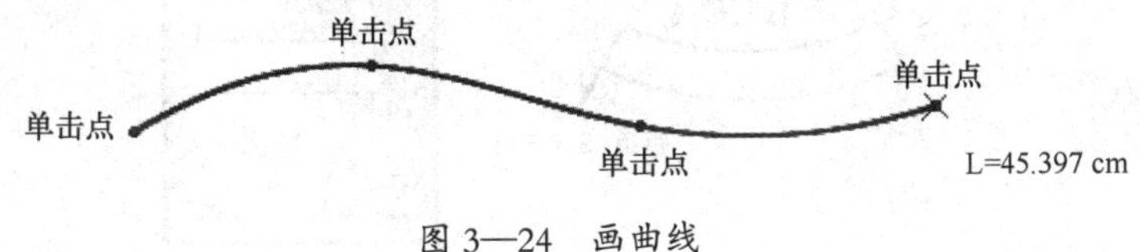

图 3—24　画曲线

3. 画折线

【线】工具 在【曲线】状态下，按住【Shift】键将光标切换到【折线】状态，依次在空白位置单击，画出折线，右键单击结束，如图 3—25 所示。

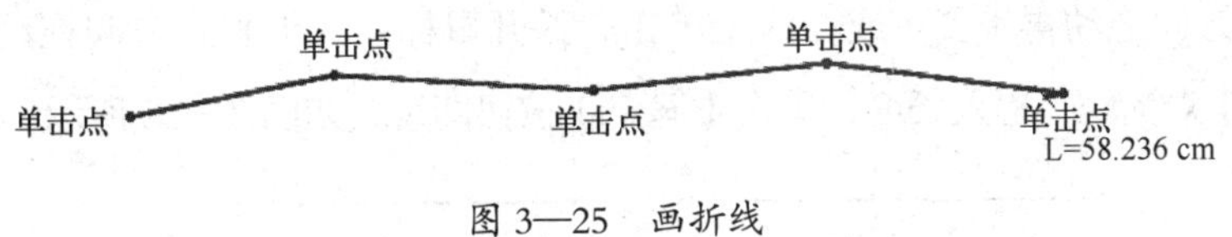

图 3—25　画折线

三、画平行线、垂直线、曲线切线、夹角线和角平分线

1. 画平行线

选中【等距线】工具，鼠标在基础线上单击，松开拖动再单击，弹出【平行线】对话框，输入平行距离，单击【确定】按钮即可画平行线。或选中【三角板】工具，单击直线的两端，然后在线外任意位置单击，松开鼠标沿选择线方向拖动再单击，弹出【长度】对话框，输入长度，单击【确定】按钮即可，如图 3—26 所示。

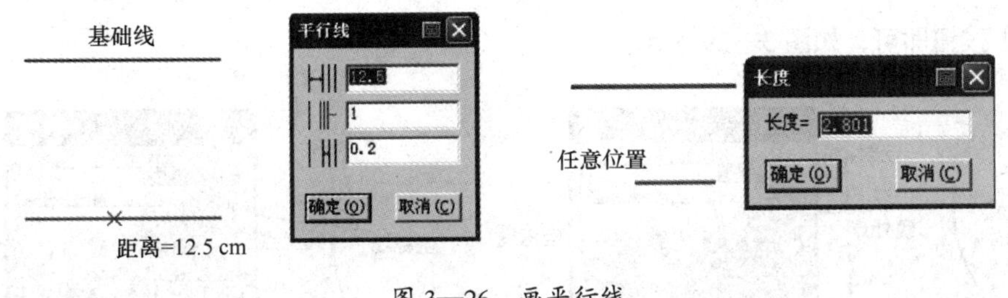

图 3—26　画平行线

2. 画相交平行线

选中【相交等距线】工具，鼠标单击平行基础线，再依次单击与基础线两端相连

的线，松开鼠标移动到相连的线一侧单击，弹出【平行线】对话框，输入平行距离，单击【确定】按钮即可，如图 3—27 所示。

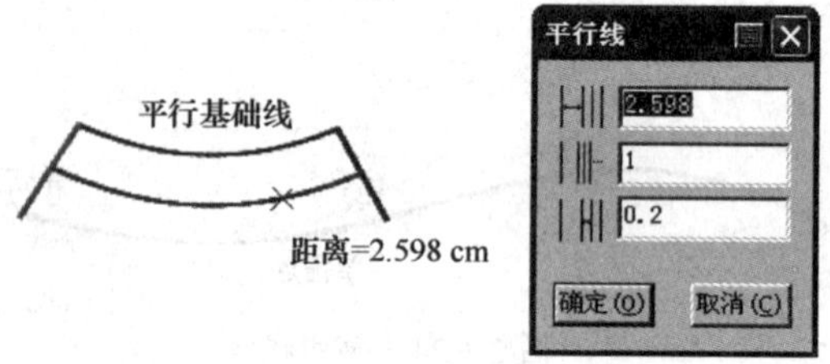

图 3—27　画相交平行线

3. 画直线的垂直线

选中【三角板】工具 ，单击直线的两端，然后在线外任意位置单击，松开鼠标向选择线垂直方向拖动再单击（或在线上单击，松开鼠标向线外垂直方向拖动，再单击），弹出【长度】对话框，输入长度，单击【确定】按钮即可，如图 3—28 所示。

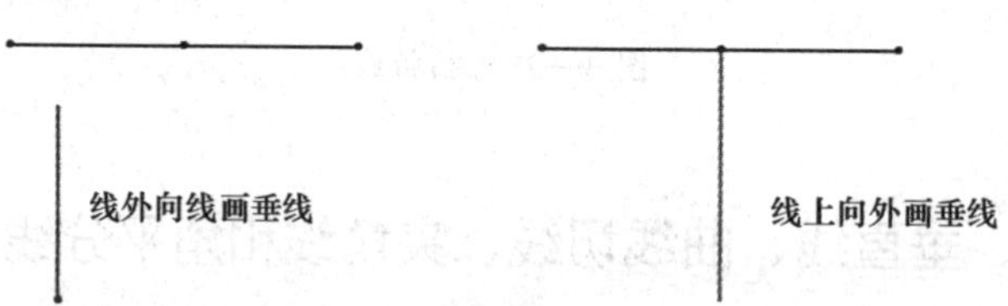

图 3—28　画直线的垂直线

4. 画曲线的垂直线

选中【角度线】工具 ，鼠标在曲线上单击，然后在线外任意位置单击，出现坐标线，松开鼠标沿坐标线拖动，找到坐标线与曲线的交点，单击（或在线上单击，松开鼠标沿着与曲线垂直的坐标线向外拖动，再单击），弹出【角度线】对话框，输入长度，单击【确定】按钮即可，如图 3—29 所示。

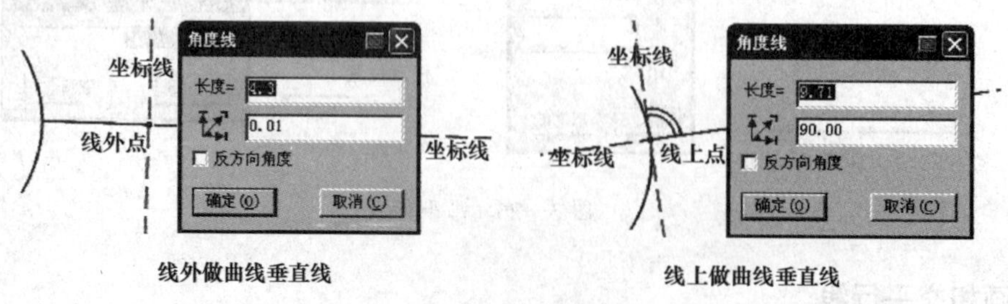

图 3—29　画曲线的垂直线

5. 画曲线的切线

选中【角度线】工具，鼠标在曲线上单击，然后在曲线上任意位置再单击，弹出【点的位置】对话框，输入距离端点的长度值，单击【确定】按钮，在线上找到相切点，鼠标移到切线坐标线上再单击，弹出【角度线】对话框，输入长度值，单击【确定】按钮即可，如图3—30所示。

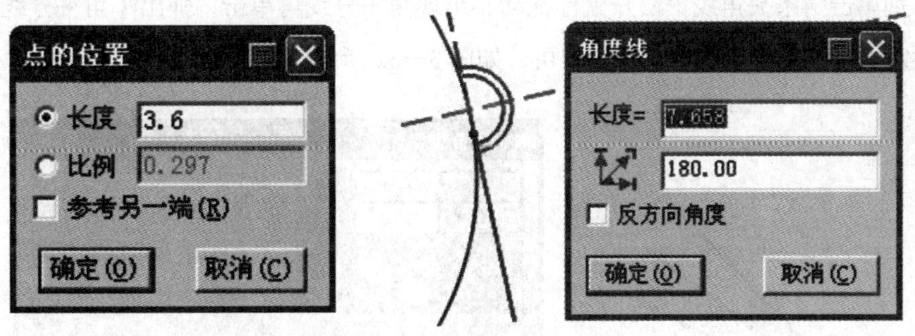

图3—30　画曲线的切线

6. 画夹角线

选中【角度线】工具，鼠标在直线的两端分别单击，选择起点和旋转点，松开鼠标拖动，出现夹角线再单击，弹出【角度线】对话框，输入长度值和角度值，单击【确定】按钮即可，如图3—31所示。

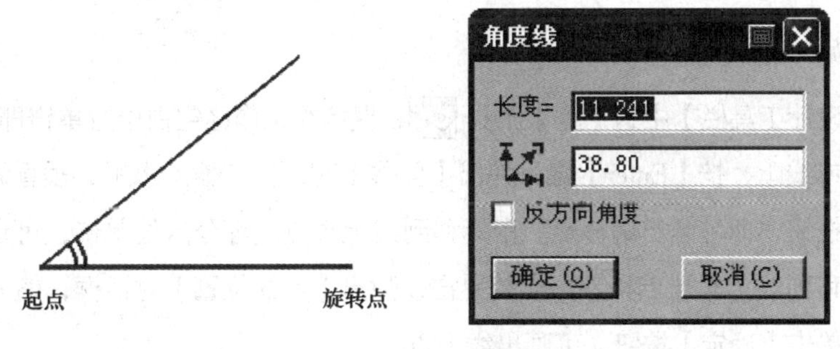

图3—31　画夹角线

操作提示

(1)【角度线】工具也可以画直线的平行线和垂直线。

(2)坐标线默认是绿色，选中后是红色。坐标线出现后，按【Shift】键，可在水平垂直坐标线和与基础线平行垂直的坐标线之间切换。

7. 画角平分线

选中【角平分线】工具，在【快捷工具栏】的【等分数】输入框中输入等分值，鼠标分别单击两条夹角线，松开鼠标拖动，出现角平分线再单击，弹出【角平分线】对话框，设定长度，单击【确定】按钮即可，如图 3—32 所示。

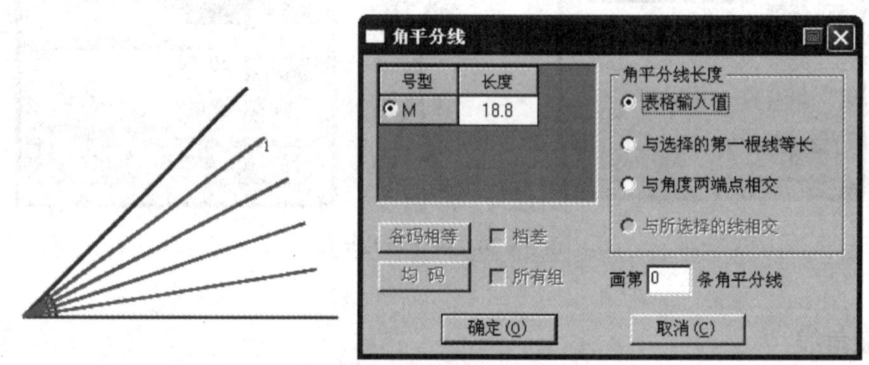

图 3—32 画角平分线

四、画任意点、偏移点、线上点、等分点和反向等分点

1. 画任意点、偏移点、线上点

选中【设计工具栏】中的【点】工具，鼠标在工作区空白位置单击即可任意画点。鼠标移到点或线上，按【Enter】键，弹出【偏移】对话框，输入水平、垂直偏移距离，单击【确定】按钮，即可画出偏移点。鼠标移到线上端点或等分点处单击，可定出端点和等分点；鼠标移到线上非端点和等分点处单击，弹出【点的位置】对话框，输入点与就近端点的长度，单击【确定】按钮，可画出线上点。

2. 画等分点

选中【设计工具栏】中的【等分规】工具，在【快捷工具栏】的【等分数】输入框中输入等分值，之后鼠标分别单击等分的起点和终点，即可画出等分点。或直接在线上单击，可在线上画出等分点。

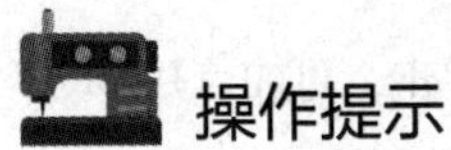

(1) 选中【等分规】工具后，鼠标移到等分线上，出现拱桥等分线，右键单击则出现等分点，如图 3—33 所示，光标由 变成 。

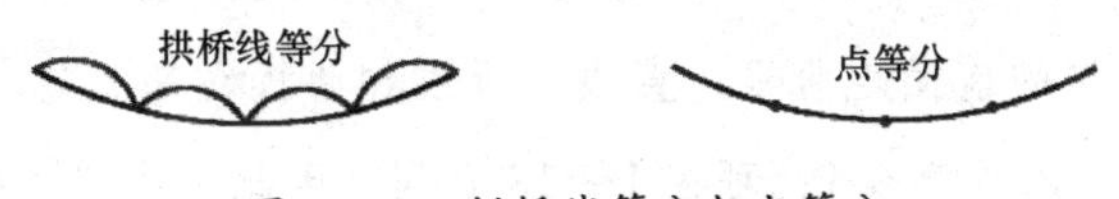

图 3—33　拱桥线等分与点等分

(2) 选中【等分规】工具后，按键盘上的数字键即是线段的等分数，若超过 9 等份，则在【快捷工具栏】的【等分数】输入框中输入等分数即可。

3. 画反向等分点

【等分规】工具 选中状态下，按【Shift】键，光标由 切换为 ，鼠标在线的点上单击（该点必须是用【点】工具 在线上定出的点，或与其他线的交点），松开在线上拖动，出现反向等分点，再单击，弹出【线上反向等分点】对话框，如图 3—34 所示，输入单向长度或双向总长度，单击【确定】按钮即可。

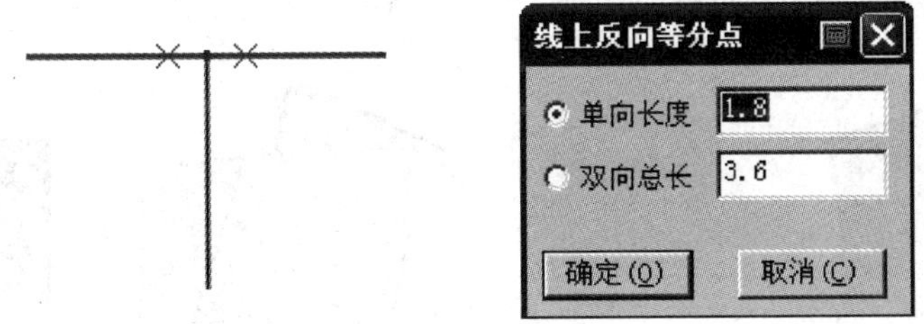

图 3—34　线上反向等分点

五、点、线调整与删除

1. 选中【设计工具栏】中的【调整】工具 ，鼠标移到点上单击，松开拖动点到新的位置再单击，可调整点的位置。或鼠标放到点上，按【Enter】键，弹出【偏移】对话框，输入水平、垂直偏移距离，单击【确定】按钮也可调整点的位置。鼠标单击选中点，按【Delete】键，可将点删除 。

2. 选中【调整】工具 ，鼠标单击选中线，松开鼠标移动到控制点上，如果按【Delete】键可将点删除，按【Shift】键可转换点形；如果单击选中控制点，松开鼠标拖动，到合适位置再单击，可移动线上点的位置。如果选中线后在线上非控制点上单击，可加点并移动。

操作提示

（1）鼠标单击选中曲线，按数字键盘区的数字键可更改线上控制点个数，空白处再单击，结束操作（该操作的前提是曲线，直线、折线和曲折线都无效。曲线上的控制点不包括端点，其个数是键入数值减1，可在1～18之间，因此，数字键盘区键入的数字可为2～19，超过9的数值，先按1，再按后面的数字，如10，则先按1，再按0）。

（2）如果鼠标在曲线的起点按下，拖动到终点松开，可将线上的所有控制点都选中，此时可对曲线进行平行调整或按比例调整，其对应的光标分别是 和 ，二者可按【Shift】键进行切换。

3. 选中【设计工具栏】中的【合并调整】工具 ，可对纸样和结构线进行合并调整，具体过程如下：

（1）鼠标依次单击选择或框选要圆顺处理的曲线A、B、C（选中的线为绿色），右键单击；再依次单击或框选与曲线连接的线1、线2、线3、线4（选中的线为蓝色），右键单击，弹出【合并调整】对话框，如图3—35所示。

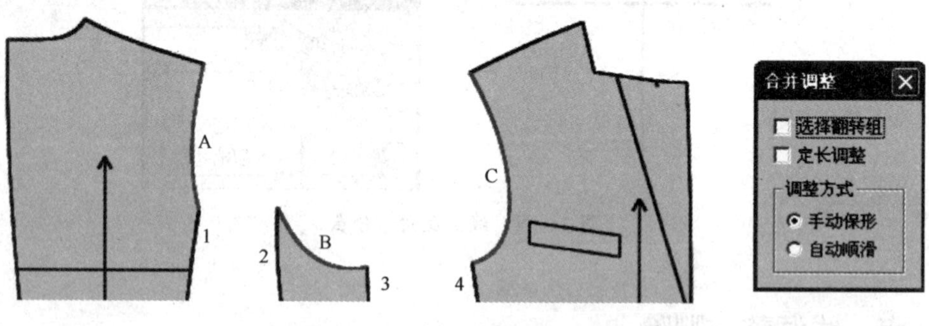

图3—35 选择调整线与对接线

（2）弹出【合并调整】对话框的同时，曲线（袖窿）拼合在一起，如图3—36所示，此时可用鼠标调整曲线上的任意控制点。如果调整公共点，则会沿着拼合线延长或缩短的方向移动，按【Shift】键则该点在水平或垂直方向移动。如果要控制拼合曲线的尺寸，则要勾选【定长调整】选项。如果出现图3—37所示圆顺处理的曲线同边现象，则要勾选【选择翻转组】选项，然后鼠标单击选择翻转的调整线（A线），则选择的调整线和与之连接的线同时翻转，如图3—38所示。

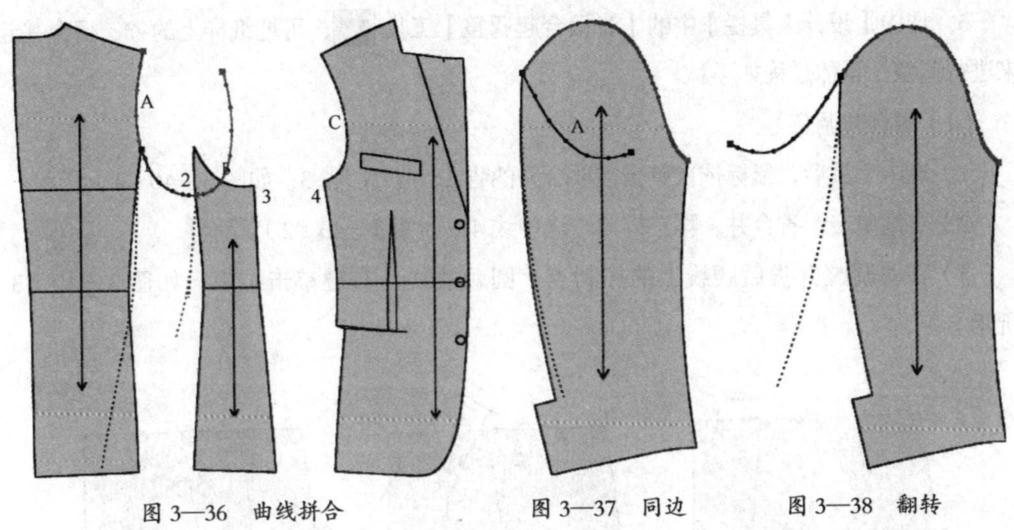

图 3—36　曲线拼合　　图 3—37　同边　　图 3—38　翻转

4. 选中【设计工具栏】中的【对称调整】工具，可对纸样和结构线进行对称调整，具体过程如下：

（1）鼠标分别单击对称轴的起点、终点，轴线被选中呈蓝色。

（2）再单击选择要翻转的线，线被对称复制呈绿色，右键单击结束选择。

（3）鼠标移到对称复制线上或被对称复制的线上，单击选中线，再单击，添加调整点，松开鼠标拖动点，将线调圆顺，可加多个点，右键单击结束，具体过程如图 3—39 所示。

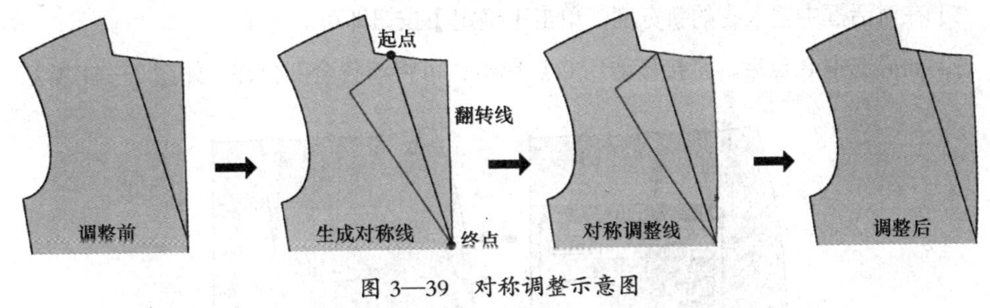

图 3—39　对称调整示意图

操作提示

（1）合并调整曲线时，在有点的位置单击拖动鼠标为调整，光标移到点上按【Delete】键删除该点（纸样上两线相接点不删除）；在无点的位置单击为增加点。

（2）调整结构线时，光标移到点上按【Shift】键可更改点的类型。按住【Shift】键不松手，在两线相接点上调整，会“沿线修改”。

5. 选中【设计工具栏】中的【省褶合起调整】工具，可把纸样上的省、褶合并起来进行调整，具体过程如下：

（1）省合并调整

1）选中工具后，鼠标依次单击需要合并的省 1、省 2、省 3，如图 3—40（1）所示。

2）右键单击，省合并，再左键单击选中线 4，如图 3—40（2）所示。

3）移动调整并省后腰线上的控制点，圆顺腰线，右键单击结束，如图 3—40（3）所示。

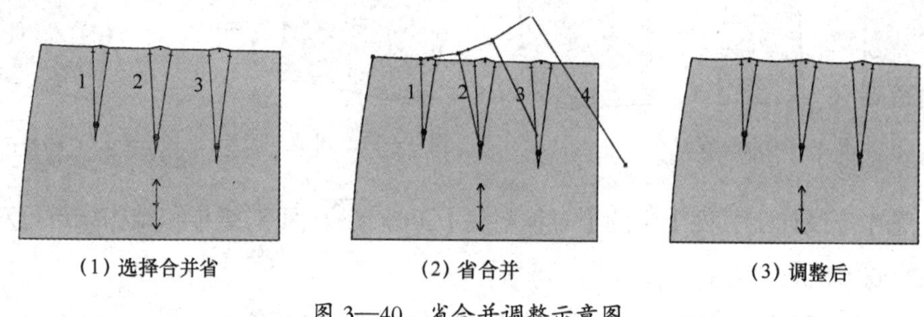

（1）选择合并省　　（2）省合并　　（3）调整后

图 3—40　省合并调整示意图

（2）合并省

1）选中工具后，按【Shift】键，将光标由 变为 ，鼠标依次单击固定点 A、省的起点 B，松开鼠标拖动到空白位置再单击，弹出【合并省】对话框。

2）在对话框中输入省的新宽度，单击【确定】按钮即可。

3）如果选中 B 点后，直接移动到 C 点单击，可将该省全部合并，如图 3—41 所示。

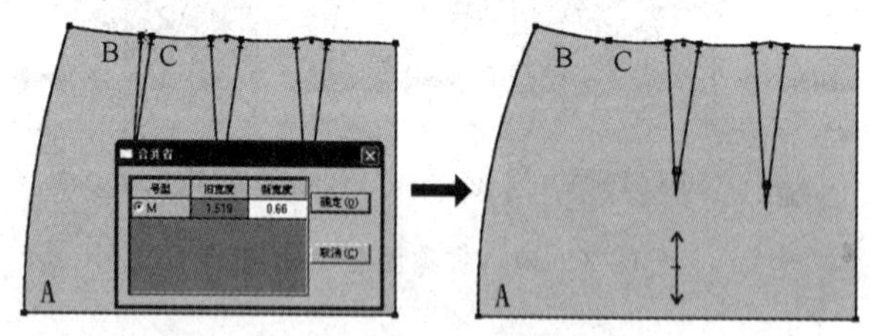

图 3—41　合并省示意图

操作提示

（1）【省褶合起调整】工具 既可以合并调整省，也可以合并调整褶。褶合并调整效果如图 3—42 所示。

（2）该工具只对纸样上用【V 形省】工具 或【褶】工具 做成的省元素或褶元

素有效。在结构线上做出的省、褶形成纸样后，使用该工具之前，需要用【纸样工具栏】中的【V形省】工具或【褶】工具将其做成省元素或褶元素。

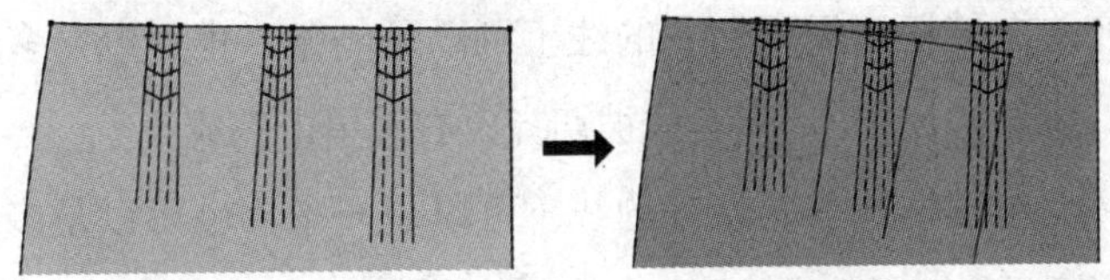

图3—42　褶合并调整效果图

（3）该工具默认操作是省褶合起调整，按【Shift】键可切换为合并省。

6. 删除点、线、剪口、文字等。选中【设计工具栏】中的【橡皮擦】工具，鼠标在需要删除的点、线、剪口、文字等上单击即可。如果要一次性删除多个点、线、剪口、文字等，只需将其框选即可。

六、线剪断、连接、伸缩、切齐

1. 线剪断

选中【设计工具栏】中的【剪断线】工具，鼠标移到线上单击，弹出【点的位置】对话框（如果在线上单击的是两线交点或线上已有的点，则不弹出该对话框），输入长度值，单击【确定】按钮即可。

2. 线连接

【剪断线】工具选中后，鼠标依次单击需要连接的线，然后在空白处右键单击即可，如图3—43所示。

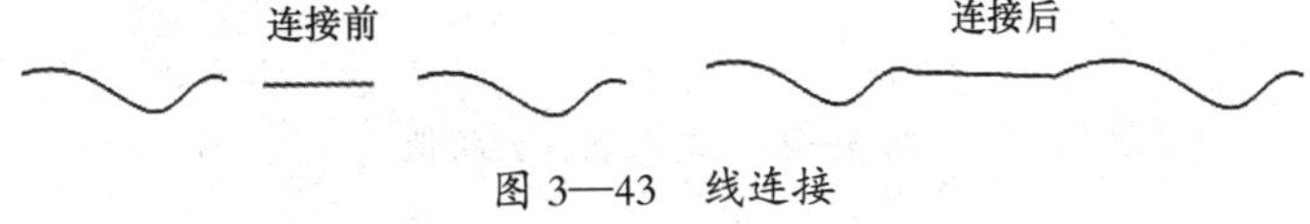

图3—43　线连接

3. 线伸缩

选中【设计工具栏】中的【智能笔】工具，按住【Shift】键，鼠标移到线上右键单击，弹出【调整曲线长度】对话框，输入新长度值或长度增减值，单击【确定】按钮即可伸缩线段（正值伸长，负值缩短）。

4. 线切齐

选中【靠边】工具，可将结构线切齐，具体过程如下：

（1）单向切齐。左键框选需要切齐的线（可以是一条，也可以是多条），右键单击，然后鼠标移到切齐基准线上单击，所有线被切齐，右键单击完成。

（2）双向切齐。左键框选需要切齐的线（可以是一条，也可以是多条），右键单击，再左键分别单击选择两条切齐基准线即可。

切齐操作如图 3—44 所示。

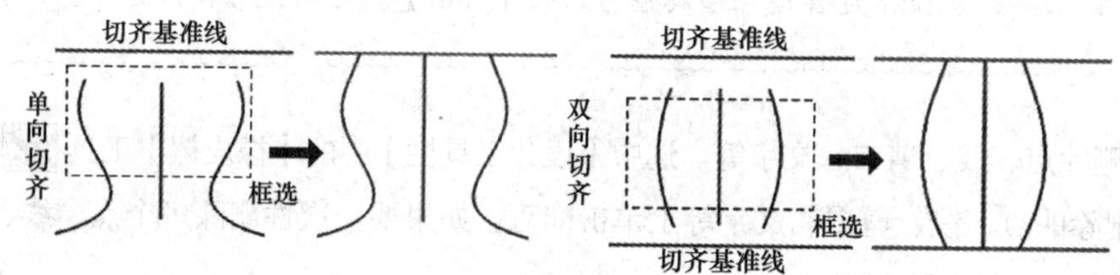

图 3—44　单向切齐与双向切齐

七、画基本几何形

1. 画矩形

选中【设计工具栏】中的【矩形】工具，鼠标在空白位置或点上单击，松开拖动到另一位置再单击，弹出【矩形】对话框，输入长、宽值，单击【确定】按钮即可画矩形。或鼠标在空白位置或点上单击定一点，松开鼠标拖动，键盘输入 X 值，按【Enter】键，再输入 Y 值，按【Enter】键结束，也可完成矩形制作，如图 3—45 所示。

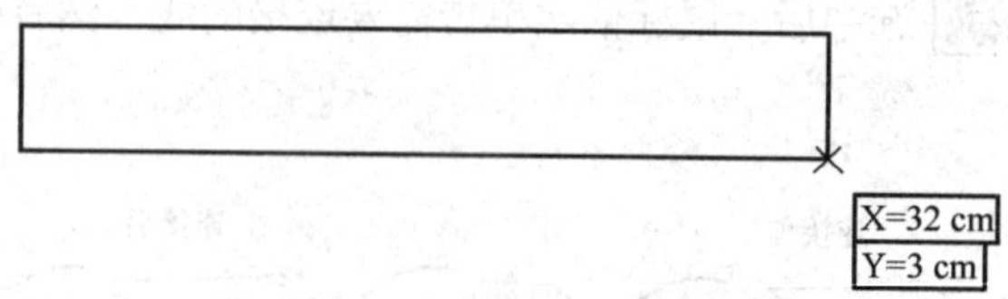

图 3—45　键入 X、Y 的值

2. 画圆

选中【设计工具栏】中的【三点弧线】工具，按【Shift】键，光标由 变为 ，依次单击三个点位，即可画出包括这三个点的一个圆。或者选中【设计工具栏】中的【CR 圆弧】工具，按【Shift】键，将光标由 变为 ，鼠标单击定出圆心点，拖动鼠标出现圆形线，再单击，会弹出【半径】对话框，在输入框中输入半径或周长数值，单击【确定】按钮即可画一个圆。

3. 画椭圆

选中【设计工具栏】中的【椭圆】工具，鼠标在空白位置单击，松开拖动到另一位置再单击，弹出【椭圆】对话框，输入长、宽值，单击【确定】按钮即可完成椭圆制作。或选中【椭圆】工具，鼠标在空白位置单击定一点，松开鼠标拖动，键盘输入 X 值，按【Enter】键，再输入 Y 值，按【Enter】键，也可以画椭圆。

4. 画平行四边形

选中【平行四边形】工具，鼠标在空白位置或点上单击，松开拖动到另一位置再单击，弹出【平行四边形】对话框，输入边长和角度值，单击【确定】按钮即可画平行四边形。

5. 画梯形

选中【梯形】工具，鼠标在空白位置或点上单击，松开拖动到另一位置再单击，弹出【梯形】对话框，输入上、下边长和梯形高，选择梯形类型，单击【确定】按钮即可画梯形。

6. 画三角形

选中【梯形】工具，鼠标在空白位置或点上单击，松开拖动到另一位置再单击，弹出【梯形】对话框，输入上边长“0”，输入底边和高的值，选择三角形类型，单击【确定】按钮即可画三角形。

八、结构点、线复制旋转、复制对称、复制移动、复制对接

1. 结构点、线复制旋转

选中【设计工具栏】中的【旋转】工具，鼠标单击或框选需要旋转的点和线，右键单击完成选择，之后左键依次单击选中的点和线上的两点作为旋转轴的轴心点和轴端点，松开鼠标旋转轴端点到目标位置点单击即可完成复制旋转（或到空白位置单击，弹出【旋转】对话框，输入旋转角度或宽度，单击【确定】按钮即可）。

操作提示

（1）该工具默认为复制旋转，光标为，按【Shift】键可切换为旋转，旋转光标为

。旋转时，可自动被吸附到45°、水平和垂直位置。

（2）此方法可用于省道转移与合并。

2. 结构点、线复制对称

选中【设计工具栏】中的【对称】工具，鼠标单击两点定出对称轴线，再单击或框选需要复制对称的点、线或纸样，右键单击完成复制对称。

操作提示

该工具默认为复制对称，光标为，按【Shift】键可切换为对称，对称光标为。对称轴默认画出的是水平线、垂直线或45°方向线，右键单击可以切换成任意方向。

3. 结构点、线复制移动

选中【设计工具栏】中的【移动】工具，鼠标框选需要复制移动的点、线，右键单击结束选择，之后左键单击两点定移动距离即可完成复制移动。

操作提示

（1）该工具默认为复制移动，光标为，按【Shift】键可切换为移动，移动光标为。按下【Ctrl】键，可控制选中的点、线在原位置的水平或垂直方向上移动。复制或移动时按【Enter】键，会弹出【偏移】对话框。

（2）对纸样边线只能复制，不能移动，即使在移动功能下移动边线，原来纸样的边线也不会被删除。

4. 结构点、线复制对接

选中【设计工具栏】中的【对接】工具，可实现结构点、线的对接。该工具默认为复制对接，光标为，按【Shift】键可切换为对接，对接光标为。

（1）线对接。鼠标先单击前肩斜线 AC 靠近 A 点一端，再单击后肩斜线 BD 靠近 B 点一端，然后左键单击或框选需要对接的线，右键单击完成操作，如图 3—46 所示。

（2）点对接。鼠标依次单击 A、B、C、D 四点，出现对接线，然后左键单击或框选需要对接的线，右键单击完成操作，如图 3—47 所示。

点对接与线对接主要用于纸样结构线合并。

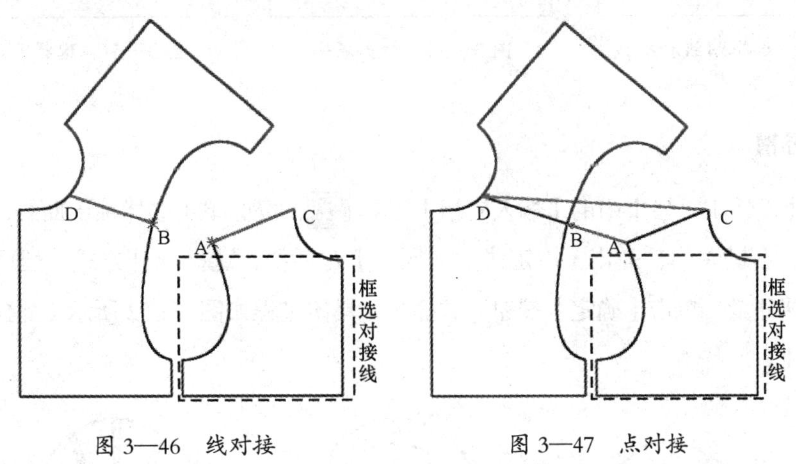

图 3—46　线对接　　图 3—47　点对接

九、省褶处理

1. 开省

选中【设计工具栏】中的【收省】工具，左键单击开省线 A，再单击省中线 B，弹出【省宽】对话框，输入省宽值，省打开，单击【确定】按钮，省口闭合，左键在省倒向侧单击，省模拟闭合，开省线连成一根整线，用鼠标左键移动开省线上的控制点，将其圆顺，右键单击结束，省道开出，如图 3—48 所示。

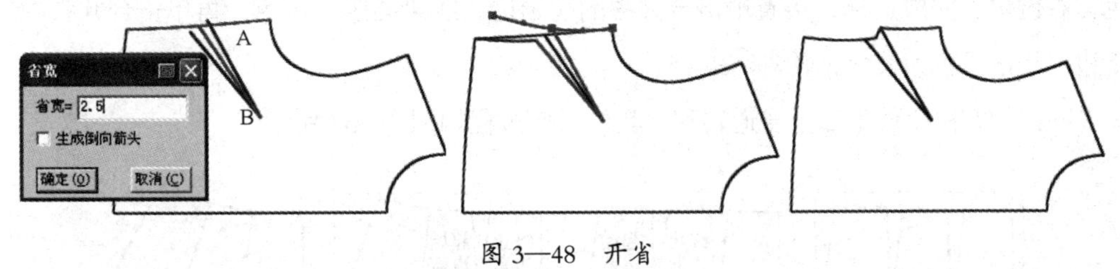

图 3—48　开省

2. 加省山

选中【设计工具栏】中的【加省山】工具，鼠标依次单击图 3—49 中倒向一侧的曲线和折线 1、2，再单击另一侧的折线和曲线 3、4，加出省山，如图 3—50 所示。

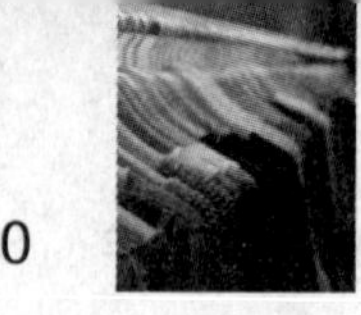

如果几个省的倒向一致（假设全部向右），如图 3—51 所示，则依次单击线段 1、2、3、4、5、6、7、8、a、b、c、d 即可。

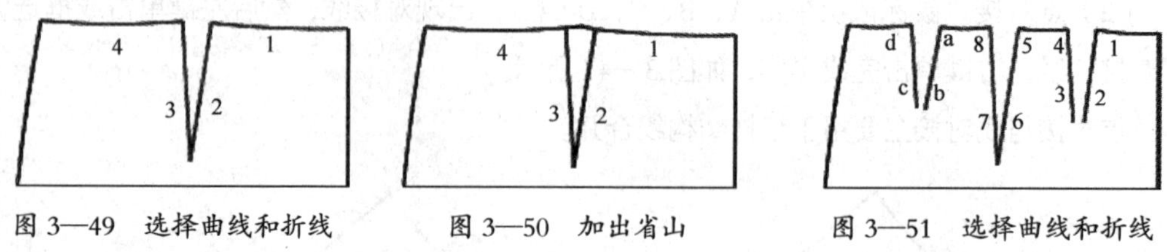

图 3—49 选择曲线和折线 图 3—50 加出省山 图 3—51 选择曲线和折线

3. 插入省褶

选中【设计工具栏】中的【插入省褶】工具，鼠标单击选择袖山曲线，再依次单击展开线，右键单击，弹出【指定线的插入省】对话框，选择展开方式、处理方式和倒向，输入展开量，单击【确定】按钮，省插入，具体过程如图 3—52 所示（此操作常用于制作泡泡袖）。

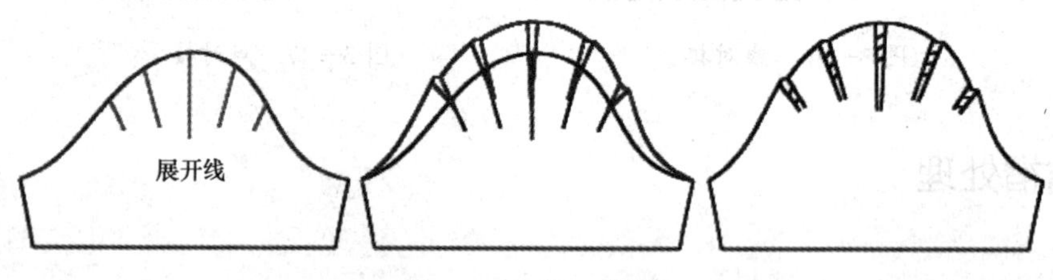

图 3—52 插入省褶

4. 省道转移

选中【设计工具栏】中的【转省】工具，鼠标左键依次单击或框选所有结构线，选中的线显示为红色，右键单击，结束选择；之后单击新省位置的剪开线，线段显示为绿色，右键单击完成选择；接着单击合并省的起始边，线段显示为蓝色；再单击合并省的终止边，线段显示为紫色，转省结束。

同样的方法完成第二个省道转移。具体操作过程如图 3—53 所示。

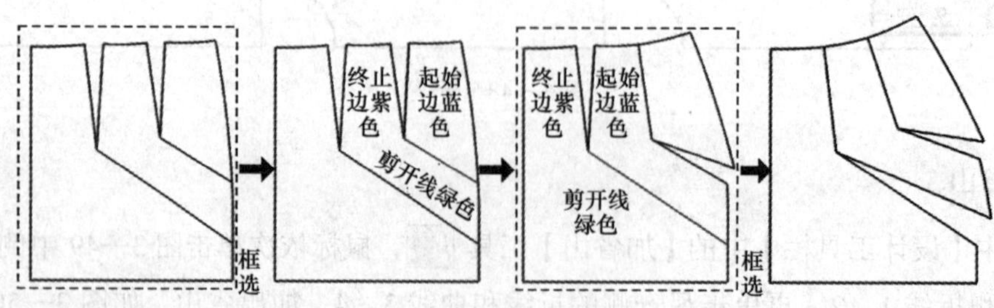

图 3—53 转省

操作提示

（1）转省时，如果在单击合并省的终止边时按住【Ctrl】键，则会弹出【转省】对话框，实现省道的部分或全部转移。

（2）【收省】工具、【加省山】工具和【转省】工具只适用于结构线；【插入省褶】工具适用于结构线，也适用于纸样。

十、分割与展开处理

1. 选中【设计工具栏】中的【褶展开】工具，可对结构线进行开褶处理，具体过程如下：

（1）均匀展开褶

1）选中工具，鼠标框选操作线，选中的线显示为红色，右键单击，结束选择。

2）鼠标在靠近固定侧上段折线上单击（多条可框选），线段显示为绿色，右键单击完成选择；鼠标在靠近固定侧下段折线上单击（多条可框选），线段显示为蓝色，右键单击，弹出【结构线 刀褶/工字褶展开】对话框，输入褶线条数、褶展开量等内容，单击【确定】按钮，褶均匀展开，具体过程如图3—54所示。

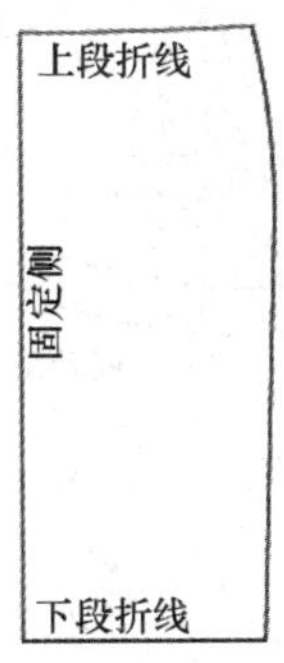

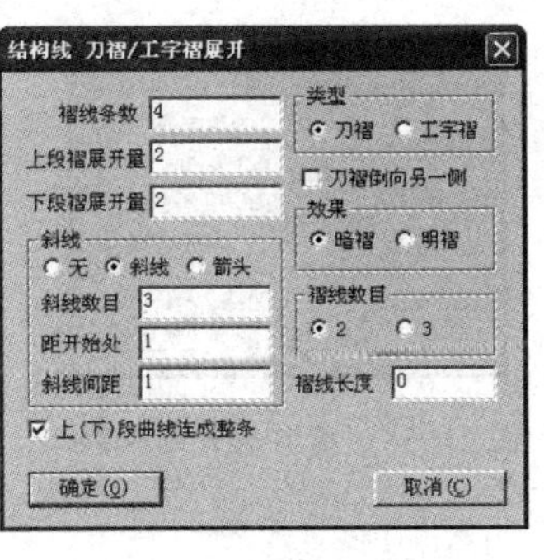

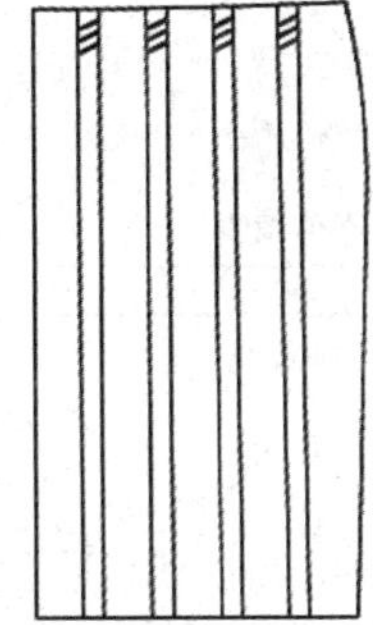

图3—54　均匀展开褶

（2）指定位置展开褶

1）选中工具，鼠标框选操作线，选中的线显示为红色，右键单击，结束选择。

2）鼠标在靠近固定侧上段折线上单击（多条可框选），线段显示为绿色，右键单击完成选择；鼠标在靠近固定侧下段折线上单击（多条可框选），线段显示为蓝色，再依次单击选择展开线（多条可框选），线段显示为灰色，右键单击，弹出【结构线 刀褶/工字褶展开】对话框，输入褶展开量等内容，单击【确定】按钮，褶展开，具体过程如图 3—55 所示。

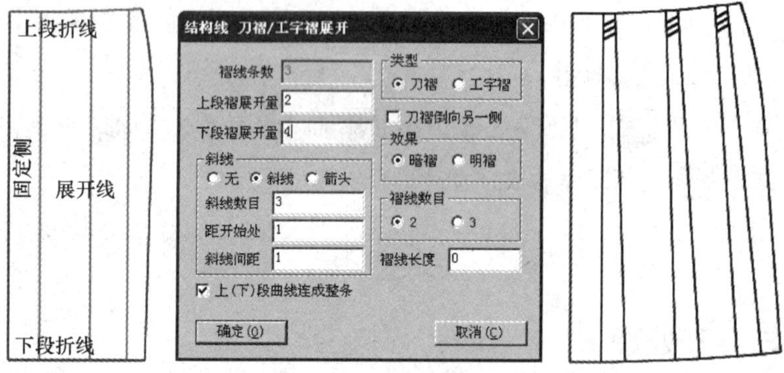

图 3—55 指定位置展开褶

2. 选中【设计工具栏】中的【分割 / 展开 / 去除余量】工具，可对结构线和纸样进行分割展开处理，具体过程如下：

（1）均匀展开结构线

1）选中工具，鼠标框选操作线，右键单击，结束选择。

2）鼠标依次单击不伸缩线和伸缩线，右键单击，弹出【单向展开或去除余量】对话框，输入分割线条数和伸缩量，选择处理方式，单击【确定】按钮，结构线均匀展开，具体过程如图 3—56 所示。

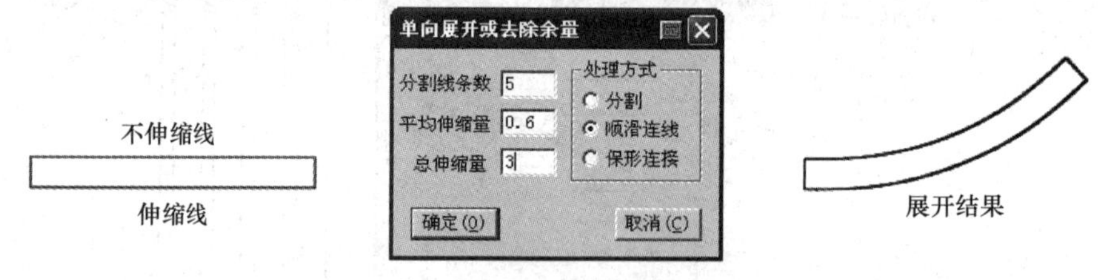

图 3—56 均匀展开结构线

（2）指定位置展开结构线

1）选中工具，鼠标框选操作线，右键单击，结束选择。

2）鼠标依次单击不伸缩线、伸缩线和展开线，右键单击，弹出【单向展开或去除余量】对话框，输入分割线的条数和伸缩量，选择处理方式，单击【确定】按钮，结构线展开。

操作提示

如果是对纸样进行分割展开处理，则不需要执行步骤1），直接按照步骤2）操作即可。

3. 选中【设计工具栏】中的【荷叶边】工具 ，可对结构线进行展开处理，具体过程如下：

（1）自动做荷叶边。选中工具，鼠标在工作区的空白处单击，弹出【荷叶边】对话框，如图 3—57 所示，输入新的数据，或移动滑块调整数据，将荷叶边调整到位，单击【确定】按钮即可。

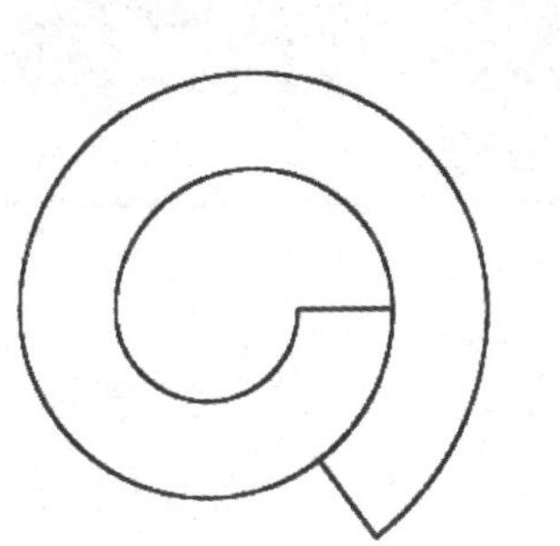

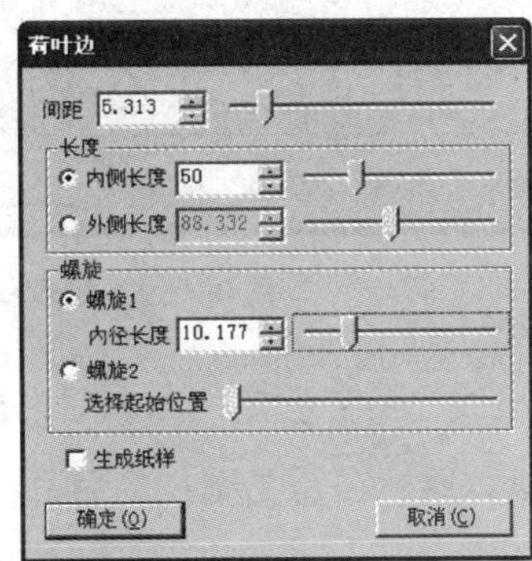

图 3—57　自动做荷叶边

（2）依据形状做荷叶边

1）选中工具，鼠标框选操作线，右键单击，结束选择。

2）鼠标在靠近固定侧上段折线上单击（多条可框选），线段显示为绿色，右键单击完成选择；鼠标在靠近固定侧下段折线上单击（多条可框选），弹出【荷叶边】对话框，输入褶的数量和展开量，或移动滑块调整数据，单击【确定】按钮，如图 3—58 所示。

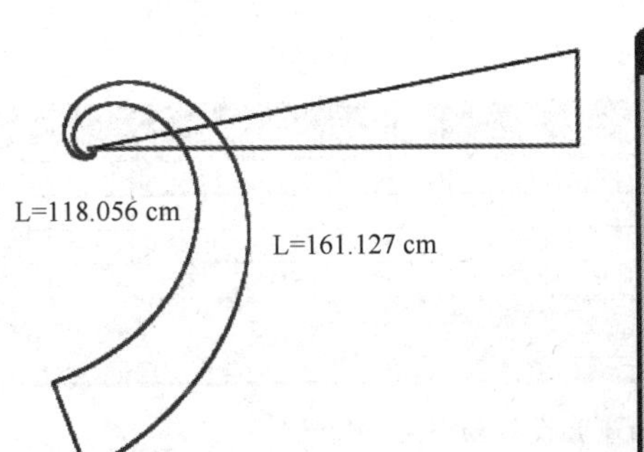

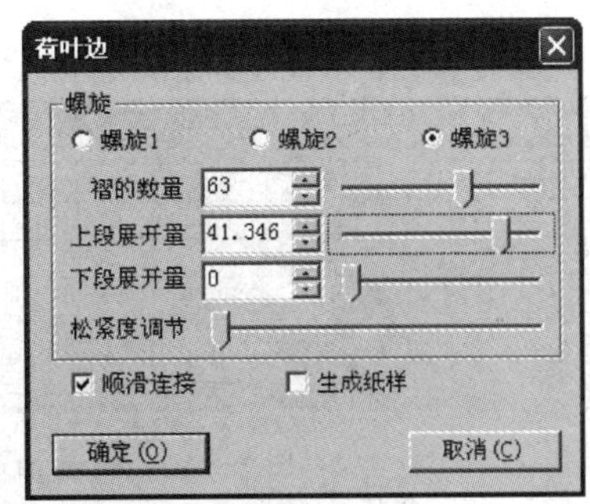

图 3—58　依据形状做荷叶边

十一、长度、距离与角度测量

1. 选中【设计工具栏】中的【比较长度】工具，可对线段长度和点距进行测量，具体过程如下：

（1）测量一段线长度或多段线长度之和

1）选中工具，鼠标在需要测量的线段1上单击，弹出【长度比较】对话框，并显示测量的线段长度。测量线段的长度显示方式有三种：长度、水平X、垂直Y。

2）继续单击线段，可显示每一段线长度和累加线段的长度，如图3—59所示。

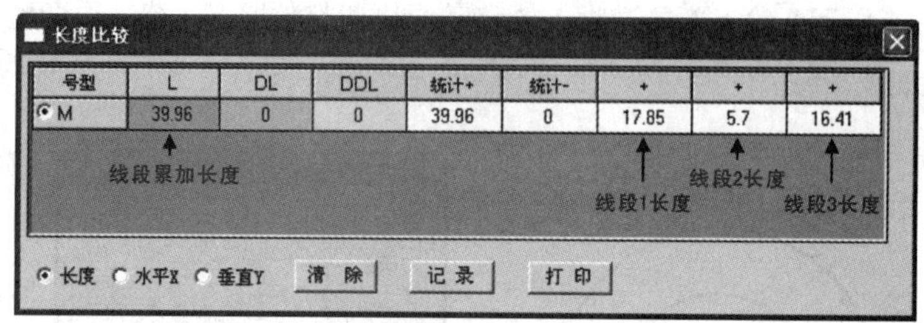

长度比较

号型	L	DL	DDL	统计+	统计-	+	+	+
M	39.96	0	0	39.96	0	17.85	5.7	16.41

图3—59 显示线段长度测量结果

（2）比较多段线的长度差值（以比较袖窿弧线长度与袖山弧线长度的差值为例）

1）选中工具，鼠标在需要测量的后片袖窿弧线上单击，弹出【长度比较】对话框，并显示测量的线段长度，继续单击侧片和前片上的袖窿弧线，对话框中可显示每一段线的长度和累加线段的长度。

2）右键单击，按照与测量袖窿弧线相同的方法，测量袖山弧线的长度，测量结果如图3—60所示。测量图如图3—61所示。

（3）测量两点间、点到线的距离

1）两点间的距离：选中工具，按【Shift】键，光标由 变成 ，鼠标分别单击两点，弹出【测量】对话框，显示两点距离、水平距离和垂直距离等，如图3—62所示。

长度比较

号型	L	DL	DDL	统计+	统计-	+	+	+	-	-
S	-3.67	0.08	0.08	53.63	57.3	16.52	13.17	23.94	36.74	20.55
M	-3.75	0	0	55.59	59.34	17.03	13.84	24.72	37.9	21.44
L	-3.84	-0.09	-0.09	57.55	61.39	17.53	14.51	25.51	39.06	22.34

长度 水平X 垂直Y 清 除 记 录 打 印

图3—60 测量袖窿弧线与袖山弧线结果

袖窿弧线
袖山弧线

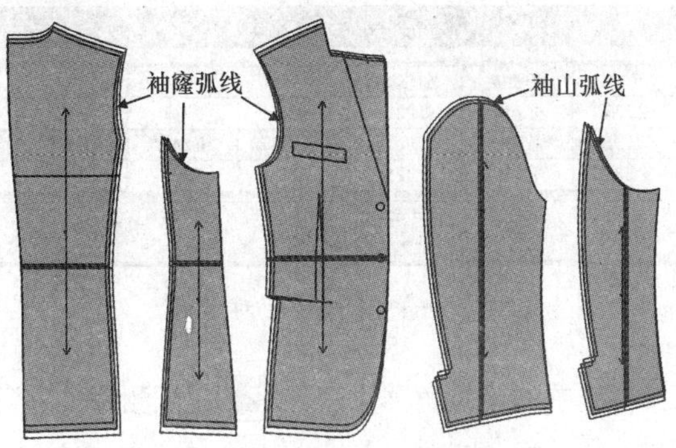

图 3—61　测量图

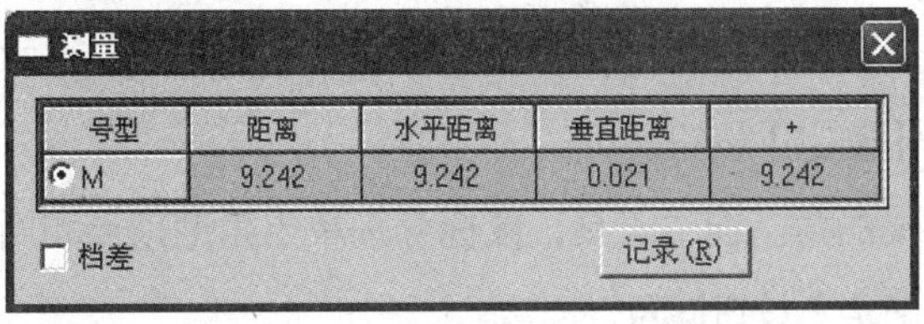

测量
号型
距离
水平距离
垂直距离
+
M
9.242
9.242
0.021
9.242
档差
记录(R)

图 3—62　【测量】对话框

2）点到线的距离：选中工具，光标在测量两点距离 状态下，鼠标分别单击点和线，弹出【测量】对话框，显示点到线距离。

（4）比较多点距离的差值（以比较西装的前后腰围差值为例）。选中工具，鼠标依次单击点 1、2、3、4，右键单击，再依次单击点 5、6、7、8，【测量】对话框显示前后两组距离差值和各测量点距，如图 3—64 所示。测量图如图 3—63 所示。

后片(面)×2
1
2
3
4
5
6
7
8
(面)×2
后侧片
(面)×2
前侧片
前片(面)×2

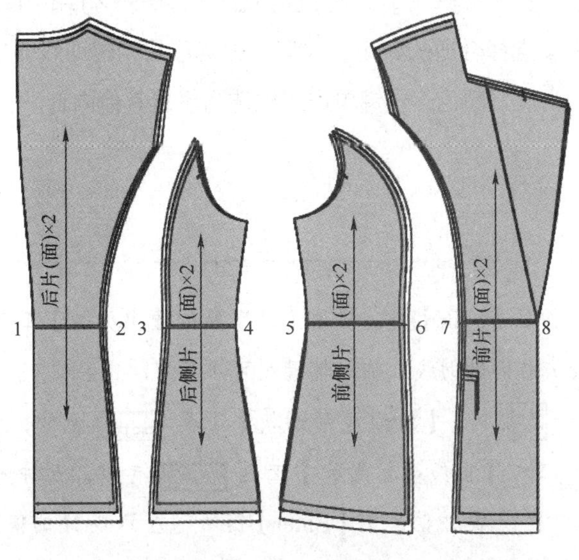

图 3—63　测量图

测量

号型	距离	水平距离	垂直距离	+	+	-	-
S	-2.731	-2.731	0.021	8.75	8.742	12.425	7.798
M	-2.633	-2.633	0.021	9.25	9.242	12.925	8.2
L	-2.535	-2.535	0.021	9.75	9.742	13.425	8.602

档差　记录(R)

图 3—64 【测量】对话框

2. 选中【设计工具栏】中的【量角器】工具，可测量多种角度，具体如下：

（1）测量一条线的水平夹角、垂直夹角。选中工具，鼠标在线上单击，再右键单击，弹出【角度测量】对话框，单击【确定】按钮即可。

（2）测量两条线的夹角。选中工具，鼠标分别单击两条线，再右键单击，弹出【角度测量】对话框，单击【确定】按钮即可。

（3）测量三点形成的角。选中工具，鼠标分别单击角度顶点和两边点，弹出【角度测量】对话框，单击【确定】按钮即可。

（4）测量两点形成的水平角、垂直角。选中工具，按住【Shift】键，鼠标分别单击两点，弹出【角度测量】对话框，单击【确定】按钮即可。

十二、线的颜色与类型设置

选中【设计工具栏】中的【设置线的颜色类型】工具，【快捷工具栏】中显示【曲线显示形状】工具和【辅助线的输出类型】工具。鼠标在【线颜色】、【线类型】、【曲线显示形状】和【辅助线的输出类型】这 4 个工具中单击下拉按钮，选择合适的颜色、线型、曲线形状和辅助线输出类型，之后移到线上，右键单击或框选为设置颜色，左键单击或框选为设置其他内容。

操作提示

（1）选中纸样，按住【Shift】键，再用【辅助线的输出类型】工具在纸样的辅助线上单击，可将辅助线变成临时辅助线。临时辅助线可不参与绘图。

（2）当线类型为时，【曲线显示形状】工具无效，此时光标为或；当光标为时，【曲线显示形状】工具有效，三种光标状态下，按键盘上的数字键可输入 L、R 或 W 的值，按【Enter】键可输入 D 或 H 的值。

（3）L、R、D 所指见线类型图标，W 是指曲线的回位长，H 是指线宽，如图 3—65 所示。

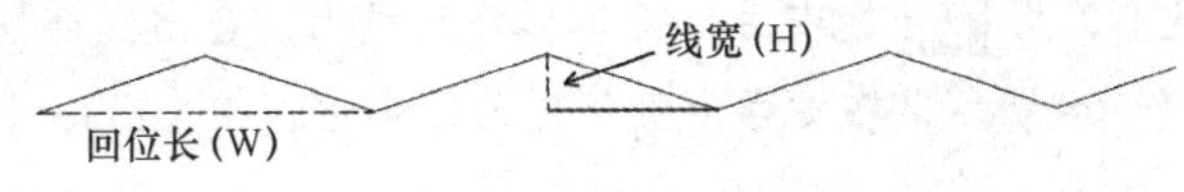

图 3—65　回位长与线宽示意图

十三、终止、撤销与重新执行操作

1. 操作执行时，按【Esc】键可终止操作。

2. 按【快捷工具栏】中的【撤销】工具（或按【Ctrl+Z】键），可撤销已完成的操作。

3. 按【快捷工具栏】中的【重新执行】工具（或按【Ctrl+Y】键），可复原被撤销的操作。

操作提示

在富怡 V9 自由设计与放码系统中，基本图形绘制与处理的很多工具都可以用【智能笔】工具取代，这些工具主要包括、、、、、、、、、、、、、、、。【智能笔】工具可以画结构线，也可以画纸样辅助线，其操作主要有以下 7 类：

1．左键单击

（1）画水平线、竖直线和 45°斜线：选中工具，光标变为，左键在空白处、点上、线的端点或默认等分点、两线交点上单击定第一点，光标变为，此时【智能笔】工具具有【线】工具在【丁字尺】状态下的功能，松开鼠标拖动，可选择画水平、垂直或 45° 直线，单击鼠标，弹出图 3—66 所示【长度】对话框，输入长度，单击【确定】按钮即可。如果起点单击在线的除端点和等分点之外的任意位置，会弹出图 3—67 所示【点的位置】对话框，输入单击点距离就近端点的长度或比例，单击【确定】按钮，余下的操作完全相同。

图 3—66 【长度】对话框

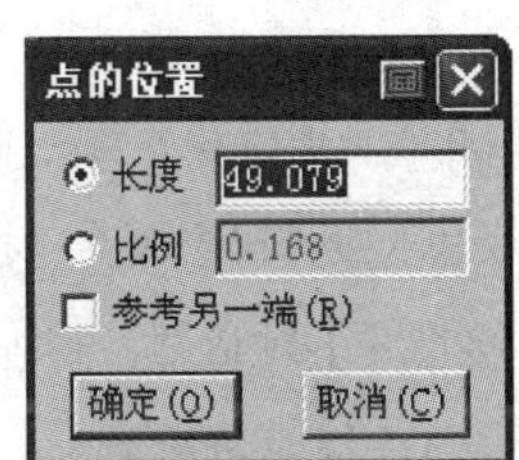

图 3—67 【点的位置】对话框

另外，【智能笔】工具 选中后，将光标移到线上，会出现捕捉点距离最近端点的长度显示框，如图3—68所示，在键盘上直接输入距离值，按【Enter】键，即可定出画线的起点，如图3—69所示。

图3—68　长度显示框　　图3—69　定出画线的起点

（2）画任意角度斜线：选中工具，鼠标单击定起点，右键单击，光标变为 ，此时【智能笔】工具 具有【线】工具 在【曲线】 状态下的功能，空白位置再单击，然后右键单击，弹出图3—70所示【长度和角度】对话框，输入线的长度和角度，单击【确定】按钮即可。

图3—70　【长度和角度】对话框

（3）画曲线、折线、曲折线：选中工具，鼠标单击定起点，右键单击，将光标变为 ，连续单击定点，可画曲线；按住【Shift】键，将光标变为 ，连续单击定点，可画折线；在画曲线时，按住【Shift】键画折线，松开【Shift】键继续画曲线，右键单击结束，如图3—71所示。

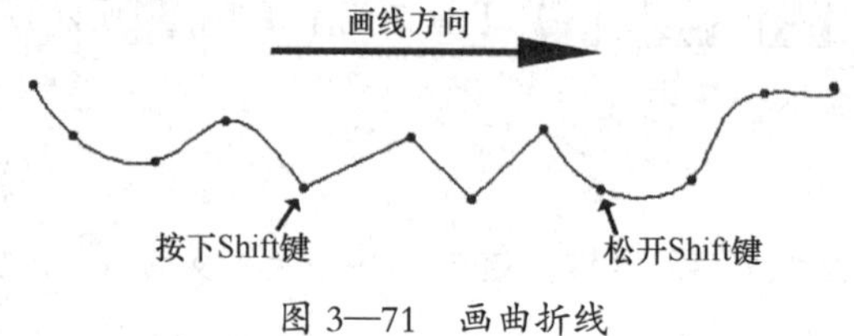

图3—71　画曲折线

（4）画矩形：选中工具，按住【Shift】键，此时【智能笔】工具 具有【矩形】工具 的功能，鼠标单击定起点，松开拖动到空白位置再单击，弹出【矩形】对话框，输入长、宽值，单击【确定】按钮即可。

2. 右键单击

（1）调整线条：选中工具，鼠标移到线上右键单击，此时【智能笔】工具 具有【调整】工具 的功能，操作方法也完全相同。

（2）调整线的长度：选中工具，按住【Shift】键，鼠标移到线上右键单击，弹出图3—72所示【调整曲线长度】对话框，输入新长度或长度增减值，单击【确定】按钮即可。（如果在线的中间单击右键为两端不变，调整曲线长度，如图3—73所示；如果在线的一端单击右键，则在这一端调整线的长度，如图3—74所示。）

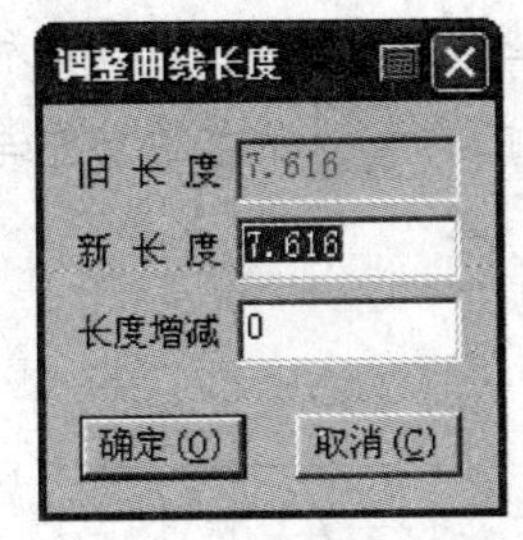

图 3—72 【调整曲线长度】对话框

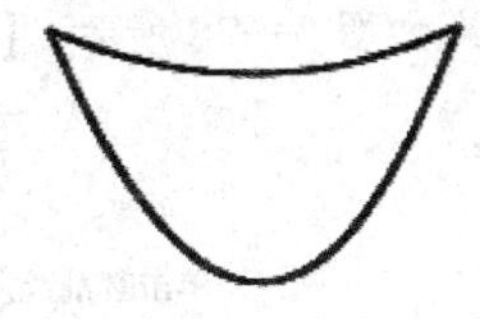

图 3—73 中间调整曲线

图 3—74 一端调整曲线

3．左键框选

（1）角连接：左键框选两条线的就近端（可依次框选，如果两线中间没有其他线可同时框选），鼠标移到两线夹角的内侧右键单击，完成角连接，如图 3—75 所示。此功能与【连角】工具 的功能相同。

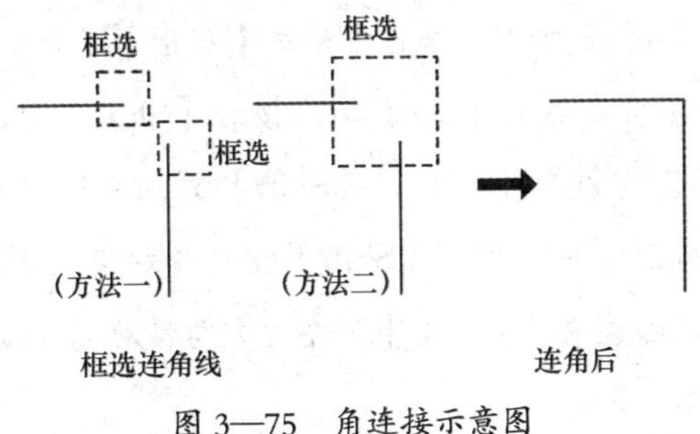

图 3—75 角连接示意图

（2）删除所选点、线（结构线、辅助线）：左键框选需要删除的点、线，按【Delete】键即可。此功能与【橡皮擦】工具 的功能相同。

（3）加省山：左键框选四条线后，右键单击（在省的哪一侧右键单击，省底就向哪一侧倒），加出省山，如图 3—76 所示。此功能与【加省山】工具 的功能相同。

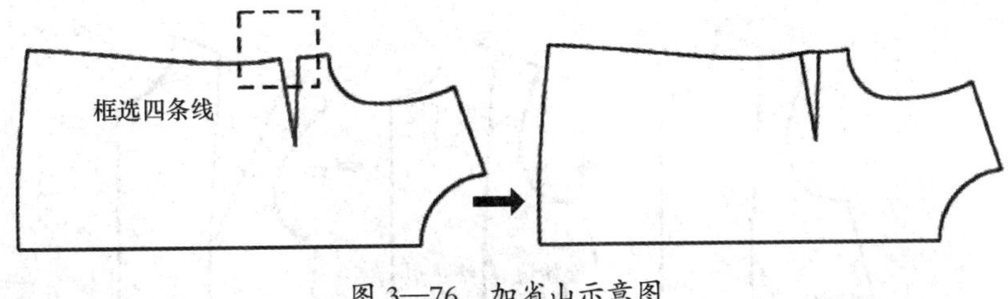

图 3—76 加省山示意图

（4）单向靠边：鼠标左键框选需要靠边的线（可以是一条，也可以是多条），再单击选择被靠边的基准线，所有线靠边，右键单击完成，如图 3—77 所示。

（5）双向靠边：鼠标左键框选需要靠边的线（可以是一条，也可以是多条），再分别单击选择被靠边的两条基准线即可，如图 3—78 所示。【智能笔】工具 的靠边功能与【靠边】工具 的功能相同。

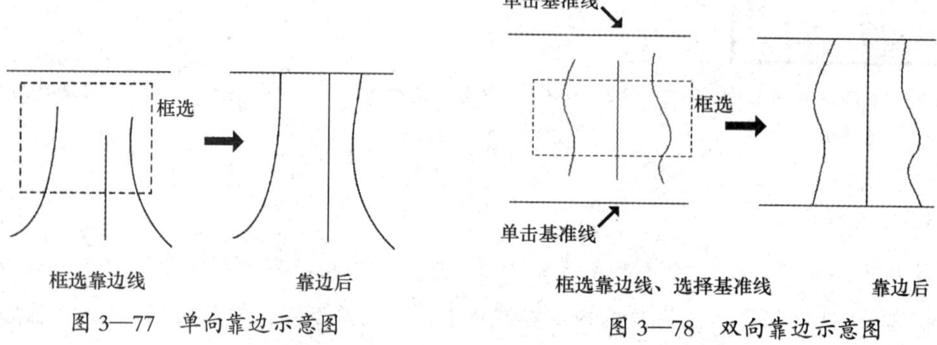

图 3—77　单向靠边示意图

图 3—78　双向靠边示意图

（6）画矩形：选中工具，鼠标左键在空白处框选，弹出【矩形】对话框，输入长、宽值，单击【确定】按钮即可。此功能和操作方法与【矩形】工具 完全相同。

（7）移动或复制移动点、线：选中工具，按住【Shift】键，鼠标左键框选需要移动或复制移动的点、线，右键单击，松开【Shift】键，左键分别单击移动的起点和终点即可（松开【Shift】键后，可通过按【Shift】键在移动与复制移动之间切换；如果按住【Ctrl】键，可控制点、线在原位置的上下、左右方向移动）。此功能与【移动】工具 的功能相同。

（8）转省：选中工具，按住【Shift】键，之后：

1）鼠标左键依次单击或框选需要转移的线，选中的线显示为红色。

2）单击新省位置的剪开线，线段显示为绿色，光标变为 ，右键单击完成选择。

3）单击合并省的起始边，线段显示为蓝色。

4）单击合并省的终止边，线段显示为紫色，转省结束，如图 3—79 所示。

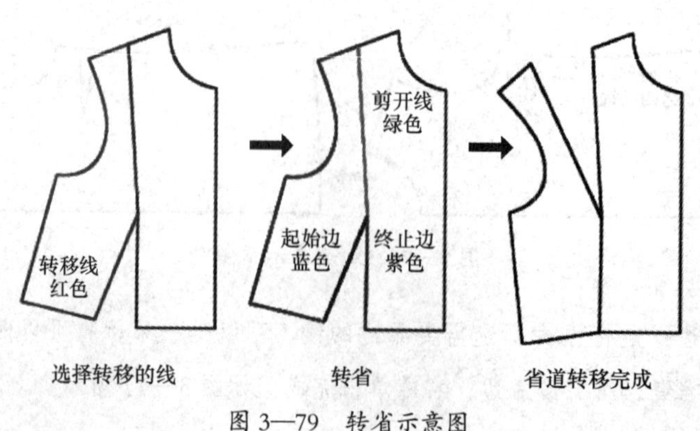

图 3—79　转省示意图

此功能和操作方法与【转省】工具基本相同。另外：

1）如果在单击合并省的终止边时按住【Ctrl】键，会弹出【转省】对话框，省道会自动模拟闭合，如图 3—80 所示，在【按比例】或【按距离】输入框中输入数值，单击【确定】按钮即可。

2）通过设置【旋转】对话框中转移的省宽，可实现省道的部分或全部转移。图 3—81 所示为按 50% 比例转省的效果。

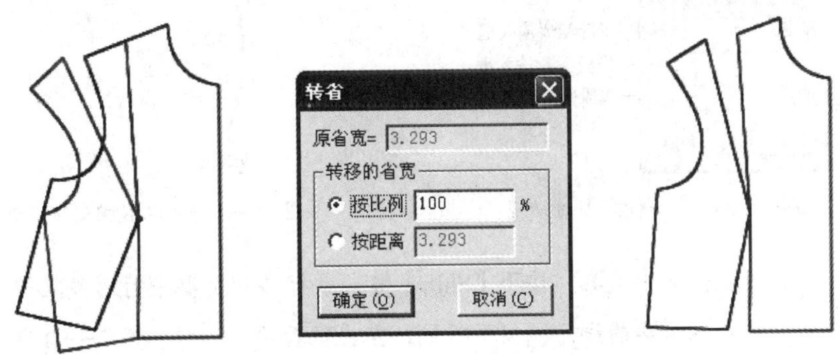

图 3—80 【转省】对话框　　　　图 3—81　按 50% 比例转省

4．右键框选

（1）剪断线：选中工具，右键框选需要剪断的线，鼠标移到线上单击，弹出【点的位置】对话框，输入长度值，单击【确定】按钮即可。

（2）连接线：选中工具，鼠标右键框选一条线，再左键单击需要连接的另一条线，鼠标在空白处右键单击，两线连接。

【智能笔】工具的剪断、连接功能和操作方法与【剪断线】工具完全相同。

（3）收省：选中工具，按住【Shift】键，右键框选腰线 A，光标变为，左键单击省中线 B，弹出【省宽】对话框，输入省宽值，省打开，单击【确定】按钮，省口闭合，左键在省倒向侧单击，省闭合，用鼠标左键移动腰线上的控制点，圆顺腰线，右键单击结束，具体如图 3—82 所示。

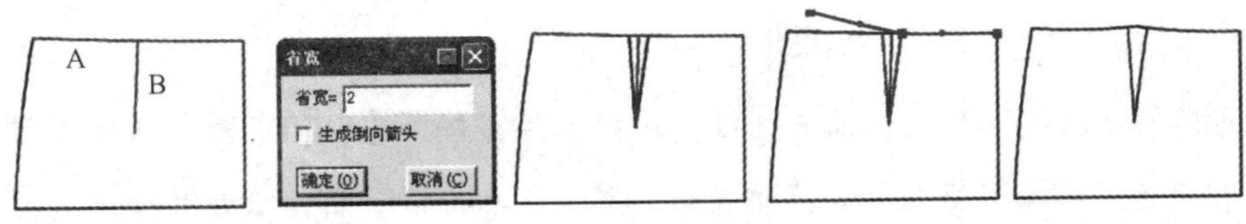

图 3—82　收省示意图

【智能笔】工具的收省功能和操作方法与【收省】工具完全相同。

5．左键拖动

（1）不相交等距线：选中工具，鼠标移到需要平行的线上按下左键拖动，拖出平行线，空白位置单击，弹出图 3—83 所示【平行线】对话框，在【平行距离】输入框中输入距离值，单击【确定】按钮，不相交等距线画出，如图 3—84 所示。该功能与【等距线】工具 的功能完全相同。

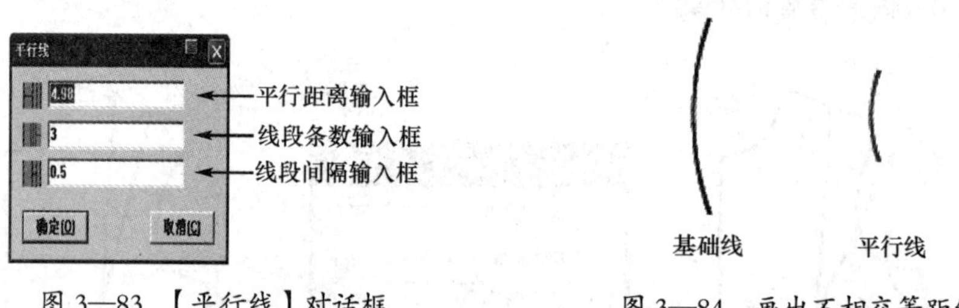

图 3—83 【平行线】对话框　　图 3—84 画出不相交等距线

（2）相交等距线：选中工具，按下【Shift】键，鼠标移到需要平行的线上按下左键拖动，然后分别单击左右两端的线，拖出平行线，空白位置单击，弹出图 3—83 所示【平行线】对话框，在【平行距离】输入框中输入距离值，单击【确定】按钮，相交等距线画出，如图 3—85 所示。该功能与【相交等距线】工具 的功能完全相同。

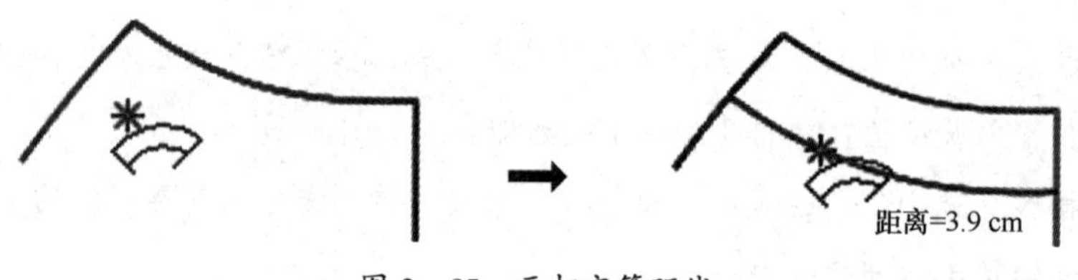

图 3—85 画相交等距线

（3）单圆规：选中工具，在关键点上按下左键拖动到一条线上放开，弹出图 3—86 所示【单圆规】对话框，输入长度，单击【确定】按钮即可。

（4）双圆规：选中工具，在关键点上按下左键拖动到另一点上放开，松开鼠标拖动到空白位置再单击，弹出图 3—87 所示【双圆规】对话框，输入长度，单击【确定】按钮即可。

这两个功能与【圆规】工具 的功能完全相同。

（5）做两点连线的平行线或垂直线：选中工具，按下【Shift】键，鼠标移到第一点上按下左键拖动到第二点松开，光标变成 ，再单击第三点，松开鼠标拖动，可画两点连线的平行线或垂直线，如图 3—88 所示。该功能与【三角板】工具 的功能完全相同。

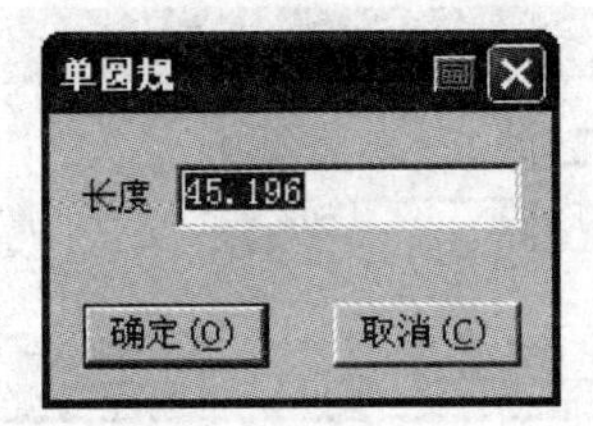

图 3—86 【单圆规】对话框

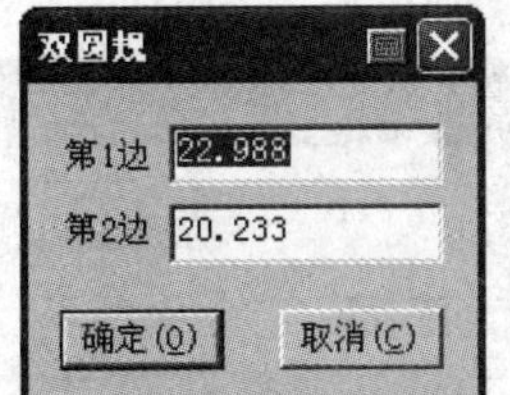

图 3—87 【双圆规】对话框

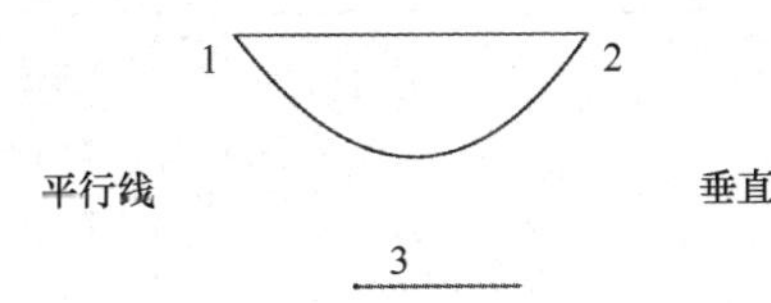

图 3—88 做两点连线的平行线或垂直线

6．右键拖动

（1）水平垂直线：选中工具，鼠标移到点上，按下右键拖动，拖出水平垂直线（右键切换方向，如图 3—89 所示），空白处单击，弹出【水平垂直线】对话框，如图 3—90 所示，输入水平、垂直距离，单击【确定】按钮即可。该功能与【水平垂直线】工具的功能完全相同。

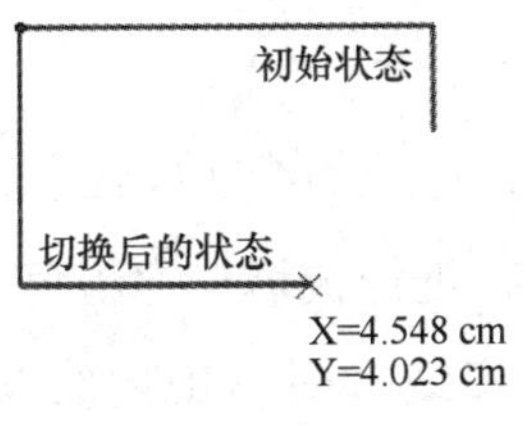

图 3—89 切换方向

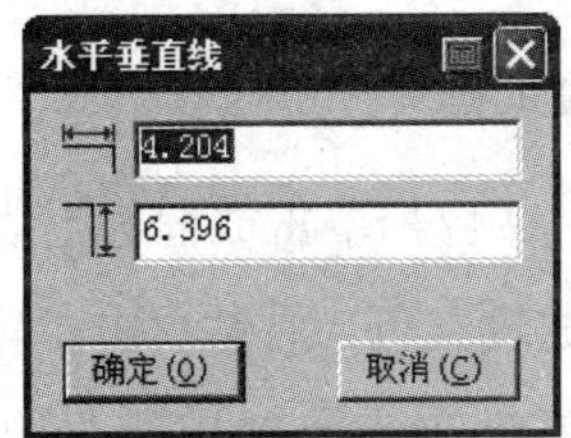

图 3—90 【水平垂直线】对话框

（2）偏移点 / 偏移线：选中工具，按住【Shift】键，鼠标移到点上，按下右键拖动，拖出水平垂直线（右键将光标在偏移线与偏移点之间切换），空白处单击，弹出【偏移】对话框，如图 3—91 所示，输入水平垂直偏移距离，单击【确定】按钮即可。

7．回车

取偏移点：选中工具，鼠标移到点上，按【Enter】键，弹出【移动量】对话框，如图 3—92 所示，输入水平、垂直移动量，单击【确定】按钮即可。

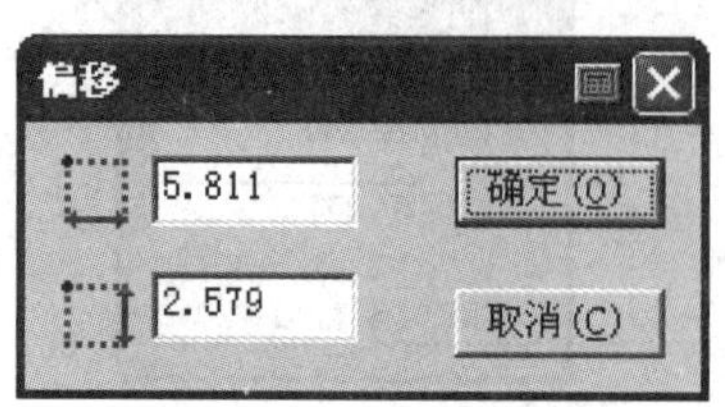

图 3—91 【偏移】对话框

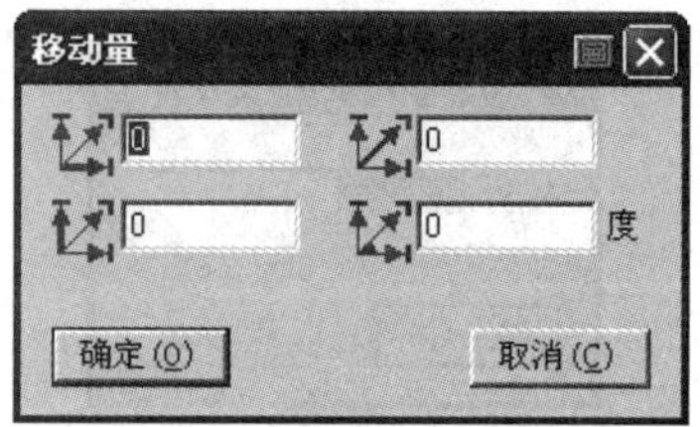

图 3—92 【移动量】对话框

第五节 样板编辑与处理

一、纸样提取

选中【设计工具栏】中的【剪刀】工具，可在结构线的基础上提取纸样。提取纸样的方法有 4 种。

1. 逐线提取纸样

选中工具，鼠标单击或框选生成纸样轮廓的线，选中的线变成红色，轮廓封闭的区域被填充成玫红色，右键单击，轮廓线变成蓝色，纸样被填充为粉色，光标由变成，左键单击选择内线（如果内线超出轮廓线，则单击内线与轮廓线的交点；如果是曲线，则在曲线中间任意位置单击追加一点），右键单击，内线由红色变为绿色，再次右键单击，纸样提取完成，光标由变成，鼠标移到纸样上，按【空格】键，光标变成，松开鼠标拖动，可将纸样放到任意位置，具体如图 3—93 所示。

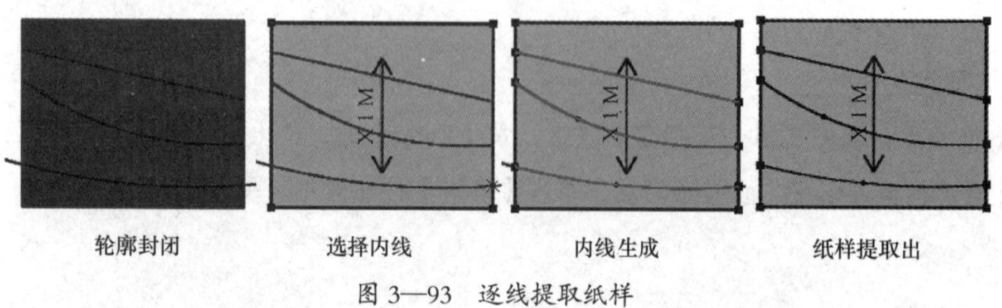

图 3—93 逐线提取纸样

2. 逐点提取纸样

选中工具，鼠标单击用于生成纸样的任一结构线的端点为起点，然后按照顺时针或逆时针的顺序，依次单击用于生成纸样轮廓线的结构线的端点（如果是曲线，则在曲线上任意位置单击追加一点），回到起始端点再单击，纸样生成，光标由变成，如图 3—94 所示，余下的操作与逐线提取纸样方法完全相同。

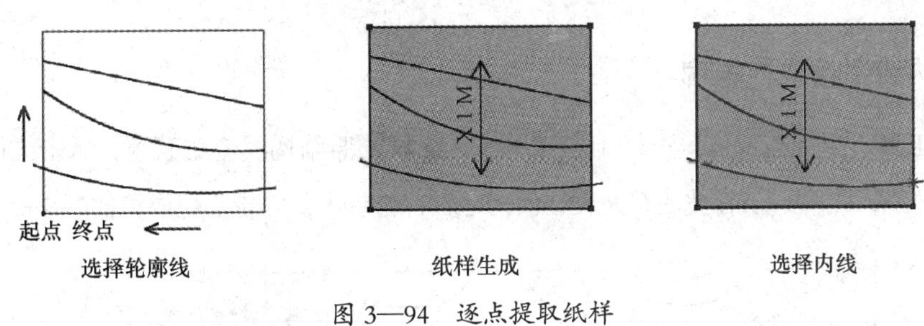

图 3—94　逐点提取纸样

3. 逐块提取纸样

选中工具，按住【Shift】键，鼠标左键在线条封闭的区域内单击，该区域被填充玫红色，第一块填充区域选择完成，同样的方法依次生成相邻的区域，直到生成纸样的区域全部被填充，如图 3—95 所示，右键单击，纸样生成，光标由变成，余下的操作与逐线提取纸样方法完全相同。

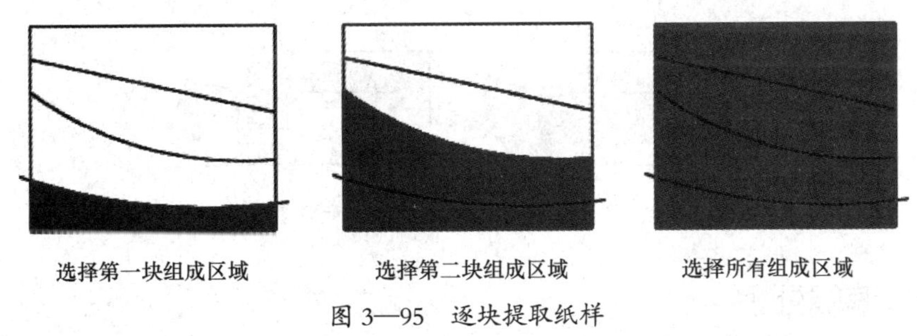

图 3—95　逐块提取纸样

4. 整块提取纸样

选中工具，鼠标左键框选生成纸样轮廓的结构线，右键单击，生成纸样，内线自动被选择，之后在纸样内右键单击，按【空格】键，松开鼠标拖出纸样，如图 3—96 所示。

二、纸样挖空

选中【设计工具栏】中的【拾取内轮廓】工具，可在结构线上拾取内轮廓或在辅助线形成的区域挖空纸样。在用切割机切割纸样时，内轮廓会被挖空。

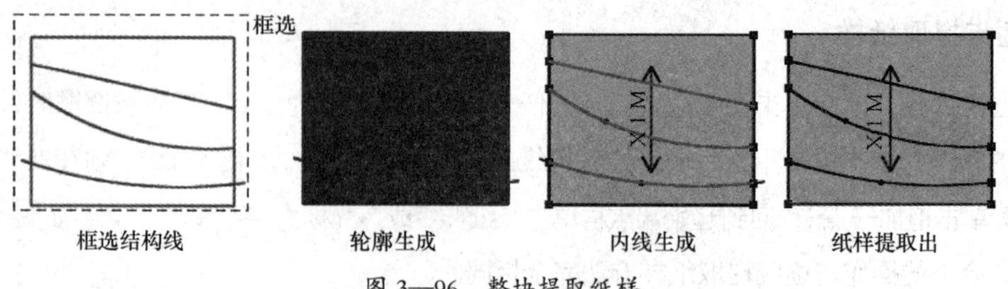

图 3—96　整块提取纸样

1. 在结构线上拾取内轮廓

选中工具，鼠标在工作区纸样上右键单击，纸样的原结构线变成蓝色，单击或框选要生成内轮廓的线，轮廓封闭后被填充为玫红色，之后右键单击，内轮廓生成，如图 3—97 所示。

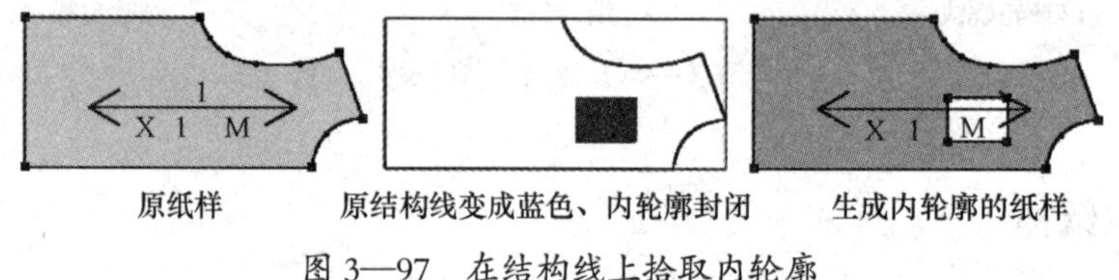

图 3—97　在结构线上拾取内轮廓

2. 在辅助线形成的区域挖空纸样

选中工具，鼠标单击或框选纸样内的辅助线，轮廓封闭后被填充为玫红色，之后右键单击，内轮廓生成，如图 3—98 所示。

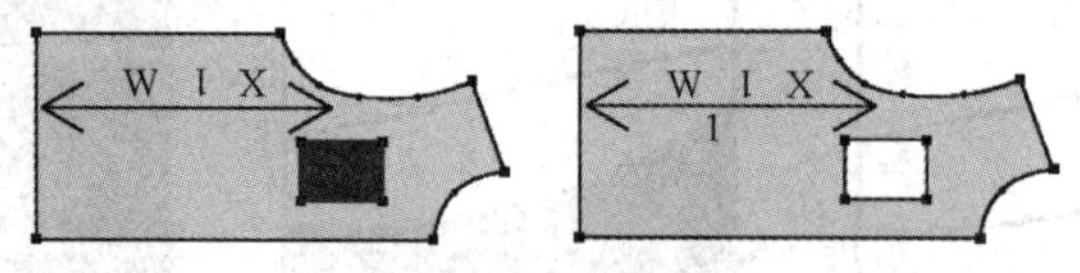

图 3—98　在辅助线形成的区域挖空纸样

三、纸样编辑处理

1. 加缝份

选中【纸样工具栏】中的【加缝份】工具，可对生成的纸样加缝份。加缝份的方式主要有以下 7 种：

（1）纸样所有边加（修改）相同缝份。选中工具，鼠标在任一纸样的边线点上单击，弹出【衣片缝份】对话框，选择加缝的纸样，输入缝份量，单击【确定】按钮即可。

（2）多段边线上加（修改）相同缝份。鼠标同时框选或单独框选需加相同缝份的线段，右键单击，弹出【加缝份】对话框，输入缝份量，选择适当的切角，单击【确定】按钮即可。

（3）先定缝份量，再加（修改）纸样边线缝份量。选中工具后，按数字键，设定缝份量，再按【Enter】键，然后在纸样边线上单击，缝份量即被更改。

（4）单边加不同缝份。鼠标在纸样的一条边线上单击，弹出【加缝份】对话框，如图3—99 所示，输入起点和终点的缝份量，单击【确定】按钮即可。

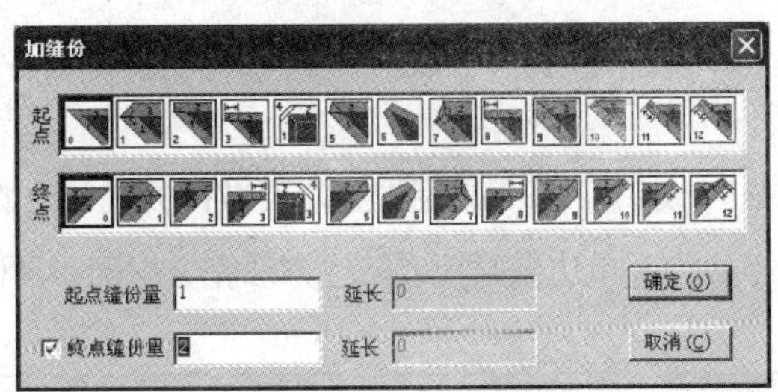

图 3—99　单边加不同缝份

（5）拖选边线点加（修改）缝份量。选中工具，鼠标在点 1 上按住左键拖至点 2 上松开，弹出【加缝份】对话框，在对话框中输入缝份量，单击【确定】按钮即可。

（6）修改单个角的缝份切角。选中工具，鼠标在需要修改的点上右键单击，弹出【拐角缝份类型】对话框，如图 3—100 所示，选择恰当的切角，单击【确定】按钮即可。

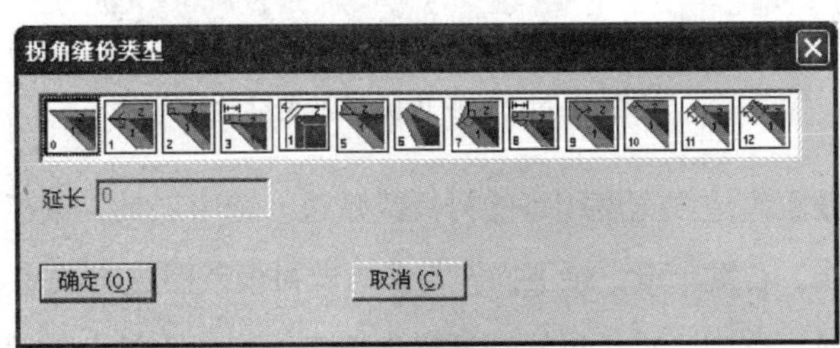

图 3—100　【拐角缝份类型】对话框

（7）修改两边线等长的切角。选中工具，按【Shift】键，弹出【关联缝份】对话框，光标由 变为 后，选择一种切角类型，分别在靠近切角的两边（线 1 和线 2）上单击即可，如图 3—101 所示。

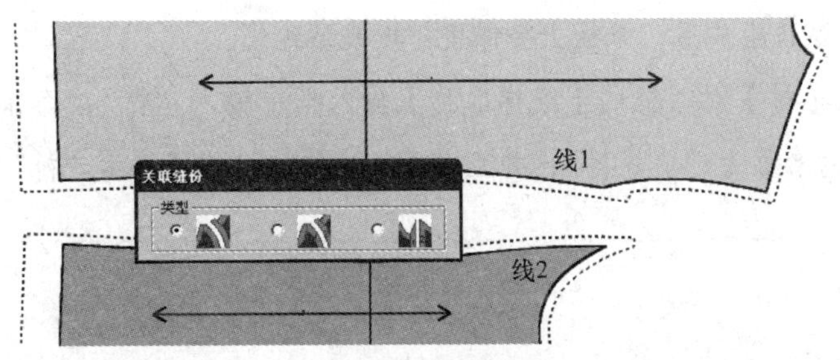

图 3—101　修改两边线等长的切角

2. 做衬

选中【纸样工具栏】中的【做衬】工具，可在纸样上做衬板或贴边，具体方式有 3 种。

（1）单个纸样做衬板或贴边

1）单边做衬板或贴边。选中工具，鼠标单击需要做衬板或贴边的边线（或框选，然后右键单击），弹出【衬】对话框，输入折边距离和缝份减少量，选择相关选项，单击【确定】按钮即可。

2）多边做衬板或贴边。选中工具，鼠标框选需要做衬板或贴边的边线，然后右键单击，弹出【衬】对话框，余下操作与单边做衬板或贴边方法完全相同，具体如图 3—102 所示。

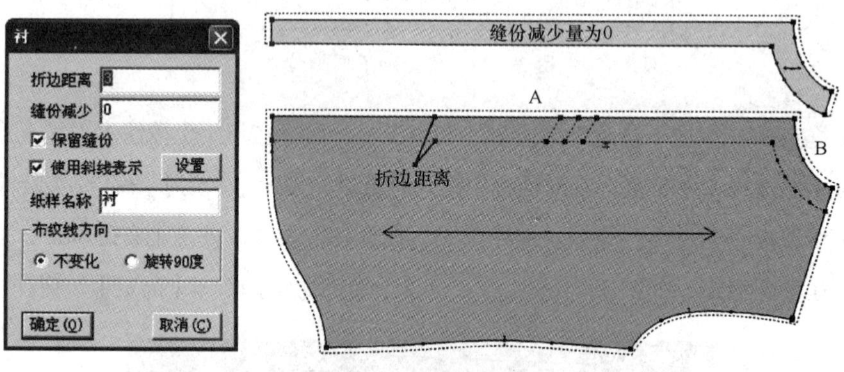

图 3—102 多边做衬板或贴边

（2）多个纸样做距离边线宽度相等的衬板或贴边。选中工具，鼠标框选多个纸样需要做衬板或贴边的边线，右键单击，余下操作与多边做衬板或贴边方法完全相同。

（3）纸样做全衬。选中工具，鼠标在纸样上单击，弹出【衬】对话框，余下操作与上述方法相同。

操作提示

（1）衬板或贴边生成后，原板上会保留衬板或贴边线。

（2）如果在【衬】对话框的【纸样名称】输入框中输入“衬”，而原纸样名称为“前片”，则新纸样的名称为“前片衬”，并且在原纸样的加衬位置显示“衬”字。

3. 打剪口

选中【纸样工具栏】中的【剪口】工具，可在纸样边线上添加剪口或调整剪口，具体方式有 8 种。

（1）在控制点上加剪口。选中工具，鼠标在纸样边线控制点上单击即可。

（2）在一条边线上加剪口。选中工具，鼠标单击线（或框选线，然后右键单击），弹出【剪口】对话框，选择适当的选项，输入剪口距端点的距离，单击【确定】按钮即可。

（3）在多条线上同时加等距剪口。选中工具，鼠标框选需加剪口的线，右键单击，弹出【剪口】对话框，选择适当的选项，输入剪口距端点的距离，单击【确定】按钮即可。图 3—103 所示为距离端点 2 cm 的打剪口效果。

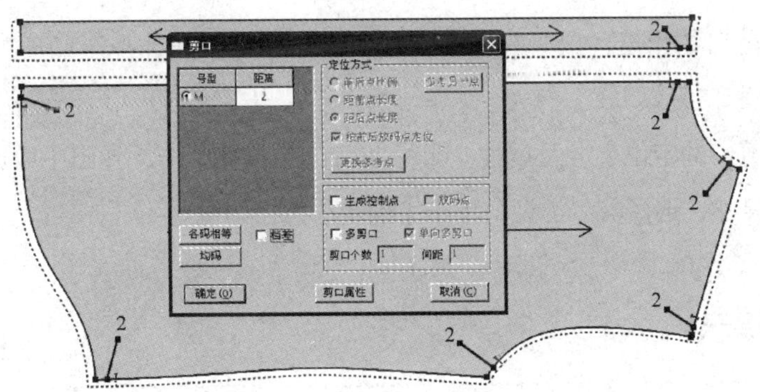

图 3—103　在多条线上同时加等距剪口

（4）在两点间等分加剪口。选中工具，鼠标在起点按下拖动到终点，弹出图 3—104 所示【比例剪口、等分剪口】对话框，选择等分剪口，输入等分数目，单击【确定】按钮即可。

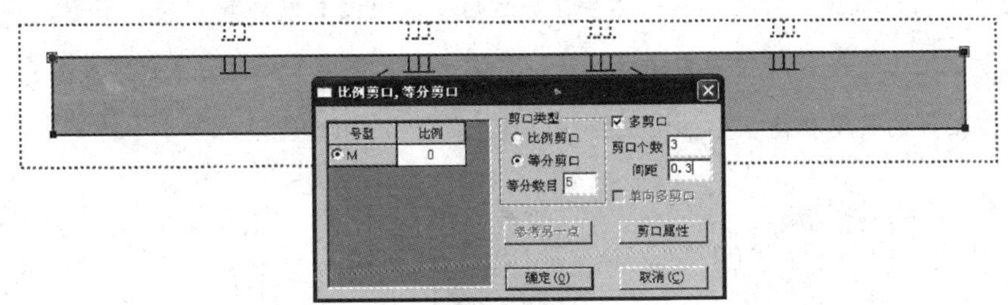

图 3—104　【比例剪口、等分剪口】对话框

（5）拐角加剪口。选中工具，按【Shift】键，光标由变成，单击纸样上的拐角点，弹出【拐角剪口】对话框，输入正常缝份量，单击【确定】按钮，缝份不等于正常缝份量边线的两端都统一加上剪口，如图 3—105 所示。如果框选拐角点，则只在该点加拐角剪口；如果单击或框选边线中部，则在边线的两端加剪口；如果单击或框选边线一端，则在边线的就近端加剪口。

（6）辅助线指向边线的位置加剪口。选中工具，鼠标框选辅助线的一端，则只在靠近这端的边线上加剪口；如果框选辅助线的中间段，则两端同时加剪口。

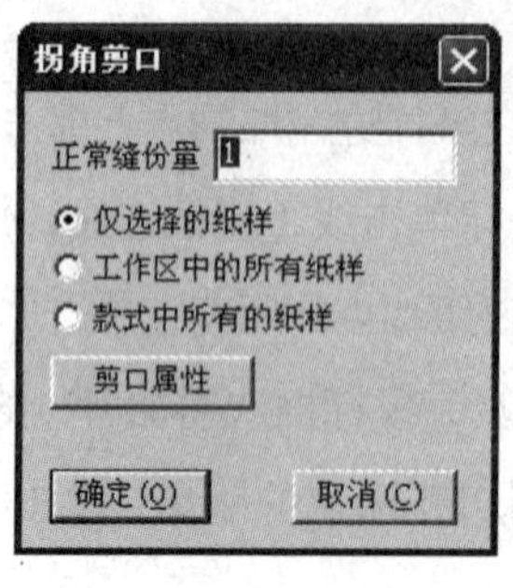

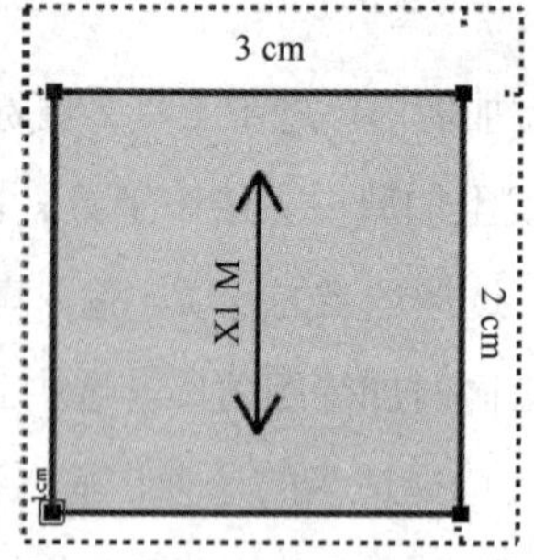

图 3—105　拐角加剪口

（7）调整剪口的角度。鼠标在剪口上单击会出现一条线，拖至需要的角度单击即可（此操作对拐角剪口无效）。

（8）修改剪口的定位尺寸及属性。鼠标在剪口上右键单击，弹出【剪口】对话框，可输入新的剪口尺寸，选择剪口类型，单击【确定】按钮即可。

操作提示

对上衣来讲，可用【纸样工具栏】中的【袖对刀】工具 在袖窿弧线与袖山弧线上同时打对位剪口，具体过程如下：

选中工具，鼠标在靠近前袖窿弧线 A 端位置单击或框选，右键单击；接着在靠近前袖山弧线 C 端位置单击或框选，右键单击；然后在靠近后袖窿弧线 E 端位置单击或框选，右键单击；最后在靠近后袖山弧线 G 端位置单击或框选，右键单击。弹出【袖对刀】对话框，在对话框中输入前、后袖窿的长度和前、后袖山弧线的容量，如图 3—106 所示，单击【确定】按钮即可。

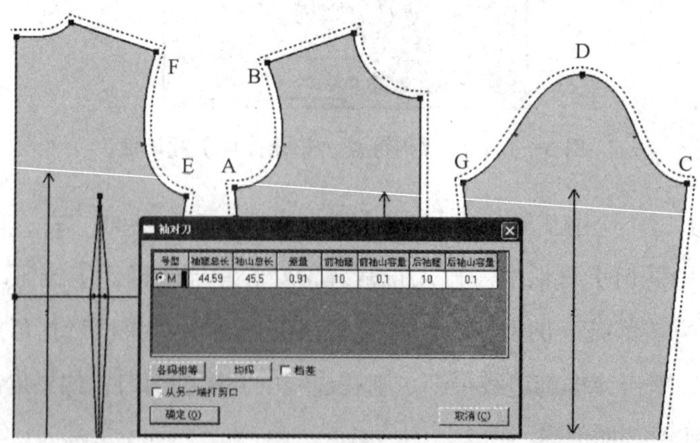

图 3—106　【袖对刀】对话框

4. 加眼位

选中【纸样工具栏】中的【眼位】工具，可在纸样上添加、修改眼位，具体方式有4种。

（1）根据眼位的个数和距离，自动画出扣眼的位置。鼠标单击前领深A点，弹出【加扣眼】对话框，选择扣眼类型，设置扣眼大小、角度、起始扣眼位置和扣眼个数、间距，单击【确定】按钮即可，具体如图3—107所示。

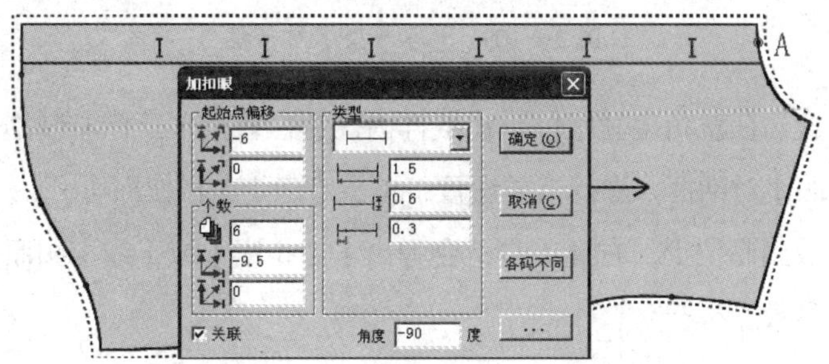

图3—107 根据眼位的个数和距离，自动画出扣眼的位置

（2）在线上加扣眼。鼠标单击纸样内辅助线，弹出【线上扣眼】对话框，选择扣眼类型，设置扣眼大小、角度、扣眼个数、距首尾点距离，单击【确定】按钮即可，具体如图3—108所示。

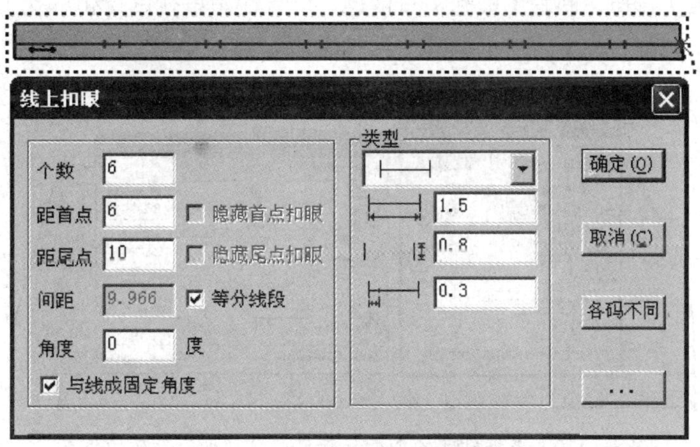

图3—108 在线上加扣眼

（3）在不同的码上加数量不等的扣眼。在【加扣眼】或【线上扣眼】对话框中单击【各码不同】按钮，弹出相应的【各号型】对话框，如图3—109所示，在对话框中进行相关设置，单击【确定】按钮，回到上一级对话框，单击【确定】按钮即可。

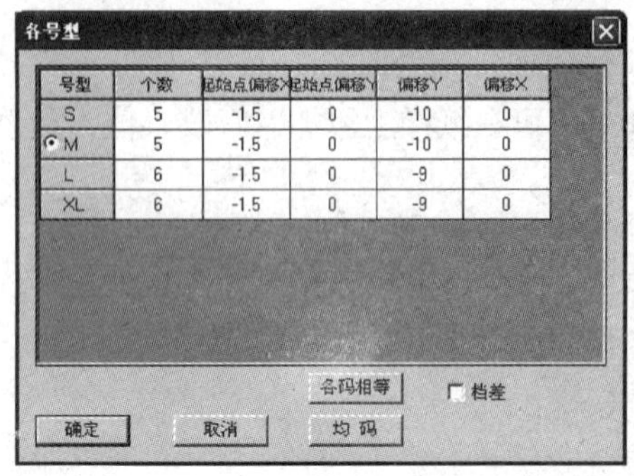

号型	个数	起始点偏移X	起始点偏移Y	偏移Y	偏移X
S	5	-1.5	0	-10	0
M	5	-1.5	0	-10	0
L	6	-1.5	0	-9	0
XL	6	-1.5	0	-9	0

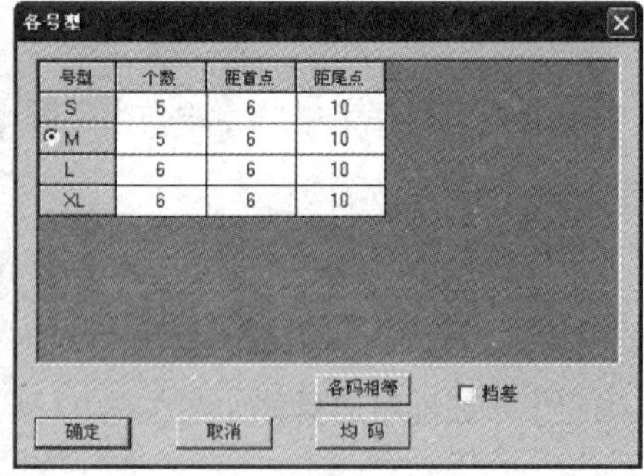

号型	个数	距首点	距尾点
S	5	6	10
M	5	6	10
L	6	6	10
XL	6	6	10

图 3—109 【各号型】对话框

（4）任意位置、任意角度画眼位。在纸样内任意位置按下鼠标左键拖动到另一位置松开，弹出【加扣眼】对话框，进行相关设置，单击【确定】按钮即可。

另外，鼠标放到眼位上，右键单击，会弹出【加扣眼】或【线上扣眼】对话框，可重新设置扣眼相关参数。

5. 打钻孔与扣位

选中【纸样工具栏】中的【钻孔】工具 ，可在纸样上打钻孔与扣位，具体方式有 4 种。

（1）根据钻孔的个数和距离，自动画出钻孔的位置。鼠标单击前领深 A 点，弹出【钻孔】对话框，单击【钻孔属性】按钮，弹出【属性】对话框，选择钻孔操作方式，设定半径，单击【确定】按钮，回到【钻孔】对话框，设置起始钻孔位置和钻孔个数、间距，单击【确定】按钮即可，具体如图 3—110 所示。

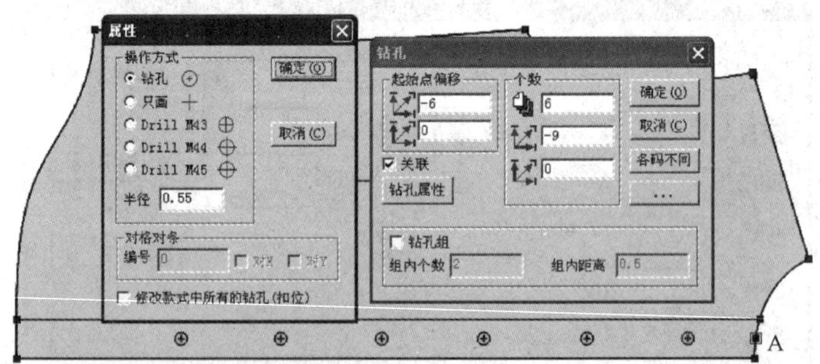

图 3—110 根据钻孔的个数和距离，自动画出钻孔的位置

（2）在线上加钻孔。与在线上加扣眼的操作方法完全相同。

（3）在不同的码上加数量不等的钻孔。与在不同的码上加数量不等的扣眼的操作方法完全相同。

（4）任意位置画钻孔。在纸样内任意位置单击即可。

另外，鼠标在钻孔上单击，会弹出【线上钻孔】或【钻孔】对话框，可修改相关设置。线上加钻孔或扣位后，如果用【调整】工具调整该线的形状，钻孔或扣位的间距依然是等距的，且距首尾点距离也不变。

6. 调整布纹线

选中【纸样工具栏】中的【布纹线】工具，可对纸样布纹线进行调整。

（1）鼠标单击纸样上的两点，布纹线与指定两点连线平行。

（2）鼠标在布纹线上右键单击，布纹线以 45° 旋转。

（3）鼠标在纸样（不是布纹线）上先左键单击，再右键单击，弹出【旋转布纹线】对话框，可以任意角度旋转布纹线。

（4）鼠标在布纹线的中间位置单击，松开拖动可平移布纹线。

（5）鼠标移在布纹线的端点上单击，松开拖动可调整布纹线的长度。

（6）按住【Shift】键，光标会变成，右键单击，布纹线上下的文字信息旋转 90°。

（7）按住【Shift】键，光标会变成，在纸样上任意两点单击定方向，布纹线上的文字信息以指定的方向旋转。

7. 旋转纸样

选中【纸样工具栏】中的【旋转衣片】工具，可对纸样做任意方向和角度的旋转。

（1）如果布纹线是水平或垂直的，用该工具在纸样上右键单击，纸样按顺时针 90° 旋转。如果布纹线不是水平或垂直的，用该工具在纸样上右键单击，纸样旋转到布纹线水平或垂直方向。

（2）左键单击选中两点，移动鼠标，纸样以选中的两点在水平或垂直方向上旋转。

（3）按住【Ctrl】键，左键在纸样依次单击定两点，移动鼠标，纸样可以第一点为旋转中心随意旋转。

（4）按住【Ctrl】键，在纸样上右键单击，弹出【旋转衣片】对话框，可按指定角度旋转纸样。旋转纸样时，布纹线与纸样同步旋转。

8. 翻转纸样

选中【纸样工具栏】中的【水平垂直翻转】工具，可对纸样进行翻转。

（1）按【Shift】键，在水平翻转与垂直翻转之间切换，对应的光标分别为和。

（2）鼠标在纸样上单击即可。

9. 分割纸样

选中【纸样工具栏】中的【分割纸样】工具，可对纸样进行剪开处理，具体操作

方法有两种。

（1）沿辅助线剪开纸样。选中工具，鼠标左键单击辅助线，弹出【加缝份】对话框，输入缝份量，单击【确定】按钮即可。

（2）沿两点连线剪开纸样。鼠标分别单击纸样边线上的两个关键点，右键单击，弹出【加缝份】对话框，输入缝份量，单击【确定】按钮即可。

10. 纸样对称

选中【纸样工具栏】中的【纸样对称】工具，可对称复制纸样。选中工具，弹出【对称纸样】对话框。对话框中有3种对称方式可供选择：关联对称、只显示一半、不关联对称。选择一种对称方式，再单击对称轴即可，具体如图3—111所示。

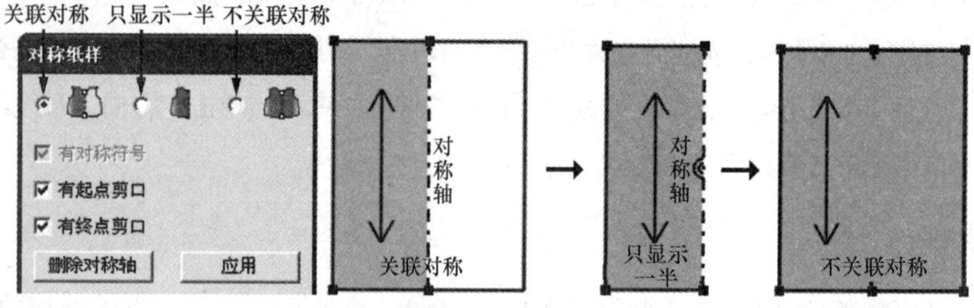

图3—111 纸样对称

操作提示

关联对称后的纸样，在其中被对称一半的纸样上修改时，另一半也联动修改；不关联对称后的纸样，在其中一半的纸样上修改时，另一半不会跟着改动。如果纸样两边不对称，选择对称轴后默认保留面积大的一边，如图3—112所示。

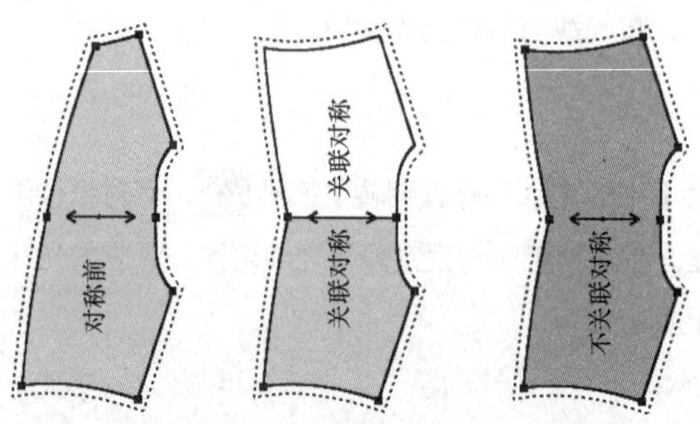

图3—112 不对称纸样的对称结果

11. 纸样缩水

选中【纸样工具栏】中的【缩水】工具，可对纸样进行缩水处理，具体操作方法有两种。

（1）整体缩水

1）选中工具，鼠标在空白处单击（或纸样上单击，右键单击），弹出【缩水】对话框，如图 3—113 所示。

缩水（单位：%）

序号	1	2	3	4	5
纸样名	后片	侧片	前片	过面	前里
旧纬向缩水率	0	0	0	0	0
旧经向缩水率	0	0	0	0	0
加缩水量前的纬向尺寸	23	14.6	25.726	15.467	16.873
加缩水量前的经向尺寸	78.361	56.46	78.871	78.871	77.75
新纬向缩水率	0	0	0	0	0
新经向缩水率	0	0	0	0	0
纬向缩放	0	0	0	0	0

○ 仅选择的纸样　选择面料　纬向缩水率（W）　纬向缩放　确定
○ 工作区中的所有纸样　全部面料　经向缩水率（L）　经向缩放　取消
◉ 款式中所有的纸样

图 3—113　【缩水】对话框

2）选择缩水纸样与面料，输入纬向与经向的缩水率，单击【确定】按钮即可。

操作提示

（1）如果对指定纸样加缩水，则要先单击选中纸样，再右键单击。

（2）整体缩水能记忆旧缩水率，并且可以更改或去掉原缩水率。如：原先加了 3% 的缩水率，换新布料后，缩水率为 5%，则直接输入“5”；如果要清除缩水率，则输入“0”即可。

（3）更改或清除缩水率时，表格框会填充颜色，提示做了更改。

（4）缩水与缩放两者之间是联动的，在缩水率输入框中输入数值，缩放输入框中会自动计算出相应值。同理，缩放输入框中输入数值，缩水率输入框中也有对应值，两者只需输入其一即可。

（2）局部缩水

1）选中工具，鼠标单击或框选要进行局部缩水的边线或辅助线，右键单击，弹出图 3—114 所示【局部缩水】对话框。

2）输入缩水率，选择端点移动方式，单击【确定】按钮即可。（局部缩水没有记忆旧缩水率功能。）

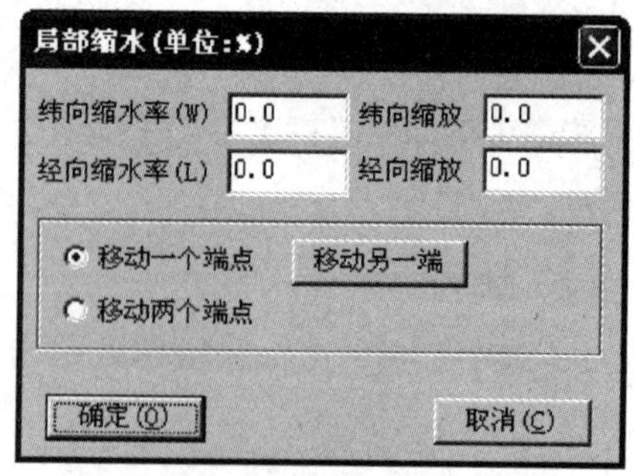

图 3—114 【局部缩水】对话框

12. **加褶**

选中【纸样工具栏】中的【褶】工具，可在纸样边线上增加或修改刀褶、工字褶，或把在结构线上加的褶用该工具变成褶图元。

（1）指定位置加褶。选中工具，鼠标框选或依次单击做褶的内线 A 和 B，右键单击，弹出【褶】对话框，输入上、下褶宽，设定相关属性，选择褶类型、效果及与选择内线的位置关系，单击【确定】按钮，光标由 变为 ，调整褶底，右键单击结束，具体如图 3—115 所示。

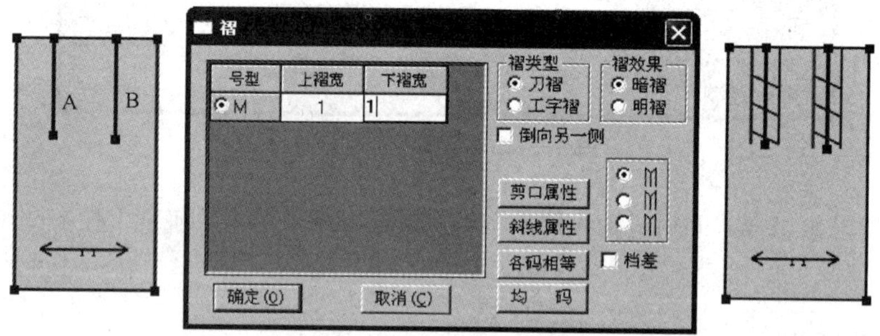

图 3—115 指定位置加褶

（2）平均加褶

1）平均加半褶。选中工具，鼠标单击做褶的边线，右键单击，弹出【褶】对话框，输入上、下褶宽和褶长，如图 3—116 所示，接下来的操作与指定位置加褶完全相同。

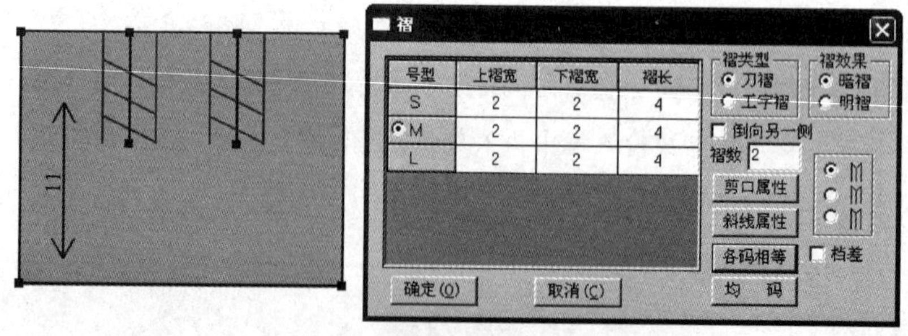

图 3—116 平均加褶

2）平均加通褶。选中工具，鼠标依次单击做褶的两条边线 A 和 B，右键单击，弹出

【褶】对话框，输入上、下褶宽，如图 3—117 所示，接下来的操作与指定位置加褶完全相同。应注意，右键单击的位置决定了褶展开的方向，同时也决定了褶的上下段（靠近右键点击位置的为固定位置，同时也是上段）。

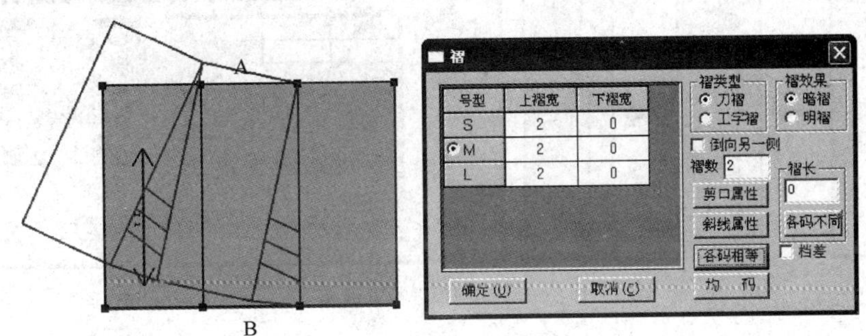

图 3—117　平均加通褶

（3）修改褶

1）修改一个褶。选中工具，鼠标移至褶上，褶线变红色后右键单击，弹出【褶】对话框，重新设定相关内容即可。（也可选中【调整】工具 ，在褶上右键单击。）

2）同时修改多个褶。选中工具，鼠标分别单击选中需要修改的褶，右键单击，弹出【褶】对话框，重新设定相关内容即可。（所选择的褶必须在同一个纸样上。）

（4）辅助点转褶图元。选中工具，鼠标在点 A 上按住左键拖至点 B 上松开，然后放在点 C 上按住左键拖至点 D 上松开，弹出【褶】对话框，单击【确定】按钮，原辅助点就变成褶图元，褶图元上自动带有剪口，具体如图 3—118 所示。（该方法只能做通褶。）

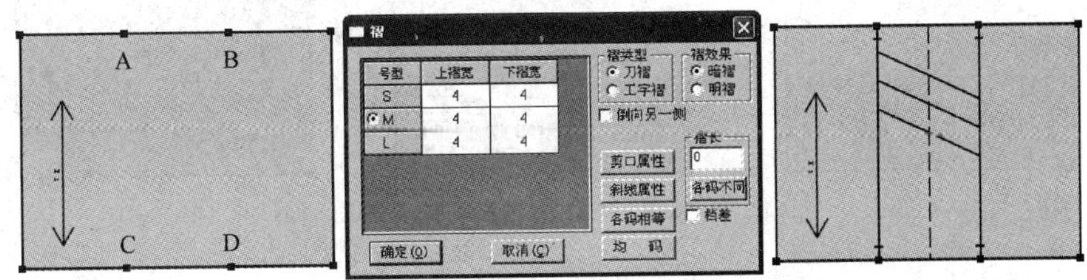

图 3—118　辅助点转褶图元

13. 加 V 形省

选中【纸样工具栏】中的【V 形省】工具 ，可以在纸样边线上增加或修改 V 形省，也可以把在结构线上加的省用该工具变成省图元。

（1）指定省中线加省。选中工具，鼠标在省中线上单击，弹出【尖省】对话框，输入

省量，设置相关属性，选择开省方式和处理方式，单击【确定】按钮，省合并起来，光标由$^{+}$V变为V，调整省口合并线圆顺，右键单击结束，具体如图 3—119 所示。

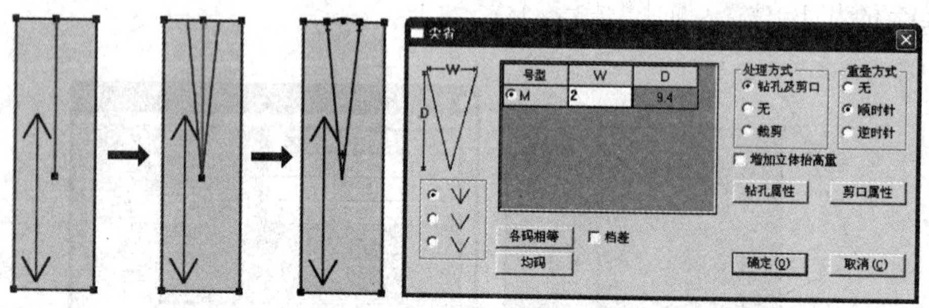

图 3—119　指定省中线加省

（2）无省中线加省。选中工具，鼠标在边线上单击，先定好开省的位置，松开鼠标拖出省中线，再单击，弹出【尖省】对话框，余下的操作与指定省中线加省完全相同。

（3）修改 V 形省。选中工具，鼠标移至 V 形省上，省线变红色后右键单击，弹出【尖省】对话框，重新设置相关数值与方式即可。

（4）辅助线、边线转省图元。选中工具，鼠标分别在省口 A 点、B 点上单击，再在省尖 C 点上单击，弹出【省】对话框，单击【确定】按钮，省合并起来，光标由$^{+}$V变为V，调整省口合并线圆顺，右键单击，生成省图元。省图元上自动带有剪口、钻孔，具体如图 3—120 所示。

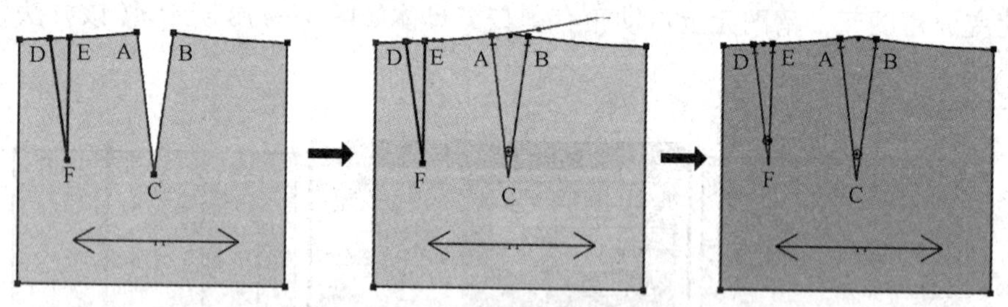

图 3—120　辅助线、边线转省图元

14. 加锥形省

选中【纸样工具栏】中的【锥形省】工具，可在已知省口中点、省尖点和省腰点的情况下，为纸样添加锥形省或菱形省。

选中工具，鼠标分别在省口点 A、省尖点 B 上单击，松开鼠标拖动到点 C 再单击，弹出【锥形省】对话框，设置相关属性，选择处理方式，输入 W1 的值，单击【确定】按钮，生成锥形省（如果 W1 的值为 0，则生成菱形省）。具体如图 3—121 所示。

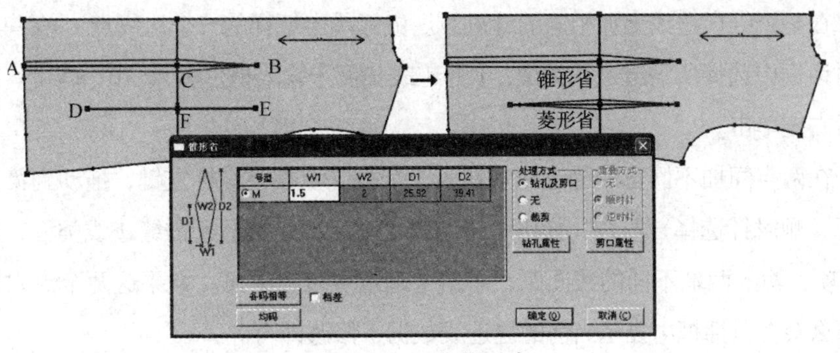

图 3—121 加锥形省

操作提示

如果 A、B 两点定在空白位置，则 W1、W2、D1、D2 都会被激活，可自行设置数值。

15. 加缝迹线

选中【纸样工具栏】中的【缝迹线】工具，可在纸样边线上添加、修改缝迹线。

（1）加定长缝迹线。选中工具，鼠标在纸样某边线点上单击，弹出【缝迹线】对话框，如图 3—122 所示，选择所需缝迹线类型，输入缝迹线间距及长度，单击【确定】按钮即可。如果该点已经有缝迹线，会在对话框中显示当前的缝迹线数据，修改即可。

（2）在一段线或多段线上加缝迹线。鼠标单击或框选一段或多段边线后右键单击，在弹出的图 3—123 所示【缝迹线】对话框中选择所需缝迹线类型，输入线间距，单击【确定】按钮即可。

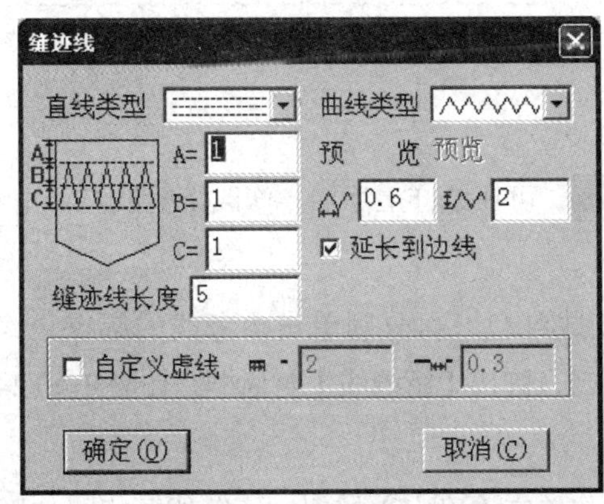

图 3—122 设定加定长缝迹线

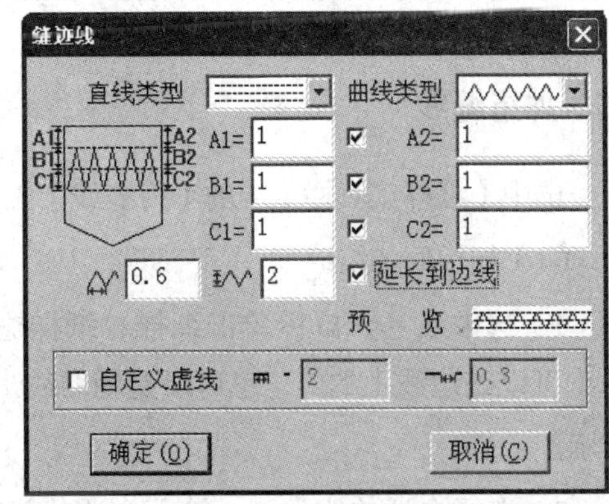

图 3—123 设定在一段线或多段线上加缝迹线

（3）在整个纸样边线上加相同的缝迹线。鼠标单击纸样的一个边线点，在弹出的【缝迹线】对话框中选择所需缝迹线类型，【缝迹线长度】输入框里输入“0”即可。或框选所有的线后右键单击。

（4）在两点间加不同宽的缝迹线。在第一个控制点按下鼠标左键，拖动到第二个控制点上松开，顺时针选择一段线，弹出【缝迹线】对话框，选择所需缝迹线类型，勾选【间距 2】选项，输入两端不同的线间距，单击【确定】按钮即可。如果这两个点中已经有缝迹线，那么会在对话框中显示当前的缝迹线数据，修改即可。

（5）删除缝迹线。用【橡皮擦】工具 单击即可删除。也可以在直线类型与曲线类型中选择第一种无线型。

操作提示

在【缝迹线】对话框中：

（1）【A1】【A2】：A1、A2 表示第一条线距边线的距离。A1 大于 0 表示缝迹线在纸样内部，小于 0 表示缝迹线在纸样外部。

（2）【B1】【B2】：表示第 2 条线与第 1 条线的距离，计算的时候取其绝对值。

（3）【C1】【C2】：表示第 3 条线与第 2 条线的距离，计算的时候取其绝对值。

（4）这 3 条线在边界内部或在边界外部。在两点之间添加缝迹线时，可做出起点终点距边线不相等的缝迹线，并且缝迹线中的曲线高度都是统一的，不会进行拉伸。

（5）如果只加边线上指定两点之间的缝迹线，需取消勾选【延长到边线】选项。

16. 加绗缝线

选中【纸样工具栏】中的【绗缝线】工具 ，可在纸样上添加、修改绗缝线。

（1）加相同的绗缝线

1）选中工具，鼠标单击纸样，纸样边线变成红色，再分别单击参考线的起点、终点（可以是边线上的点，也可以是辅助线上的点），弹出【绗缝线】对话框，如图 3—124 所示。

2）选择合适的线类型，输入合适的线间距，单击【确定】按钮，绗缝线画出，如图 3—125 所示。

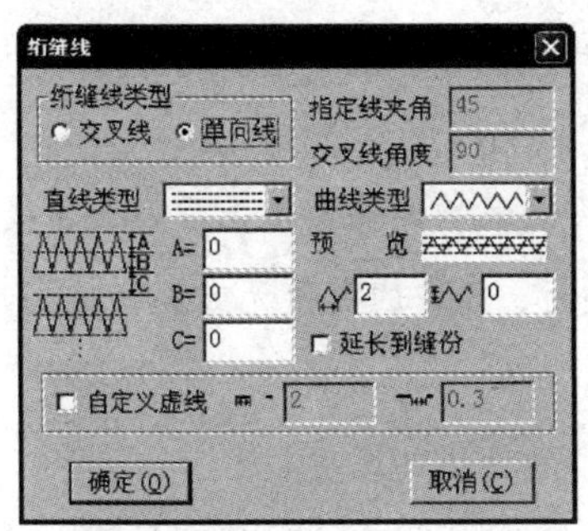

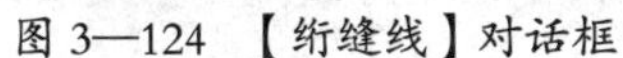
图 3—124 【绗缝线】对话框

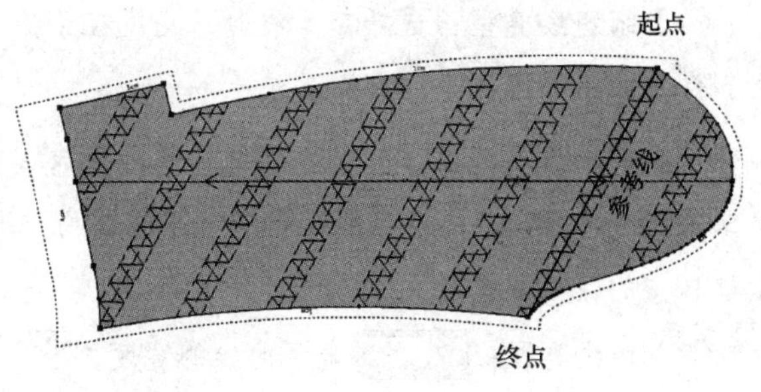

图 3—125 加相同的绗缝线

（2）加不同的绗缝线

1）选中工具，按顺时针方向选中 ABCD，线变成红色，再单击 E、F 两点选择参考线 EF，弹出【绗缝线】对话框，在对话框中进行设置，单击【确定】按钮，绗缝线画出。

2）同样的方法选中 GHIJ，选择参考线 LM，弹出【绗缝线】对话框，在对话框中进行相应设置，单击【确定】按钮，绗缝线画出，具体如图 3—126 所示。

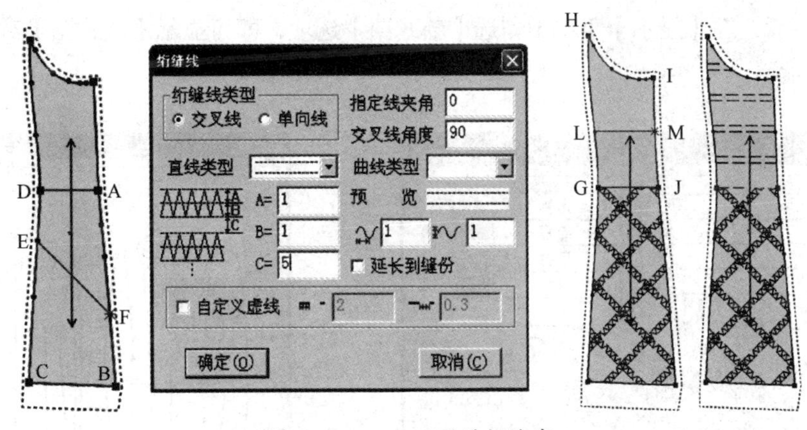

图 3—126 加不同的绗缝线

（3）修改绗缝线。鼠标在纸样的绗缝线上右键单击，会弹出相应的【绗缝线】对话框，修改参数后，单击【确定】按钮即可。

（4）删除绗缝线。可用【橡皮擦】工具 单击删除。也可以用鼠标在纸样的绗缝线上右键单击，在弹出的【绗缝线】对话框的直线类型与曲线类型中选择第一种无线型。

操作提示

在【绗缝线】对话框中：

（1）绗缝线类型：选择交叉线时，角度在【交叉线角度】输入框中输入；选择单向线时，做出的绗缝线都是平行的。

（2）直线类型：选三线时，A 表示第二条线与第一条线间的距离，B 表示第三条线与第二条线间的距离，C 表示两组绗缝线间的距离。选两线时，B 中的数值无效。选单线时，A 与 B 中的数值都无效。

（3）曲线类型：表示曲线的宽度，表示曲线的高度。

（4）【延长到缝份】选项：勾选时，绗缝线会延长到缝份上；不勾选则不会延长到缝份上。

---

17. 编辑款式资料

选中【纸样】菜单下的【款式资料】命令，弹出【款式信息框】对话框，如图 3—127 所示。对话框中会显示当前文件的纸样数。单击 ... 按钮，可选择当前文件对应的款式图。选择款式图后，在【显示】菜单中勾选【款式图】选项，即可显示【款式图】对话框，如图 3—128 所示。

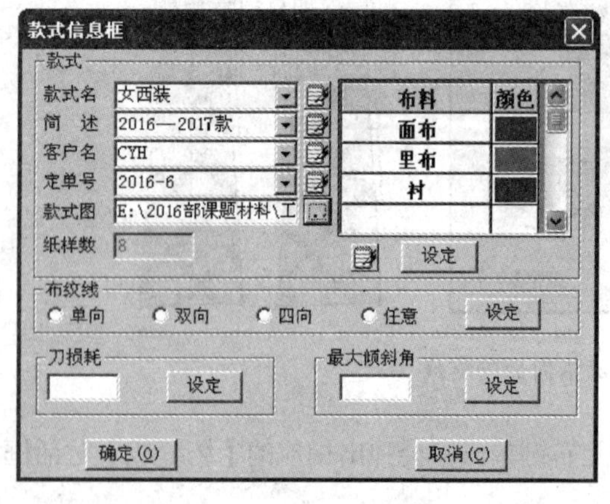

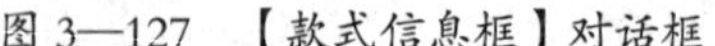
图 3—127 【款式信息框】对话框

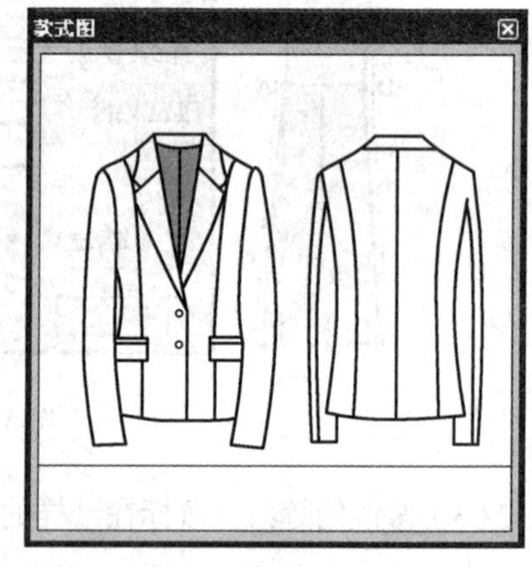

图 3—128 【款式图】对话框

之后可选择或输入款式名、简述、客户名和定单号等信息。选择或输入布料的种类与颜色，单击下方对应的【设定】按钮，可设定不同布料在【衣片列表框】中的颜色，如图 3—129 所示。单击按钮，弹出【编辑词典】对话框，可输入并保存使用频率较高的文字。选择一种布纹方向，并单击右侧对应的【设定】按钮，可设定布纹线类型。如果需要的话，裁剪的【最大倾斜角】和【刀损耗】也可一并设定。最后单击【确定】按钮，即可完成款式资料的编辑。

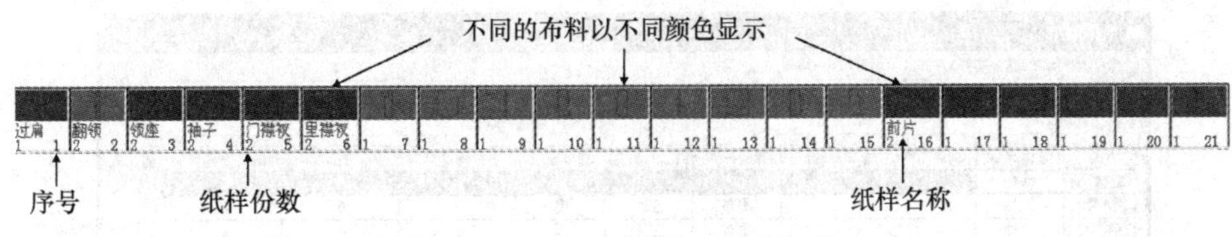

图 3—129　设定不同布料以不同颜色显示

18. 编辑纸样资料

鼠标在【衣片列表框】中左键单击，选中一块纸样，之后选中【纸样】菜单下的【纸样资料】命令，弹出【纸样资料】对话框，如图 3—130 所示。在对话框中可设置纸样名称、选择纸样所属布料类型、设定纸样份数，这些设定的信息都可在衣片列表框中显示，如图 3—129 所示。如果设定了纸样份数为偶数，且在【定位】栏下选择当前纸样是左，再勾选【左右】复选框，则另一份纸样为右片，否则两份都是左片。当纸样定位为无定义时，不管勾选或不勾选【允许翻转】(勾选，则排料系统中的【翻转限定】工具 默认按起，不勾选则默认按下)，在排料时纸样都可水平、垂直翻转；当纸样定位为左右对称时，不管勾选或不勾选【允许翻转】，在排料时纸样都不能水平、垂直翻转，【翻转限定】工具 不起作用。

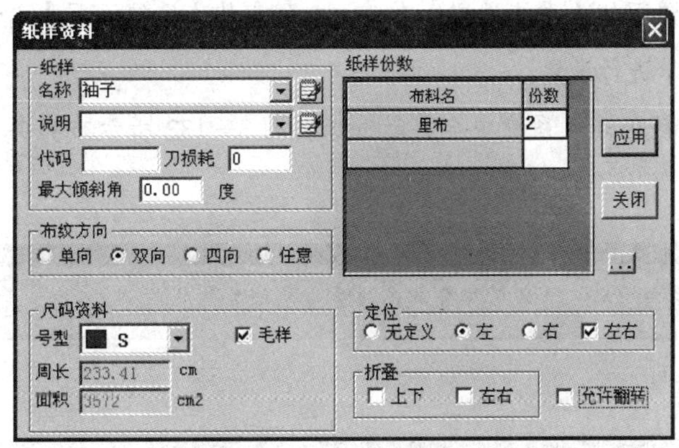

图 3—130　【纸样资料】对话框

操作提示

(1) 默认【款式信息框】与【纸样资料】对话框中的各项设置不直接显示在工作区纸样上，只有进入排料系统，载入文件，在弹出的图 3—131 所示【纸样制单】对话框中才可以看到相关设置。当然，这些信息也可以在【纸样制单】对话框中直接设置。

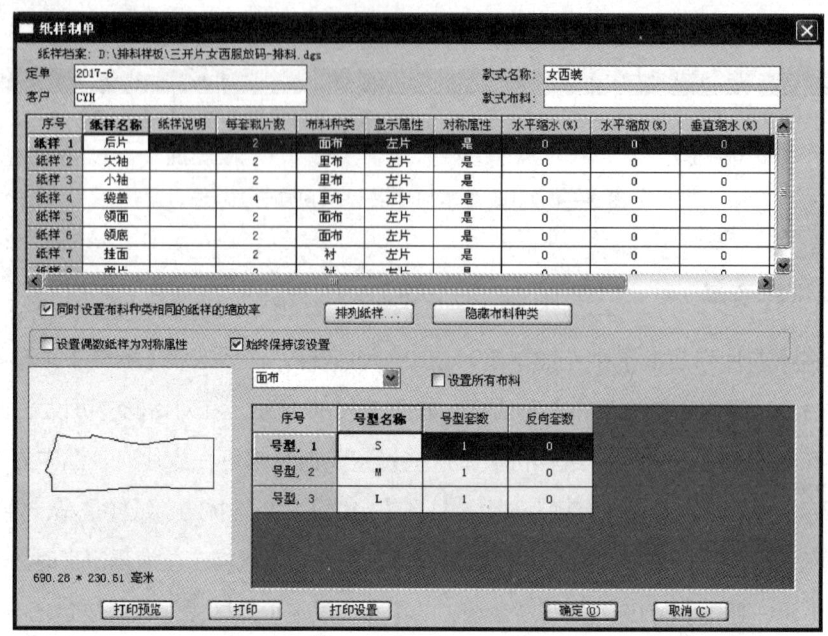

图 3—131 【纸样制单】对话框

（2）如果一定要在纸样上显示【款式信息框】与【纸样资料】对话框中的各项设置，可选中【选项】菜单下的【系统设置】命令，在弹出的【系统设置】对话框中选择【布纹线信息格式】选项卡进行设置。

（3）不同的布料在排料系统中会自动分床。图 3—132 所示布料共分 3 床，面布、里布和衬各排一床。

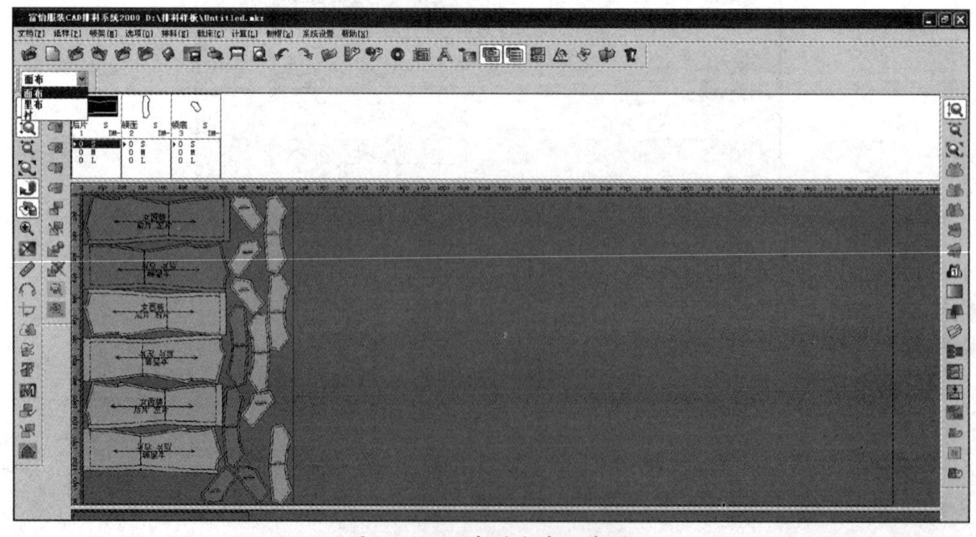

图 3—132 自动分床示意图

19. 编辑布纹线信息

选中【选项】菜单下的【系统设置】命令，弹出【系统设置】对话框，如图 3—133 所示。选中【布纹设置】选项卡，可设置布纹线缺省方向和大小，勾选【在布纹线上或下显示纸样信息】选项，再单击 ▶，弹出【布纹线信息】对话框，如图 3—134 所示。

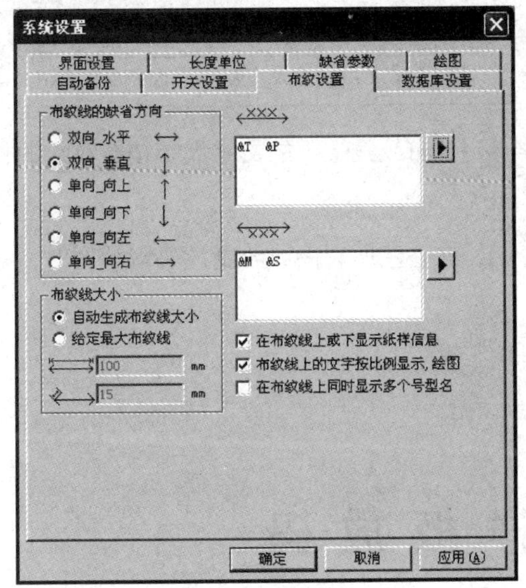

图 3—133 【系统设置】对话框

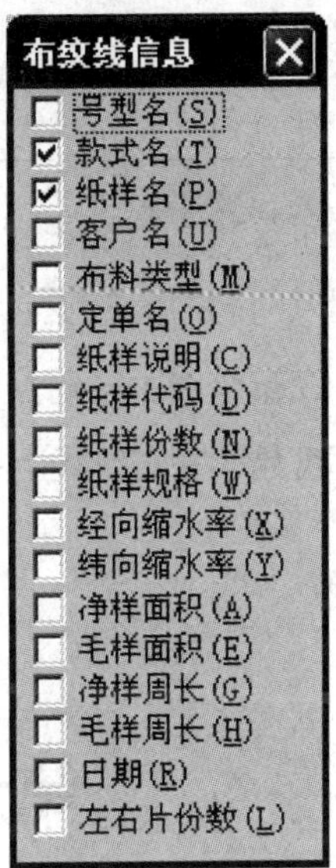

图 3—134 【布纹线信息】对话框

在对话框中可勾选在布纹线上下需要显示的相关信息。【布纹线信息】对话框中设置的显示信息与具体效果如图 3—135 所示。【布纹线信息】对话框中各信息名与代号对应关系见表 3—3。

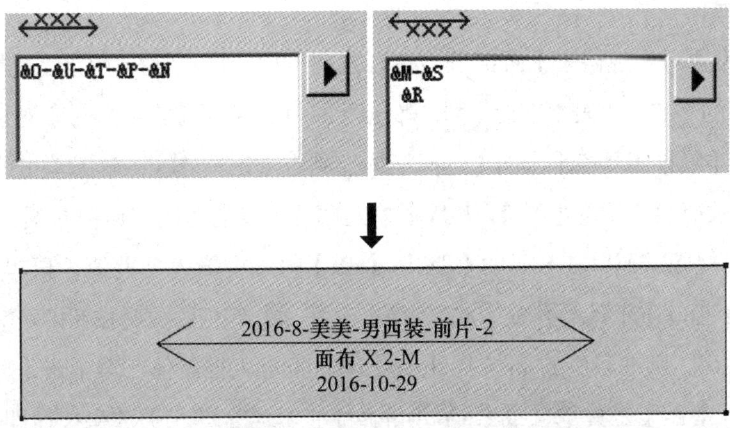

图 3—135 布纹线设置显示信息与具体对应效果

表 3—3　布纹线信息名与代号对应表

号型名	款式名	纸样名	客户名	布料类型	定单名	纸样说明	纸样代码	纸样份数	纸样规格	经向缩水率	纬向缩水率	净样面积	毛样面积	净样周长	毛样周长	日期	左右片份数
&S	&T	&P	&U	&M	&O	&C	&D	&N	&M	&X	&Y	&A	&E	&G	&H	&R	&L

勾选【布纹线上的文字按比例显示，绘图】，布纹线上下的文字大小按布纹线的长短显示，否则以同样的大小显示。

勾选【在布纹线上同时显示多个号型名】，在显示所有码或绘制放码网状图时，各个码的号型都可显示在布纹线上下。

第六节　样 板 放 码

在富怡 V9 自由设计与放码系统中提供了 4 种放码方式：点放码、线放码、规则放码和按方向键放码。

一、点放码

1. 在【设置号型规格表】对话框中建好系列号型规格，纸样生成后，鼠标单击【快捷工具栏】中的【点放码表】工具，弹出图 3—136 所示【点放码表】对话框。

2. 选中【纸样工具栏】上的【选择纸样控制点】工具，鼠标单击或框选需要放码的点，【点放码表】中的【dX】、【dY】输入框及相关的功能按钮被激活，如图 3—137 所示。如果要规则放码，在 S 码的【dX】、【dY】输入框输入档差值，再单击【X 相等】工具、【Y 相等】工具或【XY 相等】工具等相关放码按钮即可完成放码；如果要不规则放码，则在各码的【dX】、【dY】输入框输入档差值，再单击【X 不等距】工具、【Y 不等距】工具或【XY 不等距】工具等相关放码按钮即可完成放码。单击【X 等于零】工具，可将【dX】输入框中的放码量归零；单击【Y 等于零】工具，可将【dY】输入框中的放码量归零。

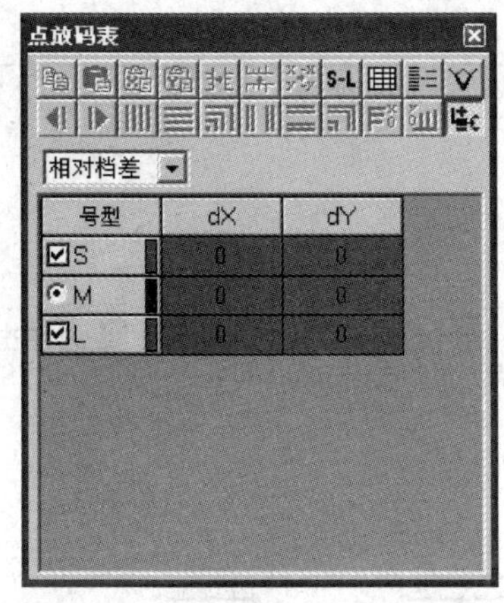

图 3—136　【点放码表】对话框

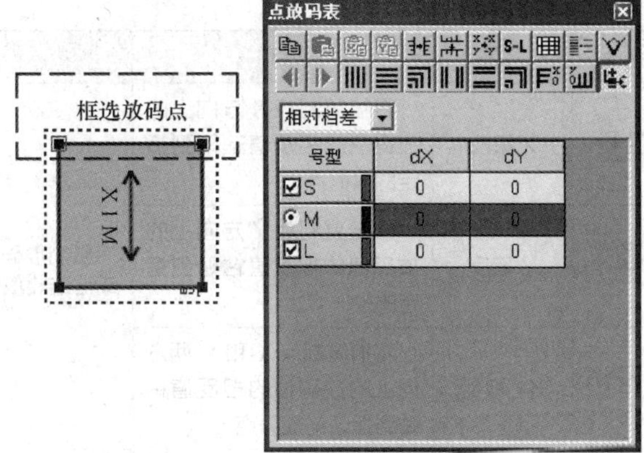

图 3—137　框选放码点、激活输入框

操作提示

（1）框选放码点可累加。单击只能选择一个放码点，如果要通过单击选择多个点，要按住【Shift】键。

（2）放码点被框选中，设置放码量后，一定要在空白处单击，取消对该点的选择，之后再框选其他放码点，进行放码量设置，否则，后面设置的放码量会自动替换前面设置的放码量。这一点一定要特别注意。

（3）点放码的关键是要熟悉【点放码表】各工具按钮的功能和用法，具体见表 3—4。

表 3—4　【点放码表】图标工具的名称、功能与操作方法

图标	名称	功能	操作方法
	复制放码量	复制已放码的一个或一组点的放码值	用【选择纸样控制点】工具 单击或框选已放码的点，再单击该按钮即可
	粘贴 XY	将被复制点 X 和 Y 两方向上的放码值粘贴到指定的放码点上	复制放码量后，用【选择纸样控制点】工具 单击或框选要放码的点，再单击该按钮即可
	粘贴 X	将被复制点 X 方向上的放码值粘贴到指定的放码点上	
	粘贴 Y	将被复制点 Y 方向上的放码值粘贴到指定的放码点上	

续表

图标	名称	功能	操作方法
	X 取反	将被复制点 X 方向上的放码值的相反值粘贴到指定的放码点上	复制放码量后，用【选择纸样控制点】工具 单击或框选要放码的点，再单击该按钮即可
	Y 取反	将被复制点 Y 方向上的放码值的相反值粘贴到指定的放码点上	
	XY 取反	将被复制点 X 和 Y 两方向上的放码值的相反值粘贴到指定的放码点上	
	根据档差类型显示号型名称	控制号型的显示方式	号型 XS S M L XL 按起该按钮的显示 号型 XS-M S-M M L-M XL-M 按下该按钮的显示
	所有组	显示所有组各码	默认的显示方式。均匀放码时，如果未按下该按钮，放码指令只对本组有效；如果按下该按钮，在任一分组内输入放码量，再用放码指令，所有组全部放码 在该工具按钮模式下，既可以设定各组基码之间的档差，也可以设定每组各码之间的档差
	只显示组基码	只显示每个组的基码	按下该按钮即可 在该工具按钮模式下，只能设定各组基码之间的档差
	角度放码	按照设定的坐标方向放码	按下该按钮，选中的放码点上出现绿色的坐标轴，单击角度设定框 0.00 中的上下箭头，可旋转坐标轴，单击 >> 按钮，弹出快捷菜单，可选择特殊的坐标定位方式。具体如图例所示 点放码表 相对档差 0.00 前切线方向 后切线方向 顺时针旋转90度 逆时针旋转90度 号型 dX dY S 0 0 M 0 0 L 0 0 y x
	前一放码点	选择前一放码点（只能选择轮廓线上的放码点）	单击该按钮即可。可连续单击
	后一放码点	选择后一放码点（只能选择轮廓线上的放码点）	
	X 相等	使选中的放码点在 X 方向（即水平方向）上均等放码	选中放码点，在【dX】任一输入框中输入档差，单击该按钮即可
	Y 相等	使选中的放码点在 Y 方向（即垂直方向）上均等放码	选中放码点，在【dY】任一输入框中输入档差，单击该按钮即可

续表

图标	名称	功能	操作方法
	XY 相等	使选中的放码点在 XY 方向（即水平和垂直方向）上均等放码	选中放码点，在【dX】、【dY】任一输入框中输入档差，单击该按钮即可
	X 不等距	使选中的放码点在 X 方向上不均等放码	选中放码点，在各码【dX】输入框中输入档差，单击该按钮即可
	Y 不等距	使选中的放码点在 Y 方向上不均等放码	选中放码点，在各码【dY】输入框中输入档差，单击该按钮即可
	XY 不等距	使选中的放码点在 XY 方向上不均等放码	选中放码点，在各码【dX】、【dY】输入框中输入档差，单击该按钮即可
	X 等于零	使选中的放码点在 X 方向上放码量归零	选中放码点，单击该按钮即可
	Y 等于零	使选中的放码点在 Y 方向上放码量归零	
	自动判断放码量正负（建议不用）	选中该图标后，不论放码量输入是正数还是负数，用了放码命令后计算机都会自动判断出正负	按下该按钮即可
相对档差	档差显示方式	选择档差显示方式	单击下拉按钮，有三种档差显示方式可供选择：相对档差、绝对档差、从小到大
0.00	选择坐标角度	设定放码点任意角度的坐标轴	与【角度放码】按钮 配套使用。单击角度设定框 0.00 中的上下箭头，可旋转坐标轴，也可直接输入角度值
>>	选择特殊放码坐标	设定放码点特殊角度的坐标轴	与【角度放码】按钮 配套使用。单击该按钮，弹出快捷菜单，可选择特殊的坐标角度

二、线放码

1. 系列号型规格建好，纸样生成后，鼠标单击【快捷工具栏】中的【线放码表】工具，弹出图 3—138 所示【线放码表】对话框。

2. 单击选中，可输入垂直放码线；单击选中，可输入水平放码线；单击选中，可输入任意放码线。

3. 选中，鼠标在输入的放码线上单击，各码的【q1】、【q2】、【q3】输入框被激活，如图 3—139 所示。鼠标在 S 码的【q1】输入框内单击，输入数值（放大为正，缩小为负），其他输入框中的放码量会按照均码的方式自动生成。鼠标单击【应用】按钮，完成选择线放码量的输入。所有放码线的放码量输入完成后单击【放码】按钮，完成纸样的放码。

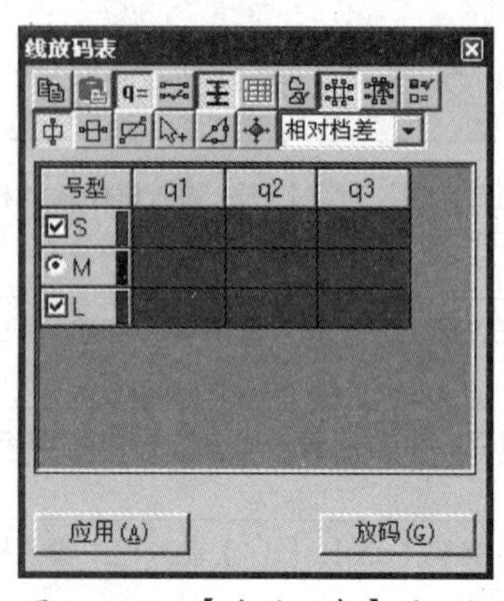

图 3—138 【线放码表】对话框

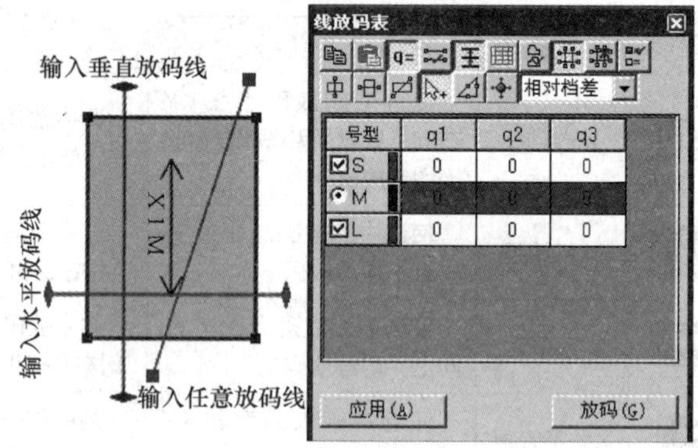

图 3—139 选中放码线、激活输入框

操作提示

（1）输入放码线时，线一定要避开放码点。

（2）一些复杂的纸样放码，可能需要点放码与线放码结合起来才能解决。

三、规则放码

1. 纸样生成后，鼠标单击【快捷工具栏】中的【规则放码表】工具，弹出【规则放码表】对话框。

2. 选中【选择纸样控制点】工具，鼠标单击或框选需要放码的点，【规则放码表】中【dX】、【dY】下的放码值被激活，如图3—140所示。在X、Y输入框中输入新的放码值，单击【放码】按钮即可。

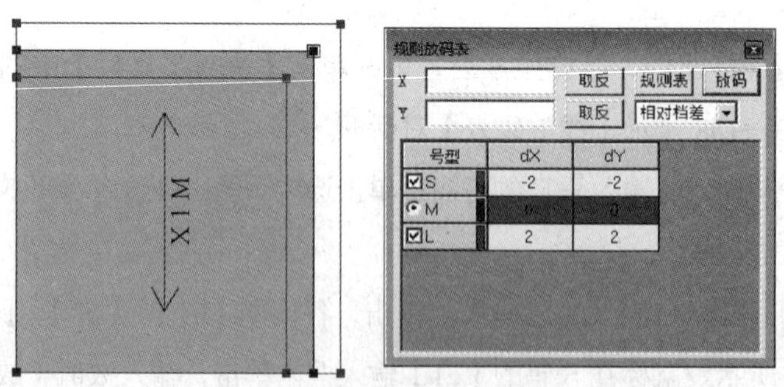

图 3—140 选中放码点、激活放码值

四、按方向键放码

1. 系列号型规格建好，纸样生成后，鼠标单击【快捷工具栏】中的【按方向键放码】工具，弹出【按方向键放码】对话框。

2. 选中【选择纸样控制点】工具，鼠标单击或框选需要放码的点，【按方向键放码】中的【dX】、【dY】输入框被激活。在【档差选择框】中选择档差，根据需要单击按钮、、、，设定所选点的放码量，系统会自动完成放码，具体如图 3—141 所示。

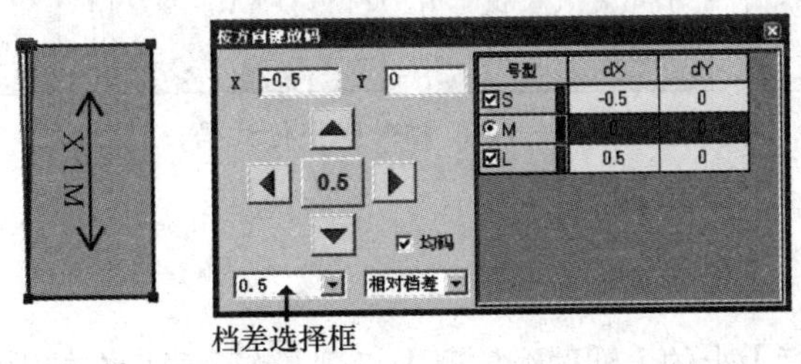

图 3—141　选中放码点、设定放码量并放码

五、特殊放码

在富怡 V9 自由设计与放码系统中，可以完成很多特殊要求的放码，具体过程如下：

1. 轮廓线平行交点放码

选中【放码工具栏】上的【平行交点】工具，鼠标在放码点 A 上单击即可完成平行交点放码，具体如图 3—142 所示。该方式常用于西服领口或圆领的保形放码。

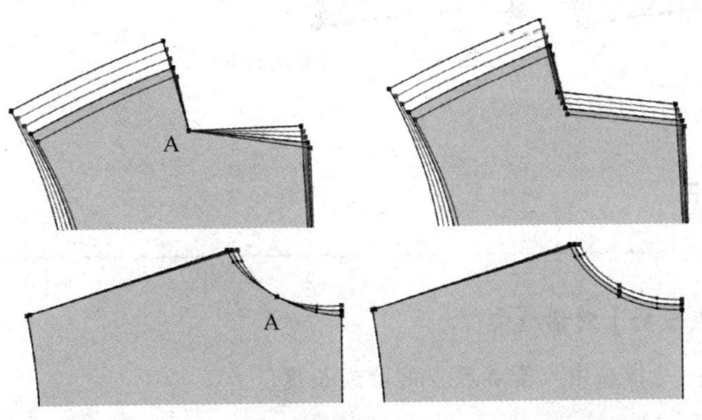

图 3—142　选中放码点、设定放码量并放码

2. 辅助线平行放码

选中【放码工具栏】上的【辅助线平行放码】工具，鼠标单击或框选辅助线 A，再单击靠近移动端的线 B 即可，具体如图 3—143 所示。（针对纸样内部线放码，使用该工具后，内部线各码间会平行且与辅助线或边线相交。）

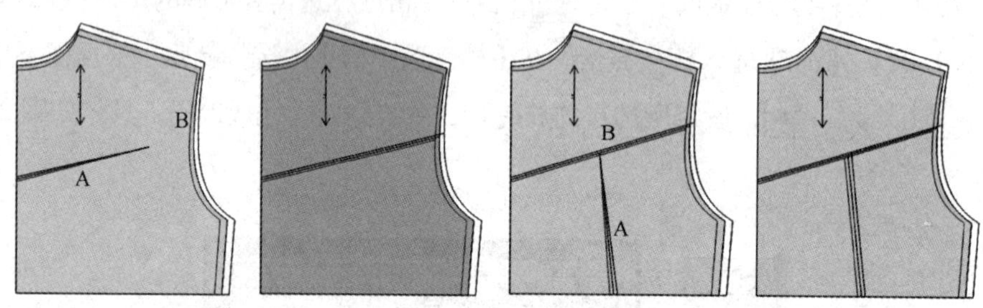

图 3—143 辅助线平行放码

3. 辅助线放码

选中【放码工具栏】上的【辅助线放码】工具，鼠标在辅助线的端点 A 双击，弹出【辅助线点放码】对话框，选择定位方式，输入长度值，单击【应用】按钮即可。具体如图 3—144 所示。

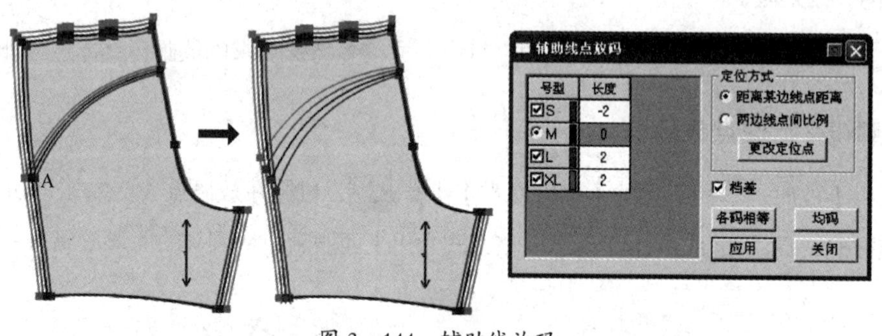

图 3—144 辅助线放码

操作提示

在【辅助线点放码】对话框中：

（1）【长度】：是指选中点至参照点的曲线长度。

（2）定位方式：有两种定位方式。如果单击【更改定位点】按钮，光标由变成，此时可单击选择新的参照点。

（3）【档差】：勾选，显示相邻码间的档差值；不勾选，输入的数据为指定点到参考点的距离。

（4）各码相等：在任意号型的长度输入框中输入数据，再单击该按钮，所有号型以该号型的数据放码。

（5）勾选【档差】，无论在哪个码中输入档差量，单击 均码 ，各码以光标所在码数据均等跳码。未勾选【档差】，在基码之外码中输入数值，单击 均码 ，各码以该号型与基码所得差“均等跳码”。

4. 平行放码

选中【放码工具栏】上的【平行放码】工具，鼠标单击或框选需要平行放码的线段，右键单击，弹出【平行放码】对话框，输入各放码线各码平行距离，单击【确定】按钮即可，具体如图3—145所示。（此操作常用于文胸放码。）

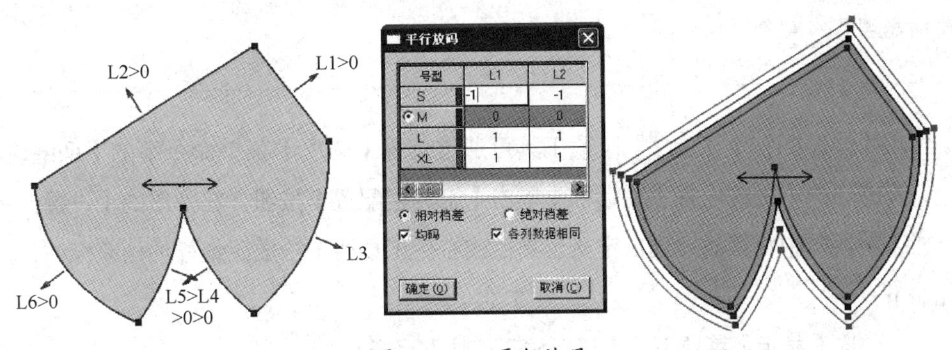

图3—145　平行放码

5. 肩斜线放码

选中【放码工具栏】上的【肩斜线放码】工具，鼠标依次单击点1、点2和点3，或者先单击布纹线，再单击点3，弹出【肩斜线放码】对话框，选择参照平行的方式，单击【确定】按钮即可，具体如图3—146所示。（此操作常用于斜线的平行放码。）

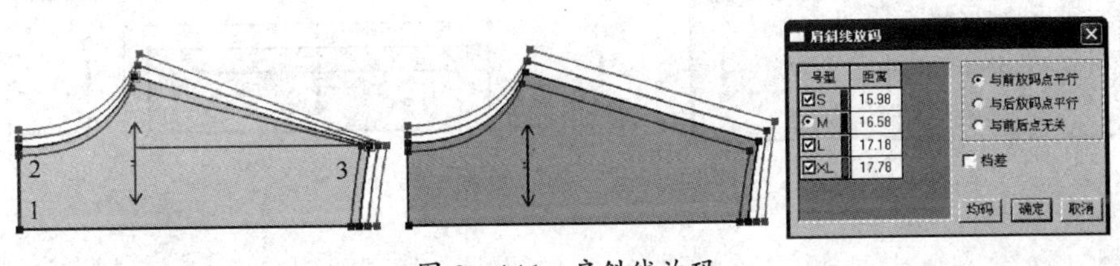

图3—146　肩斜线放码

另外，选中【放码工具栏】上的【各码对齐】工具，能实现各个号型的纸样按照选择的点或线对齐，具体过程如下：

（1）鼠标在纸样上的一个点上单击，纸样以该点按水平垂直方向对齐。

（2）鼠标在一段线的一个端点上按下，拖动到另一端点松开，纸样以线的两端连线对齐。

（3）鼠标单击点之前按住 X 为水平对齐。

（4）鼠标单击点之前按住 Y 为垂直对齐。

（5）鼠标在纸样上右键单击，为恢复原状。

操作提示

用【选择纸样控制点】工具选中放码点以后，每按一下键盘上的【Z】键，纸样就会以该点在 XY 方向对齐、Y 方向对齐、X 方向对齐、初始状态之间循环切换。这样检查放码点的放码量更方便。

可用【档差标注】工具（该工具可通过选择【选项】菜单命令下的【系统设置】命令，在弹出的【系统设置】对话框中单击【工具栏配置】按钮，在弹出的【设置自定义工具栏】对话框中将其添加到自定义工具栏或右键工具栏）给放码纸样加档差标注，具体过程如下：

（1）勾选【显示】菜单下的【显示放码标注】命令。

（2）按下【Ctrl+F】键，显示放码点。

（3）选中该工具，鼠标在空白位置单击，弹出【生成档差标注】对话框，选择一个选项，单击【确定】按钮，即可显示各放码点的放码量标注，如图 3—147 所示。

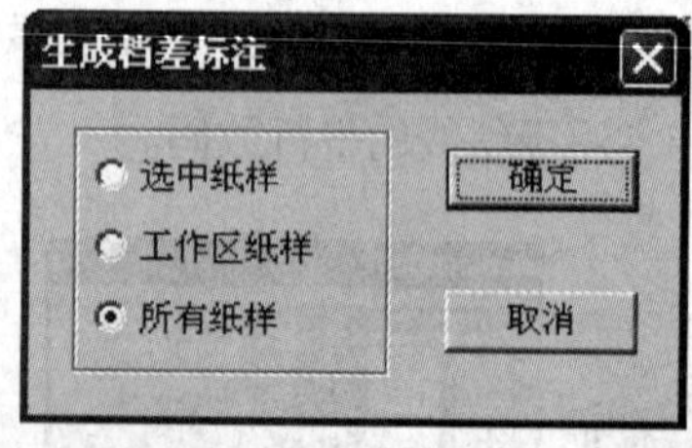

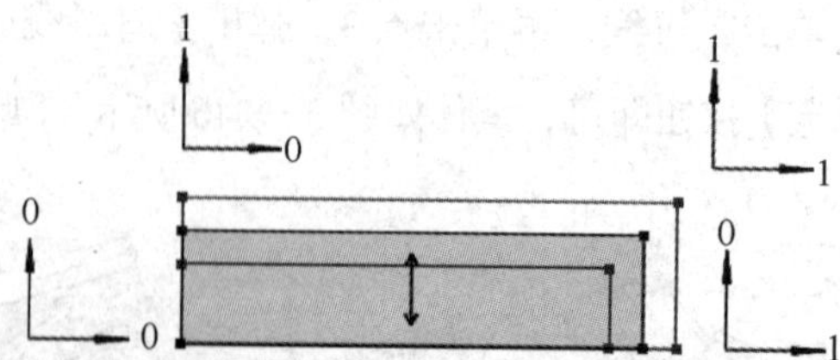

图 3—147 放码档差标注

操作提示

(1) 只有在【设置号型规格表】中设置了两个以上号型，才会显示档差标注。

(2) 按住【Shift】键，鼠标在空白位置单击，弹出【删除档差标注】对话框，可将档差标注删除。鼠标移到档差标注上，单击可移动其位置。按住【Shift】键，鼠标移到放码点上单击，可将该放码点的档差标注删除。鼠标移到档差标注上，按【Delete】键也可将其删除。

(3) 隐藏放码点后，档差标注也会跟着一起隐藏。

本章小结

本章对富怡服装CAD V9自由设计与放码系统及其基本操作做了简要的介绍。本章学习完成后，需要了解系统的工作画面组成、图标工具名称与功能，熟记自由设计与放码的基本流程，能编辑号型规格表。本章的重点是基本图形绘制与处理、纸样提取与编辑处理、纸样放码和功能快捷键使用，难点是智能笔工具的多种功能和操作，学习的关键在于加强训练。

思考与练习

1. 富怡服装CAD主要由哪几个模块组成？每个模块各有什么功能？

2. 在电脑上将富怡服装CAD软件的安装、启动、关闭与卸载过程反复练习3遍。

3. 在软件中将工具图标快捷键和功能快捷键反复练习3遍。

4. 自由设计与放码的基本流程是什么？

5. 写出在自由设计与放码系统中号型规格表编辑的基本流程和方法，并在软件中完成基本操作。

6. 本章介绍的基本图形绘制与处理主要有哪些？结合教材内容介绍，在软件中完成基本操作。

7. 本章介绍的纸样提取与编辑处理主要有哪些？结合教材内容介绍，在软件中完成基本操作。

8. 本章介绍的纸样放码主要有哪些方式，各有什么特点？结合教材内容介绍，在软件中完成基本操作。

9. 写出【智能笔】工具 的主要功能，在软件中完成其基本操作。

10. 在结构线和纸样上开省与做褶需要用到哪些工具，具体操作方法与要求有何不同，是如何做的？

11. 袖对刀具体是如何做的？

12. 纸样提取的方法共有几种，具体是如何做的？

13. 纸样放码的一些特殊处理主要有哪些，具体用到了哪些工具，是如何做的？

第四章
服装 CAD 综合结构设计

服装 CAD 综合结构设计主要包括号型规格表编辑、结构设计制图、样板生成和样板编辑等内容。

学习目标

通过本章的学习，学生应能够：

1. 在教师的必要指导下，结合教材内容和视频，完成本章介绍的各款服装的结构设计制图或工业纸样设计。

2. 以独立探究或小组合作的方式，完成思考与练习中给定服装的结构设计制图或工业纸样设计。

3. 归纳定点、画线、修改、调整、剪开、移动、复制、对称、旋转、拼合、对接、开省、做褶的基本方法和技巧。

4. 简述样板提取、放缝、打剪口、钻孔、定纽扣和扣位、款式资料编辑、纸样资料编辑和布纹线信息设置的操作要点。

5. 在完成本章内容实践操作的基础上，以独立探究或小组合作的方式，完成其他有代表性服装的结构变化设计或工业纸样设计。

第一节　直筒裙结构制图

直筒裙是女性裙装的基本款式，具有简洁、端庄、朴素、干练的风格特点。

直筒裙基本纸样结构是女性裙装结构变化的基础。日常生活中见到的各式各样的裙子，它们的结构样板都可以通过直筒裙的纸样变化生成。这种纸样变化，在借助于服装CAD之后，变得更加方便和快捷。因此，掌握直筒裙服装CAD结构制图的基本方法非常重要。

一、直筒裙款式概述

直筒裙腰至臀紧身合体，臀围线以下至裙摆之间为直筒造型，装腰头，后腰钉纽扣，前后各收四个省，前片为整片，后中开片破缝，上段装隐形拉链，下段开衩，具体款式图如图4—1所示。

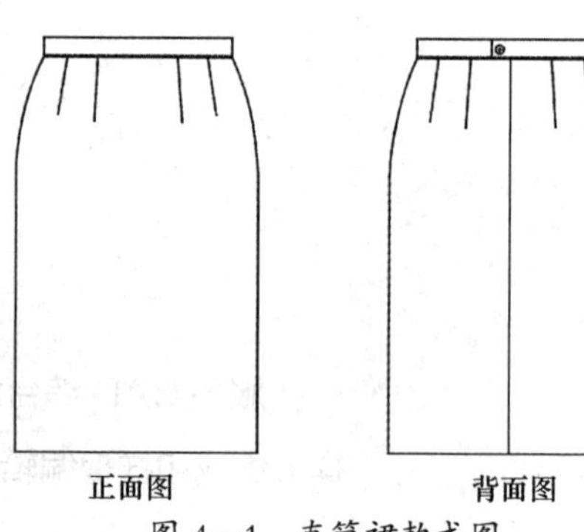

图4—1　直筒裙款式图

二、直筒裙制图规格

直筒裙结构制图需要4个尺寸，见表4—1。

表4—1　直筒裙制图规格　　单位：cm

号型＼部位	裙长	腰围	臀围	臀高
155/62A（S）	58	62	86.4	16.5
160/66A（M）	60	66	90	17
165/70A（L）	62	70	93.6	17.5

三、直筒裙基本纸样结构

直筒裙基本纸样结构如图4—2所示。

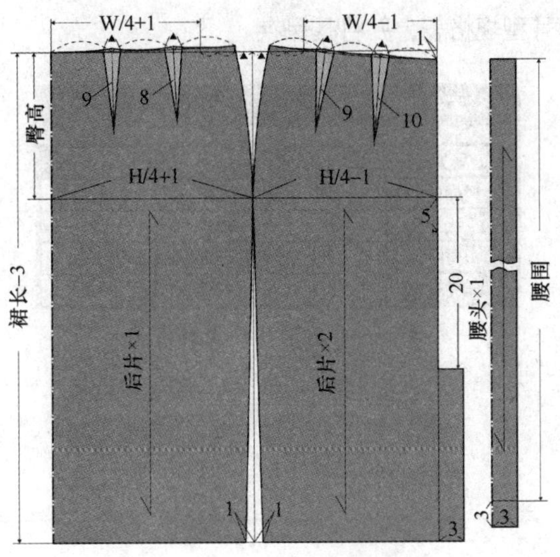

图 4—2　直筒裙结构图

四、直筒裙 CAD 结构制图

自由设计与放码模式下，直筒裙结构制图流程如下：

1. 单位设定

（1）双击桌面上的快捷图标，进入富怡服装 CAD 自由设计与放码系统的工作画面。

想要观看直筒裙 CAD 结构制图完整视频，请扫描二维码。

（2）左键单击打开【选项】菜单栏，选择下拉菜单中的【系统设置】命令，弹出【系统设置】对话框，选中【长度单位】选项卡，选择制图的度量单位为“厘米”、显示精度为“0.01”，单击【确定】按钮即可。

2. 号型、尺寸设定

（1）选中【号型】菜单下的【号型编辑】命令，弹出【设置号型规格表】对话框。

（2）依据表 4—1，参照第三章第三节号型规格表编辑的方法，以 M 码为基准码，建立图 4—3 所示直筒裙号型规格表，并将其保存。

设置号型规格表

号型名	☑S	◉M	☑L
裙长	58	60	62
腰围	62	66	70
臀围	86.4	90	93.6
臀高	16.5	17	17.5

图 4—3 直筒裙号型规格表

操作提示

（1）在号型名后面的颜色框上单击，弹出【颜色】对话框，可设置各码的显示颜色，从而方便查看放码效果。

（2）选中一个尺码行，单击【删除】按钮，可将该行全部删除；单击【插入】按钮，可在该行的上方添加一个空白行。选中一个尺码列，单击【指定基码】按钮，可将该列的尺码设为打板的基准码；单击【删除】按钮，可将该列全部删除；单击【插入】按钮，可在该列的左方添加一列。

（3）单击【打开】按钮，弹出【打开】对话框，选择需要打开的尺寸表文件，单击【打开】按钮，弹出【号型规格库】对话框，选择需要打开的方式，单击【确定】按钮即可。尺寸表打开的方式有 3 种，分别是全部打开、打开一列、打开一行，其对应的选择图标按钮分别是 、 、 。尺寸表打开方式默认为全部打开，填充蓝色为选中，填充白色为未选中。

（4）文件保存时，最好建一个专门的文件夹，然后在该文件夹下面根据文件的不同类型建一系列文件夹，不同类型的文件保存在各自对应的文件夹里面，以便文件查找和资料库建立。

3. 前片结构制图

（1）选中【设计工具栏】中的【矩形】工具 ，将鼠标移到工作区合适位置左键单击，然后松开鼠标拖动，再单击，弹出【矩形】对话框，如图 4—4 所示。在【水平输入框】中输入数值 23.5（臀围 /4+1），在【竖直输入框】中输入数值 57（裙长 –3），单击【确定】按钮，画一个长 57 cm、宽 23.5 cm 的矩形。矩形的左边线为前中线，右边线为侧缝直线，上边线为上平线，下边线为底摆线，矩形的四个角点为 A、B、C、D。或者在弹出【矩形】对话框后，鼠标单击对话框右上角的计算器按钮，弹出【计算器】对话框，如图 4—5 所示。

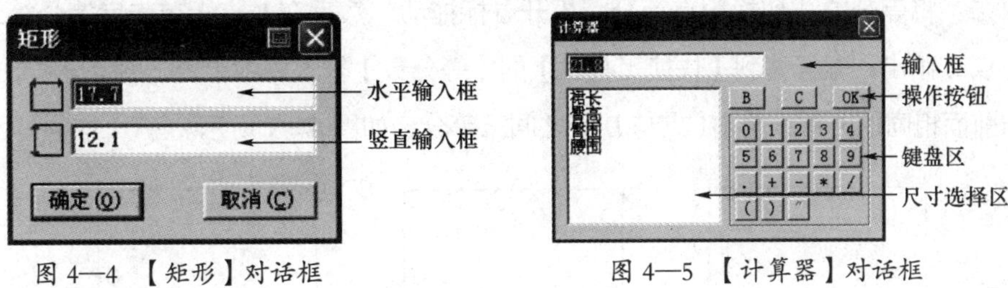

图 4—4 【矩形】对话框　　　　图 4—5 【计算器】对话框

鼠标双击【尺寸选择区】中的尺寸名称“臀围”，该尺寸名称进入【输入框】，【输入框】右侧会自动显示该尺寸名称对应的基码尺寸，然后在“臀围”的后面继续输入“/4+1”，单击【OK】按钮，【矩形】对话框的【水平输入框】中会自动出现数值“23.5”；鼠标在【矩形】对话框的【竖直输入框】中单击，再单击计算器按钮，在弹出的【计算器】对话框的输入框中输入“裙长 -3”，单击【OK】按钮，【矩形】对话框的【竖直输入框】中会自动出现数值“57”，再单击【确定】按钮，也可将矩形画出。

（2）选中【设计工具栏】中的【智能笔】工具，鼠标单击前中线 AB 的上端，弹出【点的位置】对话框，在【长度】输入框中输入“17”（臀高），或通过【计算器】输入，再单击【确定】按钮，在线段 AB 上找到一点 E，然后向右拖动鼠标画一条水平线（此时鼠标处在丁字尺状态。智能笔有两种状态：一种是丁字尺状态，另一种是曲线状态）。当水平线与侧缝直线 CD 相交出现红色的线上任意点捕捉符号 **X** 后再单击，臀围线定出，臀围线与侧缝直线 CD 的交点为 F，如图 4—6 所示。

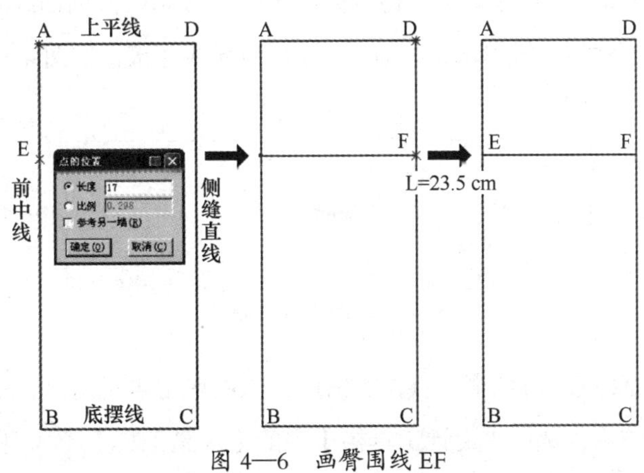

图 4—6　画臀围线 EF

（3）选中【设计工具栏】中的【点】工具，鼠标单击上平线 AD 的左端，弹出【点的位置】对话框，在【长度】输入框中输入 17.5（腰围 /4+1），或通过【计算器】输入，单击【确定】按钮，在上平线 AD 上找到一点 D1。

（4）选中【设计工具栏】中的【等分规】工具，鼠标在 D 点上单击定等分第一点，右键单击，将等分方式切换为点等分，松开鼠标拖动，然后在 F 点上单击定等分第二点，等分中点 G 画出；鼠标移到【快捷工具栏】的【等分数】输入框中单击，将等分数改为 3，按照与前面相同的方法，将 D1 点与 D 点之间三等分，如图 4—7 所示。

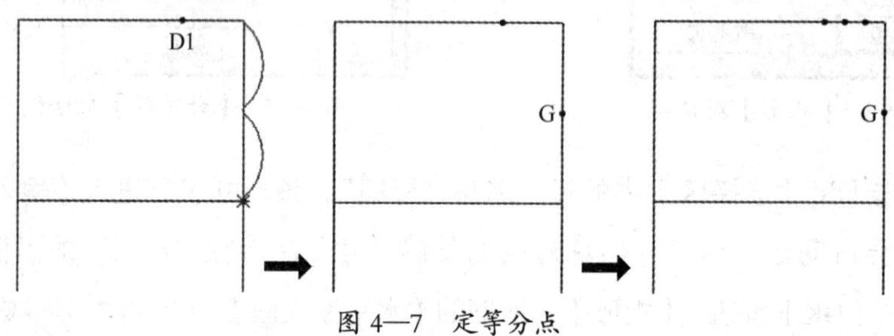

图 4—7　定等分点

（5）选中【智能笔】工具，鼠标单击 D 点与 D1 点之间的第一个三等分点，松开鼠标向上拖动，再单击，弹出【长度】对话框，在【长度】输入框中输入“0.7”，然后单击【确定】按钮，向上 0.7 cm 画一条垂直线段，线段的上端点为 D2，如图 4—8 所示。

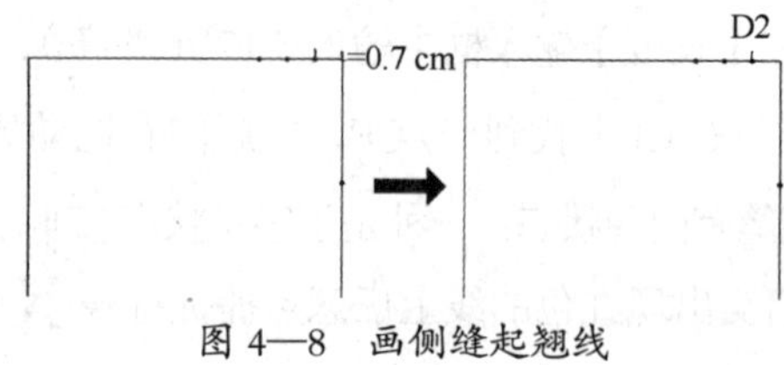

图 4—8　画侧缝起翘线

（6）鼠标单击 D2 点，右键单击，将鼠标由丁字尺状态切换到曲线状态，松开鼠标拖动到 G 点，再单击，然后右键单击，将 D2 点与 G 点直线连接，如图 4—9 所示。

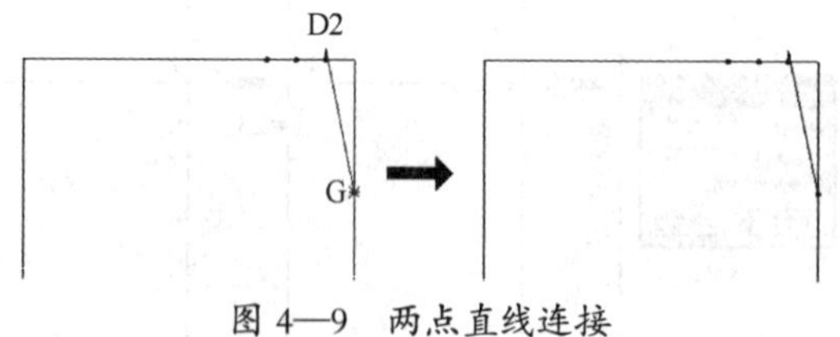

图 4—9　两点直线连接

（7）鼠标单击 D2 点定曲线第一点，空白位置依次单击再定两点，最后单击 A 点，右键单击，曲线绘制结束；选中【设计工具栏】中的【调整工具】，鼠标单击选中刚画出的曲线，曲线变成红色，并出现四个红色的控制点，鼠标移到中间的控制点上单击，将点选中，松开鼠标拖动调整曲线，直到满意为止，空白位置单击，结束操作，腰线画出。同样的方法画出腰臀的侧缝线。

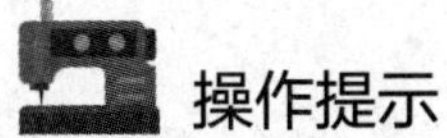

操作提示

（1）在用【智能笔】工具 画曲线时，曲线的中间点不要定在别的线段上，否则会给后续的曲线调整带来很大的麻烦。因为，一旦中间点定在别的线段上，在用【调整】工具 移动中间点时，它所依附的线段会一起移动，如图 4—10 所示。

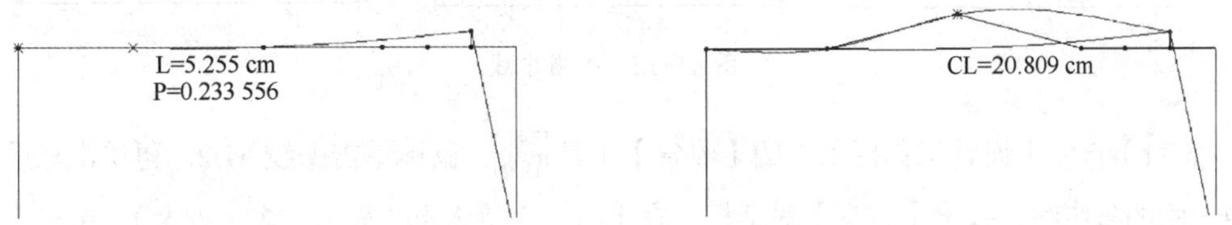

中间点定在别的线段上　　　　中间点依附的线段与点一起移动

图 4—10　曲线中间点定在线段上的调整示意图

（2）在自由设计与放码系统中画线时，当鼠标靠近点或线会自动被吸附，如果要取消吸附性，只需在画线时按住【Ctrl】键即可。

（3）在用【调整】工具 调整曲线时，当曲线被选中变成红色后，在曲线上单击可添加控制点；在曲线上移动鼠标，当捕捉符号**X**到控制点上后，按【Delete】键可将控制点删除。

（8）选中【等分规】工具 ，【等分数】输入框中将等分数改为 3，鼠标移到腰线 AD2 上，该线变成红色，并自动出现两个等分点，单击，等分点画出，如图 4—11 所示。

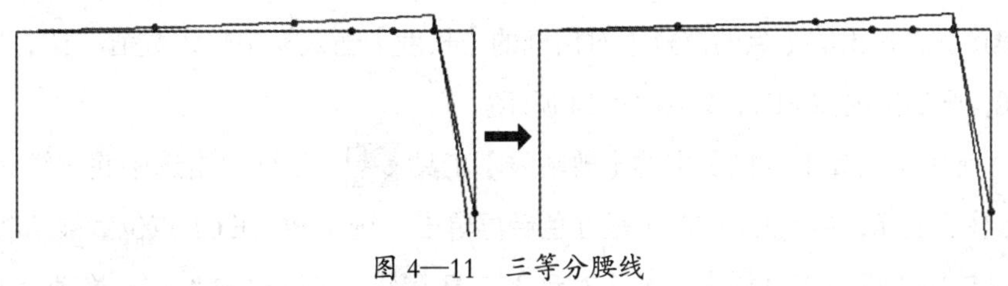

图 4—11　三等分腰线

（9）按住空格键，鼠标第一点在 A 点的左上方单击，拖动鼠标画一个矩形至 F 点的右下方再单击，被矩形框选的部分将全屏显示。

（10）选中【设计工具栏】中的【角度线】工具 ，鼠标单击选中腰线 AD2，再单击靠前中的第一个等分点，出现绿色坐标线和红色任意角度线，拖动鼠标，将任意角度线对齐垂直坐标线，再单击，弹出【角度线】对话框，在【长度】输入框中输入“9”（省长），单击【确定】按钮，省中线画出。同样的方法，省长 8 cm，过第二个等分点再画一条省中

线。操作过程如图 4—12 所示。

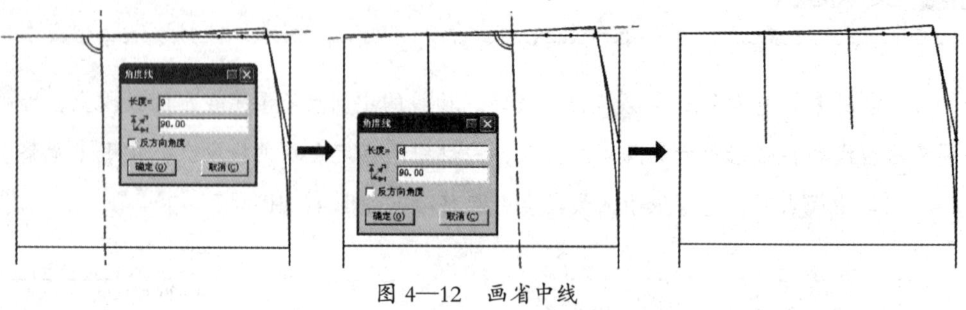

图 4—12　画省中线

（11）选中【设计工具栏】中的【收省】工具，鼠标单击腰线 AD2，再单击靠近前中一侧的省中线，弹出【省宽】对话框，在【省宽】输入框中输入“2”（省大），单击【确定】按钮，鼠标在靠近前中一侧的空白位置单击，指定省倒向侧，省道模拟闭合，鼠标单击腰线上的控制点，松开拖动，将腰线调圆顺，右键单击，完成第一个省的开省处理。同样的方法，省大 2 cm，完成第二个省的开省处理。操作过程如图 4—13 所示。

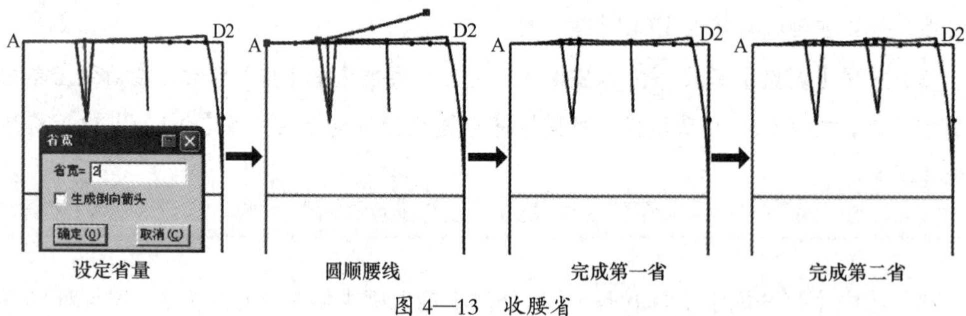

图 4—13　收腰省

（12）选中【智能笔】工具，鼠标移到 F 点上单击，松开鼠标拖动到底摆线 BC 的右端再单击，在弹出的【点的位置】对话框的【长度】输入框中输入数值“1”，单击【确定】按钮，画出侧缝线 FC1，如图 4—14 所示。

（13）选中【设计工具栏】中的【剪断线】工具，鼠标单击选中底摆线 BC，然后在该线上移动鼠标，当点 C1 被选中呈红色后再单击，线段 BC 在 C1 点位置被切断。

（14）选中【设计工具栏】中的【对称】工具，鼠标单击 A 点，拖动至 B 点后再单击，对称中线 AB 被选中，再分别单击选择需要对称的线段，被选择的线段会自动对称到对称中线 AB 的左侧，右键单击结束操作，如图 4—15 所示。

（15）选中【设计工具栏】中的【橡皮擦】工具，鼠标移到点或线依次单击，将多余的辅助点、线删除。

（16）选中【设计工具栏】中的【剪刀】工具，鼠标框选前片的所有结构线，样板填充为灰色，如图 4—16（1）所示，右键单击，内线被选中，样板生成，并自动加缝，如

图 4—16（2）所示，【衣片列表框】中显示生成的样板，再次右键单击，完成操作，如图 4—16（3）所示。

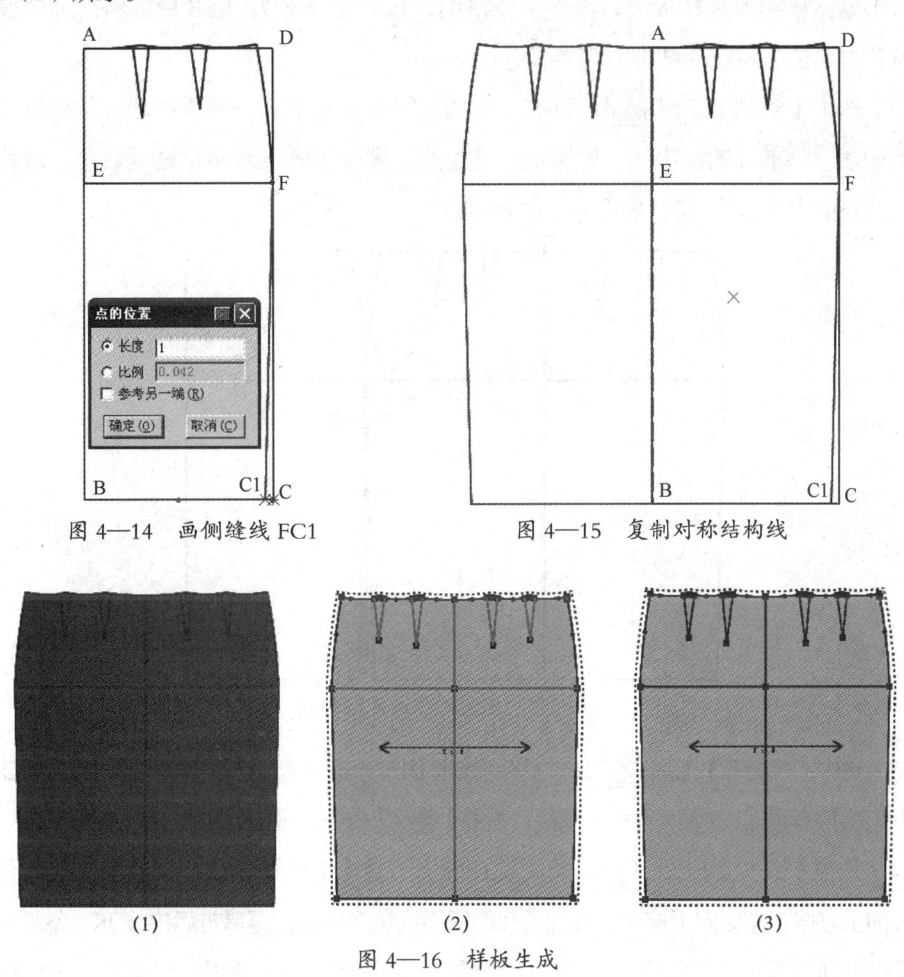

图 4—14　画侧缝线 FC1

图 4—15　复制对称结构线

图 4—16　样板生成

（17）选中【纸样工具栏】中的【布纹线】工具，鼠标移到前片的布纹线上右键单击，再次右键单击，将布纹线调成垂直方向，前片结构制图完成。

操作提示

如果希望样板生成的布纹线是垂直方向的，可左键单击打开【选项】菜单栏，选择下拉菜单中的【系统设置】命令，在弹出的【系统设置】对话框中选中【布纹设置】选项卡，将布纹线的缺省方向选定为“双向_垂直”，再单击【确定】按钮即可。

4. 后片结构制图

（1）鼠标移到前片样板上，按一下空格键，光标变成 ，松开鼠标将前片样板拖到合适位置再单击，将前片结构线与样板分离。

（2）选中【对称】工具 ，过前片结构线的 F 点向下画一竖直线段，然后以该线段为对称中线，将前片的前中线、臀围线、底摆线、臀腰侧缝线对称粘贴到右边，对称后的臀腰侧缝线的上端点为 A3，如图 4—17 所示。

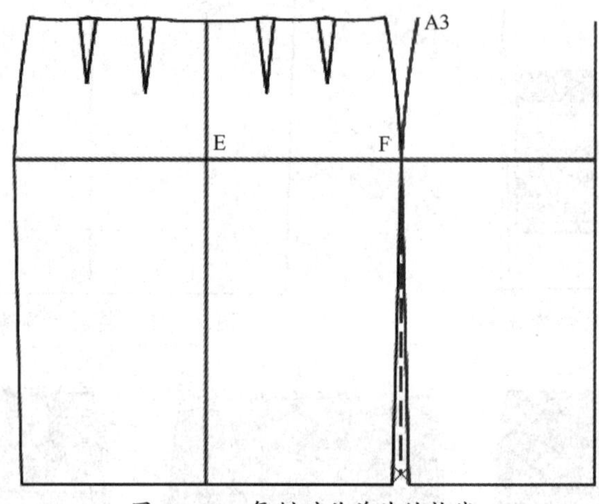

图 4—17 复制对称前片结构线

（3）选中【智能笔】工具 ，鼠标移到线段 HI 上按住左键向左拖动到空白位置单击，弹出【平行线】对话框，输入平行距离“2”，单击【确定】按钮，画出后中线 JK，如图 4—18 所示。

（4）选中【橡皮擦】工具 ，将线段 HI 删除；选中【智能笔】工具 ，鼠标移到后片臀围线的上方按下左键向下拖动，框选后片的臀围线和底摆线，再单击后中线 JK，然后移动鼠标到后中线 JK 左侧空白位置单击，将后片的臀围线和底摆线切齐到后中线，如图 4—19 所示。

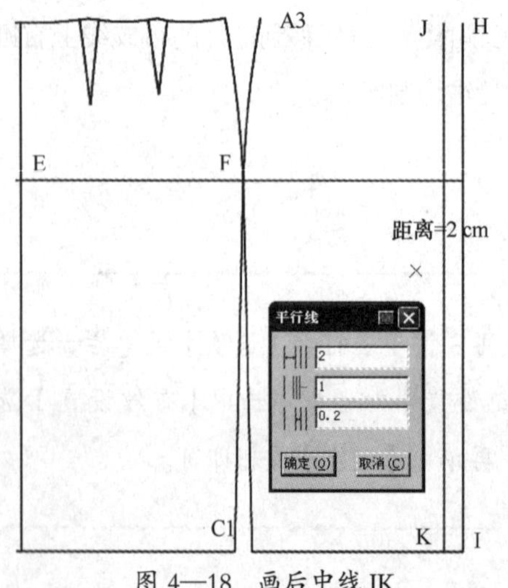

图 4—18 画后中线 JK

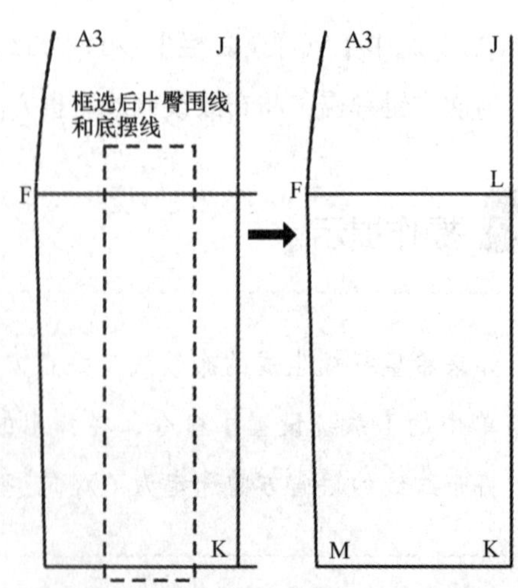

图 4—19 切齐后片臀围线和底摆线

（5）选中【智能笔】工具，鼠标第一点定在 A3 点，中间空白位置再定两点，最后单击后中线的上端，弹出【点的位置】对话框，在【长度】输入框中输入数值“1”，单击【确定】按钮，右键单击，曲线画出；然后用【调整】工具将曲线调圆顺，如图 4—20 所示。

（6）鼠标框选后中线与画出的后腰线，然后将鼠标移到腰线的下方、后中线的左侧，右键单击，后中线在交点位置被切齐，如图 4—21 所示。

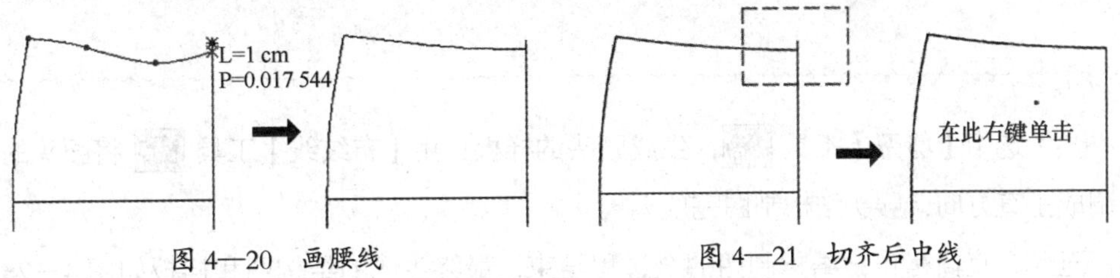

图 4—20　画腰线　　　图 4—21　切齐后中线

（7）按照与前片相同的操作方法，用【等分规】工具将后腰线三等分；用【角度线】工具，省长 10 cm 和 9 cm，将后片省中线画出；用【收省】工具，省大 2 cm，将后片腰省开出。

（8）选中【智能笔】工具，画出后片的开衩。

（9）选中【剪刀】工具，鼠标依次单击用于生成后片样板的结构线，样板封闭后会自动填充灰色，之后右键单击，样板生成，轮廓线为蓝色，并自动加缝，【衣片列表框】中显示生成的样板，接着左键单击选择内线，选中的内线为红色，再右键单击，内线变成绿色，再次右键单击，完成操作。

（10）用【布纹线】工具将后片布纹线调成垂直方向，后片结构制图完成。

5. 腰头结构制图

（1）选中【矩形】工具，长 69 cm（腰围 +3）、宽 6 cm（腰头宽 ×2）画一个长方形。

（2）选中【智能笔】工具，鼠标在刚画出的长方形的一条宽度线上按住向上拖动，再单击，弹出【平行线】对话框，如图 4—22 所示，在【平行距离】输入框中输入“3”，单击【确定】按钮即可。

操作提示

在【平行线】对话框中，【平行距离】输入框用来输入第一条平行线与基础线的平行距离，【线段条数】输入框用来输入平行线的条数，【线段间隔】输入框用来输入多条平行线之间的间隔量。图 4—22 的输入值对应的效果如图 4—23 所示。

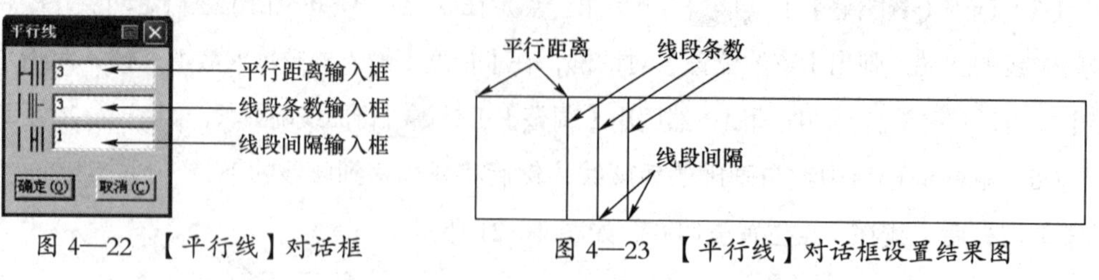

图4—22 【平行线】对话框　　图4—23 【平行线】对话框设置结果图

（3）选中【剪刀】工具，生成腰头的样板；用【布纹线】工具将腰头的布纹线调成垂直方向，腰头结构制图完成。

至此，直筒裙自由结构制图的全过程结束，最终生成的结构图和样板如图4—24、图4—25所示。

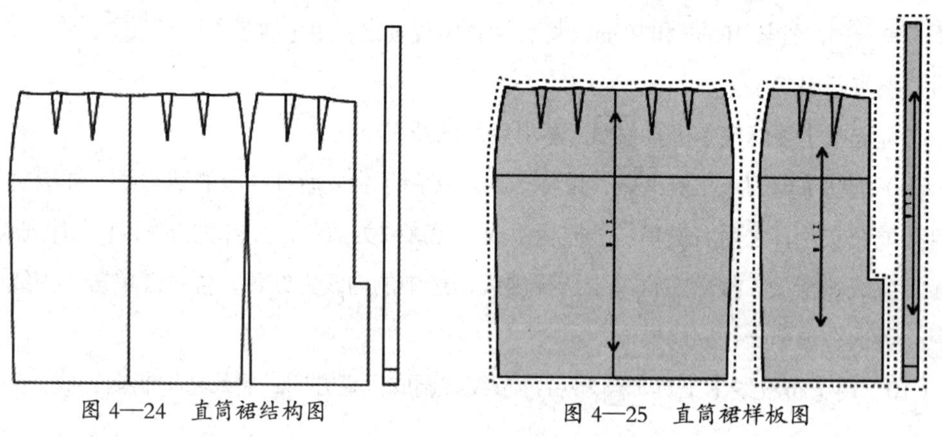

图4—24 直筒裙结构图　　图4—25 直筒裙样板图

鼠标单击【快捷工具栏】中的【保存】按钮，在弹出的【文档另存为】对话框中选择文件保存的目标文件夹，输入文件名，单击【保存】按钮即可。

第二节 女式直筒裤结构制图

直筒裤是裤装中的经典式样，具有简洁、朴素、端庄、稳重的风格特点，男女老少、一年四季皆可穿用。

一、女式直筒裤款式概述

女式直筒裤呈直筒造型，装直腰头，五根裤袢，前中门里襟装拉链，腰头钉扣，前、后裤片左、右各收省一个，烫前、后挺缝线，如图 4—26 所示。

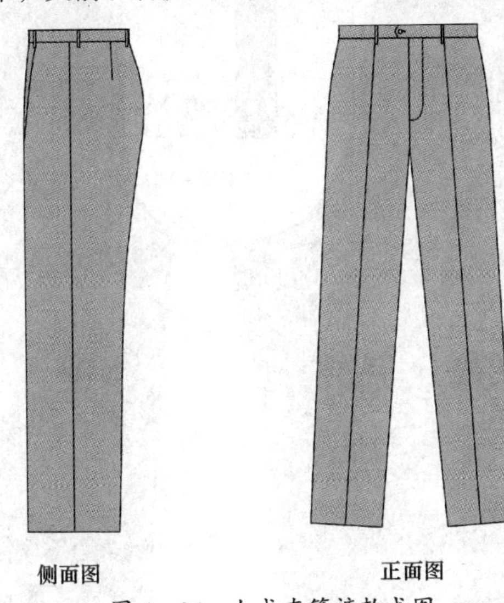

图 4—26　女式直筒裤款式图

二、女式直筒裤制图规格

女式直筒裤结构制图需要 5 个尺寸，见表 4—2。

表 4—2　女式直筒裤制图规格　　单位：cm

部位 号型	裤长	腰围	臀围	裆深	脚口
155/64A（S）	97	64	88.4	25.25	43
160/68A（M）	100	68	92	26	45
165/72A（L）	103	72	95.6	26.75	47

三、女式直筒裤基本纸样结构

女式直筒裤基本纸样结构如图 4—27 所示。

四、女式直筒裤 CAD 结构制图

自由设计与放码模式下，女式直筒裤结构制图流程如下：

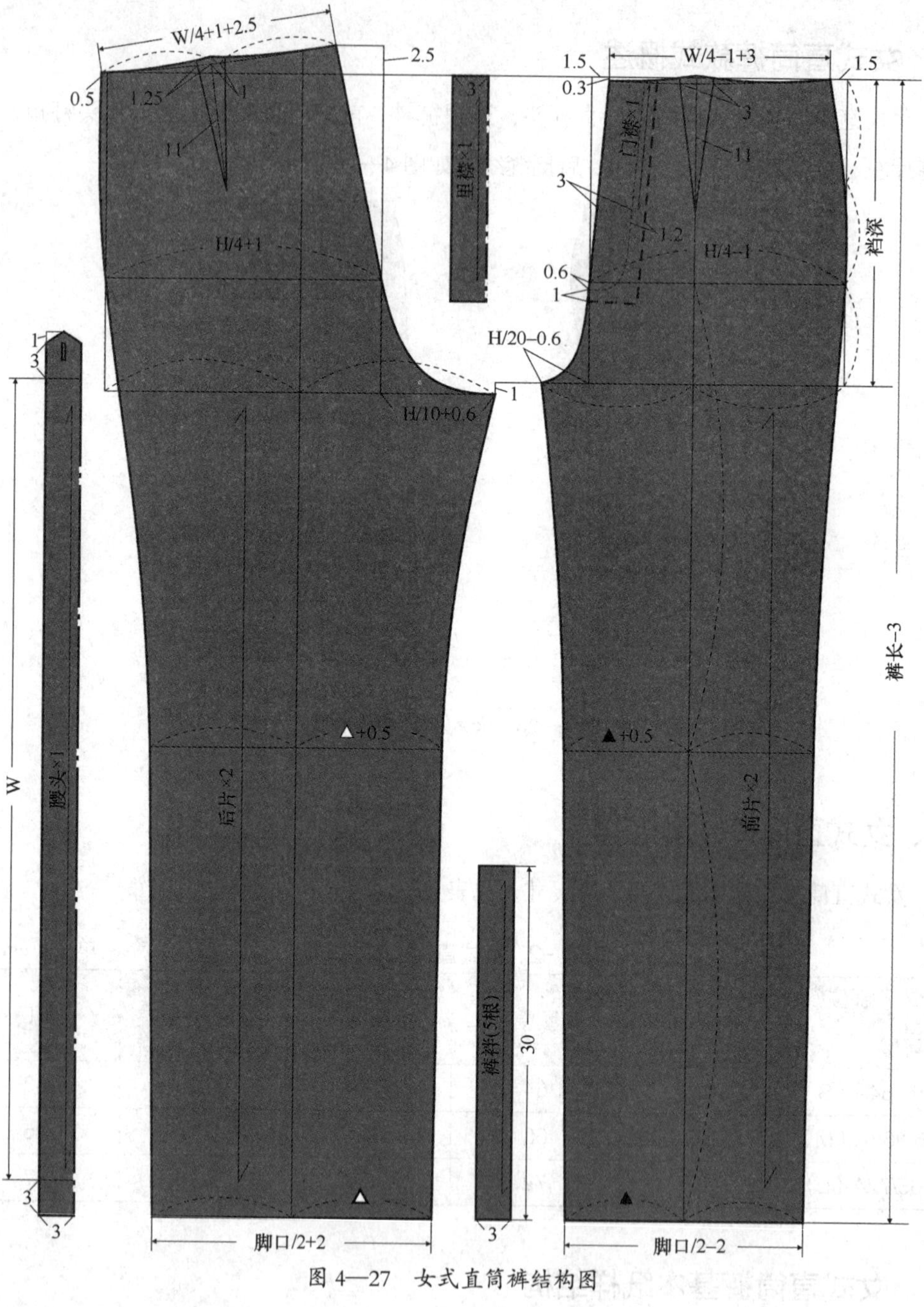

图 4—27　女式直筒裤结构图

1. 号型、尺寸设定

（1）选中【号型】菜单下的【号型编辑】命令，弹出【设置号型规格表】对话框，以 M 码为制图基准码，在对话框建立号型规格表，如图 4—28 所示。

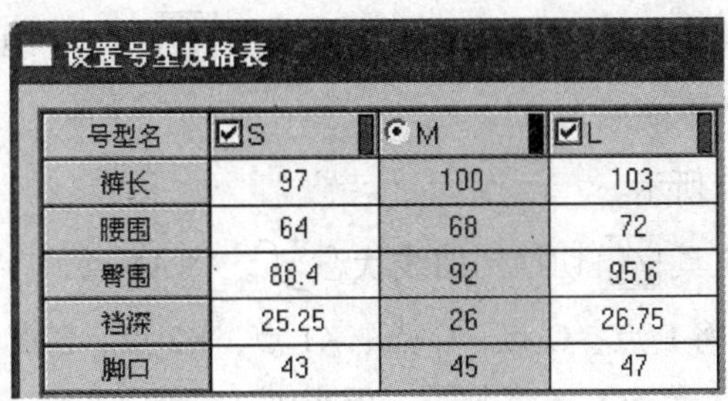
设置号型规格表

号型名	S	M	L
裤长	97	100	103
腰围	64	68	72
臀围	88.4	92	95.6
裆深	25.25	26	26.75
脚口	43	45	47

图4—28　女式直筒裤号型规格表

提个醒

想要观看女式直筒裤CAD结构制图完整视频，请扫描二维码。

（2）鼠标单击【存储】按钮，在弹出的【另存为】对话框中选择文件保存的目标文件夹，输入文件名，单击【保存】按钮将尺寸文件保存。再单击【确定】按钮，将【设置号型规格表】关闭，开始结构制图。

2. 前片结构制图

（1）选中【矩形】工具，在【水平输入框】中输入数值22（臀围/4－1），在【垂直输入框】中输入数值26（裆深），单击【确认】按钮，绘制一个矩形。矩形的左边线设定为前裆线，右边线设定为侧缝直线，上面为上平线，下面为横裆线。矩形的四个角点定为A、B、C、D。

（2）选中【等分规】工具，将线段CD三等分；选中【智能笔】工具，过第一个等分点E画水平线到前裆直线AB，交点为F，臀围线画出；再过B点水平向左4 cm（H/20－0.6）画一线段，线段的左端点为G点，定出小裆宽；选中【等分规】工具，定出横裆线GC的中点；选中【智能笔】工具，过中点做上平线的垂线，垂线分别与臀围线和上平线交于H点、I点，再过I点向下97 cm（裤长－3）画出前裤片挺缝线，线的下端点为J。

（3）选中【等分规】工具，将H点、J点两点之间等分，找到中裆点K。

（4）选中【智能笔】工具，第一点定在J点，【长度】输入框中输入“10.25”（脚口/4－1），画出脚口线的左半边，左端点为J1；同样的方法，10.75 cm（脚口/4－1+0.5）的量画出中裆的左半边，左端点为K1；选中【对称】工具，挺缝线为对称线，将脚口线和中裆线左右对称，对称线的右端点分别为J2、K2；选中【点】工具，在上平线AD

上距右端点 D1.5 cm 找一点 D1；选中【智能笔】工具，水平距 A 点 1.5 cm、竖直向下 0.3 cm 画一线段，线段的下端点为 A1。

以上操作如图 4—29 所示。

（5）将【智能笔】工具切换到曲线状态，将 A1 点、F 点，K1 点、J1 点，K2 点、J2 点分别用直线连接；将 F 点、G 点，G 点、K1 点，K2 点、E 点、D1 点，D1 点、A1 点分别用曲线连接；选中【调整】工具，将曲线 FG、GK1、K2ED1、D1A1 调成平滑圆顺的曲线，如图 4—30 所示。

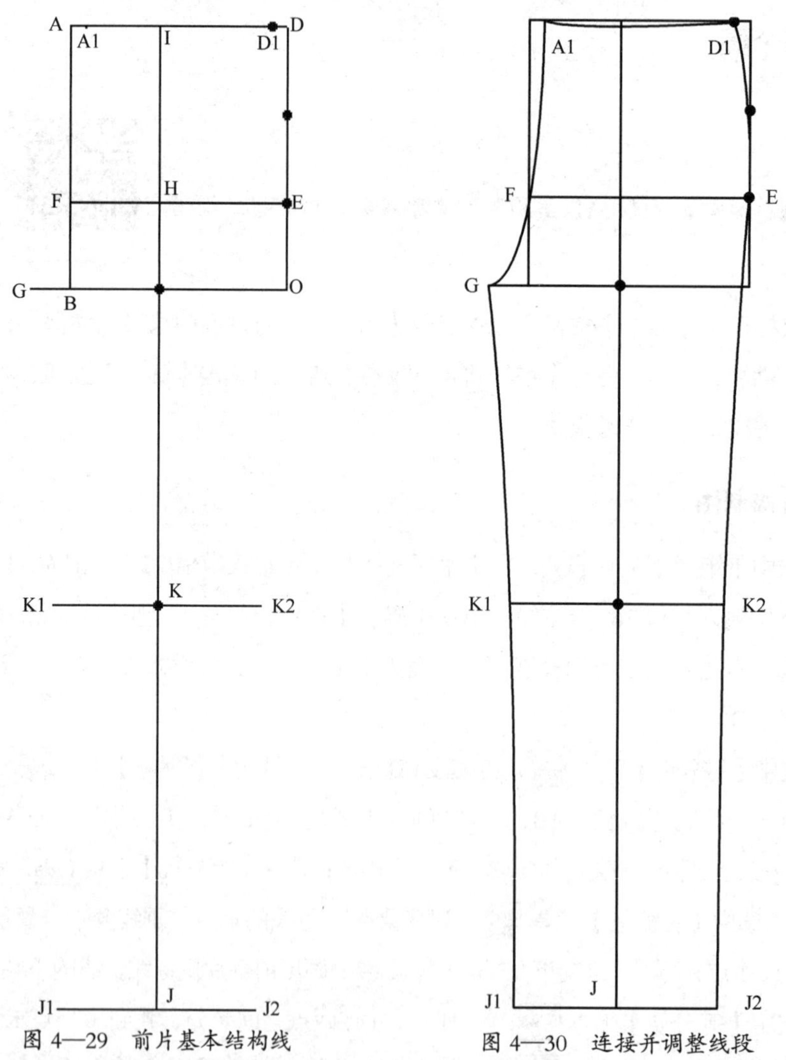

图 4—29　前片基本结构线　　图 4—30　连接并调整线段

（6）选中【智能笔】工具，鼠标框选线段 IJ 的上端，再单击前腰线 A1D1，移动鼠标到前腰线 A1D1 下方的空白位置右键单击，将线段 IJ 在 I1 位置切齐，如图 4—31（1）所示。

（7）选中【剪断线】工具，鼠标单击选中线段 I1J，再在线段的上端单击，弹出【点的位置】对话框，如图 4—31（2）所示，输入长度值“11”，单击【确定】按钮，将线段在 I2 点切断，如图 4—31（3）所示。

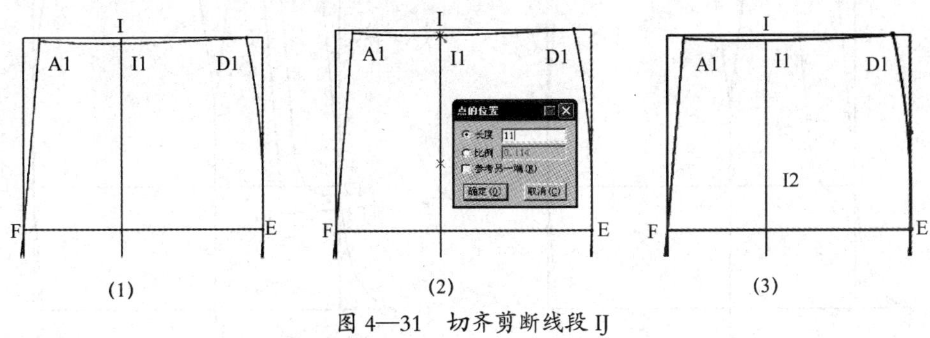

图 4—31　切齐剪断线段 IJ

（8）选中【收省】工具，以 I1I2 为省中线，省大 3 cm，将前片结构线的腰省开出。

（9）选中【智能笔】工具，按住【Shift】键，鼠标移到线段 FA1 上按住左键向右拖动到空白位置松开，然后依次单击腰线 A1D1 和臀围线 FE，出现红色平行线后移动鼠标到空白位置单击，弹出【平行线】对话框，如图 4—32 所示，在【平行距离】输入框中输入平行距离“3”，单击【确定】按钮，将平行线画出。按住【Shift】键，鼠标移到刚画出的平行线的下端右键单击，弹出【调整曲线长度】对话框，如图 4—33 所示，在【长度增减】输入框中输入“-3”，单击【确定】按钮，将线段下端缩短 3 cm。

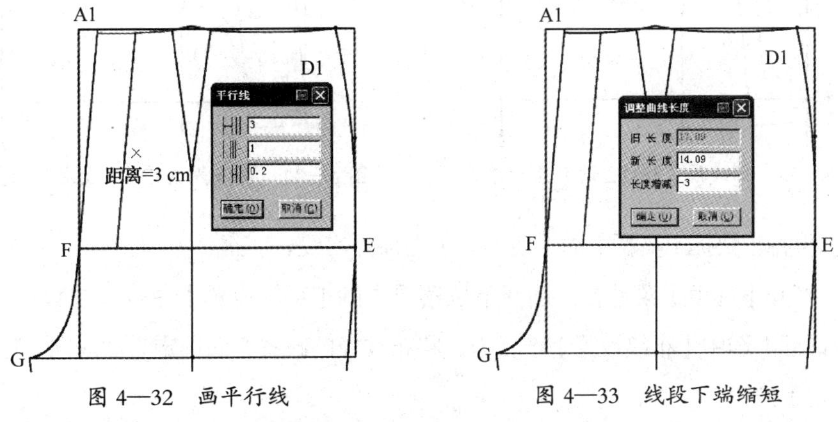

图 4—32　画平行线　　图 4—33　线段下端缩短

（10）选中【智能笔】工具，将门襟压线的曲线部分 F1F2 画出，并用【调整】工具将曲线调圆顺，如图 4—34 所示。

（11）选中【智能笔】工具，参照图 4—27，距离线段 A1F 4.2 cm 向右再画一条平行线，之后在前裆弯线 FG 上距离 F2 点 1 cm，斜向右下方画一条线段，最后鼠标左键分别框选刚画出的两条线的下端，移动鼠标到两条线段的左上方空白位置右键单击，将线段

A3F4F3 画出，如图 4—35 所示。

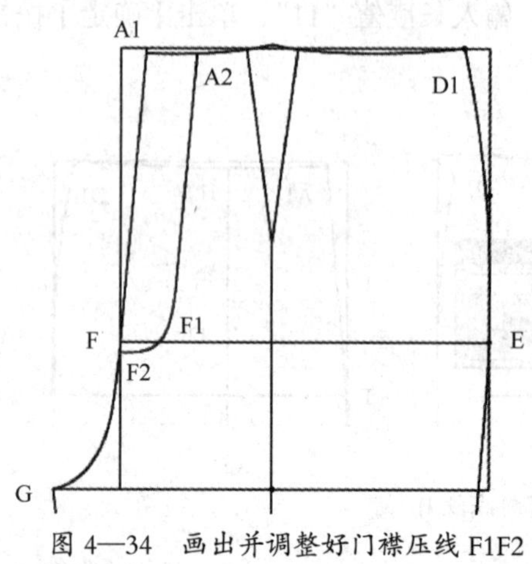

图 4—34　画出并调整好门襟压线 F1F2

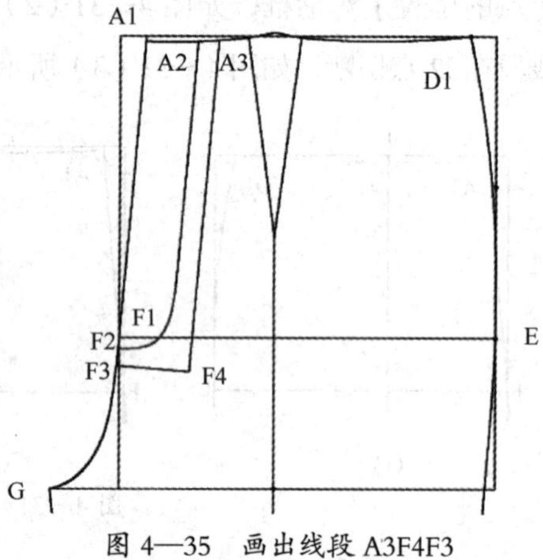

图 4—35　画出线段 A3F4F3

（12）选中【设计工具栏】中的【设定线的颜色类型】工具，然后在【快捷工具栏】的【线类型】选择框中选择短虚线，最后在线段 A2F1F2 上单击，将其设定为短虚线，如图 4—36 所示。同样的方法，将线段 A3F4F3 设定为长虚线，如图 4—37 所示。

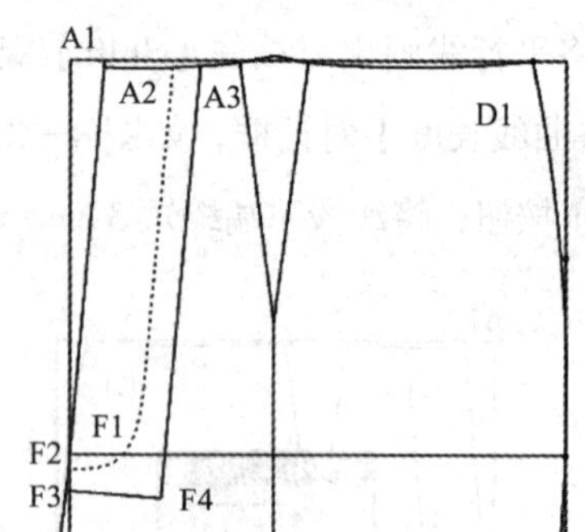

图 4—36　将线段 A2F1F2 设定为短虚线

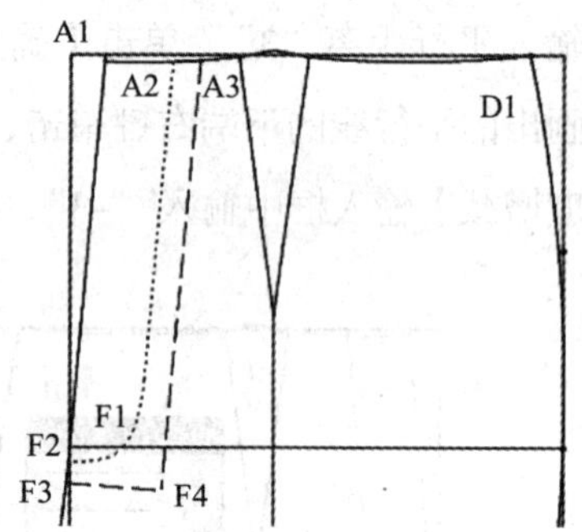

图 4—37　将线段 A3F4F3 设定为长虚线

（13）再将【快捷工具栏】的【线类型】选择为实线。

（14）打开【选项】菜单栏，选择下拉菜单中的【系统设置】命令，在弹出的【系统设置】对话框中选中【布纹设置】选项卡，将布纹线的缺省方向选定为“双向_垂直”，再单击【确定】按钮。

（15）选中【剪刀】工具，生成前片样板，如图 4—38 所示；鼠标移到前片样板上，按一下空格键，光标变成，松开鼠标将前片样板拖到合适位置再单击，将前片结构线与样板分离，如图 4—39 所示。

（16）之后再生成门襟的样板，如图 4—40 所示。选中【布纹线】工具，鼠标分别单击门襟样板的 A3 端和 F4 端，将布纹线调整到与线段 A3F4 平行，如图 4—41 所示。

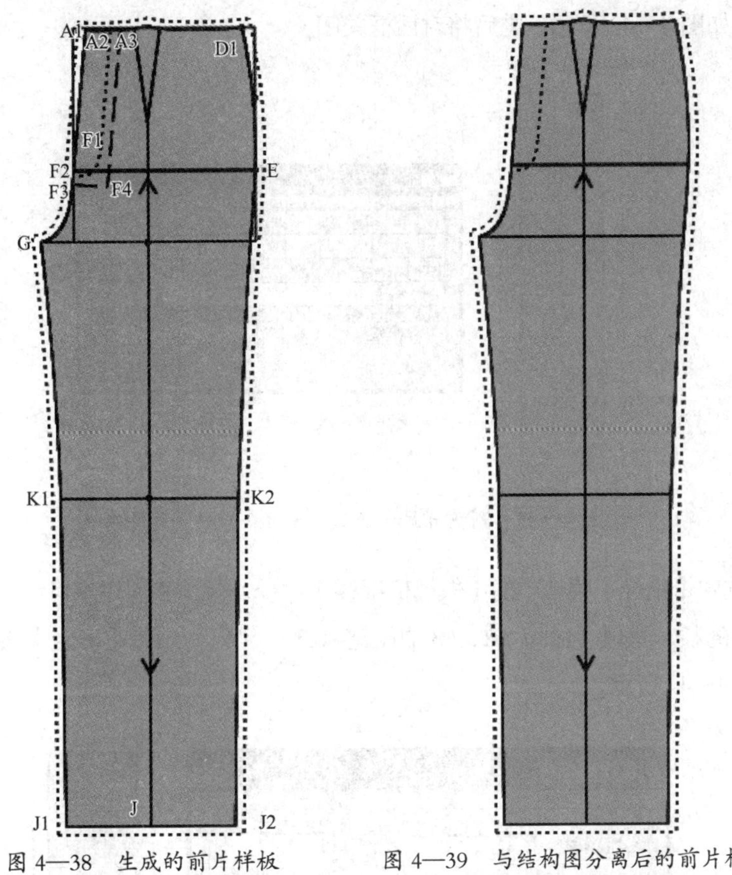

图 4—38　生成的前片样板　　　　图 4—39　与结构图分离后的前片样板

（17）选中【纸样工具栏】中的【旋转衣片】工具，鼠标分别单击门襟样板的 F4 端和 A3 端，然后在空白位置单击，将门襟样板摆正，如图 4—42 所示。

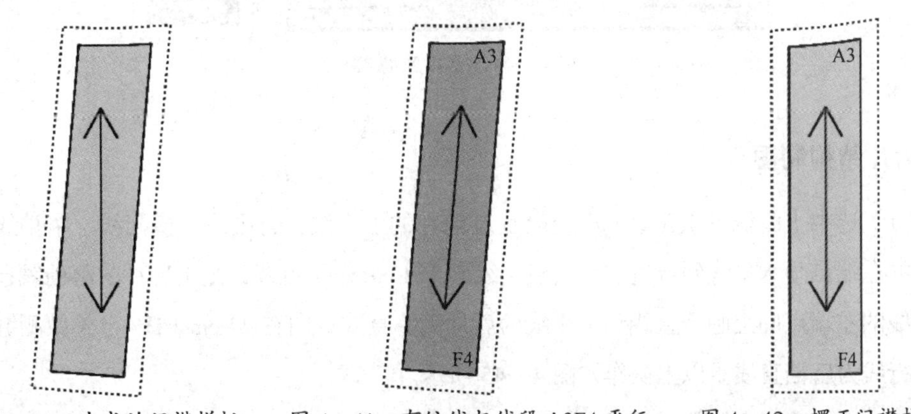

图 4—40　生成的门襟样板　　图 4—41　布纹线与线段 A3F4 平行　　图 4—42　摆正门襟样板

（18）选中【设计工具栏】中的【比较长度】工具，按一下【Shift】键，鼠标单击门襟样板的 F3 点，弹出【测量】对话框，再单击 A2 点，【测量】对话框显示两点之间各码的长度，如图 4—43 所示。之后将对话框关闭。

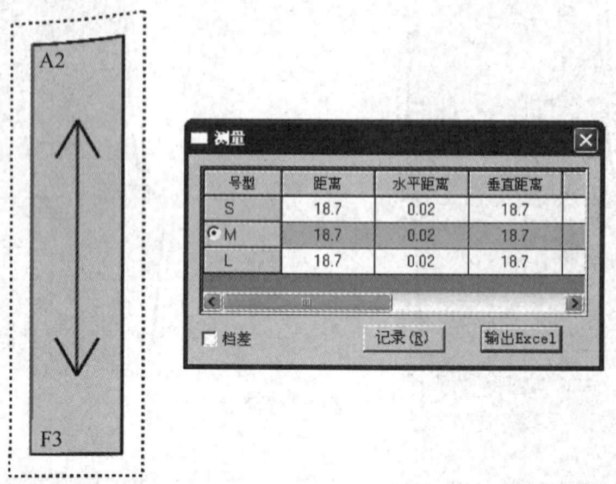

图 4—43 测量并显示 A2、F3 两点间的直线距离

（19）选中【纸样】菜单中的【做规格纸样】命令，弹出【创建规格纸样】对话框，分别输入矩形的长、宽值“19”（A2、F3 的距离+0.3）、“6”，单击【确定】按钮，生成里襟样板，如图 4—44 所示。

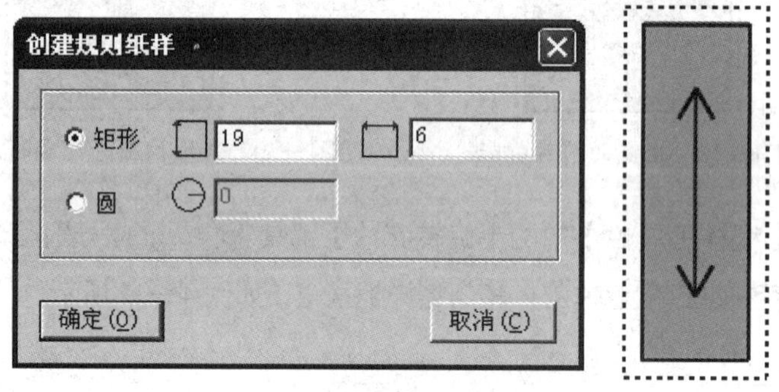

图 4—44 创建里襟样板

3. 后片结构制图

（1）选中【智能笔】工具，分别过前片的上平线、臀围线、横裆线、中裆线、脚口线的左端点画水平线到合适位置；横裆线向下 1 cm 做平行线，定出后片的落裆线；再过落裆线的左端点向上画竖直线到上平线为后片侧缝直线；向右 24 cm（H/4+1）做侧缝直线的平行线为后裆直线。以上操作如图 4—45 所示。

（2）选中【橡皮擦】工具，将过前片横裆线左端点画出的水平线删除；选中【智能笔】工具，鼠标框选刚画出的上平线、臀围线和落裆线，再分别单击侧缝直线和后裆直线，将框选的三条线切齐，切齐后的臀围线的左、右端点为 M 点和 N 点，落裆线的左、右端点为 C1 点和 O 点，如图 4—46 所示。

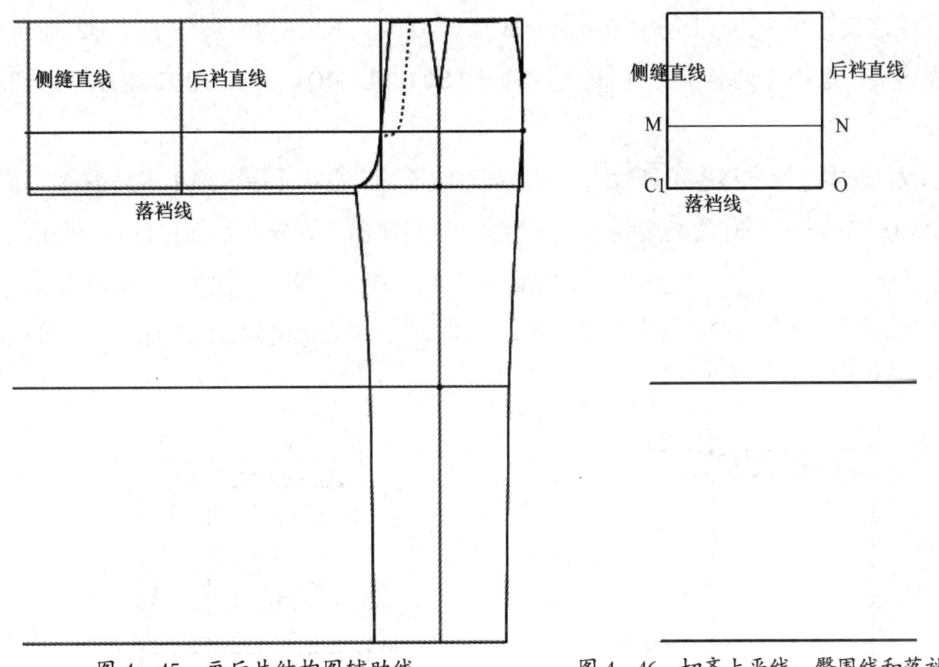

图 4—45　画后片结构图辅助线　　　　图 4—46　切齐上平线、臀围线和落裆线

（3）选中【智能笔】工具，过落裆线的右端向右 9.8 cm（臀围 /10+0.6）画一水平线，线的右端点为 P 点；选中【等分规】工具，将线段 C1P 二等分；选中【智能笔】工具，过横裆线 C1P 的中点做上平线的垂线，再做脚口线的垂线，垂线分别与中裆线和脚口线交于 Q 点、R 点，后片挺缝线画出。

（4）鼠标左键框选中裆线和脚口线的左端，再单击后片挺缝线，右键单击，将中裆线和脚口线的左端分别在 Q 点、R 点位置切齐；然后过 Q 点、R 点向左分别画水平线段，长度值为 12.25（脚口 /4+1）、12.75（脚口 /4+1+0.5），线段的左端点为 Q1、R1；选中【橡皮擦】工具，将被切断的中裆线和脚口线的右段删除；选中【对称】工具，挺缝线为对称线，将中裆线和脚口线左右对称，对称线的右端点分别为 Q2、R2。

（5）选中【智能笔】工具，将上平线的左端延长 0.5 cm，做后片的困势，端点为 L1，向上 2.5 cm 做上平线的平行线为后腰起翘线；选中【设计工具栏】中的【圆规】工具，指定 L1 点为圆心，然后单击后腰起翘线，弹出【单圆规】对话框，【长度】输入框中输入线的长度 20.5 cm（W/4+1+2.5），画出后腰直线，后腰直线的右端点为 S。

以上操作如图 4—47 所示。

（6）选中【智能笔】工具，将S点、N点，Q1点、R1点，Q2点、R2点分别用直线连接，将S点、L1点，L1点、M点、Q1点，N点、P点，P点、Q2点分别用曲线连接；选中【调整】工具，将曲线SL1、L1MQ1、NP、PQ2调成平滑圆顺的曲线。

（7）选中【橡皮擦】工具，将后腰直线删除；选中【等分规】工具，将后腰曲线L1S二等分；选中【角度线】工具，过后腰曲线等分中点向下11 cm做垂线；选中【智能笔】工具，向左1 cm做刚画出的垂线的平行线，并将其切齐到后腰线，画出后片腰线的省中线T1T2；选中【橡皮擦】工具，将之前的垂直线删除，后片样板结构画出，如图4—48所示。

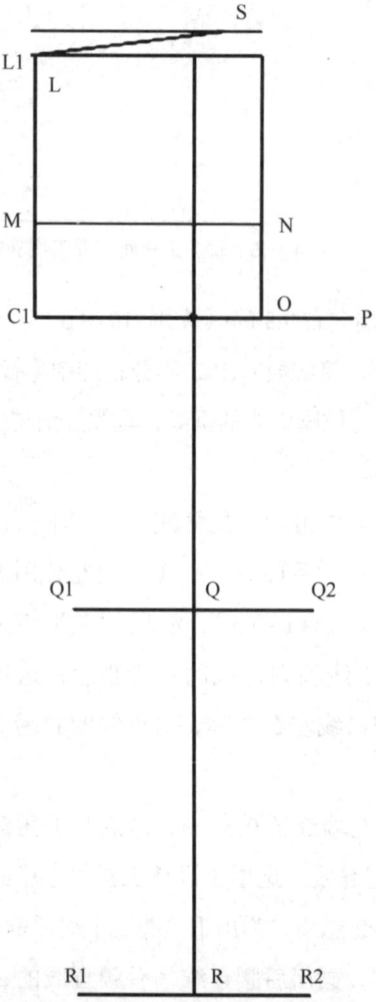

图4—47　画后片基础结构线

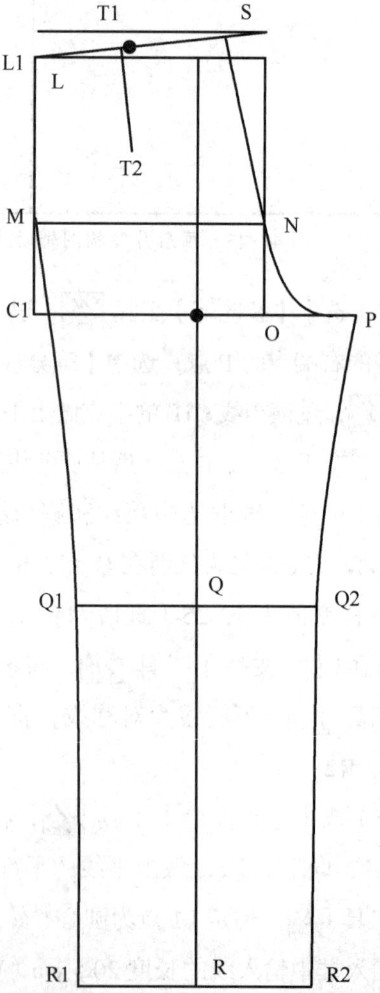

图4—48　画后片样板结构线

（8）选中【收省】工具，以T1T2为省中线，省大2.5 cm，将后片结构线的腰省开出。

（9）选中【剪刀】工具，生成后片样板，如图 4—49 所示；鼠标移到后片样板上，按一下空格键，光标变成，松开鼠标将后片样板拖到合适位置再单击，将后片结构线与样板分离，如图 4—50 所示。

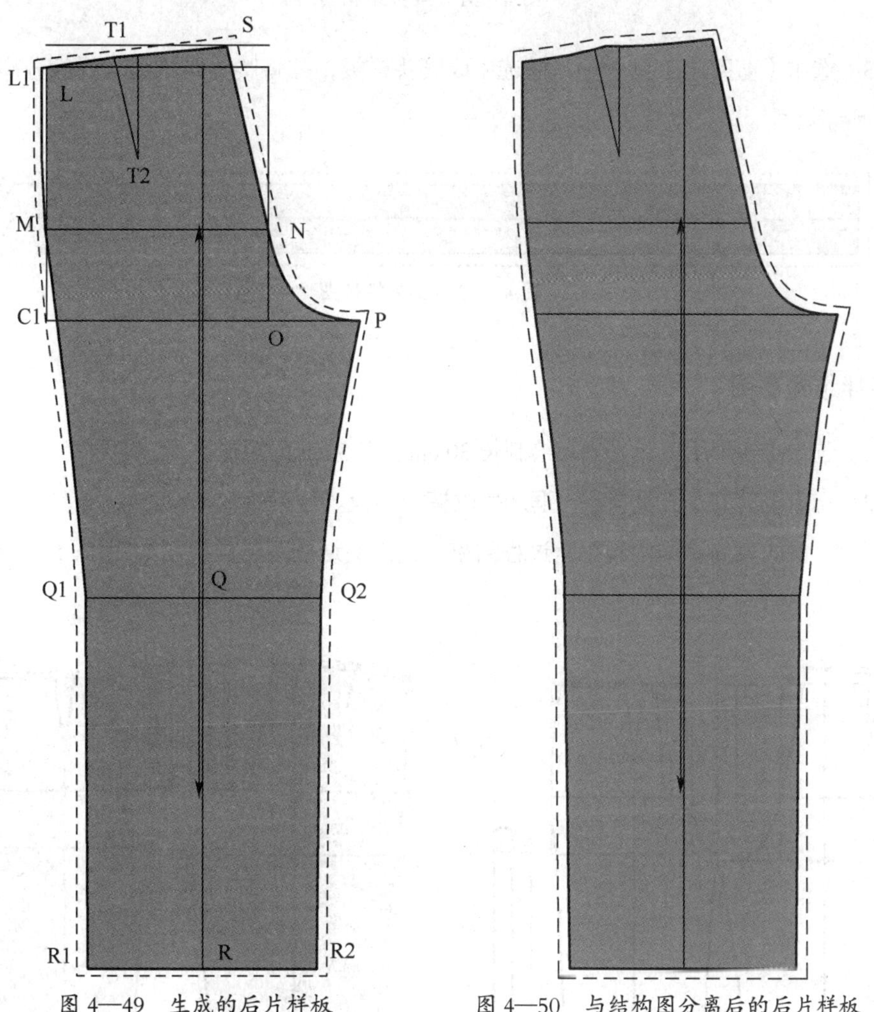

图 4—49　生成的后片样板　　图 4—50　与结构图分离后的后片样板

4. 腰头结构制图

（1）选中【矩形】工具，长 75 cm、宽 3 cm（腰围 +7=75，腰头宽 =3）画一个长方形；选中【智能笔】工具，距离分别为 3 cm 和 4 cm，画出腰头与前中的对位线；之后将腰头的左、右线上端缩短 1 cm，再将尖头画出。

（2）选中【橡皮擦】工具，将尖头端的水平线段删除；选中【对称】工具，将腰头左右对称展开，如图 4—51 所示（考虑到版面，这里将其水平摆放）。

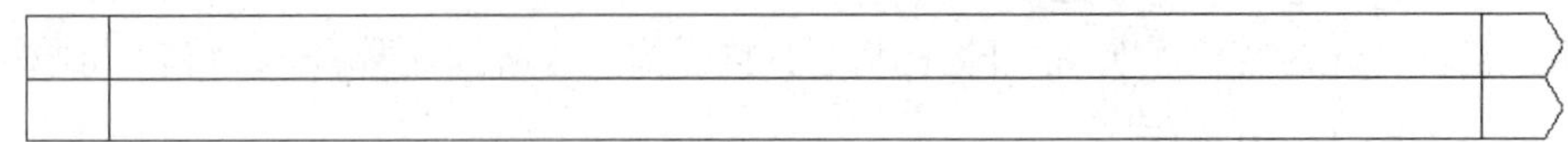

图 4—51　腰头结构图

（3）选中【剪刀】工具，框选生成腰头样板，并将腰头结构线与样板分离，如图 4—52 所示。

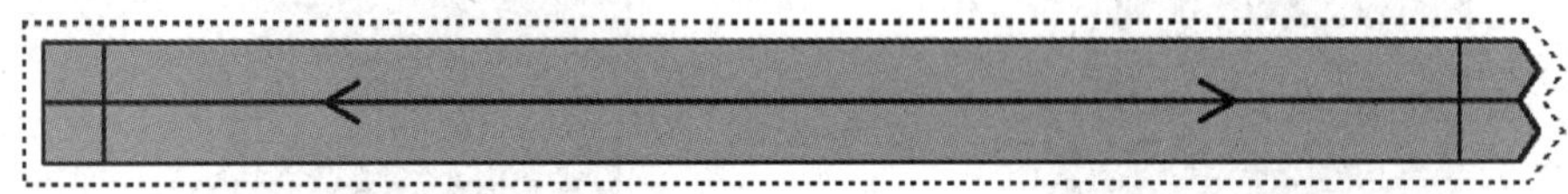

图 4—52　腰头样板图

5. 裤袢结构制图

（1）选中【矩形】工具，绘制长 30 cm、宽 3 cm 的矩形。

（2）选中【剪刀】工具，框选生成裤袢样板。

至此，女式直筒裤结构制图全过程结束，最终的结构图与样板图如图 4—53、图 4—54 所示。

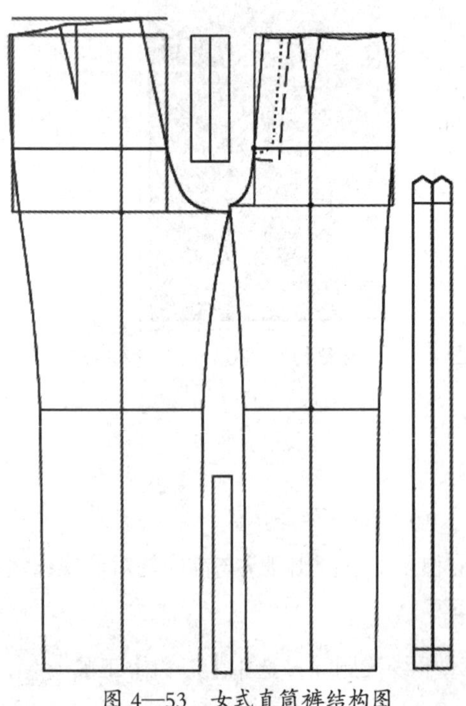

图 4—53　女式直筒裤结构图

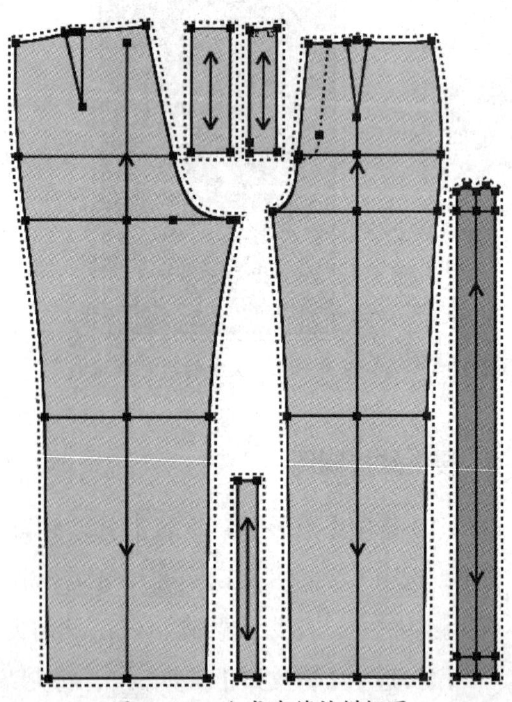

图 4—54　女式直筒裤样板图

第三节　女装原型上衣结构制图

女装原型上衣基本结构纸样是女性上衣结构变化的基础，日常生活中常见的各类女装上衣的结构样板都可以通过原型上衣的纸样变化生成。

一、女装原型上衣款式概述

女装原型上衣呈直筒外形，圆领，衣长齐腰，直筒长袖，袖长齐手腕骨，正面左、右各收一个袖窿省，背面肩部位置左、右各收一个肩胛骨省，如图 4—55 所示。

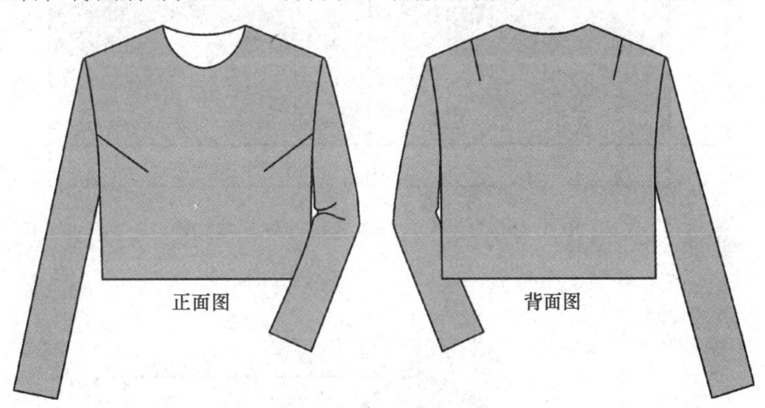

图 4—55　女装原型上衣款式图

二、女装原型上衣制图规格

女装原型上衣的结构制图需要 4 个尺寸，见表 4—3。

表 4—3　女装原型上衣的制图规格　　单位：cm

部位 号型	背长	胸围	腰围	袖长
155/80A（S）	36.5	80	63	51.5
160/83A（M）	37.5	83	66	53
165/86A（L）	38.5	86	69	54.5

三、女装原型上衣基本纸样结构

女装原型上衣基本纸样结构如图 4—56、图 4—57 所示。

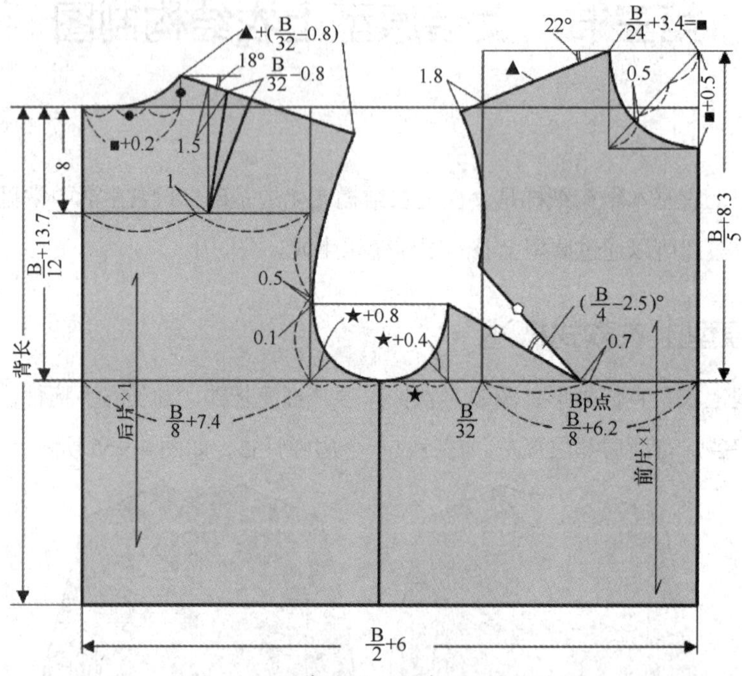

图 4—56　女装原型上衣前、后片结构图

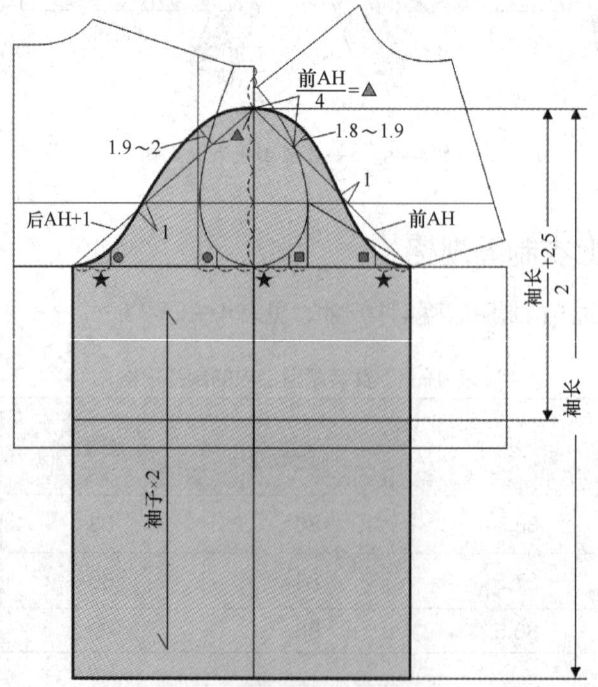

图 4—57　女装原型上衣袖片结构图

四、女装原型上衣 CAD 结构制图

在自由设计与放码模式下，女装原型上衣的结构制图流程如下：

1. 号型、尺寸设定

选择【号型】菜单下的【号型编辑】命令，弹出【设置号型规格表】对话框，建立图 4—58 所示号型规格表，并将其保存。

设置号型规格表

号型名	S	M	L
背长	36.5	37.5	38.5
胸围	80	83	86
腰围	63	66	69
袖长	51.5	53	54.5

图 4—58　女装原型上衣号型规格表

提个醒

想要观看女装原型上衣 CAD 结构制图完整视频，请扫描二维码。

2. 大身结构制图

（1）选中【矩形】工具，在工作区合适位置画一个长 47.5 cm（胸围 /2+6）、宽 37.5 cm（背长）的长方形。

（2）选中【智能笔】工具，鼠标移到长方形上平线上按下左键向下拖动，拖出平行线，空白位置再单击，弹出【平行线】对话框，在【平行距离】输入框中输入距离值 20.62（胸围 /12+13.7），单击【确定】按钮，画出袖窿深线。

（3）移动光标在袖窿深线的左端单击，在弹出的【点的位置】对话框中选中【长度】选项，再单击【计算器】按钮，在弹出的【计算器】对话框的输入框中输入“胸围 /8+7.4”，单击【OK】按钮，回到【点的位置】对话框，如图 4—59 所示，再单击【确定】按钮，鼠标右键单击，光标切换为，移动鼠标到上平线上，出现捕捉点符号后再单击，画出后背宽线。同样的方法，距袖窿深线的右端点 16.57 cm（胸围 /8+6.2）、线

段长 24.9 cm（胸围 /5+8.3），袖窿深线垂直向上画出前胸宽线。

（4）鼠标移到刚画出的前胸宽线的上端点，按下右键拖动，拖出水平垂直线，松开鼠标，移动到前中线的上端点再单击，画出过前胸宽线上端点的前肩平线和前中线上端点的延长线。以上操作如图 4—60 所示（考虑到方便讲解，线的端点做了字母标注）。

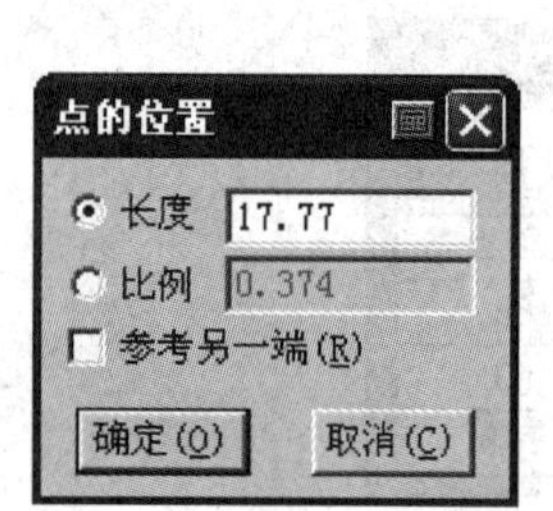

图 4—59 【点的位置】对话框

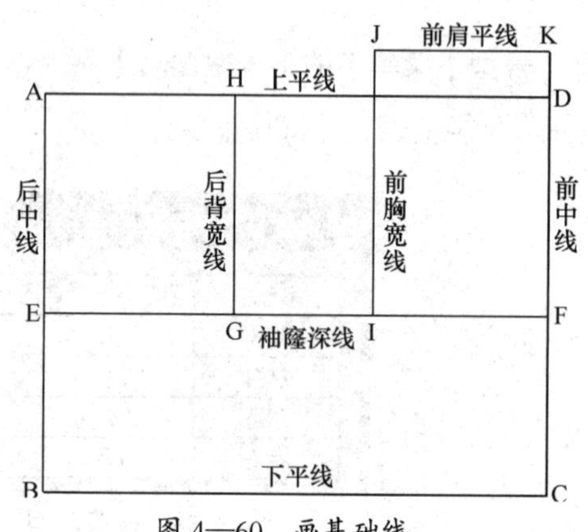

图 4—60 画基础线

（5）选中【点】工具，鼠标移到 K 点上，按【Enter】键，弹出【偏移】对话框，在【水平输入框】中输入“-6.86”（－胸围 /24-3.4），在【垂直输入框】中输入“-7.36”（－胸围 /24-3.9），如图 4—61 所示，单击【确定】按钮，定出前领宽与前领深的交点 L；鼠标移到 A 点上，按 Enter 键，弹出【偏移】对话框，在【水平输入框】中输入“7.06”（胸围 /24+3.6），在【垂直输入框】中输入“2.35”（[胸围 /24+3.6] /3），如图 4—62 所示，单击【确定】按钮，定出后领肩点 M。同样的方法，A 点为偏移基准点，垂直偏移量“-8”，在后中线上定出 N 点；I 点为偏移基准点，水平偏移量“-2.59”（－胸围 /32），在袖窿深线上定出 O 点。

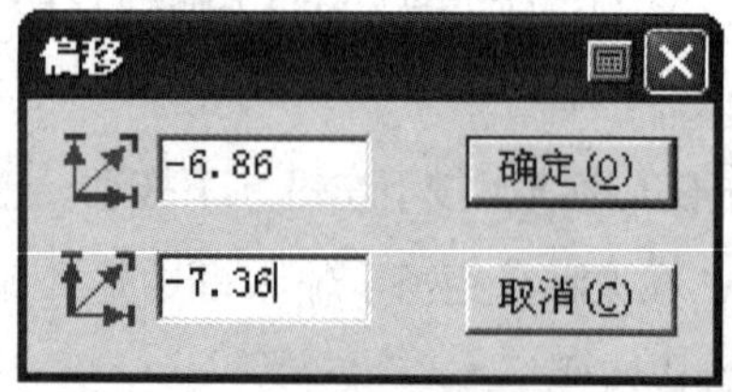

图 4—61 设定前领宽与前领深

图 4—62 设定后领肩点

（6）选中【智能笔】工具，过 M 点垂直向下至上平线画出后领深线；过 N 点水平向右至后背宽线画线，交点为 P；过 L 点垂直向上至前肩平线画出前领宽线，水平向右至前中线画出前领深线，前领宽线与前肩平线的交点为 Q，前领深线与前中线的交点为 R。将【智能笔】工具切换成【曲线】工作状态，将 K、L 两点直线连接。以上操作如图 4—63 所示。

（7）选中【等分规】工具 ，将 N 点与 P 点、P 点与 G 点、I 点与 F 点两点之间二等分，L 点与 K 点、后领宽两点之间三等分，G、O 两点之间六等分，其中部分等分点为 S、T、U、V、W、X，具体如图 4—64 所示。

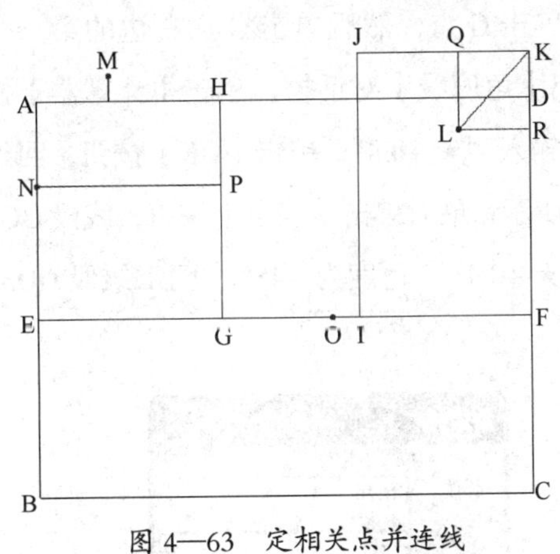

图 4—63 定相关点并连线

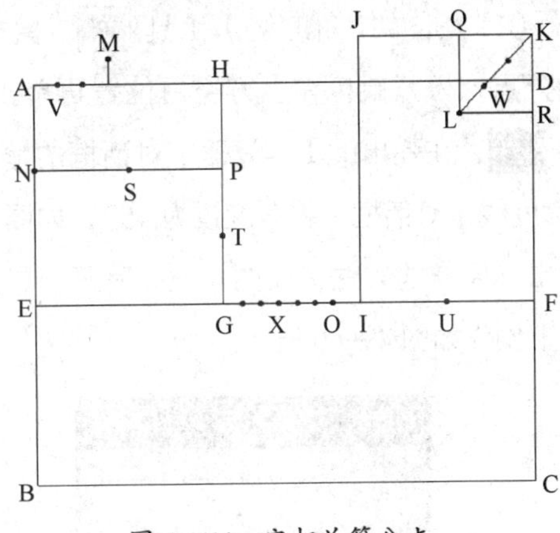

图 4—64 定相关等分点

（8）选中【点】工具 ，S 点向右 1 cm 定出 S1 点，T 点向下 0.5 cm 定出 T1 点，U 点向左 0.7 cm 定出 U1 点；选中【智能笔】工具 ，画出过 T1、O 两点的水平垂直线（注意用右键切换方向），交点为 O1；将 O1、U1 两点直线连接，将光标切换到 工作状态，过 X 点画垂直线到下平线定出侧缝直线 XX0，具体如图 4—65 所示。

（9）选中【设计工具栏】中的【旋转】工具 ，鼠标左键单击选中线段 O1U1，右键单击，然后左键依次单击旋转中心点 U1 和旋转端点 O1，松开鼠标拖动，再单击，弹出【旋转】对话框，再单击【计算器】按钮 ，在弹出的【计算器】对话框的输入框中输入“胸围 /4–2.5”，单击【OK】按钮，回到【旋转】对话框，如图 4—66 所示，再单击【确定】按钮，线段 O2U1 画出。

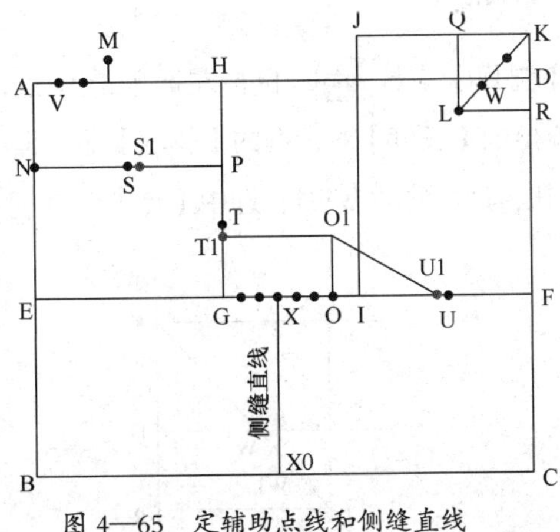

图 4—65 定辅助点线和侧缝直线

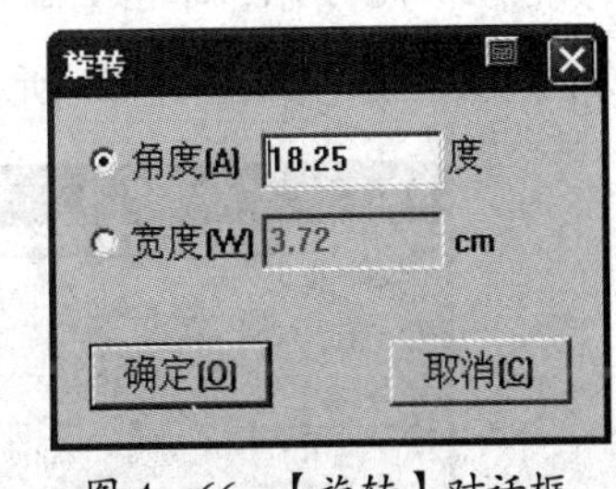

图 4—66 【旋转】对话框

（10）选中【点】工具，T1 点向右 0.1 cm 在线段 T1O1 上找一点 T2；选中【设计工具栏】中的【比较长度】工具，按【Shift】键，进入测量两点距离功能，测出点 G 与点 O 之间六分之一的长度并记录，系统默认用符号“★”表示该尺寸。

（11）选中【角度线】工具，鼠标左键单击 G 点，然后单击 G 点右边的第一个等分点，松开鼠标在上方空白位置再单击，弹出【角度线】对话框，单击【计算器】按钮，在弹出的【计算器】对话框的输入框中输入“★ +0.8”，单击【OK】按钮，回到【角度线】对话框，将角度设为 45°，如图 4—67 所示，最后单击【确定】按钮，线段 GG1 画出；同样的方法，如图 4—68 所示，长度为“★ +0.4”，角度为 -45°，画出线段 OO3。以上操作如图 4—69 所示。

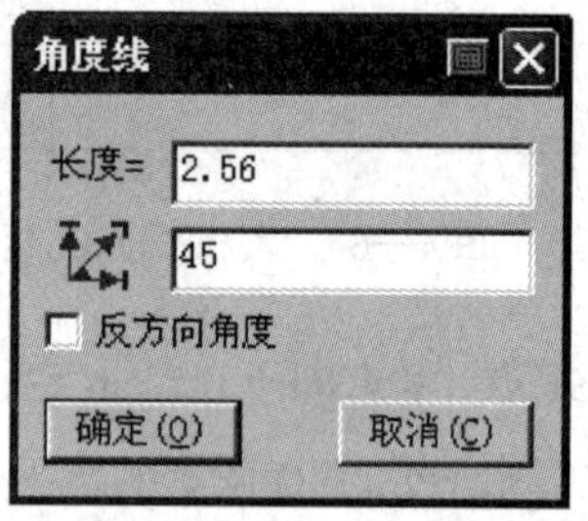

图 4—67　【角度线】对话框

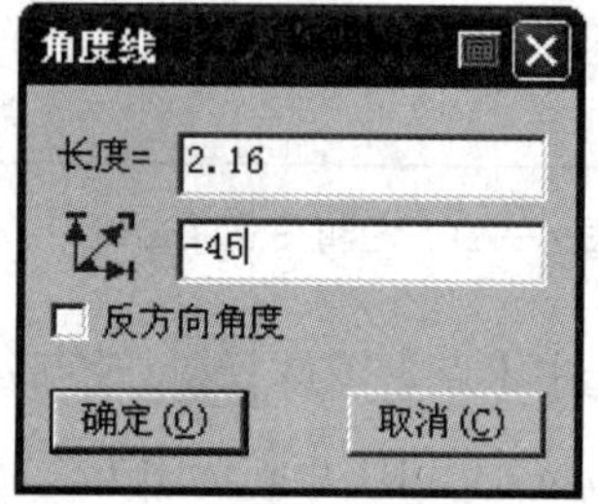

图 4—68　设定线的长度和角度

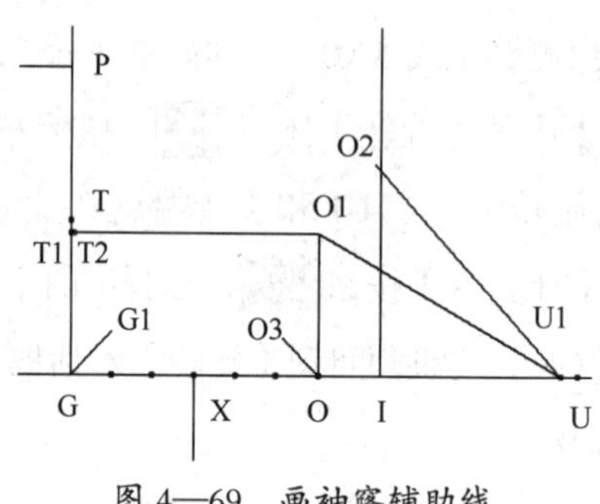

图 4—69　画袖窿辅助线

（12）选中【传统设计工具栏】中的【圆规】工具，鼠标左键单击 W 点，松开鼠标在线段 KL 上向下移动，再单击，在弹出的【长度】对话框的【长度】输入框中输入“0.5”，如图 4—70 所示，单击【确定】按钮，画出线段 WW1；选中【点】工具，将 W1 点标出。以上操作如图 4—71 所示。

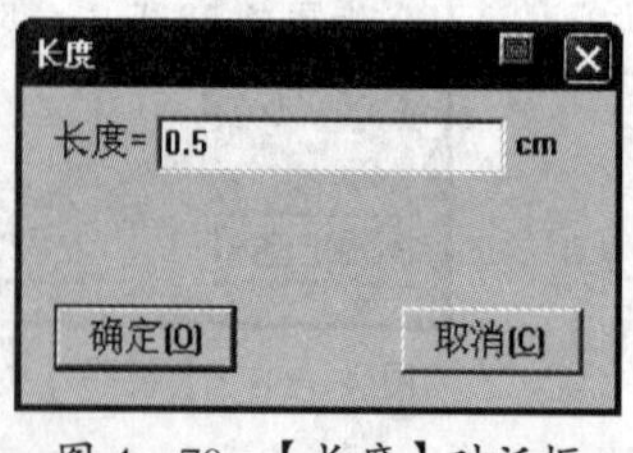

图 4—70　【长度】对话框

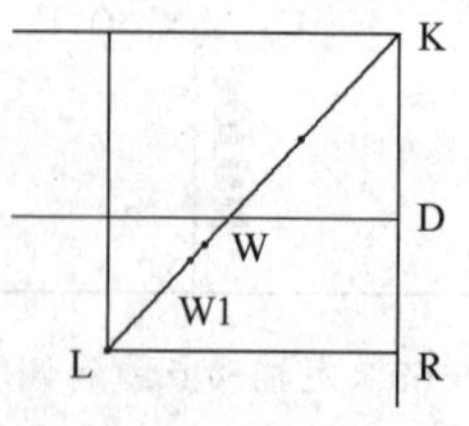

图 4—71　定出 W1 点

（13）选中【角度线】工具，鼠标左键依次单击旋转中心点 Q 和旋转端点 J，长度 8 cm，角度 22°，画出前肩斜线，如图 4—72（1）所示；选中【智能笔】工具，鼠标框选刚画出的前肩斜线的下端，再单击前胸宽线 IJ，右键单击，将该线切齐到前胸宽线，如图 4—72（2）所示；按住【Shift】键，鼠标移到切齐的前肩斜线的左端右键单击，弹出【调整曲线长度】对话框，在【长度增减】输入框中输入“1.8”，如图 4—73 所示，单击【OK】按钮，前肩斜线延长，左端点为 Q1，如图 4—72（3）所示。

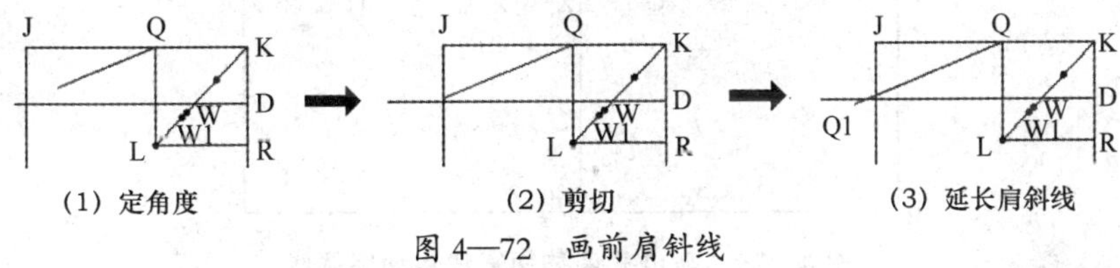

（1）定角度　（2）剪切　（3）延长肩斜线

图 4—72　画前肩斜线

（14）选中【比较长度】工具，测出前肩斜线的长度并记录，系统默认用符号“☆”表示该尺寸；选中【智能笔】工具，过 Q1 点画水平线与前胸宽线 IJ 交于 Q2 点，再过 M 点向右画水平线；选中【角度线】工具，M 点为旋转中心点，长度 14.07 cm（☆ + 胸围 /32-0.8），角度 -18°，画出后肩斜线，后肩斜线的右端点为 M1，如图 4—74 所示。

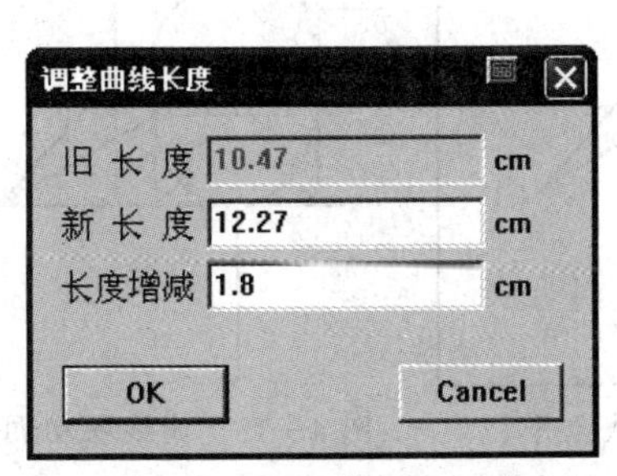
调整曲线长度

旧 长 度 10.47 cm

新 长 度 12.27 cm

长度增减 1.8 cm

OK　Cancel

图 4—73 【调整曲线长度】对话框

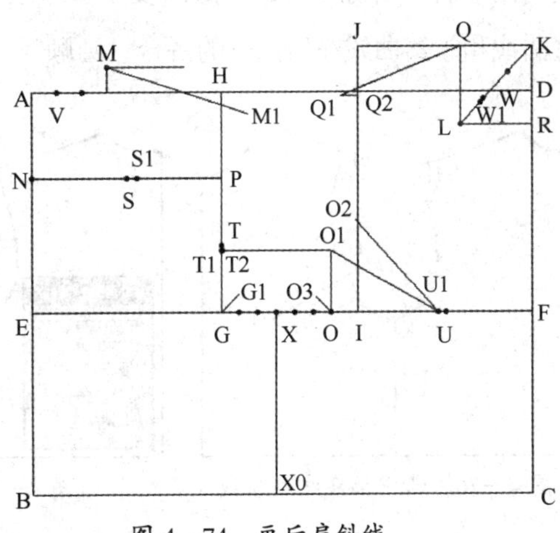

图 4—74　画后肩斜线

（15）选中【等分规】工具，将 Q2 与线段 IJ 和线段 O2U1 的交点 O4 两点之间三等分；选中【智能笔】工具，过靠近 O4 一侧的等分点向右画 0.2 cm 长的水平线段，线段的右端点为 O5，将【智能笔】工具切换到【曲线】工作状态，Q1、O5、O2 曲线连接，M1、T2、G1、X、O3、O1 曲线连接，Q、W1、R 曲线连接，M、V 两点之间曲线连接；选中【调整】工具，将 4 条曲线调圆顺，如图 4—75 所示。

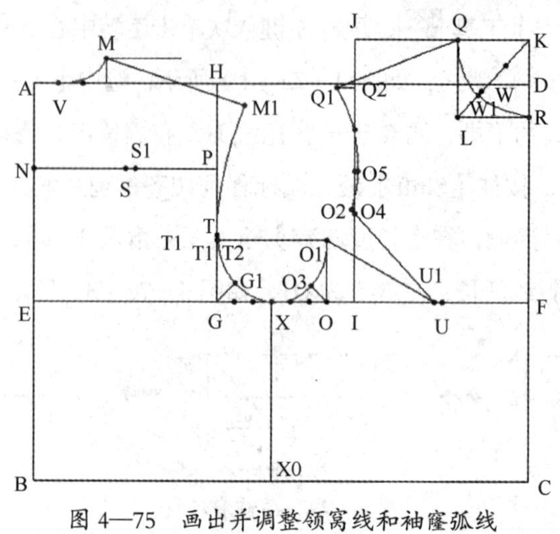

图 4—75　画出并调整领窝线和袖窿弧线

（16）选中【设计工具栏】中的【合并调整】工具，鼠标依次单击袖窿曲线 M1XO1 和 O2Q1，曲线变成绿色，右键单击，再依次单击省线 O1U1 和 O2U1，省线变成蓝色，如图 4—76 所示，右键单击，弹出【合并调整】对话框，曲线拼合，如图 4—77 所示；鼠标移到控制点上单击，松开拖动，合并后的曲线与原来曲线联动调整，如图 4—78 所示，将曲线调圆顺后，右键单击，袖窿曲线在省部位的拼合、圆顺修改完成。同样的方法，完成袖窿曲线和领窝曲线在肩部位的拼合、圆顺。

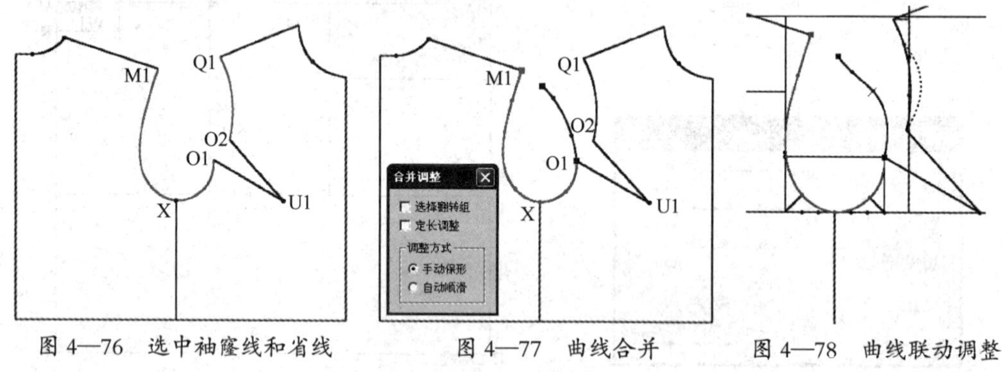

图 4—76　选中袖窿线和省线　　图 4—77　曲线合并　　图 4—78　曲线联动调整

（17）选中【智能笔】工具，在【丁字尺】工作状态下，从 S1 点画垂直线到后肩斜线，交点为 S2；选中【圆规】工具，S2 点为圆心，1.5 cm 的长度，向右在后肩斜线上找一点为 S3，再以 S3 点为圆心，1.79 cm（胸围 /32-0.8）的长度，继续向右在后肩斜线上找一点为 S4；选中【智能笔】工具，切换到【曲线】工作状态，将 S1 点与 S3 点、S1 与 S4 点直线连接。以上操作如图 4—79 所示。

（18）选中【选项】菜单下的【系统设置】命令，弹出【系统设置】对话框，在对话框中选择【布纹设置】选项卡，将布纹线的缺省方向设为“双向_垂直”，再选择【缺省参数】选项卡，取消对“自动加缝份”选项的勾选，单击【确定】按钮即可。

（19）选中【剪刀】工具，按照逐点提取纸样的方式（见第三章第五节），将 A、V、M、M1、T2、G1、X、X0、B 各点顺时针连接，生成后片样板，样板填充为粉红色，样板轮廓线为蓝色，【衣片列表框】中显示生成的样板，光标变成，鼠标单击选择内线，将线段 EX、S1S3、S1S4 添加为后片的辅助内线，选中的线变成红色，如图 4—80 所示，如果内线超出了轮廓线，则依次单击内线与轮廓线相交的两端，右键单击结束选择，内线变成绿色，再次右键单击，操作结束。再将 Q1、Q、R、C、X0、X、O3、O1、U1、O2 各点顺时针连接，生成前片样板，如图 4—81 所示，之后将线段 XF 添加为前片的辅助内线。

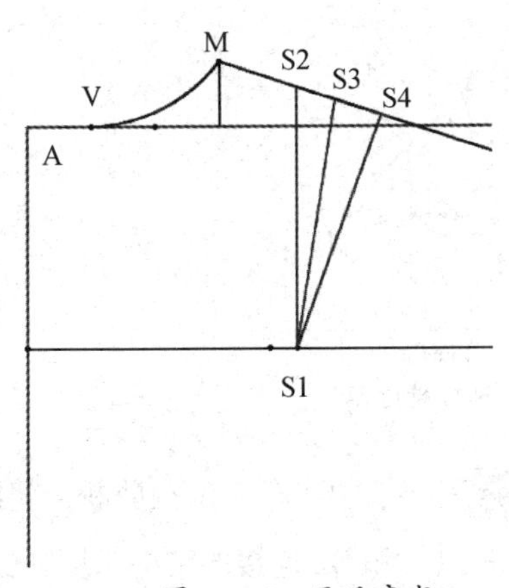

图 4—79　画后肩省

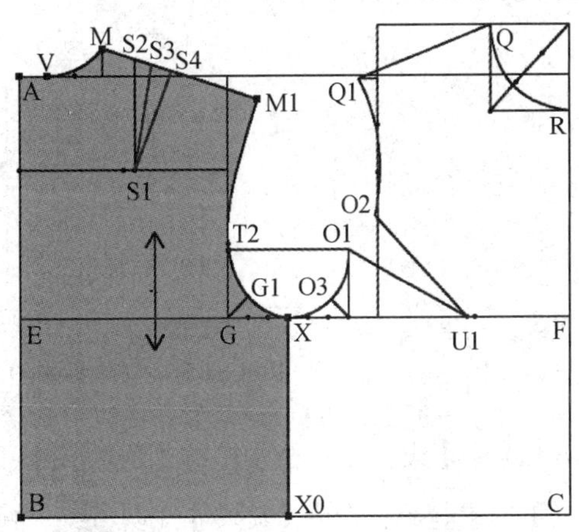

图 4—80　生成后片样板

（20）将【快捷工具栏】上的【显示结构线】工具按起，隐藏结构线，工作区显示如图 4—82 所示。大身结构制图完成。

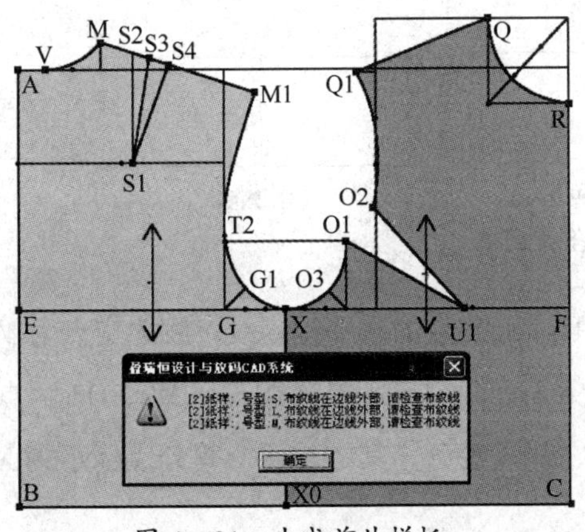

图 4—81　生成前片样板

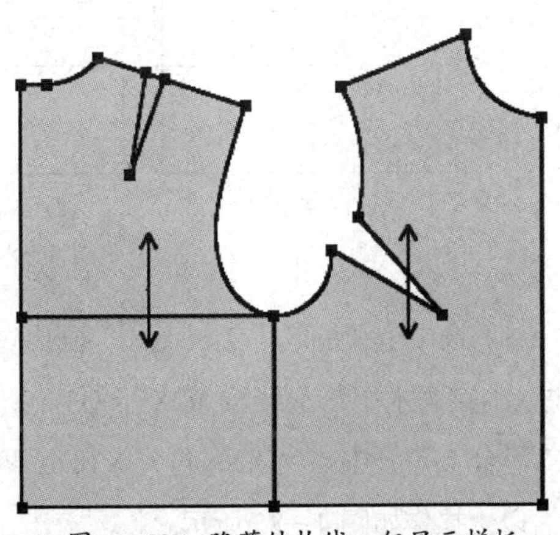
图 4—82　隐藏结构线，仅显示样板

3. 袖子结构制图

（1）将【显示结构线】工具 按下，鼠标移到前片样板上，按一下空格键，光标变成 ，松开鼠标将前片样板拖到合适位置再单击，将前片结构线与样板分离，同样的方法将后片结构线与样板分离。

（2）选中【设计工具栏】中的【移动】工具 ，鼠标左键在工作区框选大身的所有结构线，右键单击，鼠标移到框选的结构线的某点上，该点选中后左键单击，松开鼠标拖动到空白位置再单击完成复制移动。

（3）选中【橡皮擦】工具 ，将不要的点、线删除；选中【智能笔】工具 ，重新补画部分线段，如图 4—83 所示。

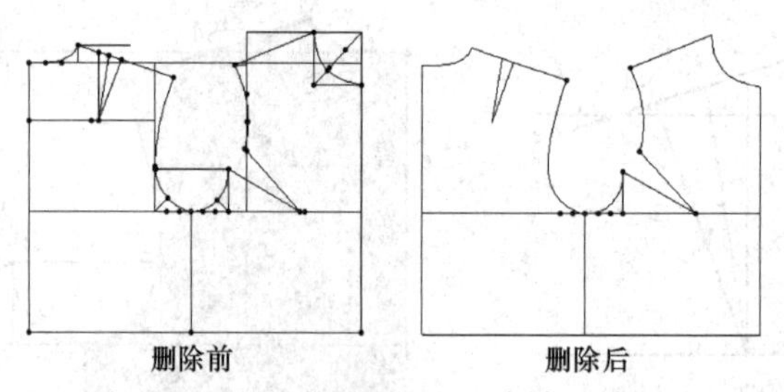

图 4—83　删除不要的点、线前后对比图

（4）选中【设计工具栏】中的【剪断线】工具 ，将前中线在 F 位置剪断，将线段 XF 在 U1 位置剪断；选中【旋转】工具 ，将 Q1、F、U1 和 O2 连接的结构线复制旋转；选中【橡皮擦】工具 ，将被复制的结构线删除。以上操作如图 4—84 所示。

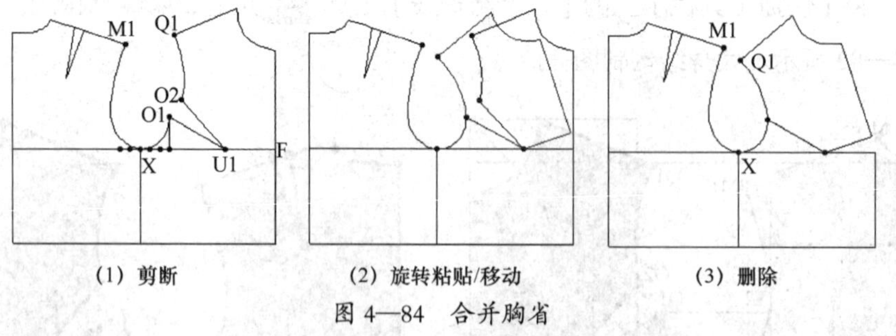

图 4—84　合并胸省

（5）选中【智能笔】工具 ，画出过 M1 点和 X 点的水平垂直线，线的交点为 M2，再过 Q1 点画水平线交线段 M2X 于 Q3 点；选中【等分规】工具 ，将 M2、Q3 两点之间二等分，等分中点为 X3，再将 X3、X 两点之间六等分，其中的两个等分点标示为 X1、X2。以上操作如图 4—85 所示。

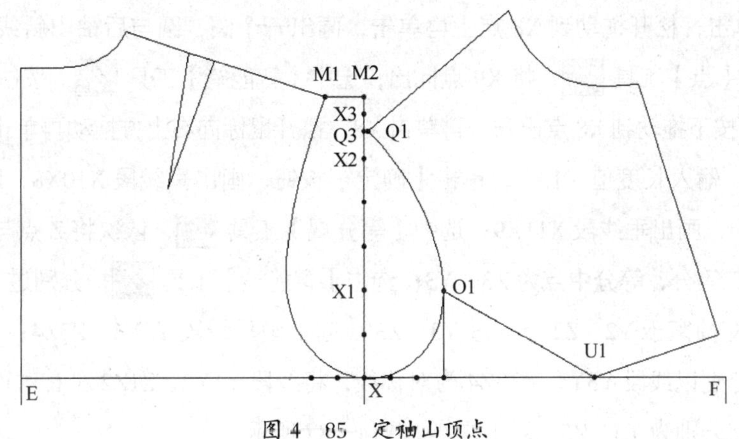

图4—85 定袖山顶点

（6）选中【比较长度】工具，测出前袖窿曲线XO1、O1Q1和后袖窿曲线M1X的长度并记录，系统默认分别用符号“▲”“△”和“◆”表示这三个尺寸；选中【圆规】工具，X2点为圆心，20.8 cm（▲＋△，即前袖窿弧线XO1Q1）的长度，向右在袖窿深线EU1上找一点为Y，再以X2点为圆心，22.6 cm（◆＋1，即后袖窿弧线M1X+1）的长度，继续向左在袖窿深线EU1上找一点为Z；选中【智能笔】工具，鼠标单击选中袖窿深线EU1，松开鼠标向上移动到X1点上再单击，平行线画出，线与前、后袖山斜线分别交于X4、X5点；选中【点】工具，将X4、X5点标出。以上操作如图4—86所示。

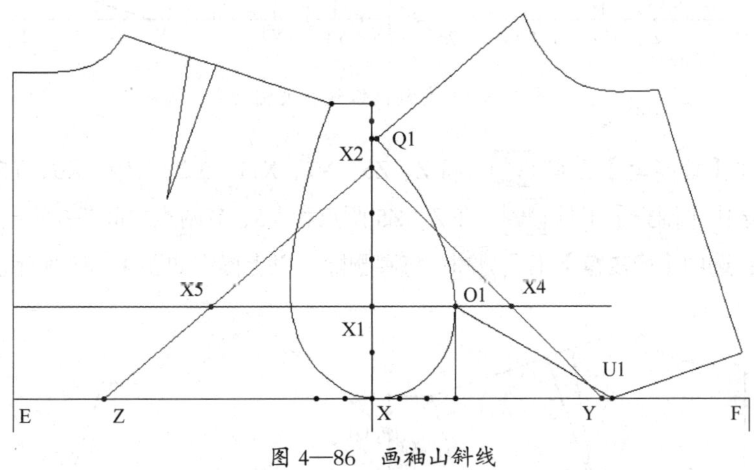

图4—86 画袖山斜线

（7）选中【橡皮擦】工具，将省线O1U1删除；选中【圆规】工具，X4点为圆心，1 cm的长度，向上在前袖山斜线X2Y上找一点为X6，再以X5点为圆心，1 cm的长度，向下在后袖山斜线X2Z上找一点为X7；选中【点】工具，将X6、X7点标出；选中【等分规】工具，将前袖山斜线X2Y四等分，靠近袖山顶点一侧的等分点为X8；选中【设计工具栏】中的【CR圆弧】工具，按一下【Shift】键，将光标切换成画圆功能，鼠标在X2点上单击，松开拖动到X8点上再单击，画出一个圆，圆与后袖山斜线X2Z的交点为X9；选中【点】工具，将X9点标出；选中【智能笔】工具，按住【Shift】键，鼠标在X2点按下拖动到X8点松开，再单击X8，松开鼠标向右上方拖动再单击，弹出【长度】对话框，输入长度值“1.8”，单击【确定】按钮，画出垂线段X10X8，同样的方法，长度值“1.9”，画出垂线段X11X9；选中【等分规】工具，依次将Z点与X点、X点与Y点之间二等分，等分中点为Z3、Y3；选中【智能笔】工具，分别过Y1、Z1点向上画垂直线交袖窿于Y2、Z2点，过Y3、Z3点向上画垂线段Y3Y4、Z3Z4；选中【对称】工具，分别以线段Y3Y4 、Z3Z4为对称线，将线段Y1Y2、Z1Z2左右对称，对称后的线段的上端点分别为Y5、Z5。以上操作如图4—87所示。

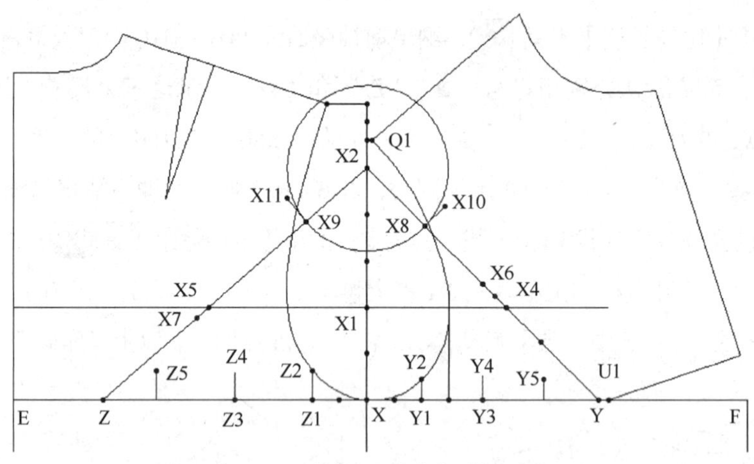

图4—87 定袖山弧线相关辅助点

（8）选中【智能笔】工具，将Z、Z5、X7、X11、X2、X10、X6、Y5、Y这九点曲线连接；选中【调整】工具，在Z、Z5两点和Y5、Y两点之间各插入一点，将袖山曲线调圆顺；选中【橡皮擦】工具，将圆删除。以上操作如图4—88所示。

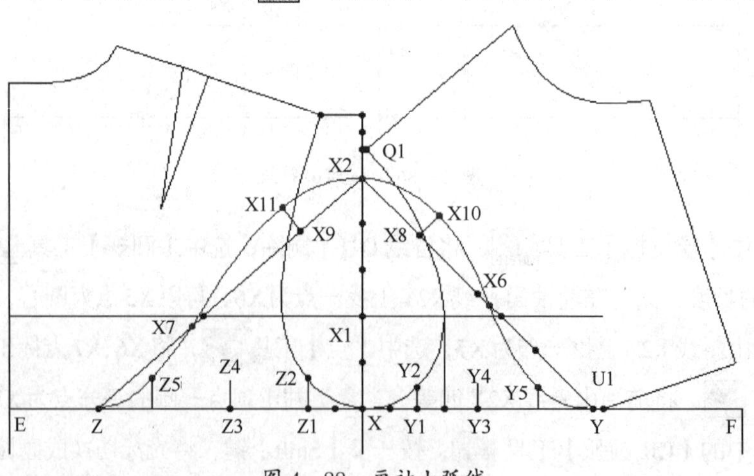

图4—88 画袖山弧线

（9）选中【智能笔】工具 ，过 X2 点向下 53 cm（袖长）画袖中线，端点为 X12；过 Z 点和 X12 点画出后袖缝线 ZZ6 和后袖口线 Z6X12，过 Y 点和 X12 点画出前袖缝线 YY6 和前袖口线 Y6X12；鼠标在袖中线 X2X12 的下端单击，在弹出的【点的位置】对话框中先勾选【参考另一端】选项，再单击【计算器】按钮 ，在弹出的【计算器】对话框的输入框中输入"袖长 /2+2.5"，如图 4—89 所示，单击【OK】按钮，回到【点的位置】对话框，最后单击【确定】按钮，在袖中线上找到 X13 点，再水平向左画线到后袖缝线上，交点为 Z7，然后过 X13 点向右画线段 X13Y7，袖肘线画出，袖子结构线绘制完成。以上操作如图 4—90 所示。

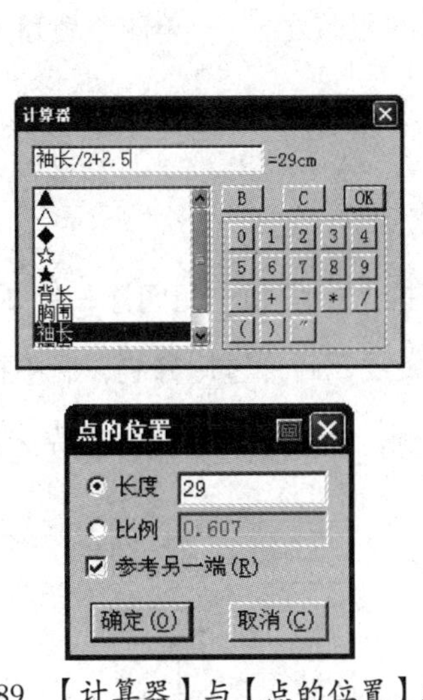

图 4—89　【计算器】与【点的位置】对话框

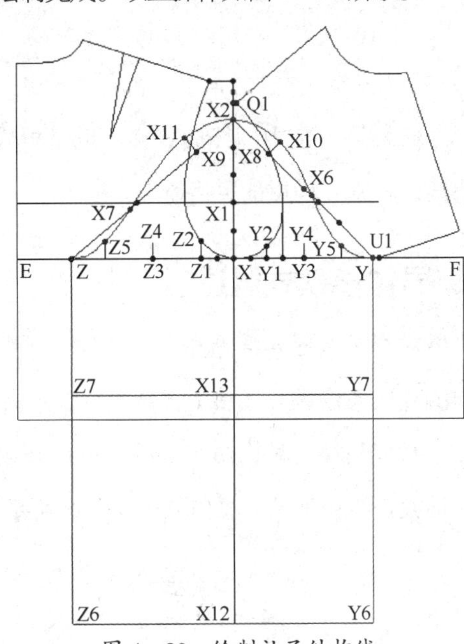

图 4—90　绘制袖子结构线

（10）选中【剪刀】工具 ，将 Z、Z5、X7、X11、X2、X10、X6、Y5、Y、Y6、Z6 各点顺时针连接，生成袖子样板，再添加袖中线 X2X12、袖肥线 ZY 和袖肘线 Z7Y7 为袖子的辅助内线；将【显示结构线】工具 按起，隐藏结构线，袖子结构制图完成。

至此，女装原型上衣结构制图的全过程结束，最终生成的样板如图 4—91 所示。

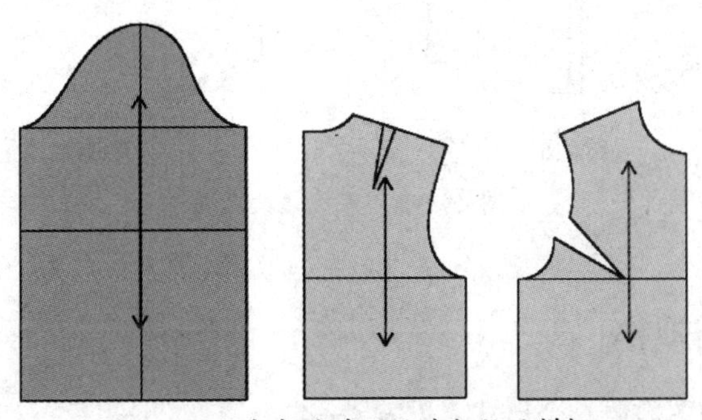

图 4—91　生成的前、后片与袖子样板

鼠标单击【保存】按钮，在弹出的【文档另存为】对话框中选择文件保存的目标文件夹，输入文件名，单击【保存】按钮即可。

第四节　男衬衫结构制图

男衬衫是男装中的经典式样，也是男性必不可少的服装之一,一年四季皆可穿用，具有简洁、朴素、稳重的风格特点。

一、男衬衫款式概述

男衬衫呈宽松直筒造型，略收腰，平装袖，曲下摆，中尖领，明门襟，钉7粒纽扣，左前胸双嵌条口袋，袋口上方装扣袢，下方缉装饰口袋线，后片过肩分割，后中捏对裥一个，一片式长袖，袖山做装饰袢，袖口开衩，捏两个裥，装方头袖克夫，袖克夫钉纽扣2粒，袖衩钉纽扣1粒，具体如图4—92所示。

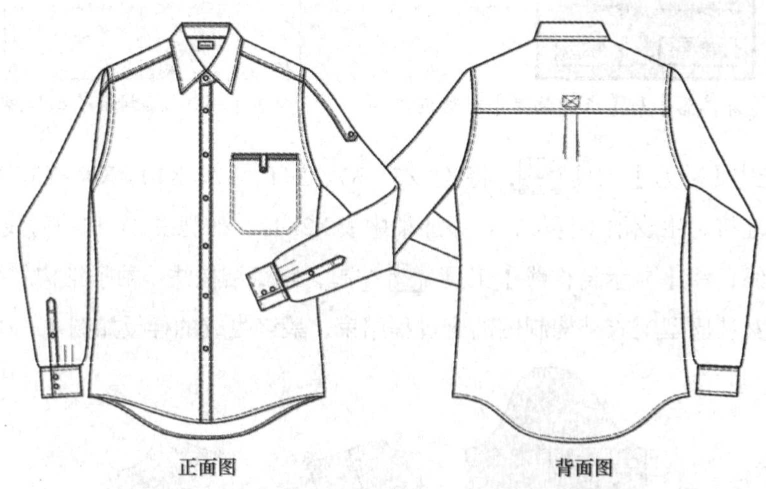

图4—92　男衬衫款式图

二、男衬衫制图规格

男衬衫的结构制图需要6个尺寸，见表4—4。

表 4—4　男衬衫制图规格　　单位：cm

号型＼部位	衣长	领围	胸围	肩宽	背长	袖长
165/84A（S）	73	38	104	46.8	43	57
170/88A（M）	75	39	108	48	44	58.5
175/92A（L）	77	40	112	49.2	45	60

三、男衬衫基本纸样结构

男衬衫基本纸样结构如图 4—93、图 4—94 所示。

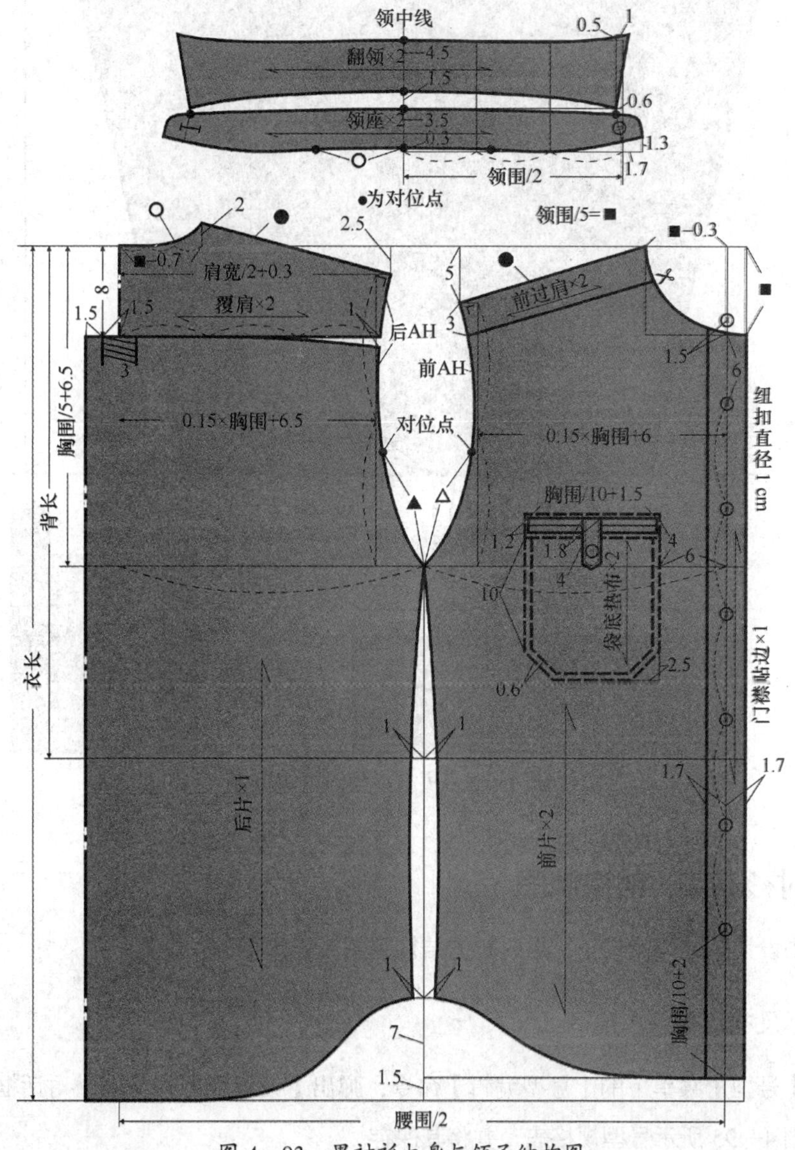

图 4—93　男衬衫大身与领子结构图

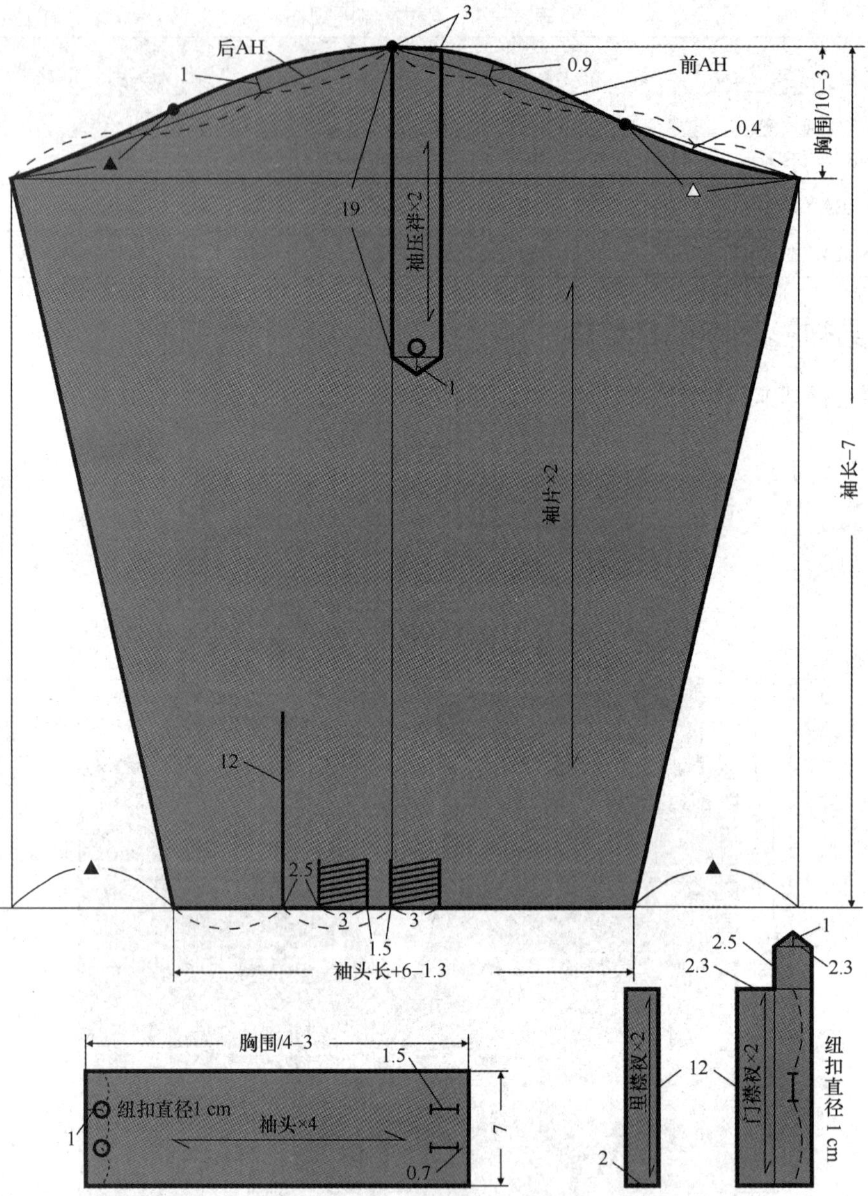

图 4—94　男衬衫袖片结构图

四、男衬衫 CAD 结构制图

在自由设计与放码模式下，男衬衫的结构制图流程如下：

1. 号型、尺寸设定

选择【号型】菜单下的【号型编辑】命令，弹出【设置号型规格表】对话框，在对话框中建立图 4—95 所示号型规格表，并将其保存。

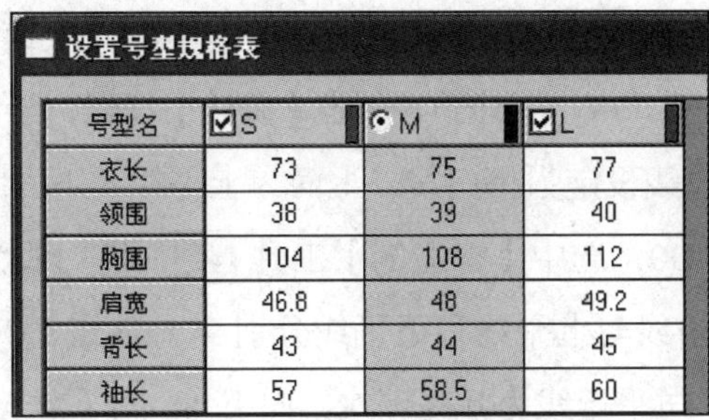

设置号型规格表

号型名	☑S	⊙M	☑L
衣长	73	75	77
领围	38	39	40
胸围	104	108	112
肩宽	46.8	48	49.2
背长	43	44	45
袖长	57	58.5	60

图 4—95　男衬衫号型规格表

提个醒

想要观看男衬衫 CAD 结构制图完整视频，请扫描二维码。

2. 绘制基础结构线

男衬衫基础结构线如图 4—96 所示。

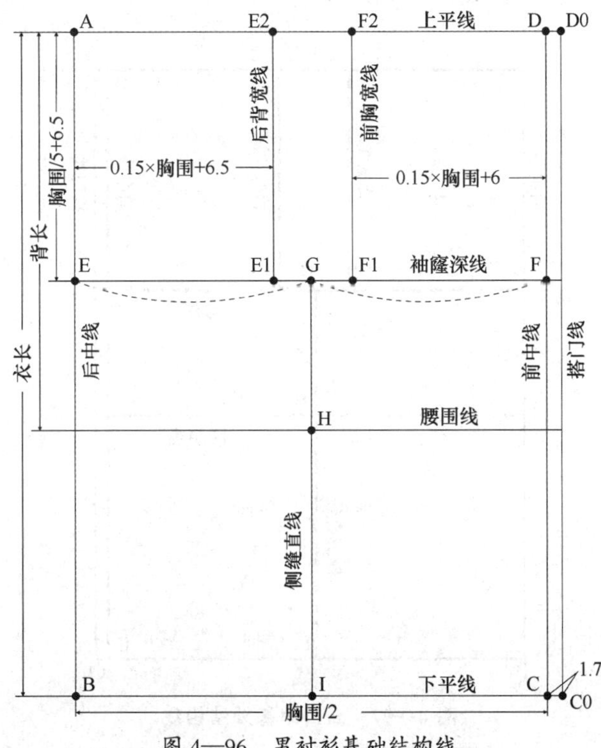

图 4—96　男衬衫基础结构线

（1）选中【矩形】工具，在【水平输入框】中输入数值“55.7”（B/2+1.7），在【垂直输入框】中输入数值“75”（衣长），单击【确认】按钮，绘制一个矩形，矩形的左边线设定为后中线，右边线设定为搭门线，上面为上平线，下面为下平线，矩形的四个角点设定为 A、B、C0、D0；选中【智能笔】工具，搭门线为基准线，向左 1.7 cm 做平行线为前中线，前中线与上平线和下平线分别交于 D 点、C 点；上平线为基准线，向下 28.1 cm（B/5+6.5）做平行线为袖窿深线，向下 44 cm（背长）做平行线为腰围线，袖窿深线与后中线和前中线分别交于 E 点、F 点。

（2）选中【等分规】工具，将 E、F 两点之间二等分，等分中点为 G。

（3）选中【智能笔】工具，过袖窿深线 EF 的中点 G 做下平线的垂线，垂线与腰围线和下平线分别交于 H 点和 I 点，侧缝直线画出；鼠标在袖窿深线 EF 的靠近 E 点一端左键单击，在弹出的【点的位置】的【长度】输入框中输入“22.7”（0.15×B+6.5），按【Enter】键，在袖窿深线 EF 的左端定第一点为 E1，鼠标移到上平线再单击，定第二点为 E2，后背宽线画出。

（4）同样的方法，袖窿深线的右端点为起点，【点的位置】的【长度】输入框中输入“23.9”（0.15×B+7.7），从袖窿深线画垂直线到上平线，定出前胸宽线，前胸宽线的上下端点为 F2、F1。

基础结构线绘制完成，如图 4—97 所示。

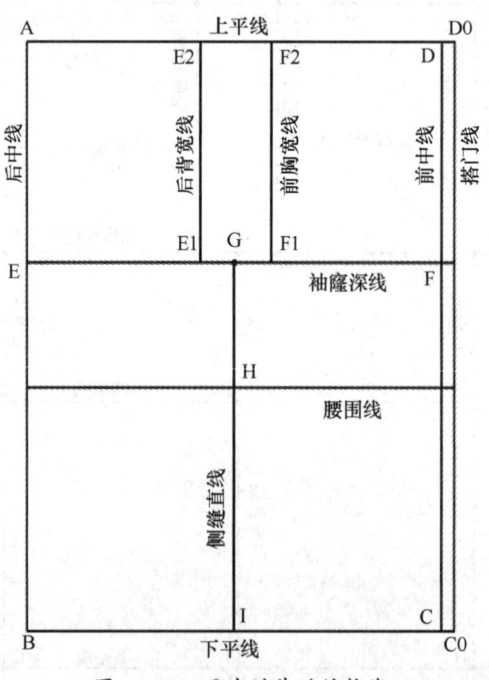

图 4—97 画出的基础结构线

3. 后片结构制图

（1）选中【智能笔】工具，A 点为起点，向右 7.1 cm（N/5-0.7）、向上 2 cm 画出后领宽线，线段的上端点为 A1；向右 24.3 cm（肩宽 /2+0.3）、向下 2.5 cm 画出后落肩线，线段的下端点为 J；过后肩点 J 做后背宽线的垂线，垂点为 J1。

（2）选中【等分规】工具，后领宽三等分，第一个等分点为 A2 点；再将 J1 点、E1 点两点之间二等分，等分中点为 E3；按一下【Shift】键，光标符号由（等分规）变成（线上反向等距），鼠标移到 H 点上单击，松开移到腰围线 EF 上再单击，弹出【线上反向等分点】对话框，输入单向长度值“1”，如图 4—98 所示，单击【确定】按钮，H 点为对称基础点，侧缝直线为对称线，距离 1 cm，在腰围线上找两点 H1、H2。

（3）选中【智能笔】工具，I 点向上 1.5 cm 找一点为 I1 画水平线到搭门线，水平线与前中线和搭门线分别交于 C1、C2；选中【点】工具，鼠标移到 I 点上，按一下【Enter】键，弹出【偏移】对话框，输入水平偏移值“-1”、垂直偏移值“8.5”，如图 4—99 所示，单击【确定】按钮，侧缝直线下端向上 8.5 cm、向左 1 cm，找一点为 I2。

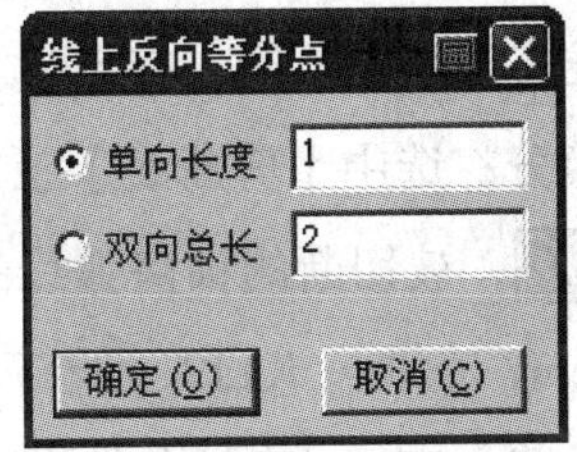

图 4—98　【线上反向等分点】对话框

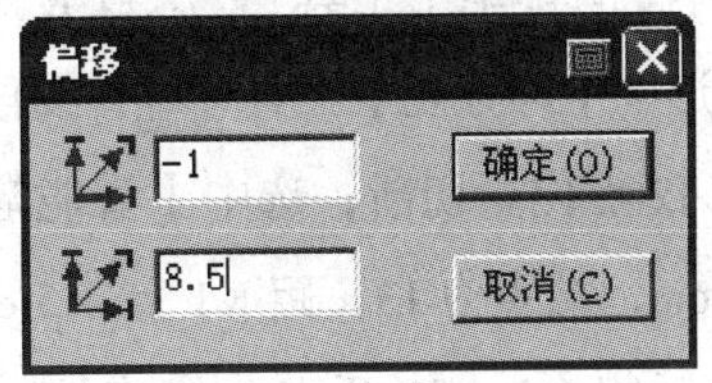

图 4—99　【偏移】对话框

（4）选中【智能笔】工具，距离 A 点向下 8 cm，向左画长度为 3 cm 的水平线段 KK1，鼠标移到 K1 点上，按下右键拖动，松开鼠标移到 B 点左键单击，画出水平垂直线 K1B1B；J 点、A1 点直线连接，后肩斜线画出；A1 点、A2 点曲线连接，后领窝曲线部分画出；B1 点、I2 点曲线连接，底摆线画出；I2 点、H1 点、G 点曲线连接，侧缝线画出；G 点、E3 点的右上方、J 点曲线连接，袖窿弧线画出；选中【调整】工具，将画出的曲线调圆顺。

以上步骤如图 4—100 所示。

（5）选中【设计工具栏】中的【对称调整】工具，鼠标单击线段 K1B1，将其选为对称轴，再单击曲线 B1I2，将其选为被修改的线，右键单击，再左键单击曲线 B1I2，该线被选中变成红色，并出现修改点，如图 4—101 所示，移动修改点将曲线调整到位，右键单击，曲线对称修改完成。

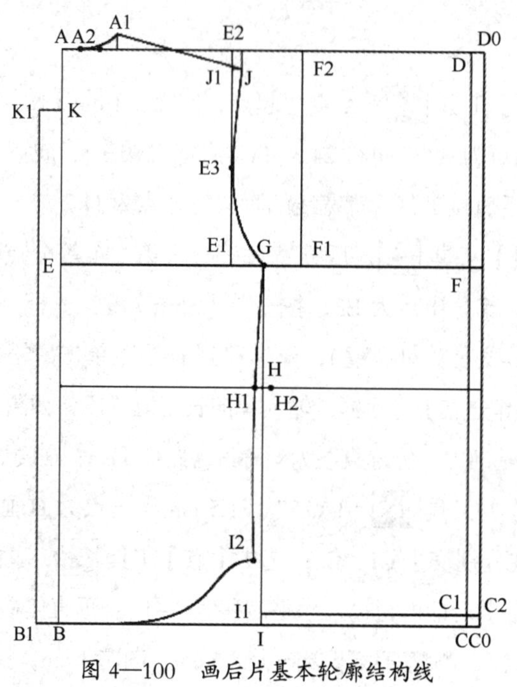

图 4—100　画后片基本轮廓结构线

（6）选中【智能笔】工具，过 K 点画水平线交于袖窿弧线，交点为 J2，后片覆肩线画出；选中【等分规】工具，线段 KJ2 三等分；选中【剪断线】工具，将袖窿弧线在 J2 点位置切断；选中【智能笔】工具，被切断的袖窿弧线的下半段在上端缩短 1 cm，端点为 J3；距 K1 点 1.5 cm 和 4.5 cm，在线段 K1J2 上向下画 3 cm 的垂线段，最后将 K2、J3 两点曲线连接，并用【调整】工具将曲线调圆顺。以上操作如图 4—102 所示。

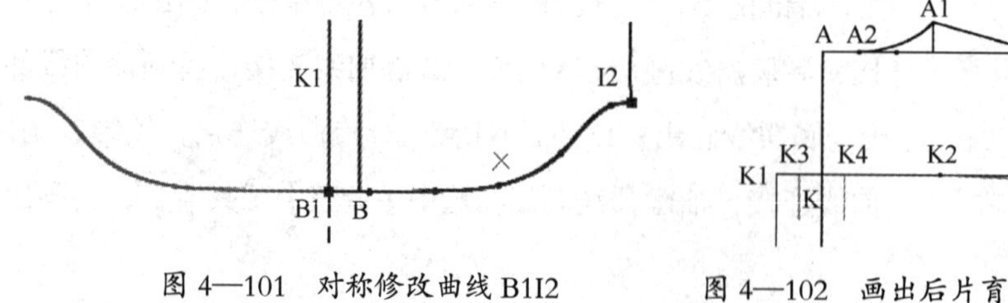

图 4—101　对称修改曲线 B1I2

图 4—102　画出后片育克分割线与裥位线

（7）选中【剪刀】工具，生成后育克和后片样板，如图 4—103 所示；选中【布纹线】工具，将后育克样板的布纹线调成水平方向。

（8）选中【纸样工具栏】中的【纸样对称】工具，鼠标单击后片的后中线，将样板关联对称展开，如图 4—104 所示。

（9）选中【纸样工具栏】中的【褶】工具，鼠标单击后片的第一条裥位线 K3K5，右键单击，弹出【褶】对话框，该对话框和【斜线属性】对话框设置如图 4—105 所示，单击【确定】按钮，再右键单击，画出后片的裥位线，后片结构制图完成。

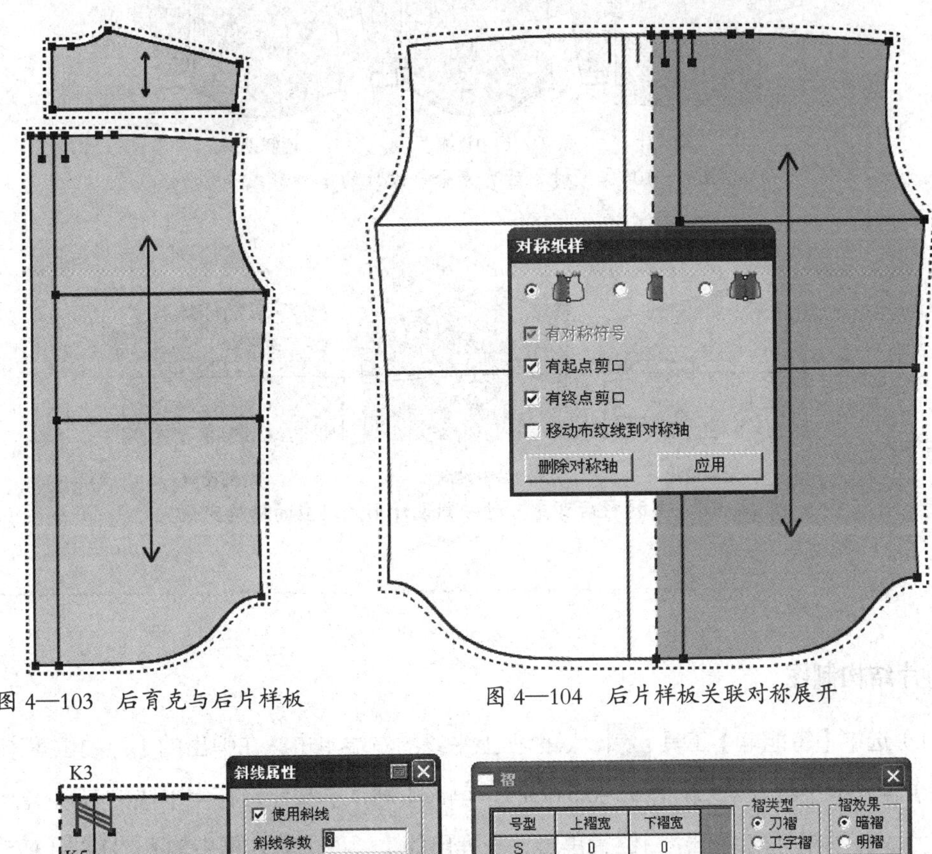

图 4—103　后育克与后片样板　　　图 4—104　后片样板关联对称展开

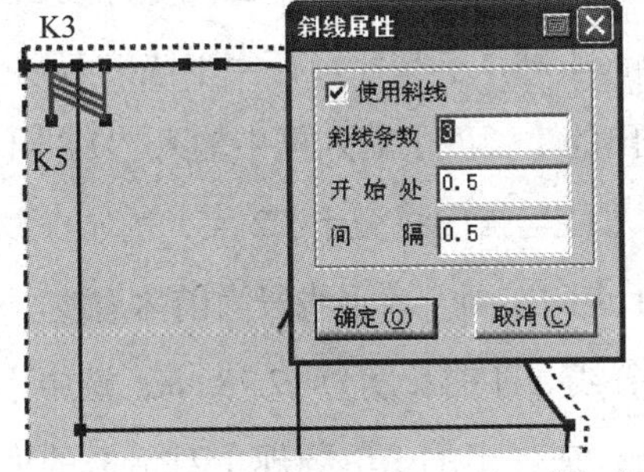

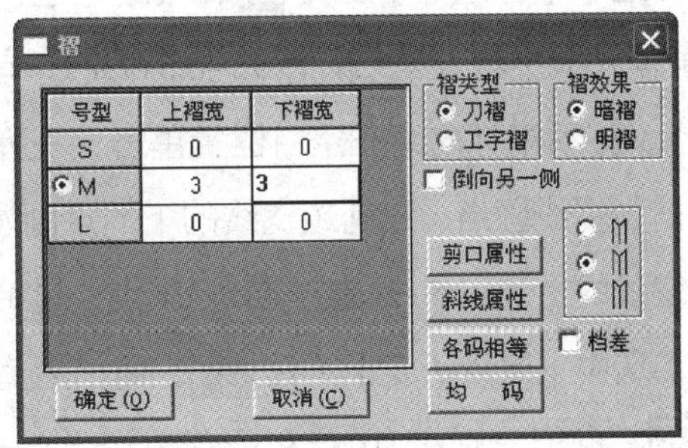

图 4—105　设置【褶】对话框和【斜线属性】对话框

小贴士

男衬衫后育克的分割设计主要有三种形式，如图 4—106 所示，其对应的结构变化如图 4—107 所示。

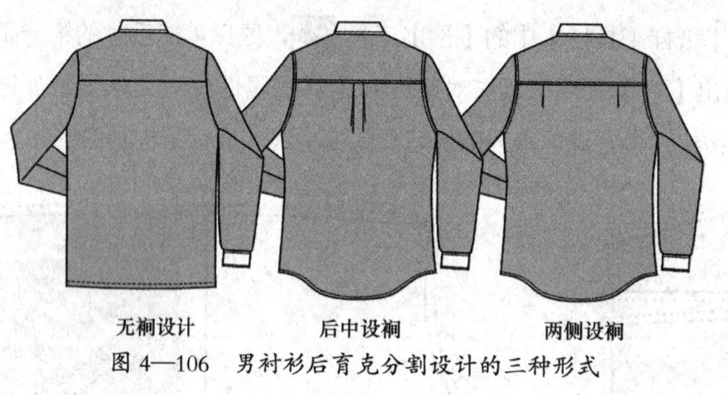

图 4—106　男衬衫后育克分割设计的三种形式

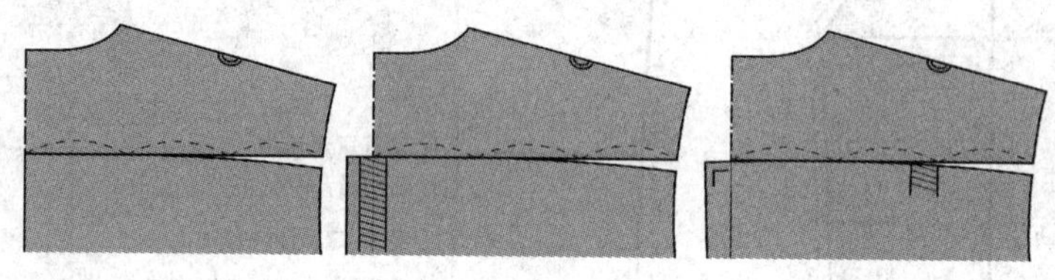

图 4—107　男衬衫后育克三种分割设计形式对应的结构变化

4. 前片结构制图

（1）选中【智能笔】工具，鼠标在上平线的右端单击，在弹出的【点的位置】的【长度】输入框中输入“9.2”（N/5–0.3+1.7），单击【确认】按钮，在上平线的右端找一点为 D1 点，移动鼠标向下在空白位置单击，在弹出的【长度】输入框中输入“7.8”（N/5），回车，前领宽线画出；过前领宽线的下端点画水平线与搭门线交于 D2 点，前领深线画出；距前胸宽线的上端点 5 cm 定一点为 L1 点，过 L1 点向左画一水平线段为前落肩线。

（2）选中【比较长度】工具，测出后肩斜线 A1J 的长度为 17.78 cm；选中【圆规】工具，鼠标分别在 D1 点和前落肩线上单击，在弹出的【单圆规】对话框的【长度】输入框中输入线的长度值 17.78（后肩斜线长），单击【确定】按钮，前肩斜线画出，斜线的左端点为前肩点 L。

（3）选中【对称】工具，侧缝直线 GI 为对称线，将后片的侧缝线 GH1I2 复制对称到另一侧为前片的侧缝线 GH2I3；选中【等分规】工具，L1 点、F1 点两点之间二等分，等分中点为 F3。

（4）选中【智能笔】工具，D1 点、D2 点曲线连接，前领窝弧线画出；C2 点、I3 点曲线连接，底摆线画出；G 点、F3 点的左上方、L 点曲线连接，袖窿弧线画出；选中【调整】工具 ，将画出的曲线调圆顺。L 点、D1 点、D2 点、C2 点、I3 点、H2 点、G 点封闭的区域即为前片样板的基础形。

以上步骤如图 4—108 所示。

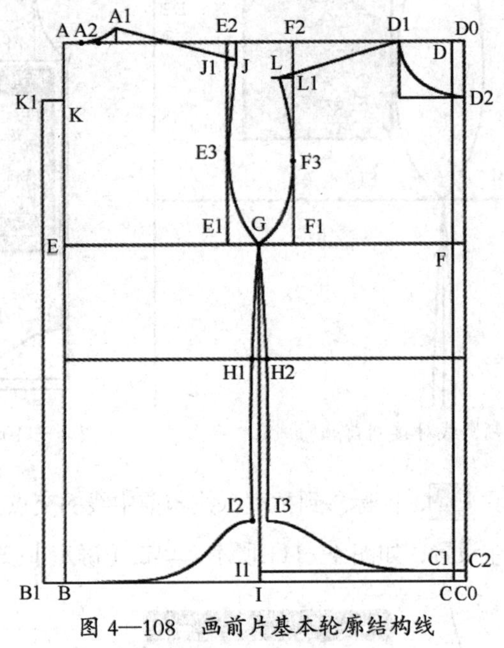

图 4—108　画前片基本轮廓结构线

操作提示

通常情况下，画出领窝线、袖窿弧线和下摆线后，需要再进行对合修改，以确保对合后整体曲线的圆顺流畅。以前、后领窝线的对合圆顺为例，具体过程如下：

选中【设计工具栏】中的【合并调整】工具 ，鼠标依次单击前领窝线 D1D2 和后领窝线 A1A2，右键单击，再依次单击前肩斜线 D1L1 和后肩斜线 A1J，右键单击，弹出【合并调整】对话框，后领窝线自动对接到前领窝线上，如图 4—109 所示，鼠标移到对合过来的后领窝线的控制点上单击移动，将曲线调整圆顺，右键单击，完成前后领窝线的对合圆顺修改。

（5）选中【智能笔】工具 ，向下 3 cm 画前肩斜线 LD1 的相交平行线 L2D3，向左 3.4 cm 画搭门线 D2C2 的相交平行线 D4C3，如图 4—110 所示。

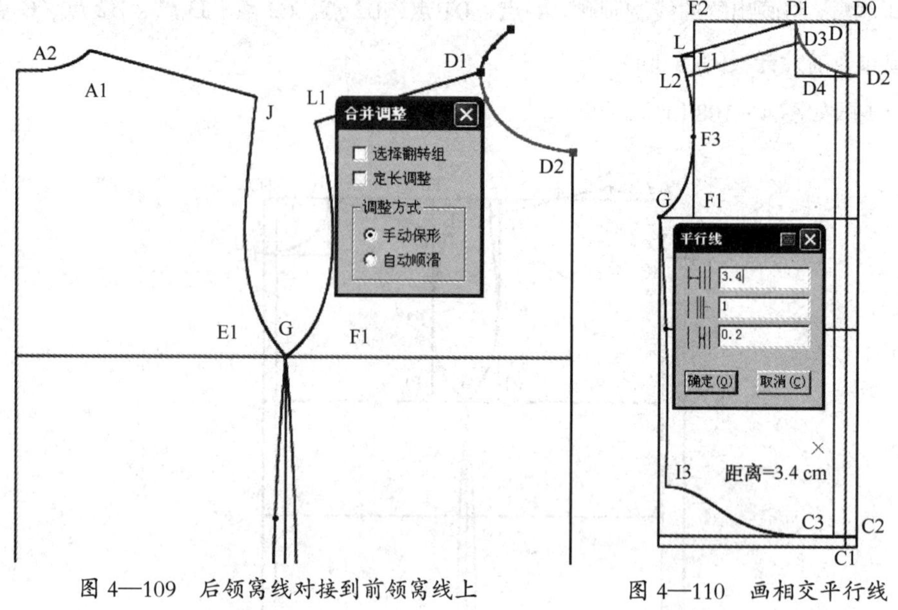

图 4—109　后领窝线对接到前领窝线上　　　　图 4—110　画相交平行线

（6）选中【点】工具，鼠标移到袖窿深线与前中线的交点上，按【Enter】键，在弹出的【偏移】对话框中设置，如图 4—111 所示，单击【确定】按钮，定出 M 点。

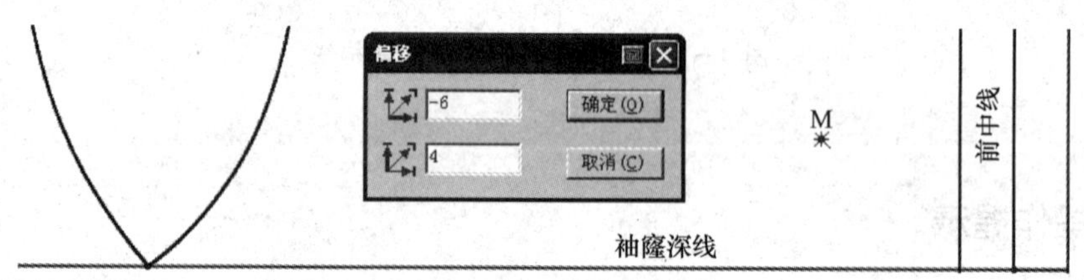

图 4—111　定出 M 点

（7）选中【矩形】工具，过 M 点向左下方画一个长 12.3 cm（胸围 /10+1.5）、宽 1.2 cm 的矩形；在空白位置再画一个长 12.5 cm、宽 1.4 cm 的矩形。

（8）选中【智能笔】工具，分别画出两个矩形的水平、垂直中线；选中【移动】工具，鼠标框选空白位置画出的矩形和内部线，右键单击，按一下【Shift】键，取消复制功能，鼠标移到矩形的中点上单击，松开鼠标移动选中的矩形到之前画出的矩形的中心单击，将矩形的中心对齐之前画出的矩形中心，如图 4—112 所示。

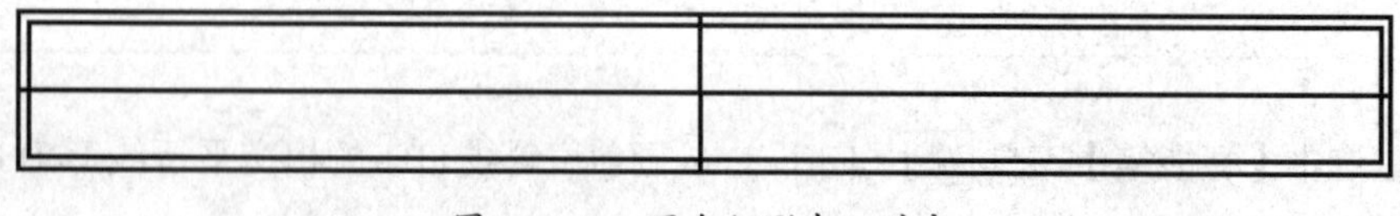

图 4—112　两个矩形中心对齐

（9）选中【智能笔】工具，参照图 4—93，画出外装饰袋线和袋口袢；选中【点】

工具，袋口袢尖点向上 1 cm 定一点；选中【设计工具栏】中的【CR 圆弧】工具，鼠标单击刚画出的点，松开鼠标移动到空白位置再单击，弹出【半径】对话框，输入半径值“0.5”，单击【确定】按钮，画一个圆，定出袋口袢纽扣位置，如图 4—113 所示。

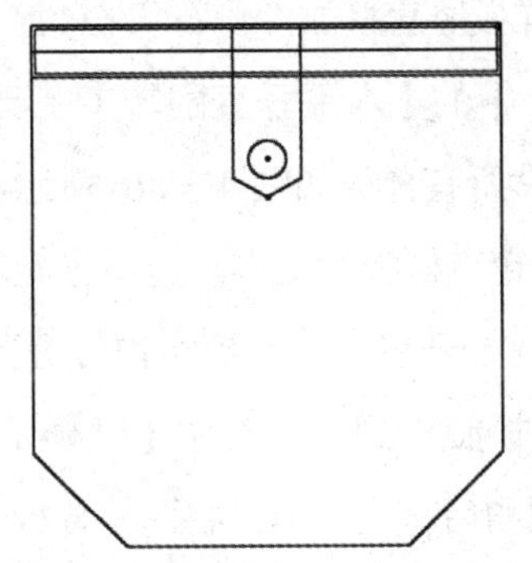

图 4—113　画出外装饰袋线、袋口袢和纽扣位

（10）选中【点】工具，定出线段 M1M7 的中点 M8；选中【设计工具栏】中的【剪断线】工具，鼠标单击选中线段 M1M7，松开鼠标移动到 M8 点单击，将线段 M1M7 在中点 M8 切断；鼠标依次单击线段 M1M2、M2M3、M3M4、M4M5、M5M6、M6M7，右键单击，将 6 条线段接成一条整线段。

（11）选中【智能笔】工具，按住【Shift】键，鼠标移到线段 M1M7 上按住左键拖动到空白位置松开，再依次单击线段 M1M8 和 M8M7，移动鼠标到袋口线内侧空白位置单击，弹出【平行线】对话框，输入平行距离值“0.6”，如图 4—114 所示，单击【确定】按钮，画出内装饰袋线。

（12）选中【设定线的颜色类型】工具，然后在【快捷工具栏】的【线类型】选择框中选择短虚线，鼠标单击相关线段，将其设定为短虚线，如图 4—115 所示。

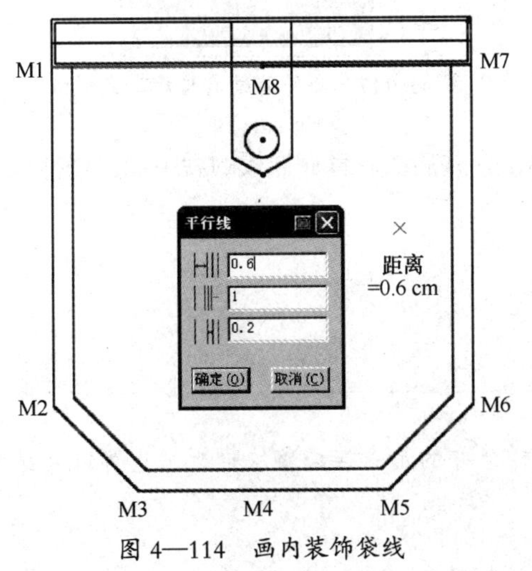

图 4—114　画内装饰袋线

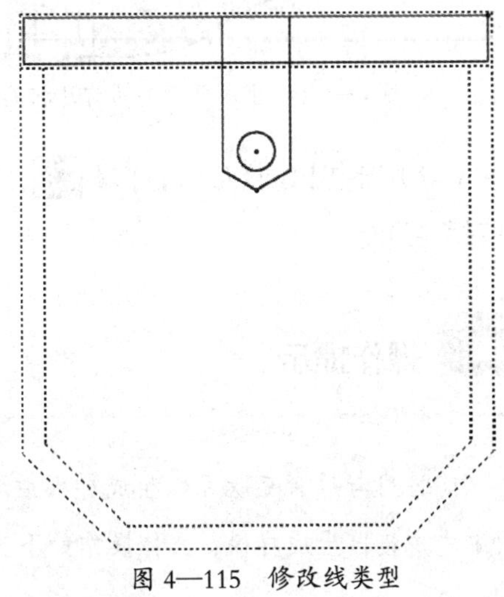

图 4—115　修改线类型

（13）选中【剪刀】工具，生成前过肩、前片、前门牌、口袋布、袋口嵌条和袋口袢样板。

（14）选中【布纹线】工具，将袋口嵌条样板的布纹线调成水平方向；选中【旋转衣片】工具，将袋口嵌条样板竖直摆放。

（15）选中【纸样工具栏】中的【水平垂直翻转】工具，鼠标在前门牌样板上单击，将其水平翻转。得到的前片所有样板如图4—116所示。

（16）将前过肩样板移到后育克样板的上方。选中【旋转衣片】工具，按住【Ctrl】键，鼠标在前过肩样板上单击，松开鼠标移动到空白位置再单击，松开鼠标旋转样板到合适位置再次单击，将前过肩样板旋转到位；选中【纸样工具栏】中的【合并纸样】工具，鼠标依次单击前过肩样板和后育克样板，将两块样板合并成一块整样板。

以上操作如图4—117所示。

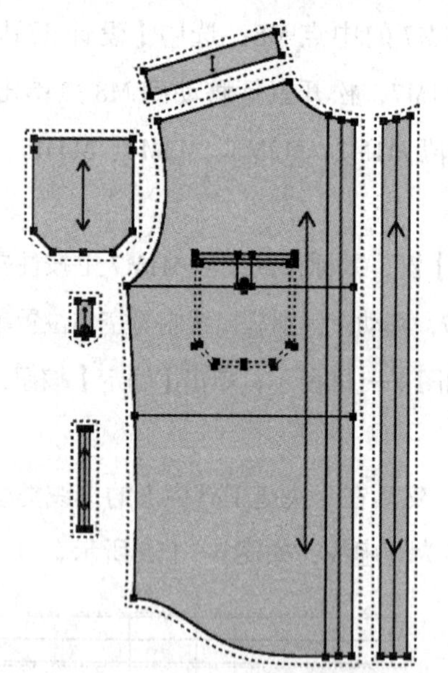

图4—116　生成并调整的前片相关样板

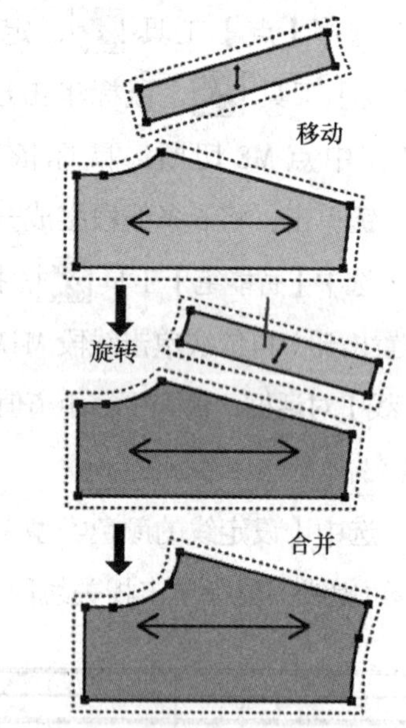

图4—117　合并前过肩与后育克样板

（17）选中【纸样对称】工具，鼠标单击合并后的后育克样板的后中线，将样板关联对称展开。

 操作提示

前过肩与后育克既可以生成样板后通过纸样合并的形式接成整块样板，也可以在结构图中先拼接再生成样板，具体操作如下：

（1）选中【剪断线】工具，将前领窝线和前袖窿弧线分别在 D3 和 L2 点切断。

（2）选中【设计工具栏】中的【对接】工具，鼠标先单击前肩斜线 LD1 靠近 D1 点一端，再单击后肩斜线 A1J 靠近 A1 点一端，然后左键单击或框选需要对接的线 D1D3、D3L2 和 L2L，右键单击完成操作，如图 4—118 所示。

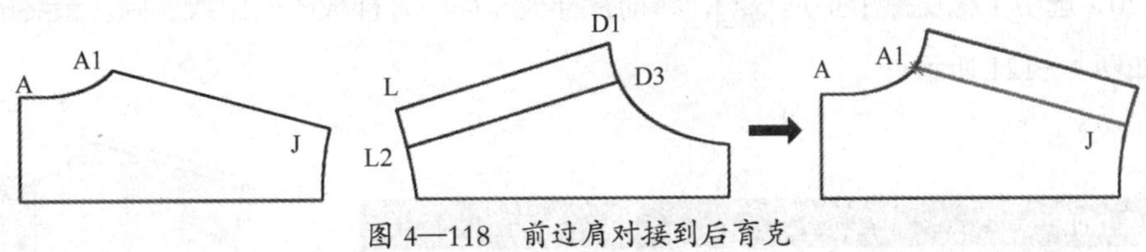

图 4—118　前过肩对接到后育克

（3）之后选中【剪刀】工具，生成样板，并用【纸样对称】工具将样板关联对称展开。

（18）选中【纸样工具栏】中的【钻孔】工具，鼠标单击前片样板的前中线的上端，弹出【线上钻孔】对话框，单击【钻孔属性】按钮，弹出【属性】对话框，选择“钻孔”操作方式，设定半径值为“0.5”，单击【确定】按钮，回到【线上钻孔】对话框，参照图 4—93，再设置钻孔个数和距首、尾点的距离，其中，“12.8”为“胸围 /10+2”的值，最后单击【确定】按钮，画出前片的纽扣位，具体如图 4—119 所示。

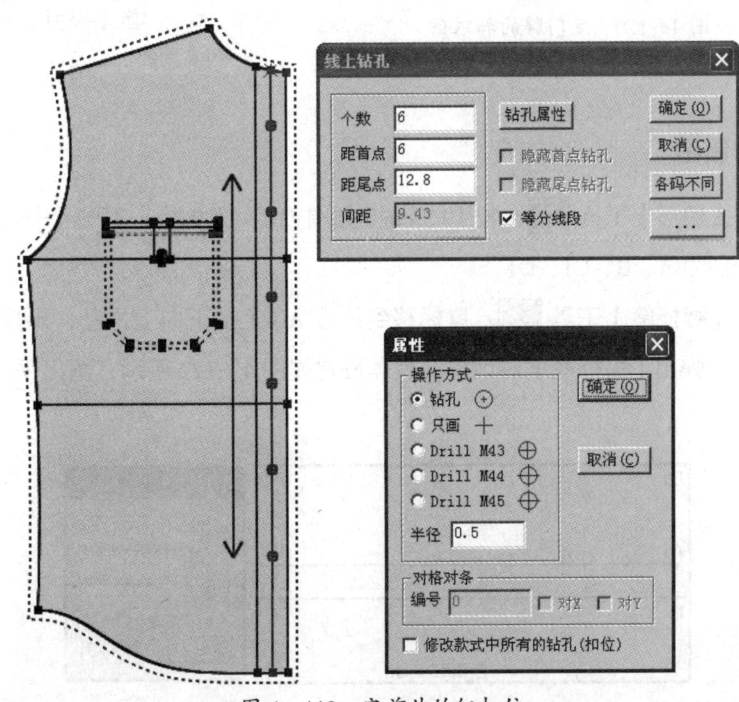

图 4—119　定前片的纽扣位

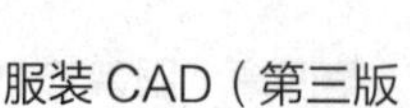

（19）选中【纸样工具栏】中的【眼位】工具，鼠标单击前门牌样板的前中线上端，弹出【线上扣眼】对话框，选择扣眼类型，设置扣眼大小值为“1.5”、扣眼余量大小值为“0.75”、角度为“0”、扣眼个数为6、距首尾点距离分别是“6”和“12.8”，最后单击【确定】按钮，将前门牌样板的扣眼位画出，具体如图4—120所示。

（20）选中【橡皮擦】工具，将前片样板和前门牌样板的前中线删除。最终的两块样板如图4—121所示。

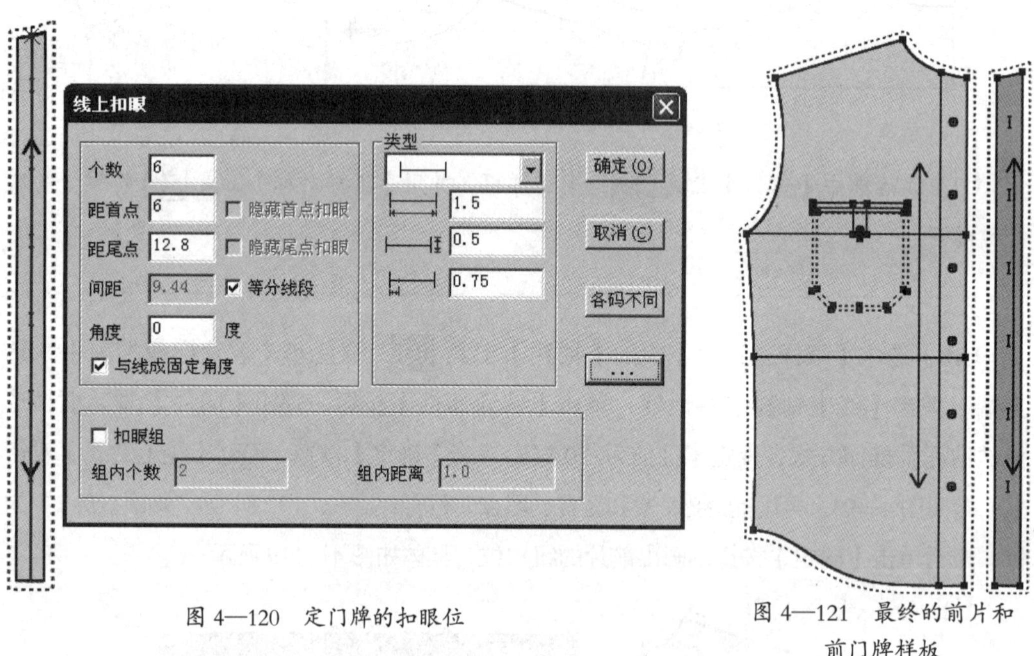

图4—120 定门牌的扣眼位

图4—121 最终的前片和前门牌样板

5. 领子结构制图

（1）选中【矩形】工具，长19.5 cm（领围/2）、宽9.8 cm画一个长方形，长方形的四个角点分别为A、B、C1、D1。

（2）选中【智能笔】工具，鼠标移到线段AB上按下向上拖动，出现平行线后在空白位置单击，弹出【平行线】对话框，具体设置如图4—122所示，画出平行线段CD和A1B1。

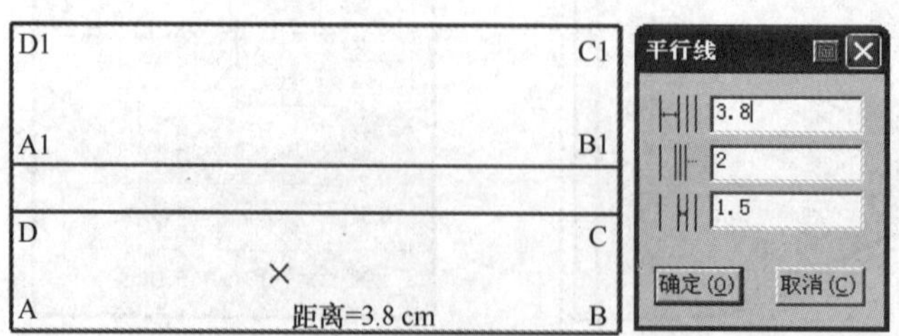

图4—122 设置平行距离、画平行线

（3）鼠标在【快捷工具栏】的【等分数】输入框中选中数字，输入数字“3”，之后鼠标移到线段AB上，会自动出现绿色的三等分点，分别过等分点E、F向上画垂线交于线段C1D1，垂线与A1B1的交点为E1、F1，如图4—123所示。

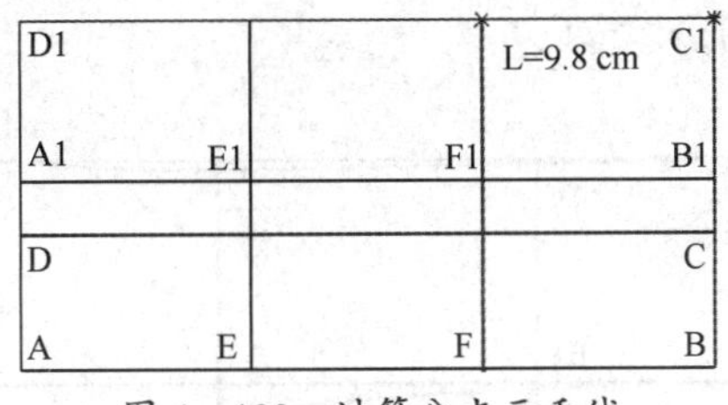

图4—123　过等分点画垂线

（4）选中【点】工具，鼠标移到B点上，按【Enter】键，弹出【偏移】对话框，输入偏移值，如图4—124所示，单击【确定】按钮，定出点G；鼠标在线段AD1的下端单击，弹出【点的位置】对话框，输入距端点A的距离长度值“0.3”，如图4—125所示，单击【确定】按钮，在线段AD1上定出H点。

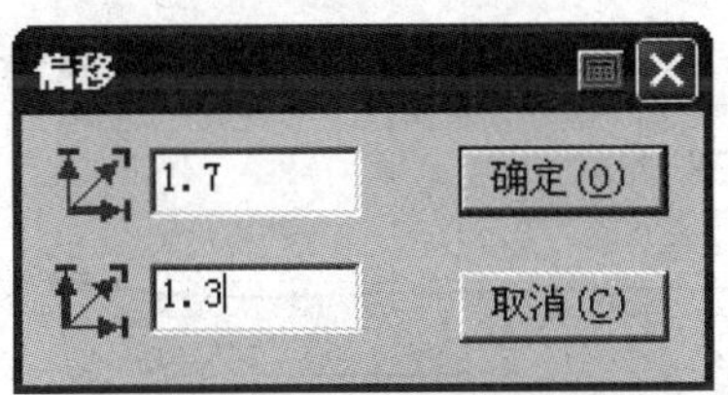

图4—124　输入偏移值

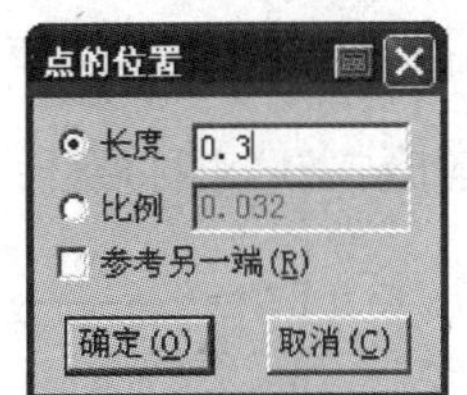

图4—125　输入距离长度

（5）选中【智能笔】工具，将其切换到【曲线】状态，将F、G两点直线连接；鼠标移到B点上按下右键向G点方向拖动，出现水平垂直线，到G点后左键单击，画出过B点和G点的水平垂直线；之后将G点、D点曲线连接，再将H点、F点和G点曲线连接；选中【对称调整】工具，线段AD为对称轴，将曲线DG和HFG调圆顺，领座结构图绘制完成。以上操作如图4—126所示。

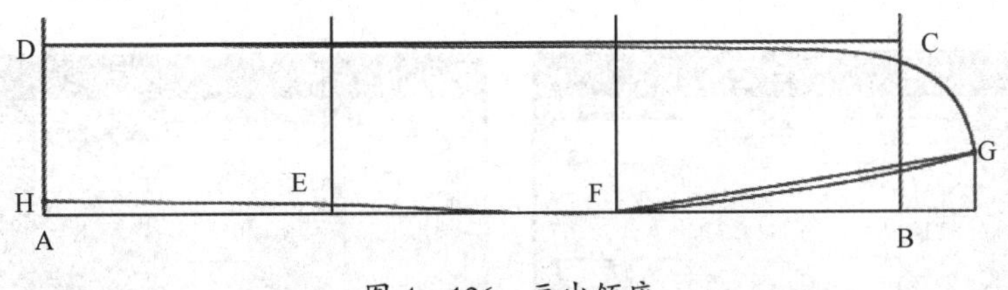

图4—126　画出领座

（6）选中【智能笔】工具，鼠标在线段CD的右端单击，弹出【点的位置】对话框，输入距端点C的距离长度值“0.6”，单击【确定】按钮，找到J点，右键单击，将光标切换到【丁字尺】状态，过J点画垂直线到线段C1D1，交点为C2；选中【点】工具，距 C2 点水平偏移“1 cm”、垂直偏移“0.5 cm”定出 K 点；选中【智能笔】工具，K 点、J 点直线连接，K 点、D1 点曲线连接，再将 A1 点、J 点曲线连接；选中【对称调整】工具，线段 A1D1 为对称轴，将曲线 KD1 和 A1J 调圆顺，翻领结构图绘制完成。以上操作如图 4—127 所示。

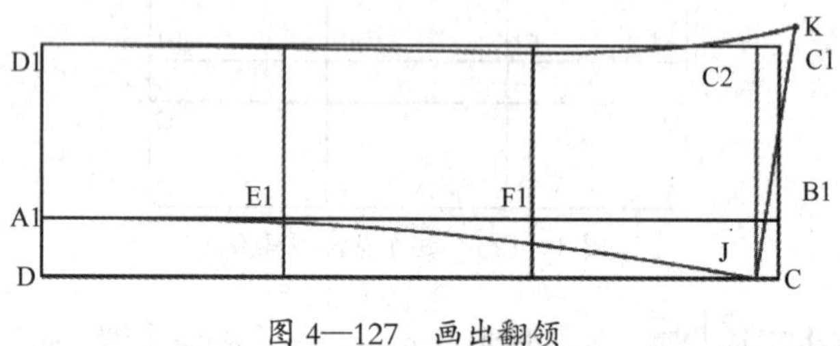

图 4—127 画出翻领

（7）按【F7】键，隐藏缝份线。选中【选项】菜单下的【系统设置】命令，弹出【系统设置】对话框，在对话框中选中【布纹设置】选项卡，选择布纹线的缺省方向为“双向_水平”，单击【确定】按钮，关闭【系统设置】对话框。

（8）选中【剪刀】工具，生成翻领和领座的纸样；选中【纸样对称】工具，将翻领和领座纸样关联对称展开，如图 4—128 所示。

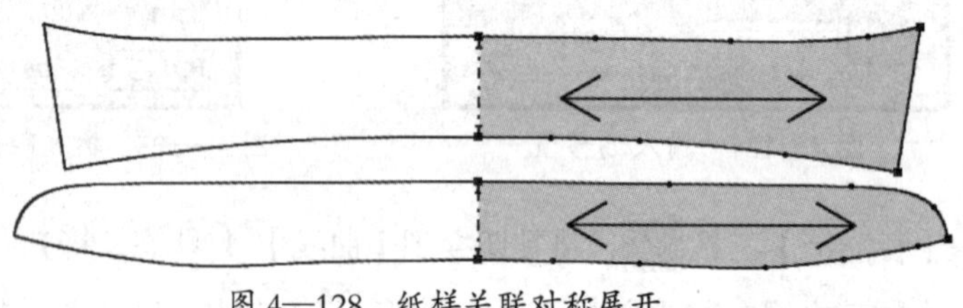

图 4—128 纸样关联对称展开

（9）选中【纸样工具栏】中的【缝迹线】工具，鼠标在领座纸样的 HFG 线上单击，右键单击，弹出【缝迹线】对话框，对话框设置如图 4—129 所示，画出领座下口双明线。同样的方法，【缝迹线】对话框设置如图 4—130 所示，画出领座上口单明线。

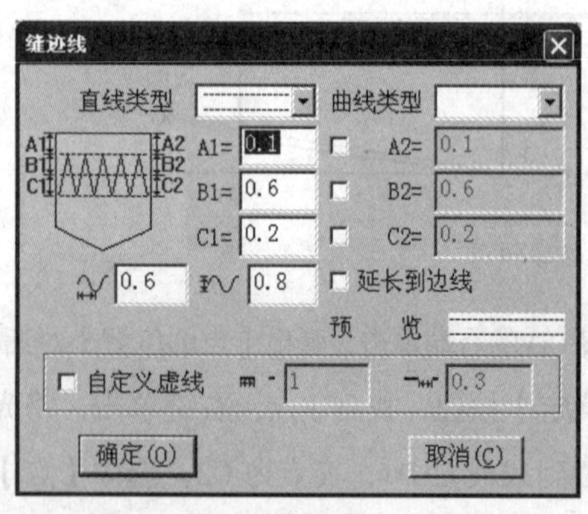

图 4—129 设置领座下口双明线

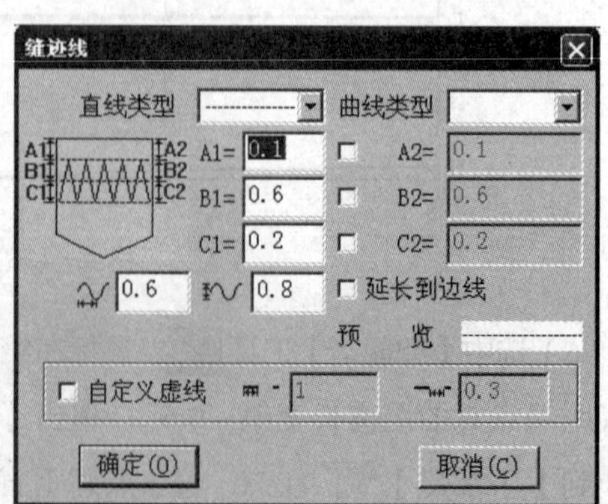

图 4—130 设置领座上口单明线

按照与领座上口线相同的设置，A1 值为“0.5”，画出翻领上口和领嘴的单明线。最终效果如图 4—131 所示。

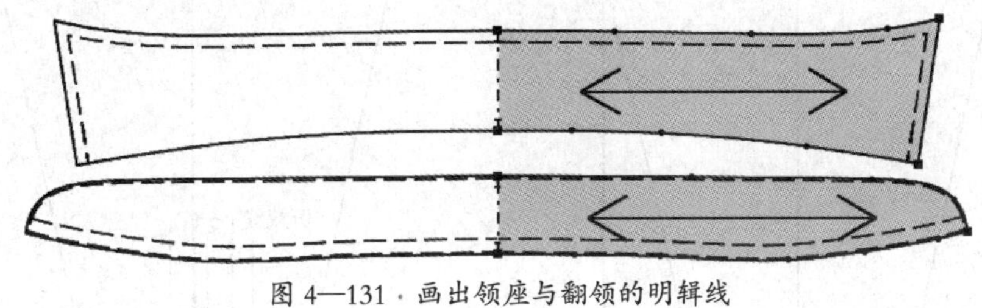

图 4—131　画出领座与翻领的明辑线

6. 袖子结构制图

（1）选中【智能笔】工具，在屏幕合适位置单击确定一点为袖山顶点，向下 51.5 cm（袖长 -7）画垂直线，定出袖中线；距袖山顶点 7.8 cm（胸围 /10-3），水平画出前、后袖肥基础线。

（2）选中【比较长度】工具，测出后袖窿弧线 JJ2、J3G 的长度分别为 5.53 cm 和 20.09 cm，前袖窿弧线 LG 的长度为 24.75 cm，三段长度分别用符号“☆”“★”“▲”表示。

（3）选中【圆规】工具，鼠标分别在袖山顶点和前袖肥基础线上单击，在弹出的【单圆规】的【长度】输入框中输入线的长度值 24.75（▲），单击【确定】按钮，前袖山斜线画出；同样的方法，【长度】输入框中输入线的长度值 25.62（☆ + ★），后袖山斜线画出。

（4）选中【智能笔】工具，鼠标框选后袖肥基础线，再单击后袖山斜线，鼠标移到袖中线一侧右键单击，后袖肥基础线被切齐到后袖山斜线的左端点，后袖肥点定出，同样的方法画出前袖肥点；再过前、后袖肥点和袖口中点画出前、后袖缝基础线和前、后袖口线。

（5）选中【比较长度】工具，测出袖口两点的直线距离为 48.5 cm。

（6）选中【智能笔】工具，鼠标单击后袖肥点，再单击后袖口线的左端，在弹出的【点的位置】对话框中输入“9.9”（[48.5- 袖口长] /2），按【Enter】键，后袖缝线画出；同样的方法画出前袖缝线。袖子基础线完成，如图 4—132 所示。

（7）选中【橡皮擦】工具，将前、后袖缝基础线删除。

（8）选中【智能笔】工具，将袖口两端切齐；过后袖口线的中点，向上 12 cm，画出开衩线；之后以开衩线为基准线，向右 2.5 cm，画出第一条裥位线；再以第一条裥位线为基准线，向右 3 cm，画出第二条裥位线；同样的方法，间隔量“1.5”和“3”，画出第三、第四条裥位线，如图 4—133 所示。

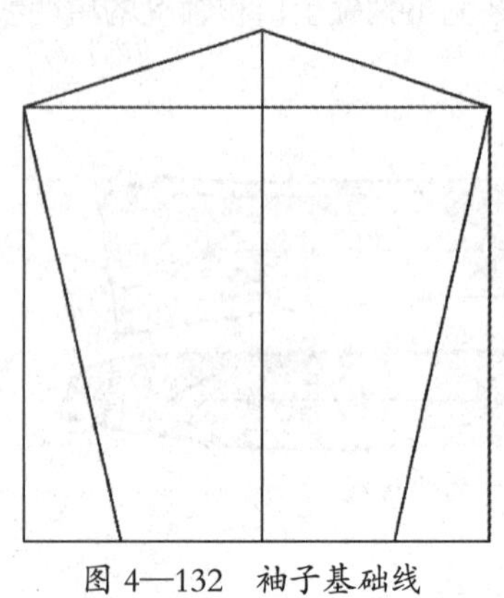

图 4—132 袖子基础线

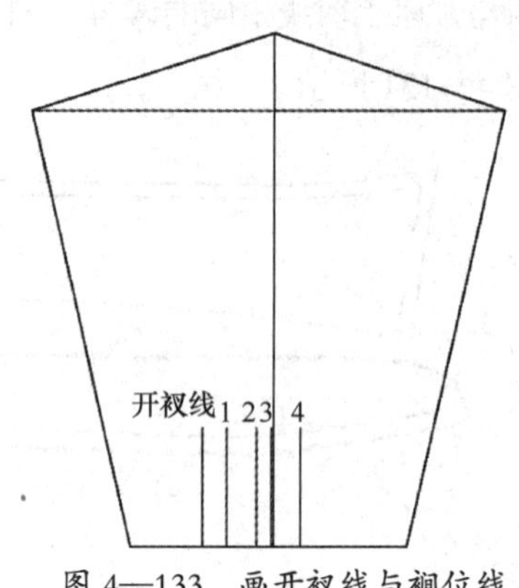

图 4—133 画开衩线与裥位线

（9）选中【智能笔】工具，将裥位线长统一调成 3 cm，如图 4—134 所示。

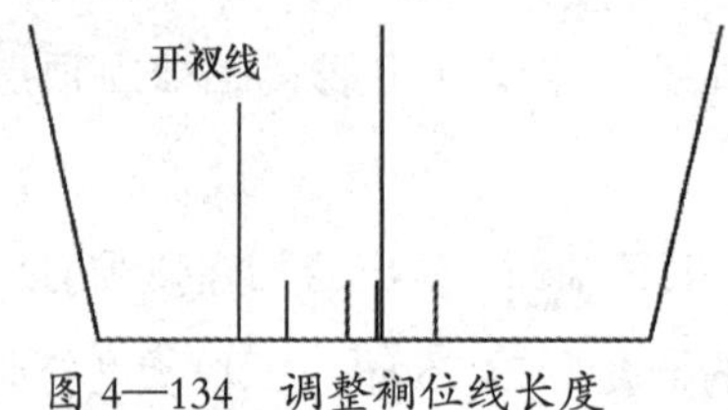

图 4—134 调整裥位线长度

（10）选中【等分规】工具，将前袖山斜线四等分，将后袖山斜线三等分，找到等分点；选中【角度线】工具，按图 4—94 所示位置分别做前、后袖山斜线的垂线段，线段的端点为 A 点、B 点和 C 点。

（11）选中【智能笔】工具，参照图 4—94，依次单击前袖肥点、A 点、前袖山斜线的中点、B 点、袖山顶点、C 点、后袖肥点，画出袖山弧线；选中【调整】工具，对曲线进行修正，最终结果如图 4—135 所示。

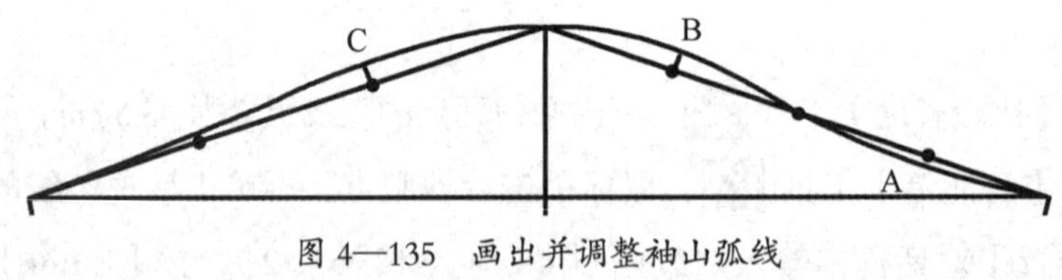

图 4—135 画出并调整袖山弧线

（12）选中【剪刀】工具，生成袖片样板；选中【褶】工具，画出袖口的裥位符号，袖片打板完成。

（13）选中【矩形】工具，长 24 m、宽 7 cm，画出袖头结构图；长 12 m、宽 2 cm，画出里襟袖衩结构图。

（14）用【矩形】工具和【智能笔】工具，参照图 4—94，画出门襟袖衩结构图。

（15）选中【剪刀】工具 ，生成袖头、门襟袖衩和里襟袖衩样板，如图 4—136 所示。

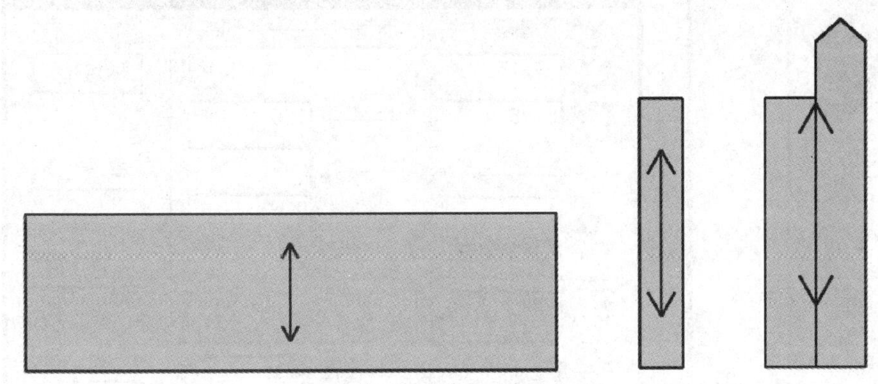

图 4—136 生成袖头、里襟袖衩和门襟袖衩样板

（16）选中【布纹线】工具 ，将袖头样板的布纹线调成水平方向。

（17）选中【钻孔】工具 ，鼠标移到袖头样板的 A 点上单击，弹出【钻孔】对话框，设置如图 4—137 所示，画出袖头的纽扣位。

（18）选中【眼位】工具 ，鼠标移到袖头样板的 B 点上单击，弹出【加扣眼】对话框，设置如图 4—138 所示，画出袖头的扣眼位。

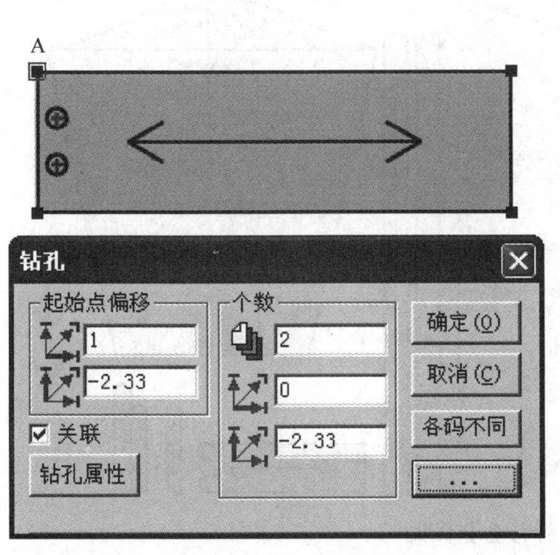

图 4—137 定纽扣位

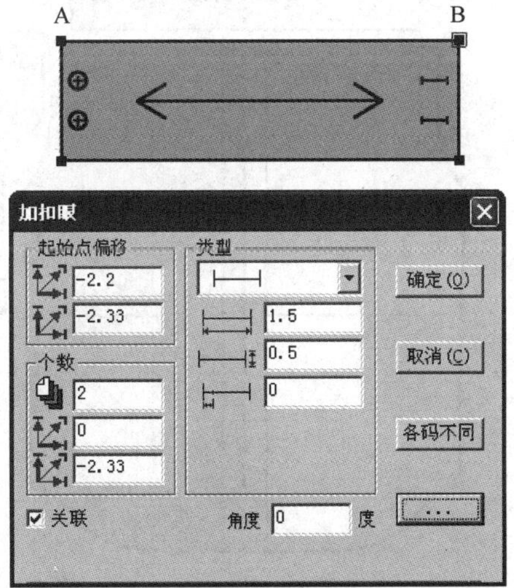

图 4—138 定扣眼位

（19）如图 4—139 所示，画出门襟衩的扣眼位。

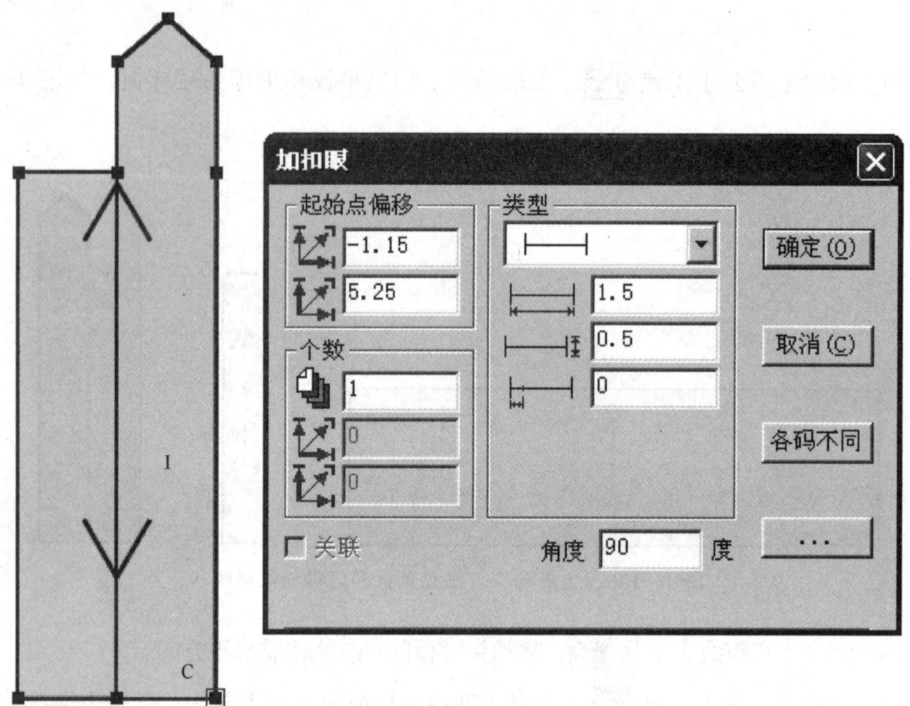

图 4—139 定门襟袖衩扣眼位

至此，男衬衫结构制图全过程结束，生成的样板如图 4—140 所示。

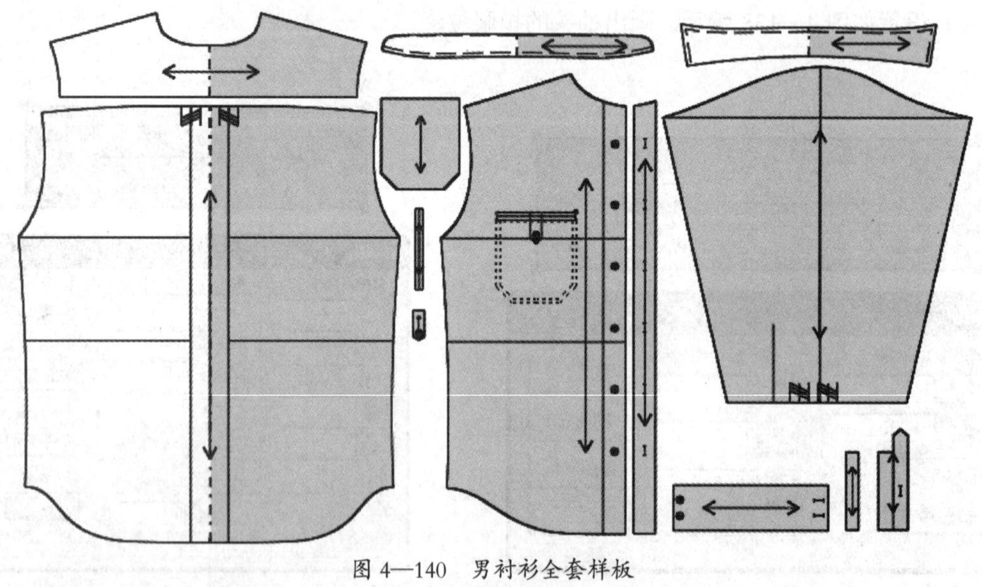

图 4—140 男衬衫全套样板

鼠标单击【保存】按钮，在弹出的【文档另存为】对话框中选择文件保存的目标文件夹，输入文件名，单击【保存】按钮即可。

第五节　纸样结构变化设计

一、袋鼠裙结构设计

袋鼠裙因其褶裥造型酷似袋鼠的腹袋而得名，具有简约、干练、优雅、活泼的风格特点。

1. 袋鼠裙款式概述

袋鼠裙呈腰鼓变体造型，上下紧，中间松，装腰头，后腰钉纽扣，前、后片捏裥向侧缝自然过渡，形成像鼠袋一样的造型，以增强裙子的立体感、层次感和活泼感，无侧缝，前、后开片，后中上段装隐形拉链，下段开衩，如图 4—141 所示。

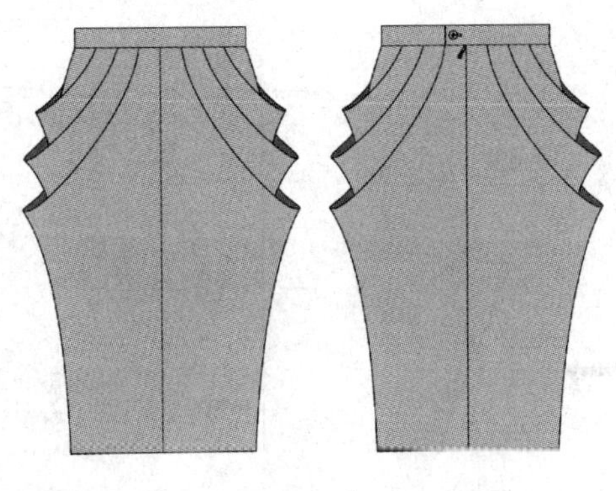

图 4—141　袋鼠裙款式图

2. 袋鼠裙制图规格

袋鼠裙的结构制图需要 4 个尺寸，见表 4—5。

表 4—5　袋鼠裙制图规格　　单位：cm

部位	裙长	腰围	基本臀围	臀高
规格	60	66	90	17

3. 袋鼠裙基本纸样结构和变化

袋鼠裙的基本纸样结构和变化如图 4—142 所示。

4. 袋鼠裙 CAD 结构设计

在自由设计与放码模式下，袋鼠裙 CAD 结构设计流程如下：

（1）调用直筒裙文件

1）鼠标单击【快捷工具栏】中的【打开】工具 ，弹出【打开】对话框，选择需要打开的文件——直筒裙，单击【打开】按钮，打开直筒裙文件。

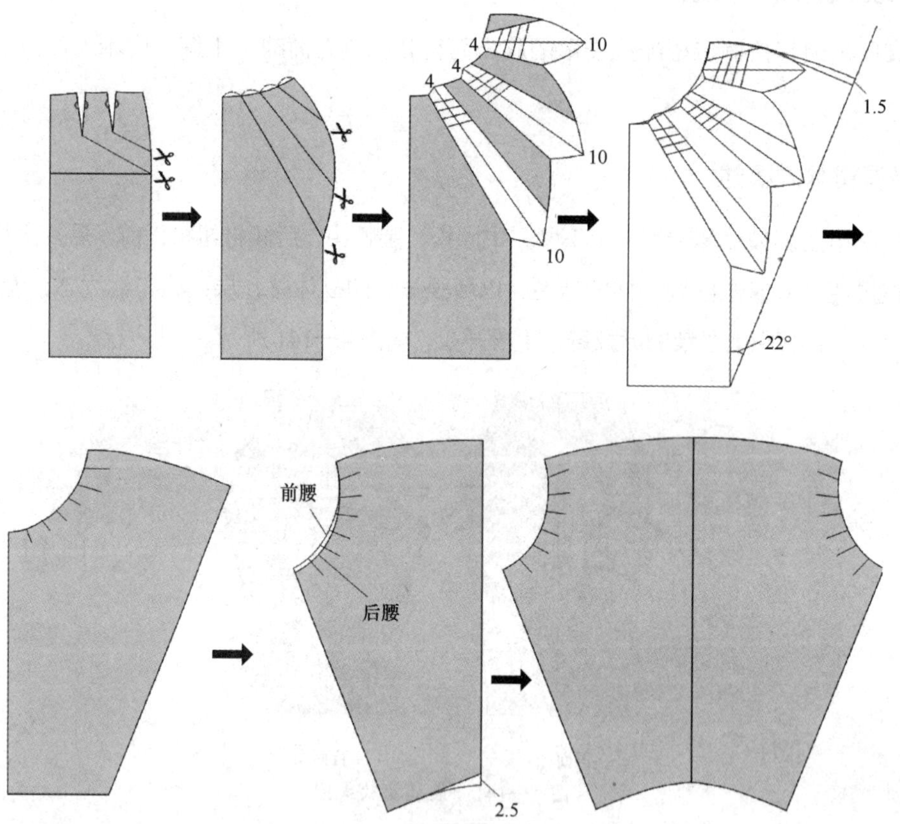

图 4—142 袋鼠裙基本纸样结构和变化

提个醒

想要观看袋鼠裙 CAD 结构设计完整视频，请扫描二维码。

2）选择【号型】菜单下的【号型编辑】命令，弹出【设置号型规格表】对话框，将对话框中 S 码和 L 码删除，另存号型规格表文件。

3）选中【衣片列表框】中的前片样板，再选中【纸样】菜单下的【删除当前选中纸样】命令（或按【Ctrl+D】键），弹出【盈瑞恒设计与放码 CAD 系统】对话框，单击【是】按钮，将前片样板删除。同样的方法将后片样板删除。

如果要一次性将【衣片列表框】中的所有样板删除，可先按下【Ctrl+F12】键将所有样板放入工作区，然后选中【纸样】菜单下的【删除工作区全部纸样】命令，会弹出【盈瑞恒设计与放码 CAD 系统】对话框，单击【是】按钮即可。

4）选中【智能笔】工具，将前片的腰围线、臀围线和下摆线在前中位置缩短 1 cm，再重新画前中线；选中【橡皮擦】工具，将原来的前中线和后片结构线删除。

5）选中【文档】菜单下的【另存为】命令，弹出【文档另存为】对话框，输入文件名“纸样变化原型裙”，单击【保存】按钮。

6）再次选中【文档】菜单下的【另存为】命令，弹出【文档另存为】对话框，输入文件名“袋鼠裙”，单击【保存】按钮即可。

（2）前片纸样设计

1）选中【智能笔】工具，分别过前片省尖点向臀腰侧缝线画直线；选中【剪断线】工具，将臀腰侧缝线在交点位置切断，如图 4—143（1）所示。

2）选中【旋转】工具，将腰省合并，并在臀腰侧缝线展开，如图 4—143（2）所示。

3）选中【智能笔】工具，重画侧缝线；选中【调整】工具，将侧缝线调圆顺，如图 4—143（3）所示；选中【橡皮擦】工具，将不要的线删除；用【智能笔】工具补画侧缝直线，如图 4—143（4）所示。

4）选中【剪断线】工具，将腰线接成整线；选中【调整】工具，将腰线调圆顺。

5）选中【等分规】工具，将腰线四等分；选中【智能笔】工具，分别过等分点向臀腰侧缝线画直线；选中【设计工具栏】中的【褶展开】工具，鼠标框选前片所

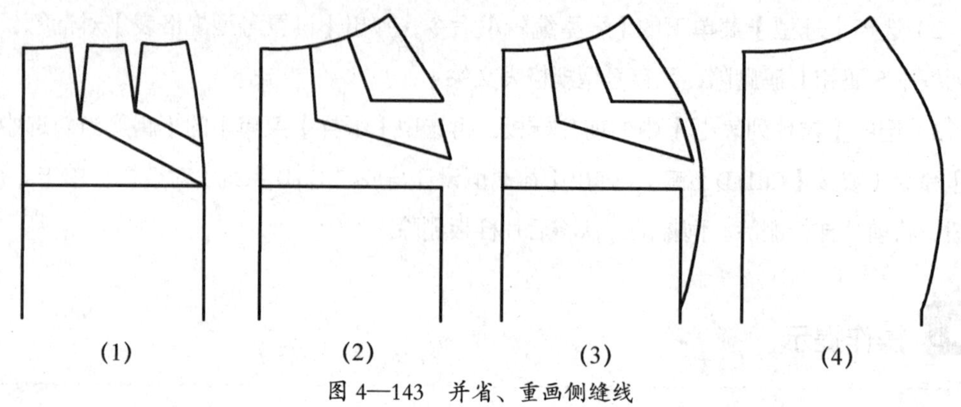

(1) (2) (3) (4)

图 4—143 并省、重画侧缝线

有结构线，右键单击，然后单击线段 3，将其选择为上段折线，再单击线段 4，将其选择为下段折线，接着分别单击线段 5、6、7 的上端，将其选择为展开线，如图 4—144（1）所示，最后鼠标在前片结构线的右侧单击，弹出【结构线 刀褶 / 工字褶展开】对话框，对话框设置如图 4—145 所示，单击【确定】按钮，图形展开，如图 4—144（2）所示。

6）选中【角度线】工具 ，鼠标依次单击侧缝直线的 A、B 两端，空白位置再单击，弹出【角度线】对话框，对话框设置如图 4—146 所示，单击【确定】按钮，画出直线 AC；鼠标单击直线 AC，再单击 D 点，过 D 点做垂线交 AC 于 E 点；选中【智能笔】工具 ，鼠标单击 G 点，空白位置单击再定一点，按下【F9】键，鼠标在线段 EC 上距 E 点 1.5 cm 找到 F 点，G、F 两点曲线连接，再将 G 点与 H 点曲线连接，并用【调整】工具 将曲线调圆顺，如图 4—144（3）所示。

7）选中【橡皮擦】工具 ，将不要的线删除；选中【智能笔】工具 ，将线段 AF 切齐，再将袖位线切齐到腰线；选中【点】工具 ，将新画的腰线 GH 与袖位线的交点标出。以上操作如图 4—144（4）所示。

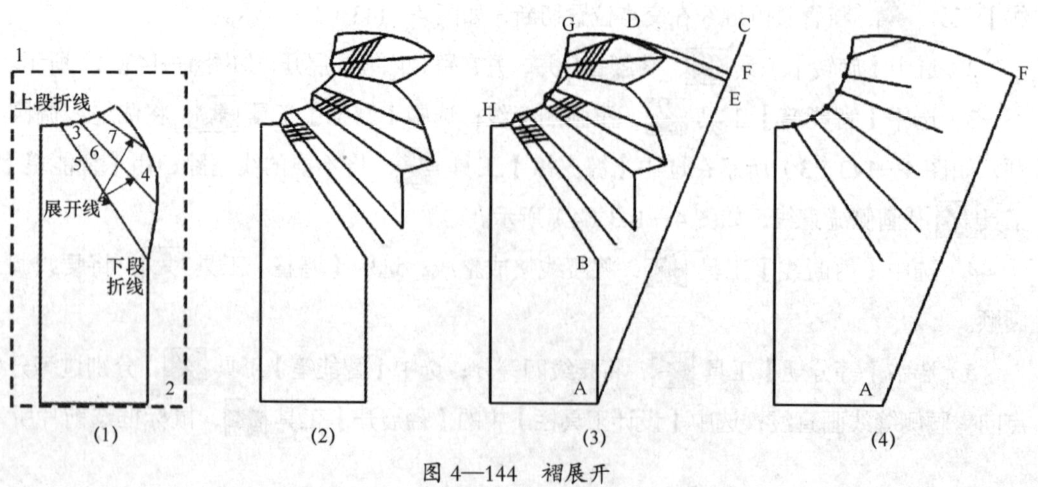

(1) (2) (3) (4)

图 4—144 褶展开

8）选中【智能笔】工具 ，将裥位线统一调成 5 cm 长；然后用【调整】工具 移动线的端点，微调新画出的裥位线的角度；选中【智能笔】工具 ，过三个裥的位置分别画一条裥标示斜线，再参照图 4—147 所示的对话框设置，画出每个裥的裥标示斜线，之后过 G 点和距前中线 H 点 1 cm 的 H1 点曲线连接；再用【调整】工具 将曲线调圆顺，后腰线画出。以上操作如图 4—148（1）所示。

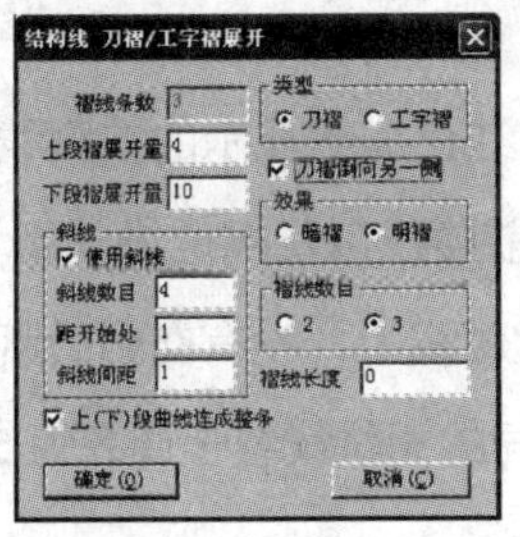

图 4—145　褶展开设置

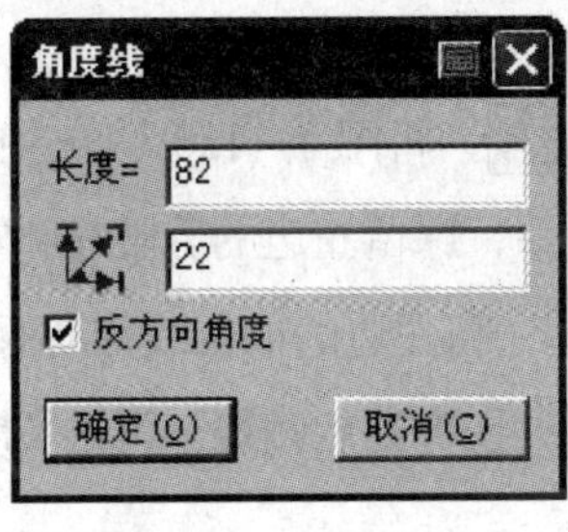

图 4—146　角度线设置

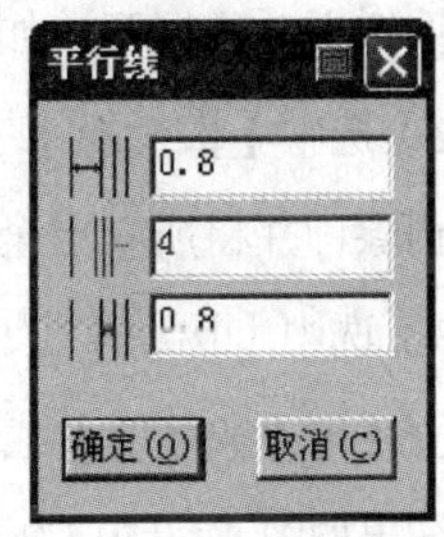

图 4—147　平行线设置

9）选中【智能笔】工具 ，鼠标框选一个裥的所有裥标示斜线，再分别单击两边的裥位线，将裥标示斜线切齐。同样的方法将其他两个裥的裥标示斜线切齐，如图 4—148（2）所示。

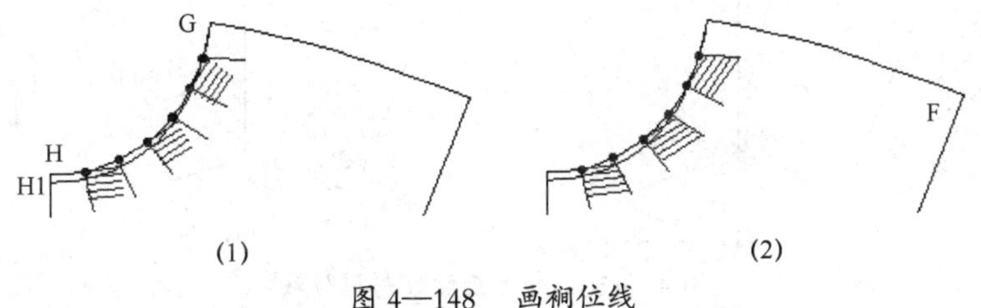

图 4—148　画裥位线

10）用【智能笔】工具 过 A 点向上画垂直线 AJ，如图 4—149（1）所示；选中【旋转】工具 ，旋转前片的结构线，使 AF 与 AJ 对齐，如图 4—149（2）所示。

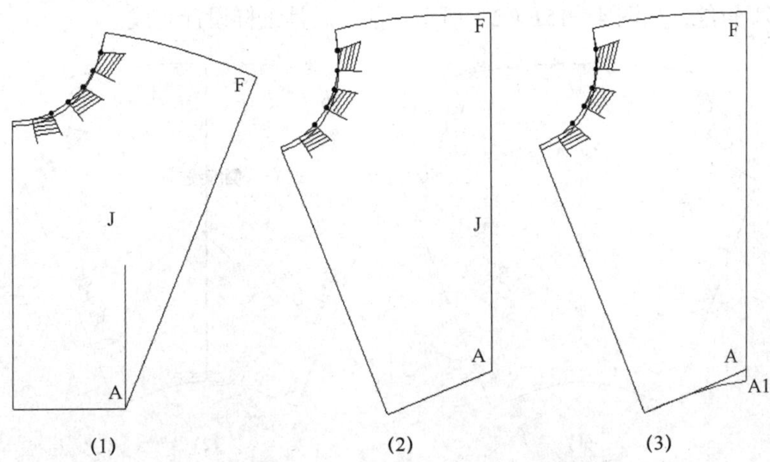

图 4—149　摆正并处理前片基本纸样结构线

11）选中【橡皮擦】工具，将线段 AJ 删除；选中【智能笔】工具，将线段 FA 向下延长 2 cm，再重画下摆线，并用【调整】工具将下摆调圆顺，如图 4—149（3）所示。前片纸样设计基本完成。

（3）后片纸样设计

1）选中【橡皮擦】工具，将下摆直线删除；选中【对称】工具，A1F 为对称线，将样板对称展开，如图 4—150（1）所示。

2）选中【橡皮擦】工具，将图 4—150（1）中左、右红色加粗显示的前腰线和后腰线删除，并将所有点全部删除，保留左边的后腰线和右边的前腰线以及裥位线。

3）选中【移动】工具，将左边的裥位线移动对齐到后腰线上，没有交到后腰线上的裥位线用【智能笔】工具切齐到后腰线，再将长度有差异的裥位线统一调齐为 5 cm，最终结果如图 4—150（2）所示。

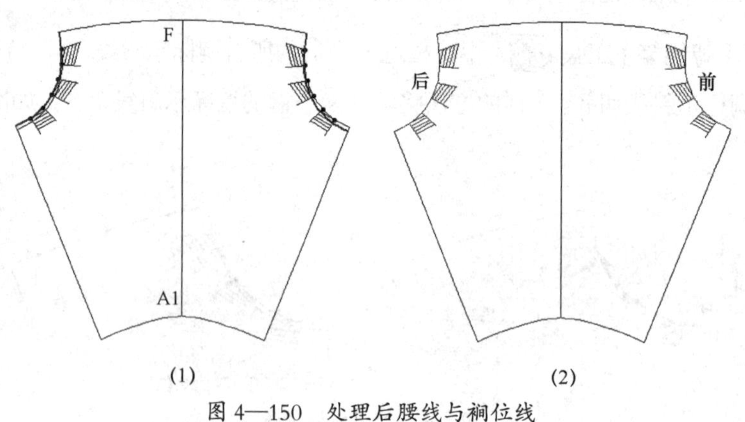

图 4—150 处理后腰线与裥位线

4）选中【剪刀】工具，框选生成样板，如图 4—151（1）所示；选中【纸样工具栏】中的【布纹线】工具，鼠标移动到工作区生成的样板的布纹线上右键单击，将布纹线调成 45° 斜丝，如图 4—151（2）所示。前、后片纸样设计完成。

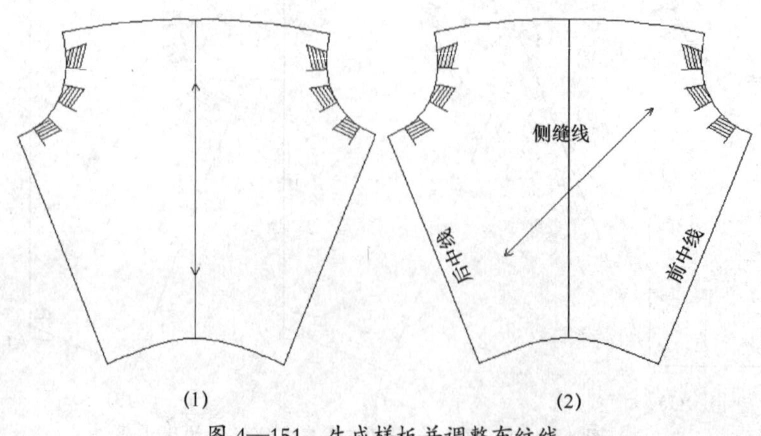

图 4—151 生成样板并调整布纹线

5）单击【保存】按钮 ，将文件保存即可。

二、高腰荷叶边裙结构设计

高腰裙能很好地塑造女性的腰部轮廓，充分展现女性纤细的腰肢；荷叶边充满了温馨与浪漫的气息。二者有机结合，更能彰显花季少女清纯、可爱、活泼、娴雅的风格特点。

1. 高腰荷叶边裙款式概述

高腰荷叶边裙为高腰 A 字裙，腰部上下紧身合体，臀围线以下喇叭形张开，前片左右交叠，止口至下摆装荷叶边，左右两侧各收两个锥型省，后片左右两侧各收两个锥型省，后中位置抽碎褶，下摆装荷叶边，右侧缝装隐形拉链，如图 4—152 所示。

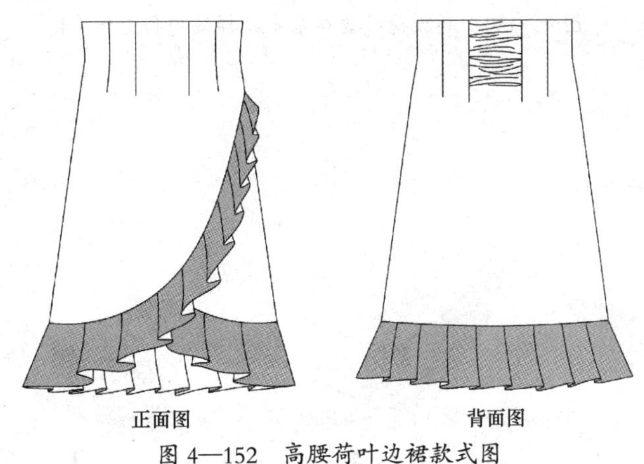

图 4—152　高腰荷叶边裙款式图

2. 高腰荷叶边裙制图规格

高腰荷叶边裙的制图需要 4 个尺寸，见表 4—6。

表 4—6　高腰荷叶边裙制图规格　　单位：cm

部位	裙长	腰围	基本臀围	荷叶边宽
规格	95	66	90	16

3. 高腰荷叶边裙基本纸样结构和变化

高腰荷叶边裙的基本纸样结构和变化如图 4—153、图 4—154 所示。

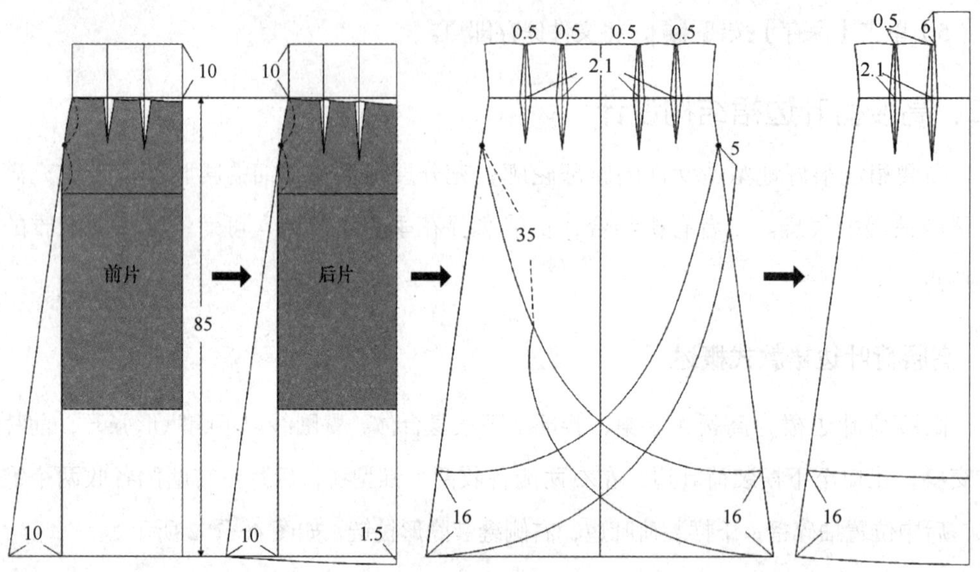

图 4—153 高腰荷叶边裙基本纸样结构和变化（1）

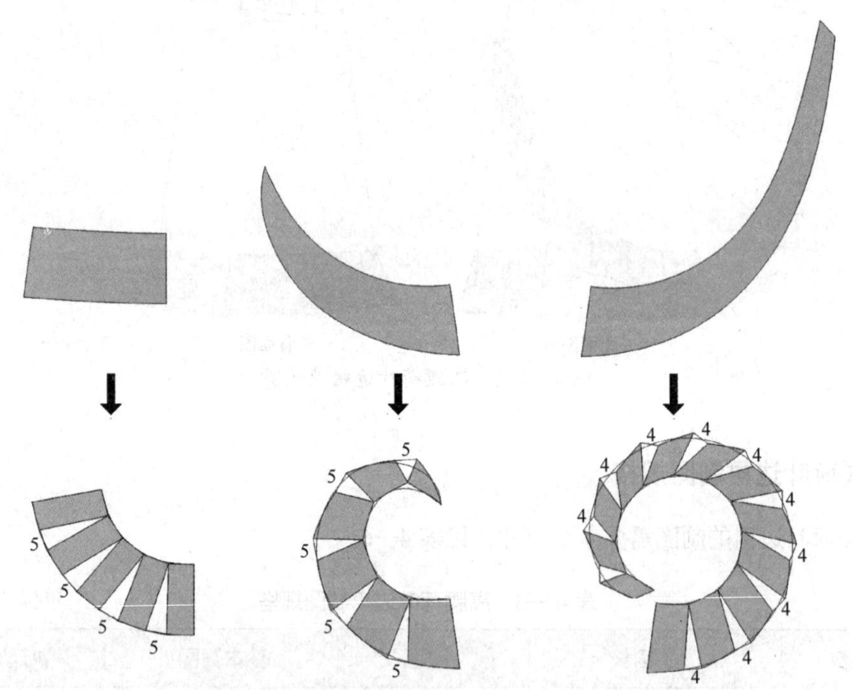

图 4—154 高腰荷叶边裙基本纸样结构和变化（2）

4. 高腰荷叶边裙 CAD 结构设计

在自由设计与放码模式下，高腰荷叶边裙 CAD 结构设计流程如下：

（1）调用纸样变化原型裙样板

1）鼠标单击【快捷工具栏】中的【打开文件】工具，将“纸样变化原型裙”文件打开。

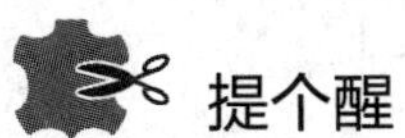

提个醒

想要观看高腰荷叶边裙 CAD 结构设计完整视频，请扫描二维码。

2）选中【文档】菜单下的【另存为】命令，弹出【文档另存为】对话框，输入文件名“高腰荷叶边裙”，单击【保存】按钮即可。

（2）前片纸样设计

1）选中【智能笔】工具，过前片侧腰点向上 10 cm 画垂直线段，线段的上端点为 A。再过 A 点和前中线的上端点画水平垂直线，交点为 B。按住【Shift】键，鼠标右键单击前中线的下端，在弹出的【调整曲线长度】对话框的【新长度】输入框中输入“84.3”，单击【确定】按钮，新的前中线画出，线的下端点为 C。过 C 点和臀围线的左端点画水平垂直线，之后将画出的水平线在左端延长 10 cm，端点为 D。

2）选中【剪断线】工具，将臀腰侧缝线在中点 G 位置切断；选中【智能笔】工具，G、D 两点直线连接。再过省尖点画垂直线到新的腰线 AB，交点为 E、F。以上操作如图 4—155（1）所示。

3）选中【橡皮擦】工具，将不要的结构线删除；用【智能笔】工具将线段 AB 在左侧延长 1 cm，端点为 A1；将原来裙片的腰线在左侧延长 0.2 cm，端点为 H；之后将 A1、H 和 G 点曲线连接；选中【调整】工具，将曲线调圆顺。以上操作如图 4—155（2）所示。

4）选中【橡皮擦】工具，将不要的结构线删除；选中【对称】工具，将前片结构线对称展开，如图 4—155（3）所示。

5）选中【智能笔】工具，G1 点与侧缝线上距 D 点 16 cm 的 I1 点曲线连接。过 G1 点向外适当角度画 5 cm 长的线段，线段的端点为 J，再将 J 点与 D 点曲线连接；选中【调整】工具，将曲线 G1I1 和 JD 调圆顺。

6）选中【对称】工具，前中线 BC 为对称线，将曲线 G1I1 和 JD 复制对称到另一侧，其中曲线 JD 与前中线的交点为 K。

7）选中【智能笔】工具，将曲线 JD 的复制对称线的左侧部分切掉，仅保留曲线 KD1 部分，再将 K 点与距 G 点 35 cm 的 L 点曲线连接；用【调整】工具将曲线 KL 调

圆顺。以上操作如图 4—156 所示。

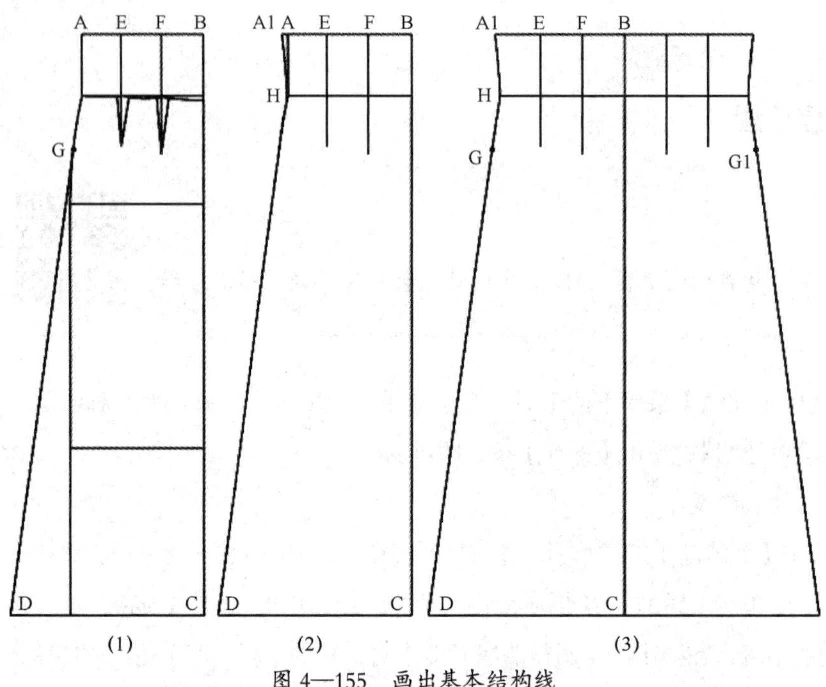

图 4—155 画出基本结构线

8）选中【移动】工具，将前片的结构线复制一份；选中【橡皮擦】工具，将不要的结构线删除；选中【智能笔】工具，将结构线切齐；选中【剪断线】工具，将曲线 LK 与 KD1 连成整线；再用【移动】工具将各样板的结构线移动摆放好，如图 4—157 所示。

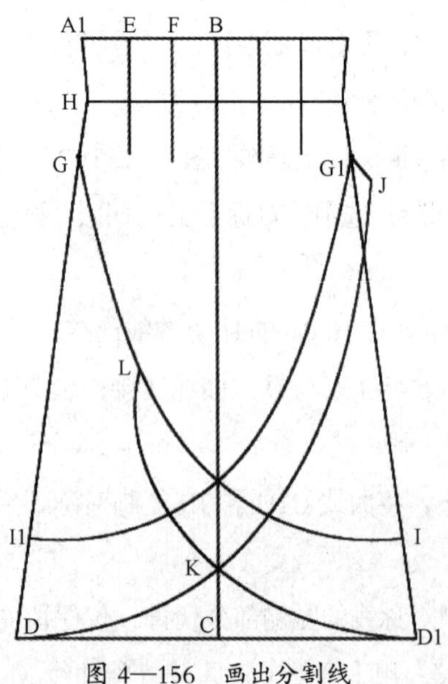

图 4—156 画出分割线

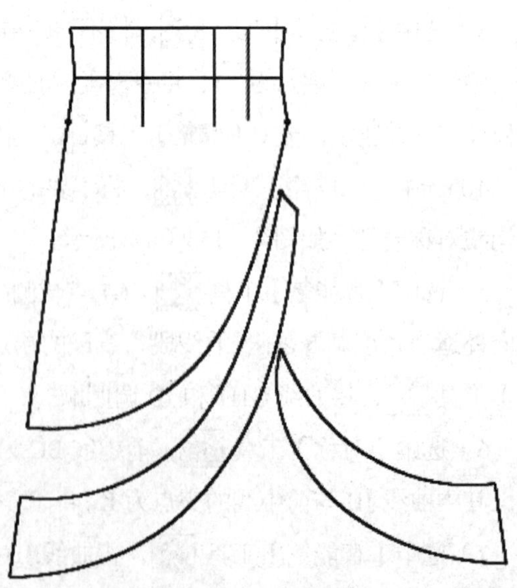

图 4—157 分割出基本样片结构线

9）选中【设计工具栏】中的【荷叶边】工具，鼠标框选 G1JDI1 围成的结构线，右键单击，再依次单击曲线 I1G1 和 DJ，将其选择为上段折线和下段折线，弹出【荷叶边】对话框，对话框设置如图 4—158 所示，单击【确定】按钮，完成展开处理。同样的方法，【荷叶边】对话框的设置如图 4—159 所示，完成 LID1K 围成的结构线的展开处理。

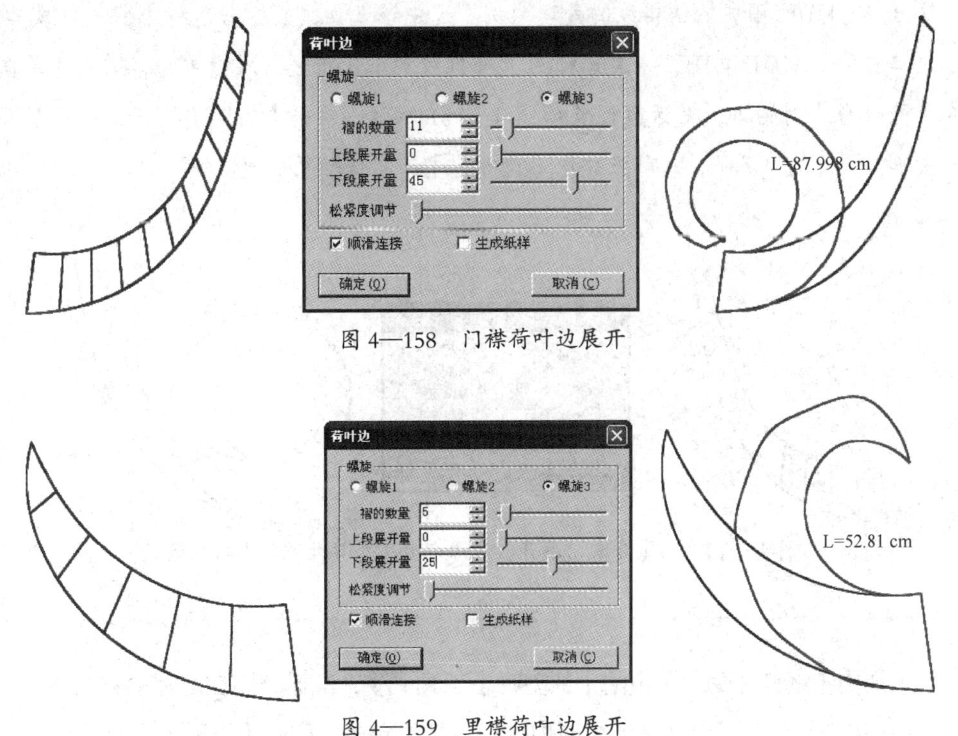

图 4—158　门襟荷叶边展开

图 4—159　里襟荷叶边展开

10）选中【智能笔】工具，重画荷叶边的外口线；选中【调整】工具，参照原来外口线的形状，将重画的荷叶边的外口线调圆顺；选中【橡皮擦】工具，将原来的外口线删除。

11）选中【剪刀】工具，生成前片各片的样板。选中【布纹线】工具，将两块荷叶边样板的布纹线移入样板内部。样板生成效果如图 4—160 所示。

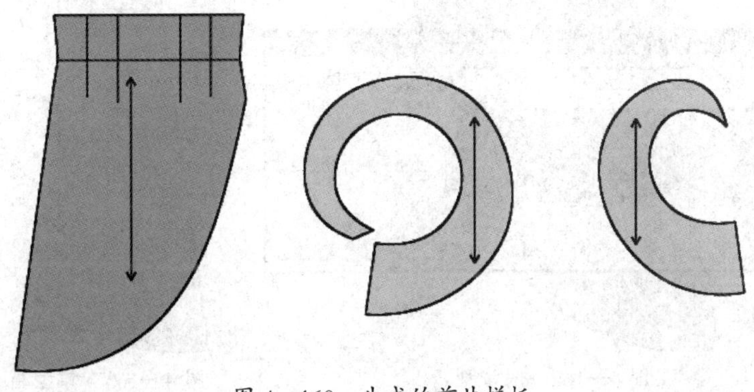

图 4—160　生成的前片样板

操作提示

前片的荷叶边也可以用【设计工具栏】中的【分割、展开、去除余量】工具来处理。这里以 G1JDI1 围成的结构线的处理为例。选中该工具，鼠标框选结构线，右键单击，再依次单击曲线 I1G1 和 DJ，将其选择为上段折线和下段折线，右键单击，弹出【单向展开或去除余量】对话框，对话框设置如图 4—161 所示，单击【确定】按钮，完成展开处理。在单向展开的情况下，这种方式比【荷叶边】工具更快捷。

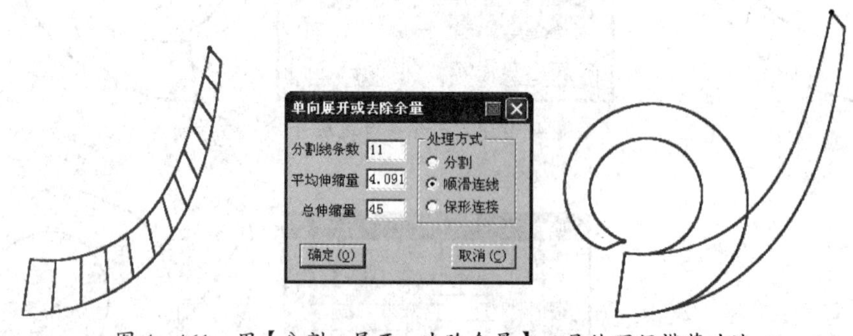

图 4—161　用【分割、展开、去除余量】工具处理门襟荷叶边

12）选中【纸样工具栏】中的【锥型省】工具，鼠标分别在前片的省口点 E、省尖点 E1 上单击，松开鼠标拖动到样板内空白位置再单击，弹出【锥形省】对话框，对话框设置如图 4—162 所示，单击【确定】按钮，生成锥形省。同样的方法和设置，生成其他几个锥形省，如图 4—163 所示。

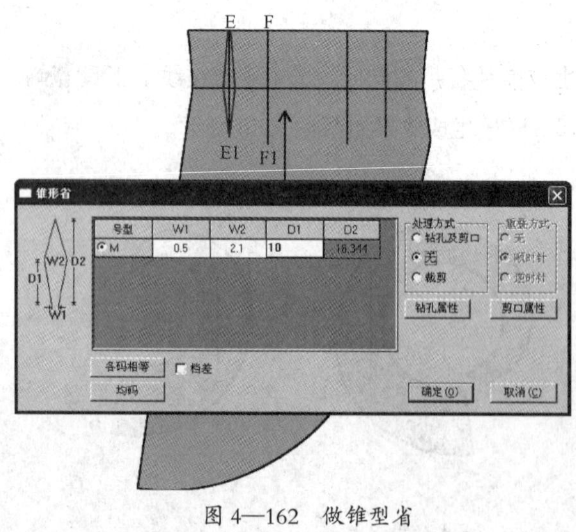

图 4—162　做锥型省

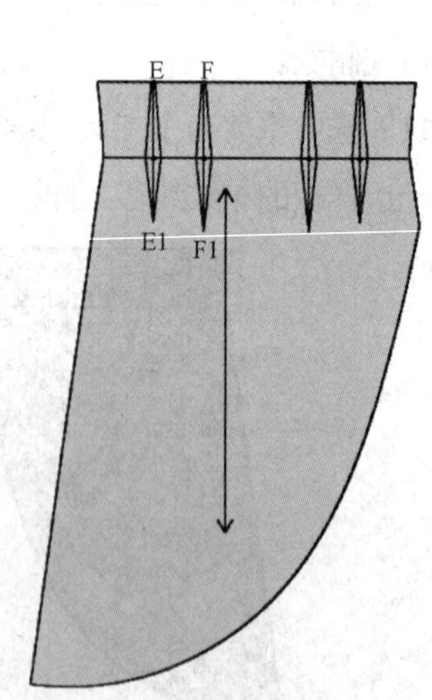

图 4—163　锥型省全部做出

13）选中【纸样工具栏】中的【选择纸样控制点】工具，鼠标在前片样板内单击，将前片样板选中。选中【纸样】菜单下的【纸样生成打板草图】命令，弹出图 4—164 所示【纸样生成打板草图】对话框，单击【确定】按钮即可。

14）鼠标移到前片样板内，按一下空格键，光标变成后将样板移开，样板下方出现结构图，如图 4—165 所示。

15）按【Ctrl+D】键，将前片样板删除。

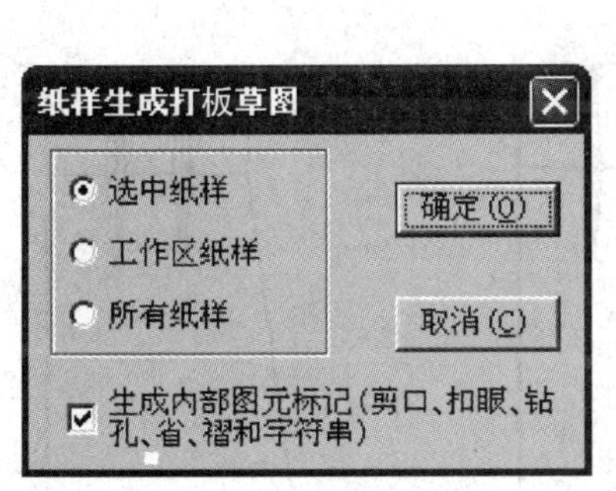

图 4—164　【纸样生成打板草图】对话框

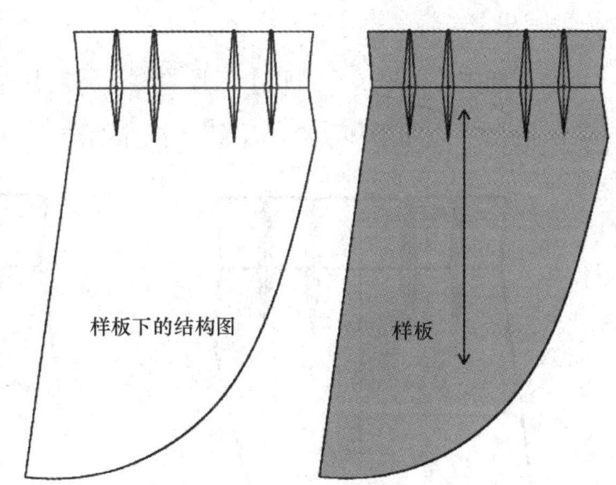

图 4—165　用样板提取结构线

16）选中【橡皮擦】工具，将生成的前片结构线的上腰线和省口上的点删除；选中【智能笔】工具，重画左半边的腰口线、省口闭合线，10 cm 长度重新画出前中线；选中【调整】工具，将重画的腰口线调圆顺。选中【对称】工具，前中线为对称线，将左侧的腰口线对称到右侧。以上操作如图 4—166 所示。

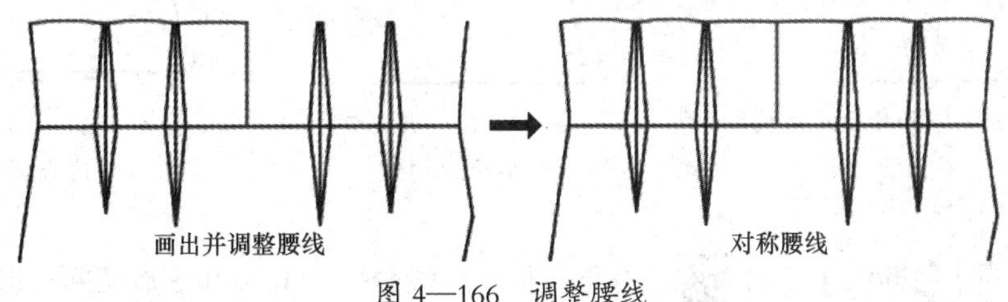

图 4—166　调整腰线

17）用【橡皮擦】工具将前中线删除；选中【剪刀】工具，框选生成前片的样板。前片纸样设计过程结束。

（3）后片纸样设计

1）选中【移动】工具，将原来前片的部分结构线复制移动到新的结构线上，如图 4—167 所示。

2）选中【橡皮擦】工具，将不要的结构线删除；选中【智能笔】工具，重新画出后中线，如图 4—168 所示。

3）用【智能笔】工具将后中线向下延长 1.5 cm，再画出后片下摆线；选中【调整】工具，将下摆线调圆顺；选中【智能笔】工具，按住【Shift】键，鼠标在后片下摆线上按下向上拖动，松开鼠标，再单击侧缝线和后中线，出现相交平行线，左键单击，弹出【平行线】对话框，输入平行距离 16 cm，单击【确定】按钮，平行线画出。

4）选中【关联/不关联】工具，将后片结构线的省尖点关联；选中【调整】工具，将省尖点向下移动 2 cm。以上操作如图 4—169 所示。

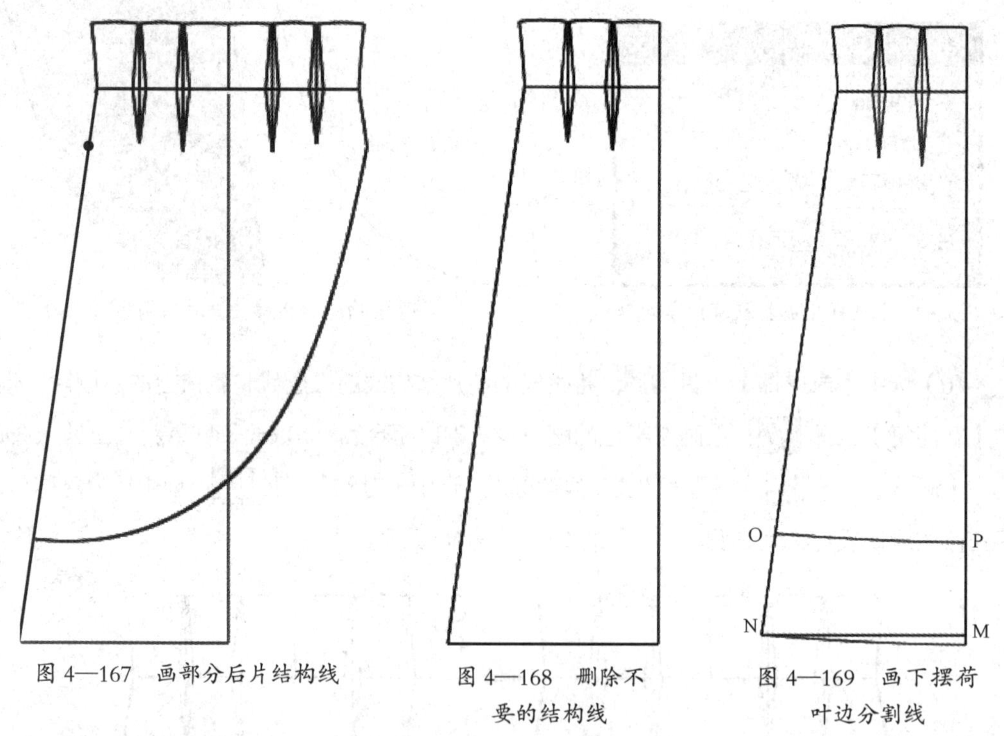

图 4—167　画部分后片结构线

图 4—168　删除不要的结构线

图 4—169　画下摆荷叶边分割线

5）选中【剪断线】工具，将腰线和后中线分别在 R 点和 S 点切断；选中【褶展开】工具，按照图 4—170 所示的设置，将后片 R1S1SR 围成的结构线在纵向展开 6 cm；选中【橡皮擦】工具，将不要的结构线删除；选中【智能笔】工具，重新连接展开线左侧上下两端，然后将原来的省口线切齐到刚画出的线。

6）选中【剪断线】工具，将侧缝线和后中线分别在 O 点和 P 点切断；选中【移动】工具，将 OPMN 围成的结构线复制一份；选中【橡皮擦】工具，将不要的结构线删除；选中【对称】工具，将后片结构线对称展开。以上操作如图 4—171 所示。

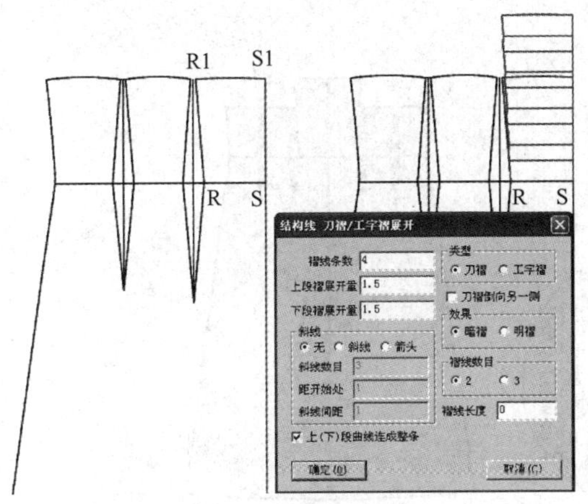

图 4—170　处理后腰褶

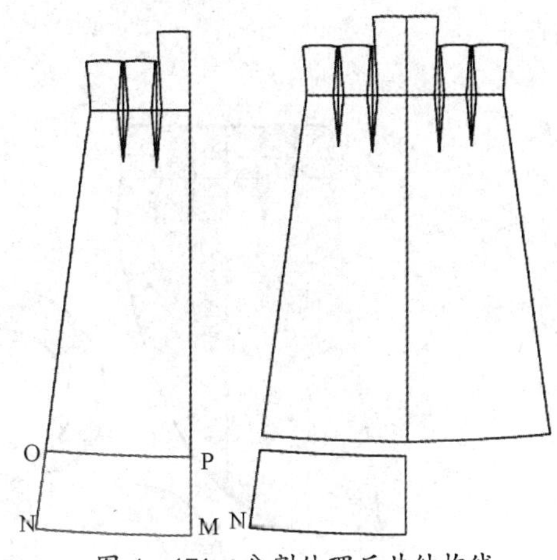

图 4—171　分割处理后片结构线

7）选中【分割、展开、去除余量】工具 ，按照图 4—172 所示设置，将后片的荷叶边下摆展开。

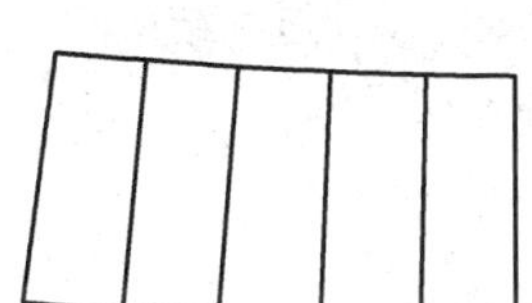
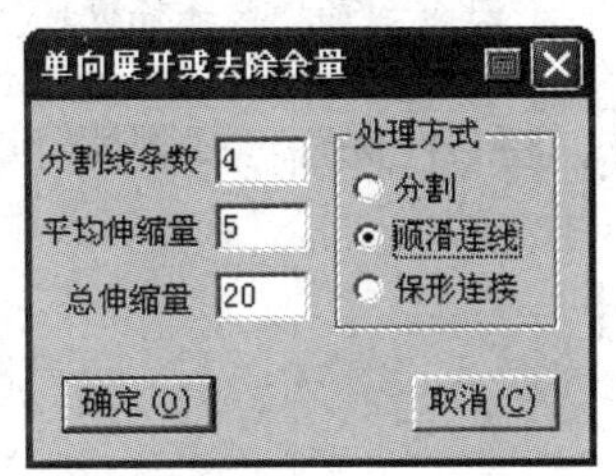

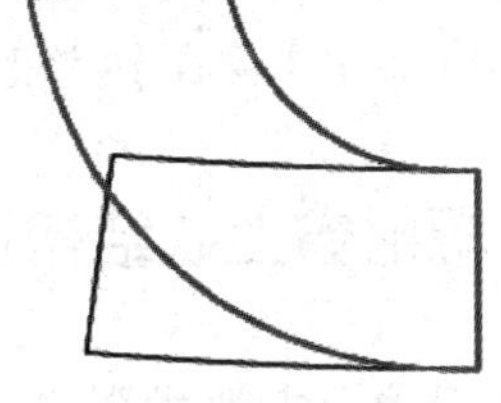

图 4—172　展开后片荷叶边下摆

小贴士

单向展开或去除余量的处理方式有分割、顺滑连接和保形连接三种，具体效果如图 4—173 所示。实际操作时可依据要求灵活选择。

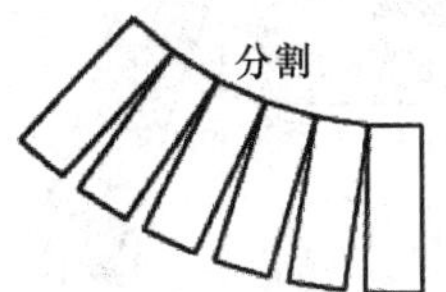

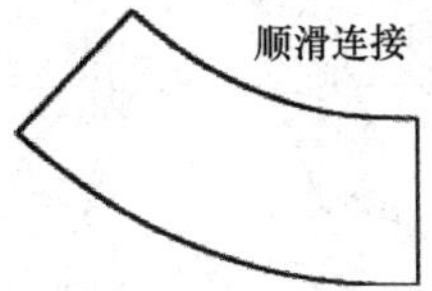

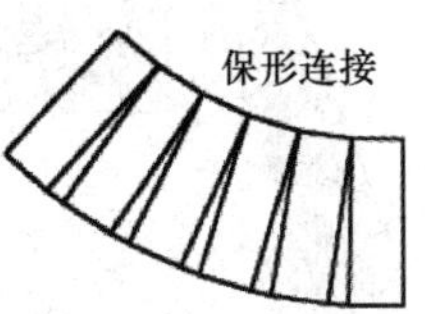

图 4—173　单向展开或去除余量的三种处理方式

8）选中【对称】工具 ，将后片荷叶边对称展开。

9）选中【剪刀】工具 ，框选生成后片的样板。最终生成的样板效果如图 4—174

所示。

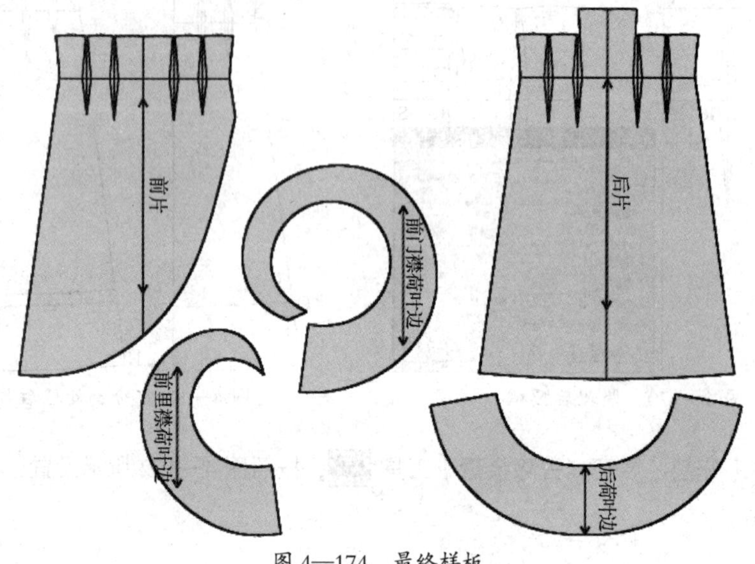

图 4—174 最终样板

10）单击【保存】按钮 ，将文件保存。高腰荷叶边裙纸样设计过程结束。

三、辐射省上衣结构设计

1. 辐射省上衣款式概述

辐射省上衣为直筒外形，圆领，衣长齐腰，直筒长袖，袖长齐手腕骨，正面在领口有规律收省，使其呈放射状分布，背面肩部位置左、右各收一个肩胛骨省，如图 4—175 所示。

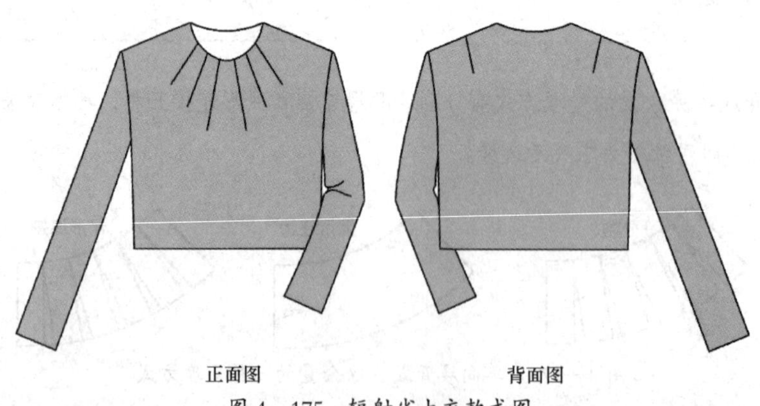

图 4—175 辐射省上衣款式图

2. 辐射省上衣基本纸样结构和变化

辐射省上衣前片的基本纸样结构和变化如图 4—176 所示。

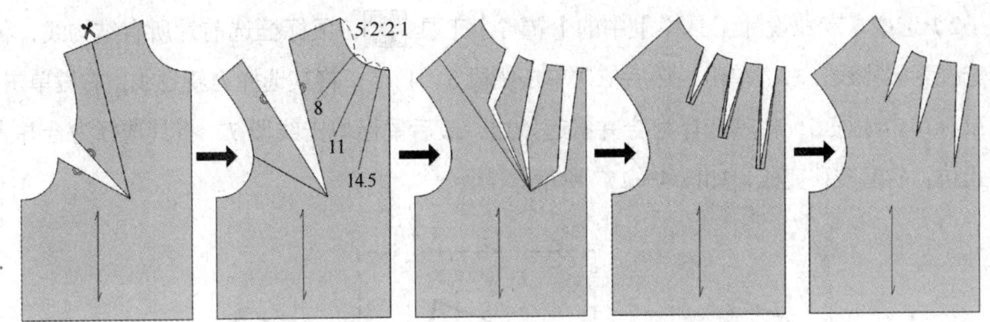

图 4—176　辐射省上衣前片基本纸样结构和变化图

3. 辐射省上衣 CAD 结构设计

在自由设计与放码模式下，辐射省上衣 CAD 结构设计流程如下：

（1）调用原型上衣纸样

1）进入自由设计与放码系统，打开“女装原型上衣”文件。

提个醒

想要观看辐射省上衣 CAD 结构设计完整视频，请扫描二维码。

2）选择【号型】菜单下的【号型编辑】命令，弹出【设置号型规格表】对话框，在对话框中将 S 码和 L 码删除，另存号型规格表文件。

3）选中【衣片列表框】中的前片样板，用【纸样】菜单下的【删除当前选中纸样】命令将其删除，仅保留后片和袖片样板。

4）选中【剪断线】工具，将前、后片结构线在侧缝线的上、下两端剪断。

5）选中【橡皮擦】工具，仅保留前片的结构线，其他结构线全部删除。

6）选中【文档】菜单下的【另存为】命令，弹出【文档另存为】对话框，输入文件名“纸样变化原型”，单击【保存】按钮。

7）再次选中【文档】菜单下的【另存为】命令，弹出【文档另存为】对话框，输入文件名“辐射省上衣”，单击【保存】按钮即可。

（2）前片纸样设计

1）选中【等分规】工具，将前领窝线十等分；选中【智能笔】工具，参照图 4—176，自下而上分别过第 1、3、5 等分点向下画直线，线的长度分别为 14.5、11、8。

2）选中【专业设计工具栏】中的【转省】工具，鼠标框选前片所有结构线，将其选择为转移线，右键单击，然后依次单击线段 3、4、5，将其选择为新省线，右键单击，再鼠标单击线段 6，将其选择为合并省起始边，最后鼠标单击线段 7，将其选择为合并省终止边，省道转移完成，如图 4—177 所示。

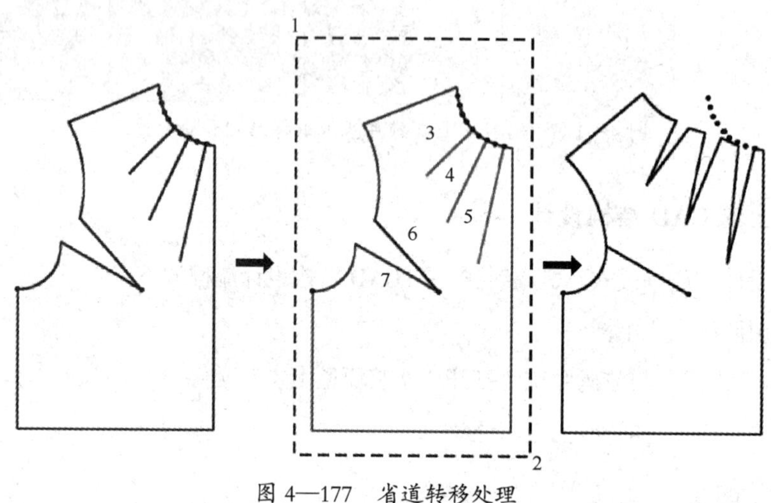

图 4—177　省道转移处理

3）选中【橡皮擦】工具，将不要的点、线删除。

4）选中【智能笔】工具，将 AB 两点曲线连接；再用【调整】工具将曲线调圆顺，如图 4—178（1）所示；选中【橡皮擦】工具，将不要的线删除；选中【剪断线】工具，将曲线 AB 在 C、D、E、F 位置切断，如图 4—178（2）所示。

5）选中【橡皮擦】工具，将线段 AC、DE、FB 删除；选中【智能笔】工具，将省线在 C、D、E、F 四点位置切齐，如图 4—178（3）所示。

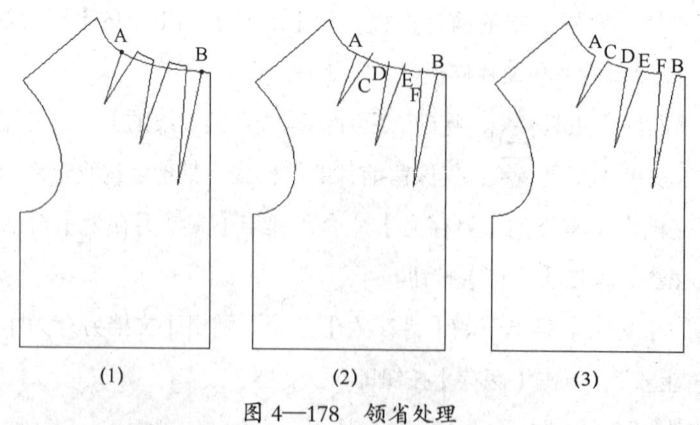

图 4—178　领省处理

6）选中【对称】工具，前中线为对称线，将前片结构线对称展开。

7）选中【剪刀】工具，生成前片的样板，前片纸样设计结束，如图 4—179 所示。

8）单击【保存】按钮 ，将文件保存。

四、翼展省上衣结构设计

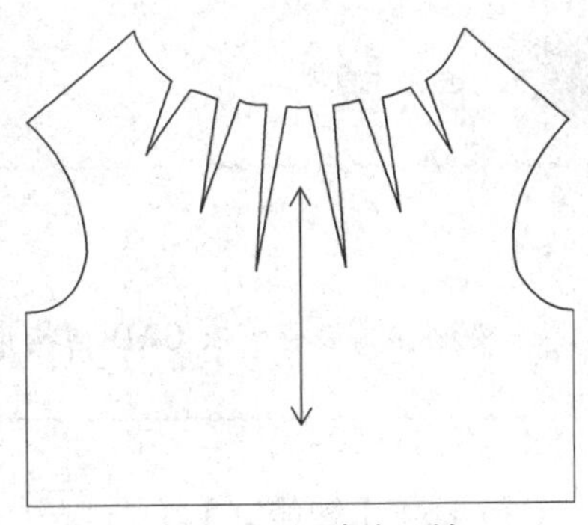

图 4—179　前片纸样

1. 翼展省上衣款式概述

翼展省上衣为直筒外形，圆领，衣长齐腰，直筒长袖，袖长齐手腕骨，正面在前中位置断缝，做菱形分割，并做有规律的收省，使其呈展翅飞翔状，背面肩部位置左、右各收一个肩胛骨省，如图 4—180 所示。

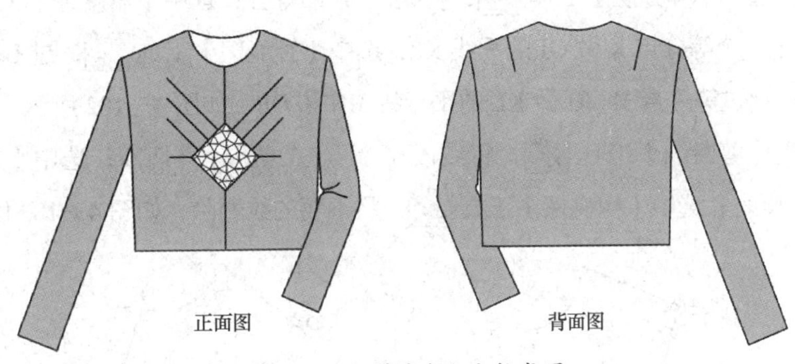

图 4—180　翼展省上衣款式图

2. 翼展省上衣基本纸样结构和变化

翼展省上衣前片的基本纸样结构和变化如图 4—181 所示。

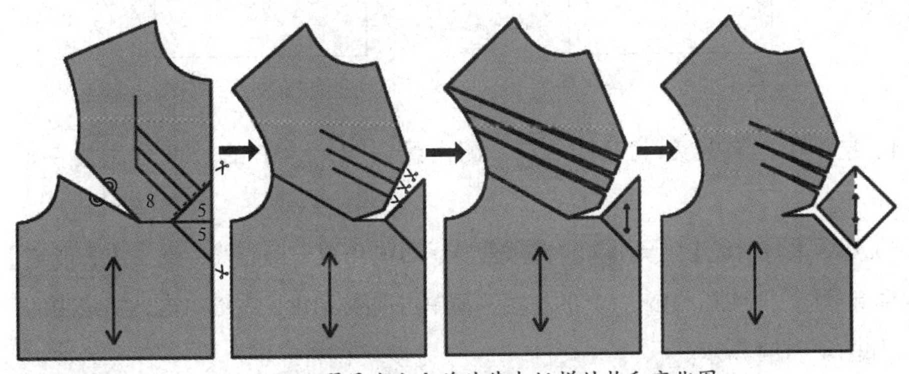

图 4—181　翼展省上衣前片基本纸样结构和变化图

3. 翼展省上衣 CAD 结构设计

在自由设计与放码模式下，翼展省上衣 CAD 结构设计流程如下：

（1）打开“纸样变化原型”文件，将其以文件名“翼展省上衣”另存。

提个醒

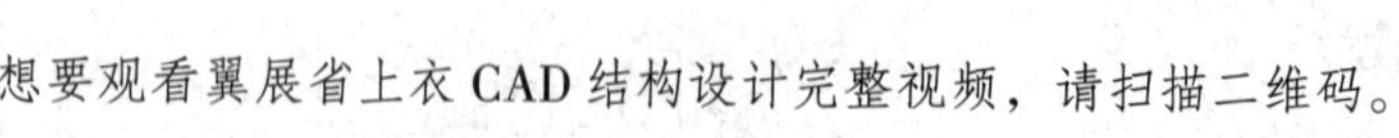

想要观看翼展省上衣CAD结构设计完整视频，请扫描二维码。

（2）选中【智能笔】工具，过B点画水平线交前中线于H点；选中【点】工具，距离H点5 cm，定出G、I、J三点；选中【智能笔】工具，G、J两点和J、I两点直线连接；选中【等分规】工具，将线段GJ四等分；选中【角度线】工具，长度8 cm，过第一个等分点K做GJ的垂线KL；选中【智能笔】工具，过L点做一条垂直线，之后分别过等分点M、O做KL的平行线MN和OP，如图4—182所示。

（3）选中【剪断线】工具，将线段在G点、I点和J点切断；选中【旋转】工具，合并左侧省；选中【橡皮擦】工具，将不要的线删除，如图4—183所示。

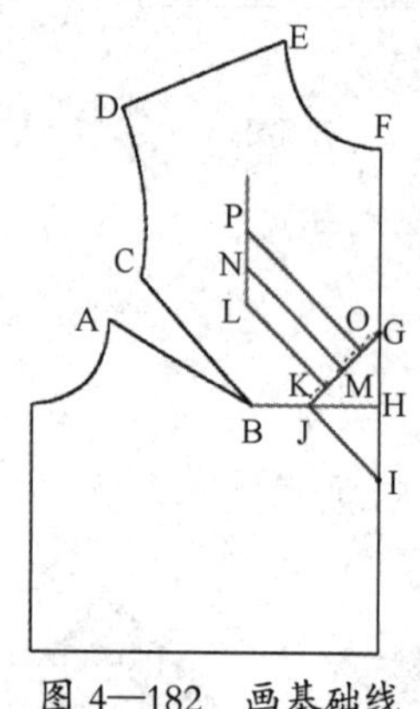

图4—182 画基础线

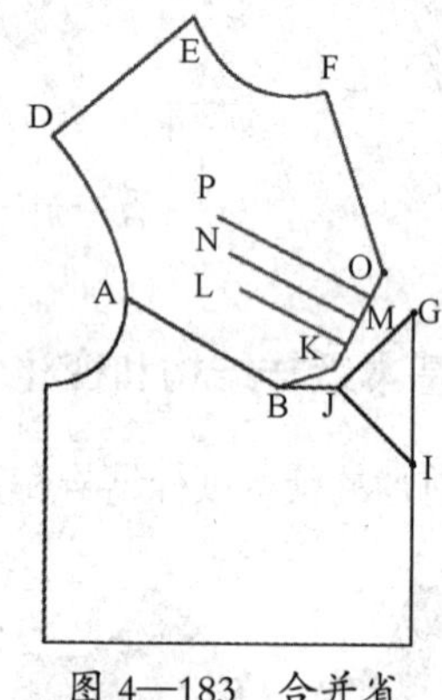

图4—183 合并省

（4）选中【比较长度】工具，测出线段MN、OP的长度分别为9.8 cm和11.5 cm。

（5）选中【剪断线】工具，将线段AD、DE结成一条整线；选中【智能笔】工具，鼠标框选线段KL、MN、OP的左端，再单击曲线ADE，右键单击，将选中的三条线切齐，如图4—184所示。

（6）选中【分割、展开、去除余量】工具，鼠标框选多边形ADEFGJB，右键单击，然后依次单击线段ADE、GJ和KL、MN、OP，将其分别选为不伸缩线、伸缩线和分割线，鼠标在分割线下方右键单击，弹出【单向展开或去除余量】对话框，输入平均伸缩量值“0.5”，结构线展开，如图4—185所示，单击【确定】按钮即可。

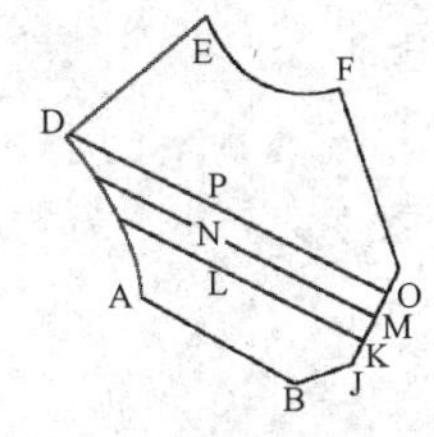

图 4—184　画分割线

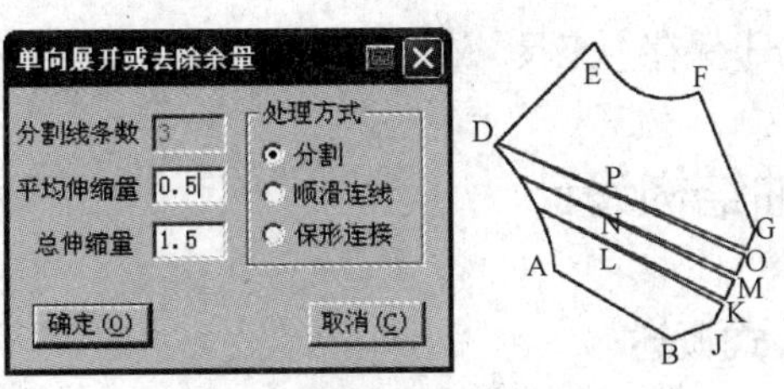

图 4—185　结构线展开

（7）选中【智能笔】工具，将三个省的下省线在省尖一端缩短，缩短后的长度值分别为 8、9.8 和 11.5；选中【关联 / 不关联】工具，按一下【Shift】键，设置为不关联，鼠标先依次单击线段 DE 和从上往下的第一个省的上省线，再依次单击曲线 AD 上端和第二个省的上省线，接着依次单击曲线 AD 的下端和第三个省的上省线，取消线段的关联性；选中【调整】工具，将三个省的上省线的省尖点移到缩短的下省线的省尖点上，如图 4—186 所示。

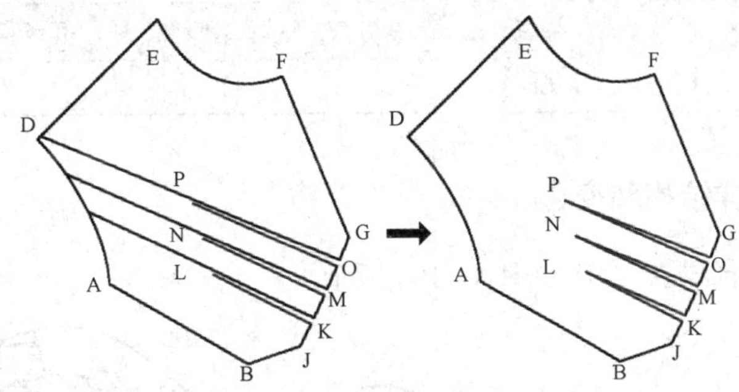

图 4—186　调节省尖的位置

（8）省处理后的前片结构图如图 4—187 所示。选中【橡皮擦】工具，将线段 AB 删除；选中【剪刀】工具，生成翼展省上衣纸样；选中【纸样对称】工具，将前中片纸样关联对称展开，如图 4—188 所示。

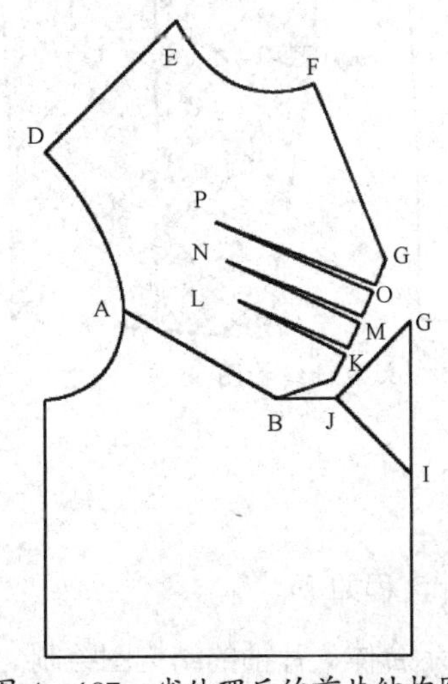

图 4—187　省处理后的前片结构图

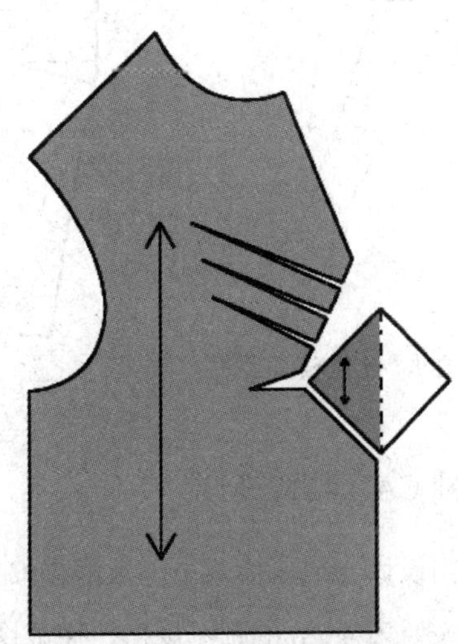

图 4—188　翼展省上衣纸样

（9）单击【保存】工具 ，将翼展省上衣纸样保存即可。

五、大泡袖结构设计

1. 大泡袖款式概述

大泡袖为紧身合体袖，袖山与袖肥部位展开抽褶，做成泡泡形，袖肥以下做菱形绗缝设计，如图 4—189 所示。

2. 大泡袖制图规格

大泡袖的结构制图需要 3 个尺寸，见表 4—7。

表 4—7 大泡袖制图规格 单位：cm

部位	袖长	基本袖肥	袖口
规格	56	30	23

3. 大泡袖基本纸样结构和变化

大泡袖基本纸样结构和变化如图 4—190 所示。

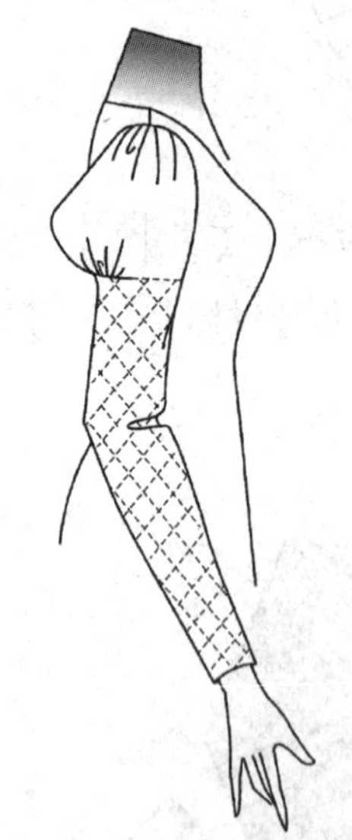

图 4—189 大泡袖款式图

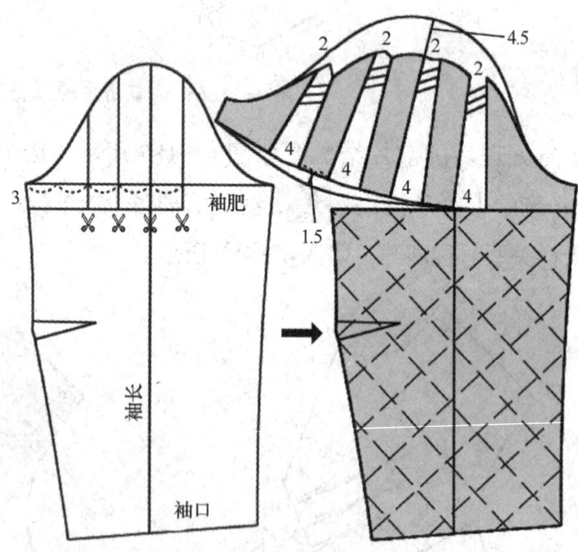

图 4—190 大泡袖结构图

4. 大泡袖 CAD 结构设计

在自由设计与放码模式下，大泡袖 CAD 结构设计流程如下：

（1）按照表 4—8 的制图规格，完成图 4—191 所示合体一片袖的结构图绘制。

表 4—8　合体一片袖制图规格　　单位：cm

部位	袖长	前 AH	后 AH	袖肥	袖口
规格	56	20.6	21	30	23

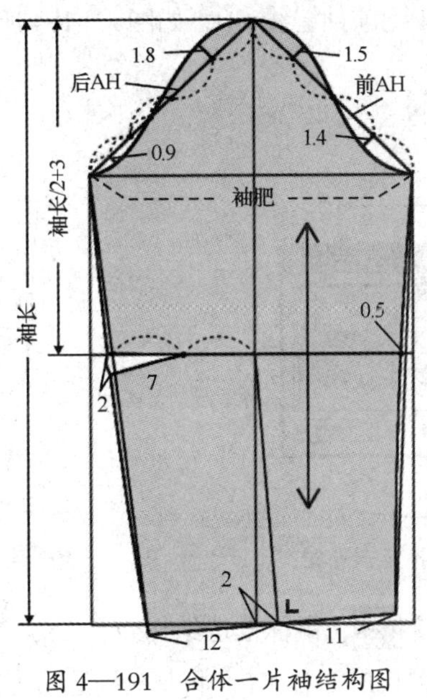

图 4—191　合体一片袖结构图

提个醒

想要观看合体一片袖和大泡袖 CAD 结构设计完整视频，请扫描二维码。

（2）选中【橡皮擦】工具，仅保留轮廓结构线，其他结构线全部删除。然后将其以文件名“合体一片袖”保存，再以文件名“大泡袖”另存。

（3）选中【等分规】工具，将后袖肥四等分。选中【比较长度】工具，按一下【Shift】键，选择测量点距模式，鼠标依次单击 A 点和从左向右第一个等分点，弹出的【测量】对话框中显示距离值为“3.8”，如图 4—192 所示。

（4）选中【智能笔】工具，按【F9】键，切换到捕捉就近的交点模式，鼠标在线段 FC 的左端单击，在弹出的【点的位置】对话框中输入长度值“3.8”，单击【确定】按钮，定出 G 点，松开鼠标移动到袖山弧线上单击，画出垂直线 GH。在后袖缝线上过距 A 点 3 cm 的 A1 点画水平线段，之后鼠标依次框选水平线的右端和垂直线 HG 的下端，将两线切齐到 G1 点。过 AF 右侧的两个四等分点画垂线到袖山弧线，并将其切齐到水平线 A1G1。

（5）选中【智能笔】工具，将袖中线在 F1 位置切断，袖山弧线在 H 点切断，后袖缝线在 A1 点切断。以上操作如图 4—193 所示。

（6）选中【橡皮擦】工具，将袖肥线 AC 和等分线标删除。选中【智能笔】工具，过 G1 点画水平线 G1C1 到前袖缝线 CD，如图 4—194 所示。

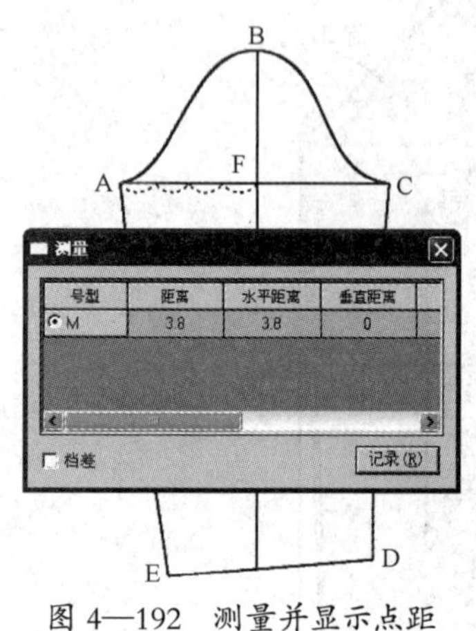

图 4—192　测量并显示点距

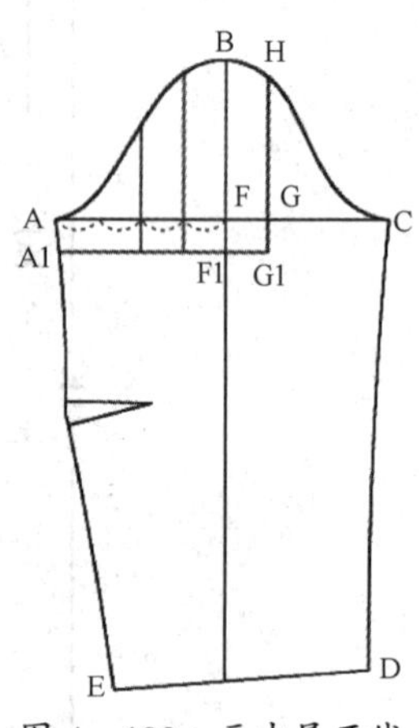

图 4—193　画出展开线

（7）选中【褶展开】工具，鼠标框选结构线，右键单击，然后依次单击袖山曲线 ABH、线段 A1G1 和垂直线 HG1、BF1、IJ、KL，将其分别选为上段折线、下段折线和展开线，鼠标在框选的结构线右侧右键单击，弹出【结构线 刀褶 / 工字褶展开】对话框，输入上段褶展开量值“2”、下段褶展开量值“4”，结构线展开，如图 4—195 所示，单击【确定】按钮即可。

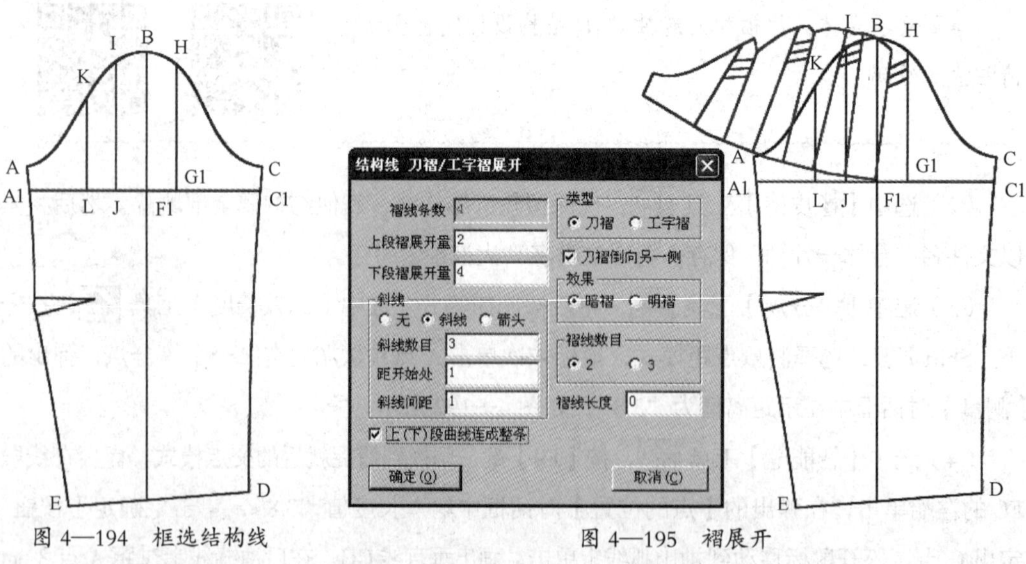

图 4—194　框选结构线

图 4—195　褶展开

（8）选中【智能笔】工具，参照图 4—190，画出曲线 AMC 和 G1A1，如图 4—196 所示。选中【剪刀】工具，生成袖子纸样，如图 4—197 所示。

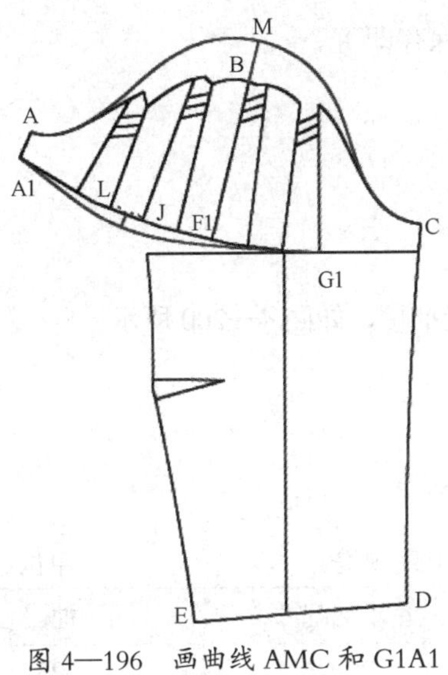

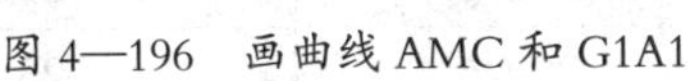
图 4—196　画曲线 AMC 和 G1A1

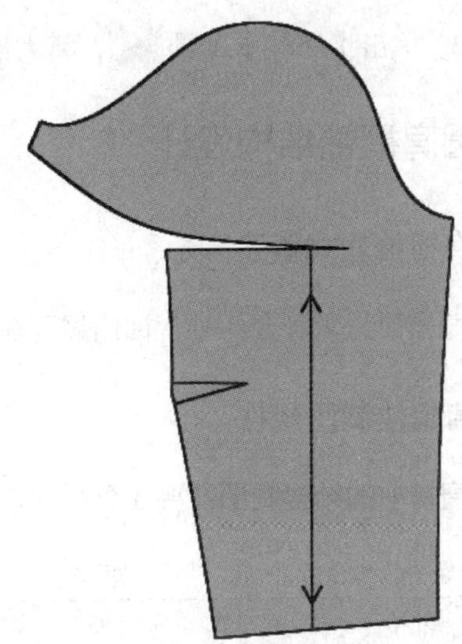
图 4—197　袖子纸样

（9）按【Ctrl+F】键，显示纸样上的放码点。选中【智能笔】工具，过 G1 点水平画出内线 G1G2。

（10）选中【设计工具栏】中的【设置线的颜色类型】工具，鼠标单击【快捷工具栏】中的【线类型】选择框的下拉按钮，选择线类型为虚线，之后鼠标在线段 G1G2 上单击，将其设为虚线。

（11）选中【纸样工具栏】中的【绗缝线】工具，鼠标单击 G2 点，移动鼠标到前袖缝线上单击定一点，再单击 D 点，选中前袖缝线，之后单击 W 点，再单击 E 点，选中袖口线 DE，同样的方法选中其他线段，最后回到 G2 点单击。接着鼠标依次单击 D 点和 G2 点，弹出【绗缝线】对话框，对话框设置如图 4—198 所示，单击【确定】按钮，绗缝线画出，如图 4—199 所示。

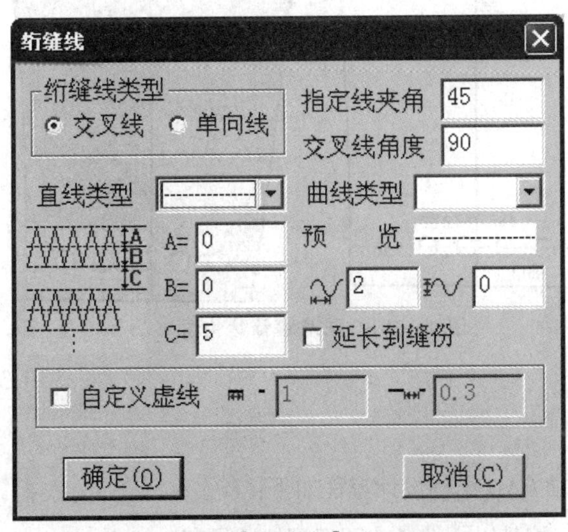

图 4—198　【绗缝线】对话框

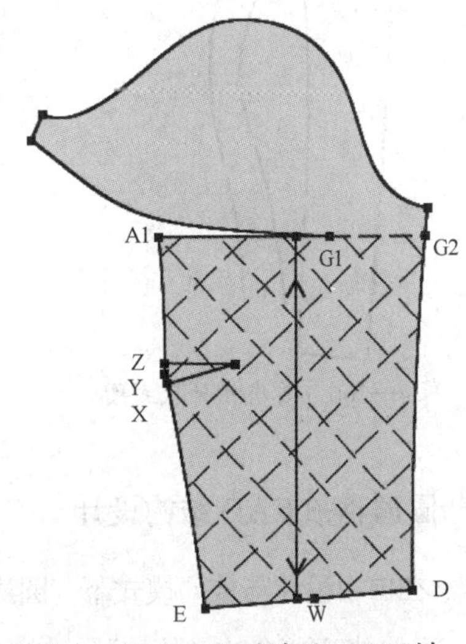

图 4—199　加绗缝线的袖子纸样

（12）单击【保存】工具 ，将大泡袖纸样保存即可。

六、圆肩褶袖结构设计

1. 圆肩褶袖款式概述

圆肩褶袖为紧身合体袖，袖山展开在肩头断缝抽褶，如图 4—200 所示。

2. 圆肩褶袖制图规格

圆肩褶袖的结构制图需要 3 个尺寸，见表 4—9。

表 4—9　圆肩褶袖制图规格　　单位：cm

部位	袖长	基本袖肥	袖口
规格	56	30	23

3. 圆肩褶袖基本纸样结构和变化

圆肩褶袖的基本纸样结构和变化如图 4—201 所示。

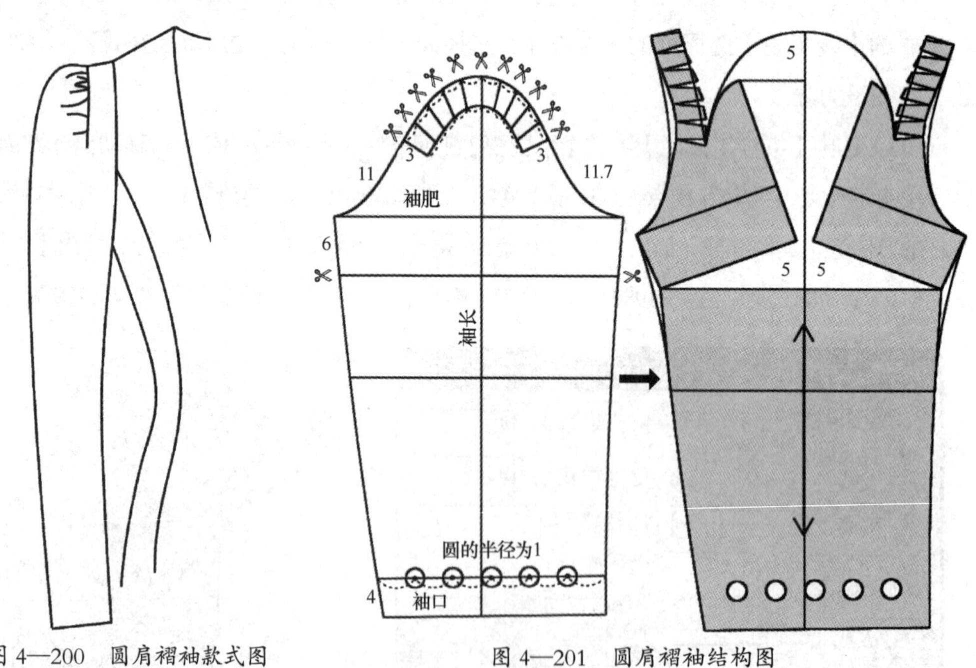

图 4—200　圆肩褶袖款式图　　图 4—201　圆肩褶袖结构图

4. 圆肩褶袖 CAD 结构设计

在自由设计与放码模式下，圆肩褶袖 CAD 结构设计流程如下：

（1）打开“合体一片袖”纸样文件，将其以文件名“圆肩褶袖”另存。

提个醒

想要观看圆肩褶袖 CAD 结构设计完整视频，请扫描二维码。

（2）选中【设计工具栏】中的【关联 / 不关联】工具，按一下【Shift】键，选择不关联模式，鼠标依次单击线段 FG1 和 G1G2，取消两段线的关联性。

（3）选中【调整】工具，将 G1 点移到 G 点位置。选中【橡皮擦】工具，将不要的结构线删除。选中【智能笔】工具，直线连接 E 点和距后袖口 F 点 1.5 cm 的 F1 点，之后将后袖缝线和袖中线切齐到袖口 EF1，如图 4—202 所示。

（4）选中【智能笔】工具，按住【Shift】键，向下平行距离 6 cm，画出袖肥线 AC 的相交平行线 HI。选中【点】工具，分别距 A 点 11 cm、距 C 点 11.7 cm，在袖山弧线上定出 J 、K 两点。选中【剪断线】工具，将袖山弧线在 J、K 两点切断，再将曲线 JB 和 BK 接成一条整线。选中【智能笔】工具，向下 3 cm，画曲线 JBK 的平行线 J1B1K1，并将 J 点与 J1 点、K 点与 K1 点直线连接，如图 4—203 所示。

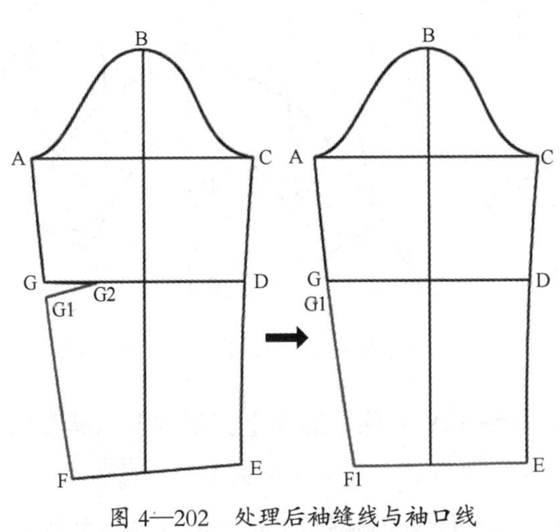

图 4—202　处理后袖缝线与袖口线

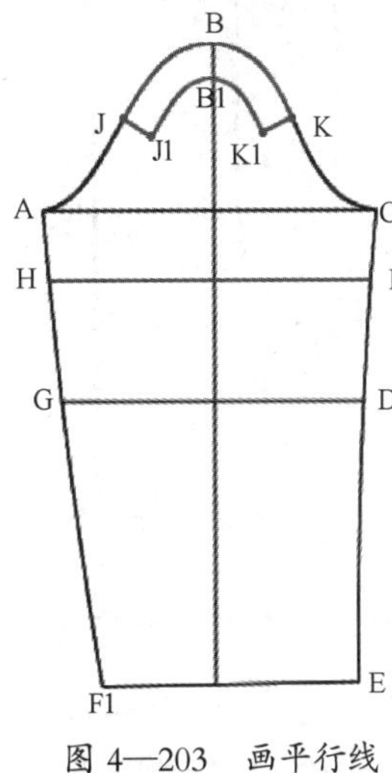

图 4—203　画平行线

（5）选中【剪断线】工具，将曲线 JBK 在 B 点切断，将曲线 J1B1K1 在 B1 点切断。选中【移动】工具，将多边形 JBKK1B1J1 复制一份。

（6）选中【分割、展开、去除余量】工具，鼠标框选线段 JB 和 J1B1，右键单击，然后依次单击线段 JB 和 J1B1，将其分别选为不伸缩线、伸缩线，鼠标在框选的线段下方右键单击，弹出【单向展开或去除余量】对话框，输入平均伸缩量值“0.7”，结构线展开，如图 4—204 所示，单击【确定】按钮即可。

（7）选中【旋转】工具，按一下【Shift】键，取消复制功能，J 点为旋转中心，旋转宽度 0.7 cm，将展开的多边形 JBB1J1 向外旋转，如图 4—205 所示。

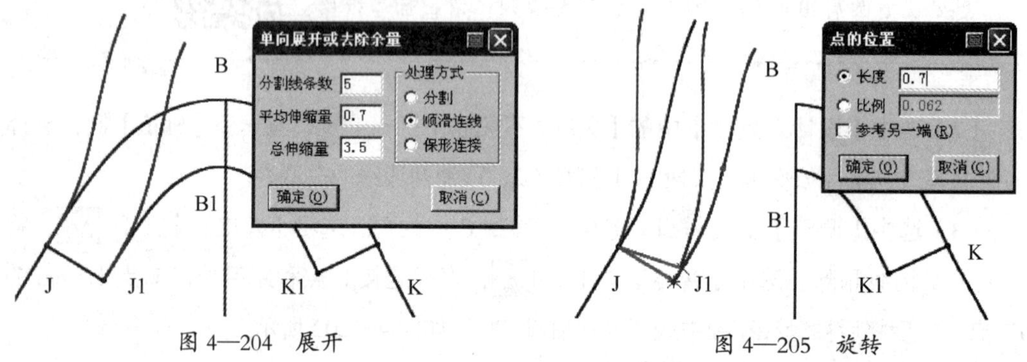

图 4—204　展开　　图 4—205　旋转

（8）同样的方法，展开并旋转多边形 BKK1B1，如图 4—206 所示。选中【智能笔】工具，补画展开旋转后的多边形的 BB1 边。选中【移动】工具，按一下【Shift】键，取消复制功能，将复制的多边形 JBKK1B1J1 移回原来位置，如图 4—207 所示。

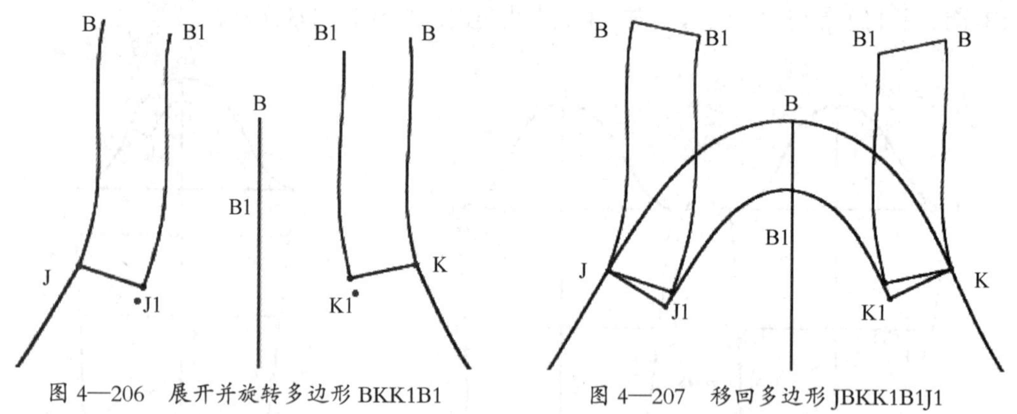

图 4—206　展开并旋转多边形 BKK1B1　　图 4—207　移回多边形 JBKK1B1J1

（9）选中【橡皮擦】工具，将曲线 JBK 删除。选中【剪断线】工具，在 B1、I、H、M 和 N 点将线切断，如图 4—208 所示。选中【旋转】工具，旋转宽度 5 cm，将结构线旋转展开，并用【智能笔】工具补画线段 HM、MI、B1M，如图 4—209 所示。

（10）选中【智能笔】工具，过 B1 点画水平线，之后将该水平线与袖中线在 B2 点切齐。过 B2 点向上 5 cm 画垂直线 B2X。接着画出曲线 GA、AB、B1J1、B1K1、BC 和 CD，并用【调整】工具将曲线调圆顺，如图 4—210 所示。

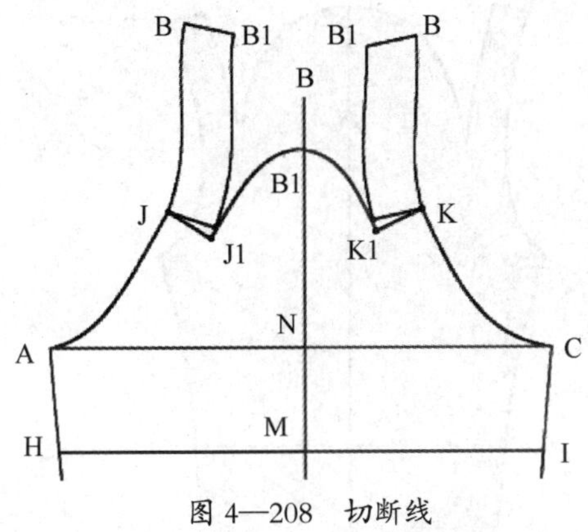

图 4—208　切断线

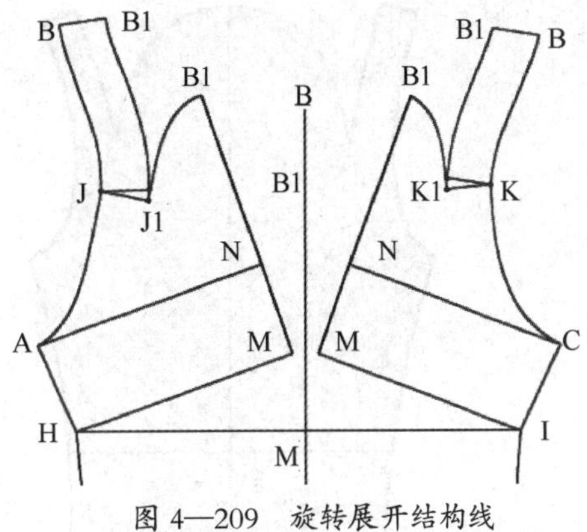

图 4—209　旋转展开结构线

（11）选中【橡皮擦】工具，删除部分结构线。选中【智能笔】工具，按住【Shift】键，向上 4 cm，画袖口线 EF1 的相交平行线 E1F2。选中【等分规】工具，将线段 E1F2 六等分。选中【CR 圆弧】工具，按一下【Shift】键，切换到画圆功能，半径 1 cm，过等分点画五个圆，如图 4—211 所示。

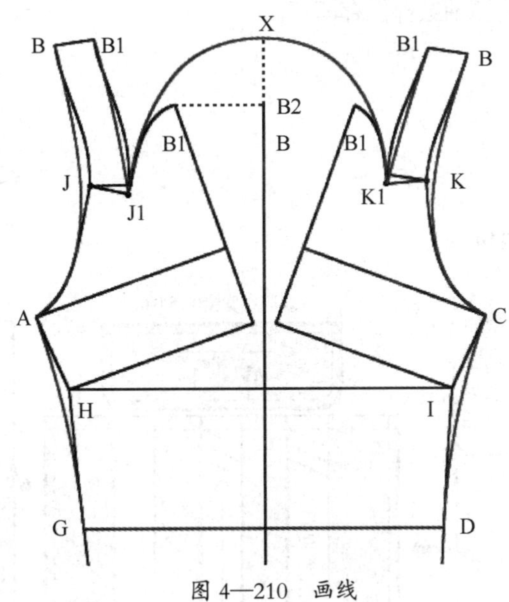

图 4—210　画线

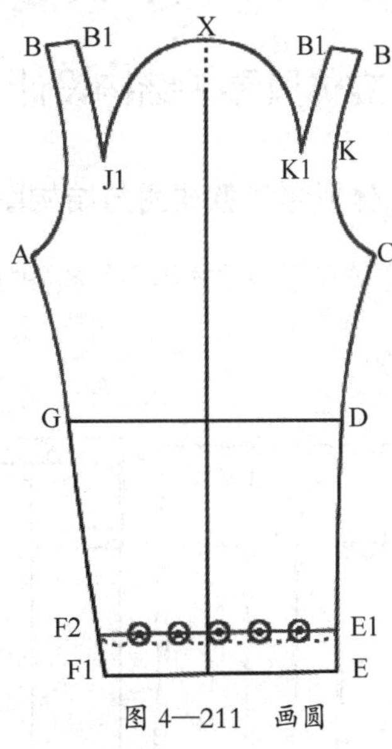

图 4—211　画圆

（12）选中【调整】工具，适当调整 B1 点的位置，确保 BB1 垂直于两边。选中【橡皮擦】工具，将线段 E1F2 和等分线标删除。选中【剪刀】工具，框选生成袖子纸样，如图 4—212 所示。选中【设计工具栏】中的【拾取内轮廓】工具，鼠标在袖子纸样从左向右的第一个圆上单击，右键单击，开出第一个圆孔，同样的方法开出其他圆孔，如图 4—213 所示。

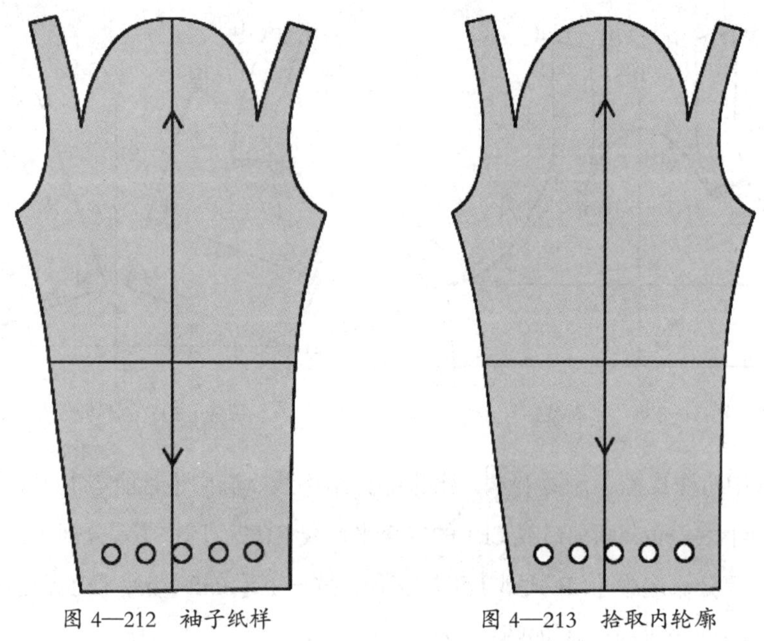

图 4—212 袖子纸样　　图 4—213 拾取内轮廓

（13）单击【保存】工具 ，将圆肩褶袖纸样保存即可。

七、立体风琴袋结构设计

1. 立体风琴袋款式图与结构图

立体风琴袋款式图与结构图如图 4—214 所示。

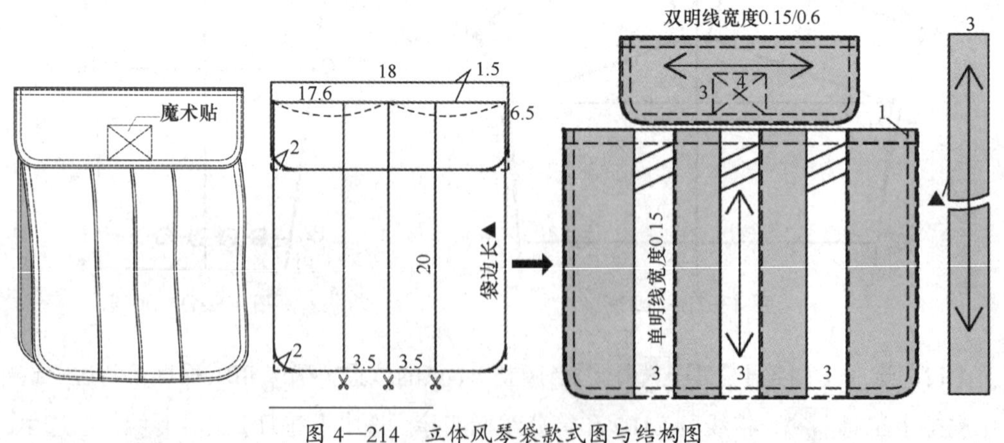

图 4—214 立体风琴袋款式图与结构图

2. 立体风琴袋制图规格

立体风琴袋制图需要 5 个尺寸，见表 4—10。

表 4—10　立体风琴袋制图规格　单位：cm

部位	袋盖长	袋盖宽	袋长	袋宽	袋条宽
规格	18	6.5	20	17.6	3

3. 立体风琴袋 CAD 结构设计

在自由设计与放码模式下，立体风琴袋 CAD 结构设计流程如下：

（1）新建一个工作画面。参照图 4—214，用【矩形】工具、【智能笔】工具、【点】工具和【等分规】工具画出基本图形，如图 4—215 所示。

提个醒

想要观看立体风琴袋 CAD 结构设计完整视频，请扫描二维码。

（2）选中【移动】工具，将口袋结构线复制一份；选中【橡皮擦】工具，仅保留一份袋盖结构线和一份口袋结构线，其他结构点、线全部删除。

（3）选中【设计工具栏】中的【圆角】工具，鼠标依次单击线段 AD 和 CD，松开鼠标移动到两线夹角内单击，弹出【顺滑连角】对话框，输入线条 1 的值“2”，单击【确定】按钮，画出圆角，如图 4—216 所示。同样的方法画出其他圆角，如图 4—217 所示。

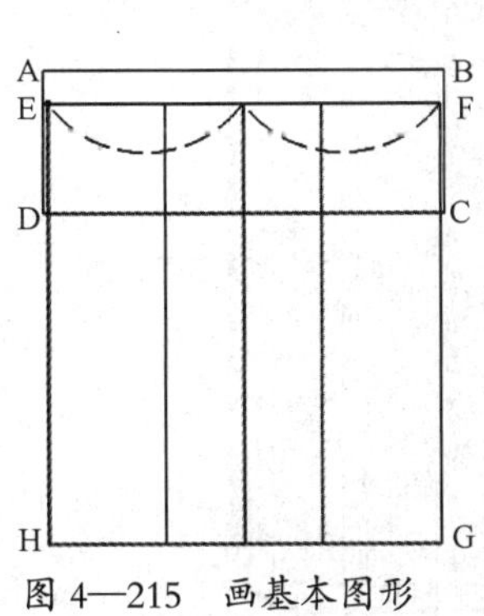

图 4—215　画基本图形

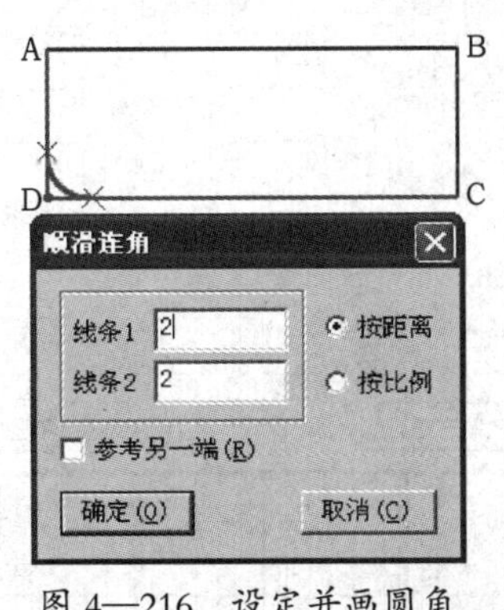

图 4—216　设定并画圆角

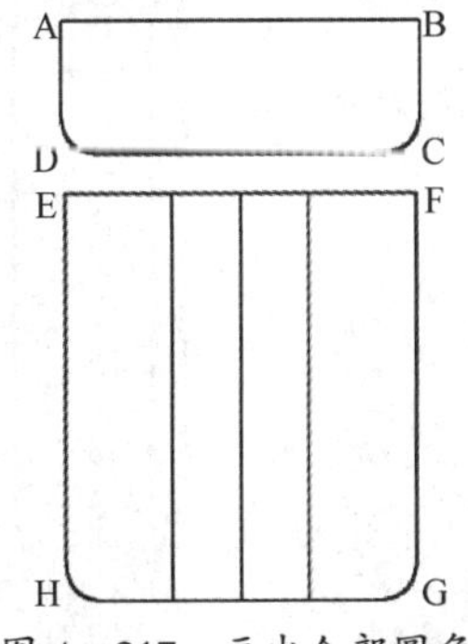

图 4—217　画出全部圆角

（4）选中【褶展开】工具，褶展开量“3”，将口袋结构线展开，如图 4—218 所示。

（5）选中【剪刀】工具，框选生成袋盖和口袋纸样，选中【布纹线】工具，鼠标移到袋盖纸样的布纹线上右键单击两次，将其调成水平，如图 4—219 所示。

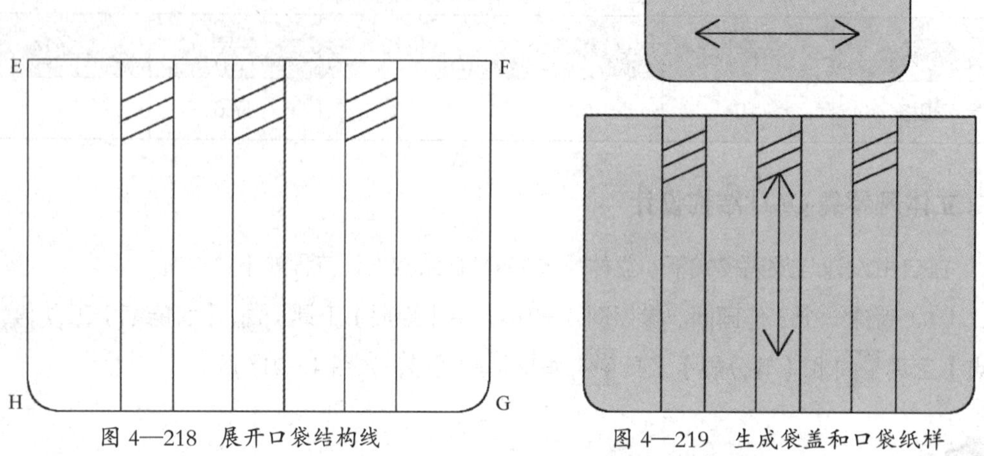

图 4—218 展开口袋结构线

图 4—219 生成袋盖和口袋纸样

（6）选中【智能笔】工具，距离 0.15 cm，画出口袋纸样三个褶右侧的平行线。选中【设置线的颜色类型】工具，鼠标单击【快捷工具栏】中的【线类型】选择框中的下拉按钮，选择线类型为虚线，之后鼠标在画出的三条平行线上单击，将其设为虚线。

（7）选中【缝迹线】工具，鼠标单击口袋纸样的袋口线 EF，右键单击，弹出【缝迹线】对话框，在对话框中选择直线类型为“单虚线”，【A1】输入框中输入值“1”，单击【确定】按钮，画出袋口的单明线。再依次单击选中所有袋边线，右键单击，弹出的【缝迹线】对话框设置如图 4—220 所示，单击【确定】按钮，画出袋边的双明线。

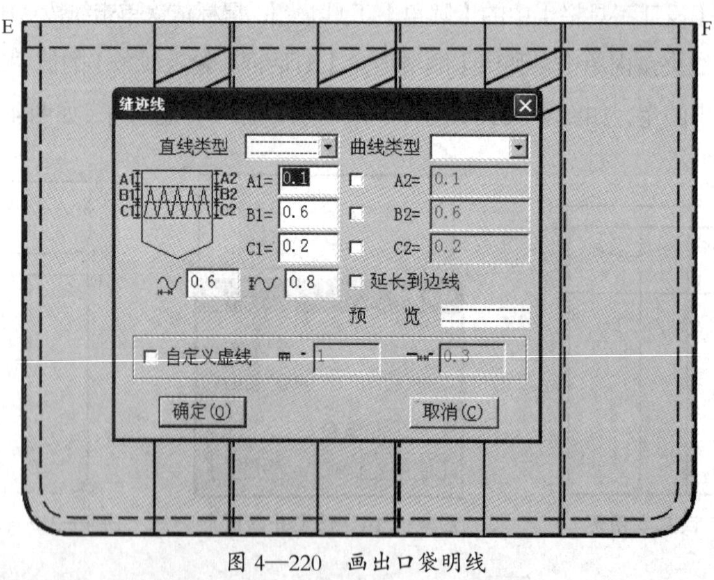

图 4—220 画出口袋明线

（8）同样的方法画出袋盖的双明线。选中【智能笔】工具，参照图 4—214，画出魔术贴的位置线，如图 4—221 所示。

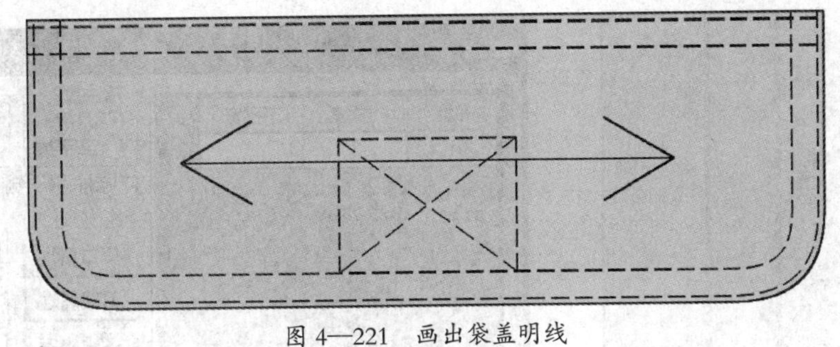

图 4—221 画出袋盖明线

（9）鼠标单击【快捷工具栏】中的【线类型】选择框的下拉按钮，选择线类型为实线。选中【设计工具栏】中的【比较长度】工具，鼠标依次单击口袋袋边线 FGHE，测得其长度值为“65”。

（10）选中【纸样】菜单下的【做规则纸样】命令（或按【Ctrl+T】键），弹出【创建规则纸样】对话框，对话框设置如图 4—222 所示，单击【确定】按钮，生成袋条纸样。

（11）单击【保存】工具，将立体风琴袋纸样保存即可。

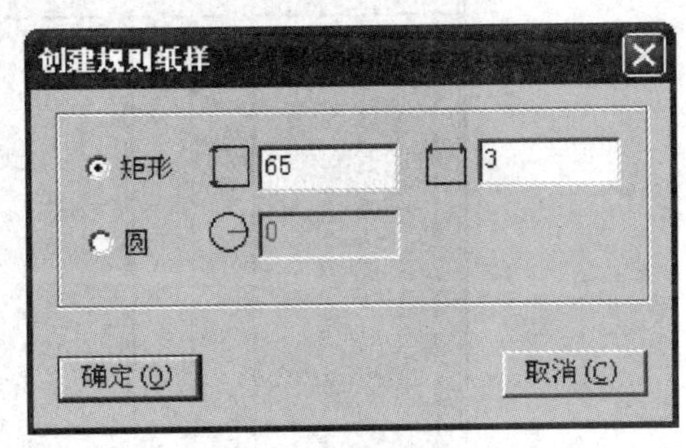

图 4—222 【创建规则纸样】对话框

操作提示

口袋上的褶裥也可按如下方式制作：

（1）口袋结构线圆角画出后，用【剪刀】工具框选生成纸样，再用【智能笔】工具，距离 0.15 cm，在三条内线的右侧画平行线，并用【设置线的颜色类型】工具将其设为虚线，如图 4—223 所示。

（2）选中【纸样工具栏】中的【褶】工具，鼠标依次单击三条内线，右键单击，弹出【褶】对话框，对话框设置如图 4—224 所示，单击【确定】按钮，右键单击，画出褶裥。

（3）按【Ctrl+F】键，显示纸样放码点。选中【缝迹线】工具，鼠标在袋口点 E 上按下左键拖动到 F 点上松开，弹出【缝迹线】对话框，直线类型设为“单虚线”，A1 宽度值设为“1”，画出袋口单明线；鼠标在袋口点 F 上按下左键拖动到 E 点上松开，弹出【缝迹线】对话框，直线类型设为“双虚线”，A1 宽度值设为“0.15”，B1 宽度值设为“0.6”，画出袋边双明线，如图 4—225 所示。

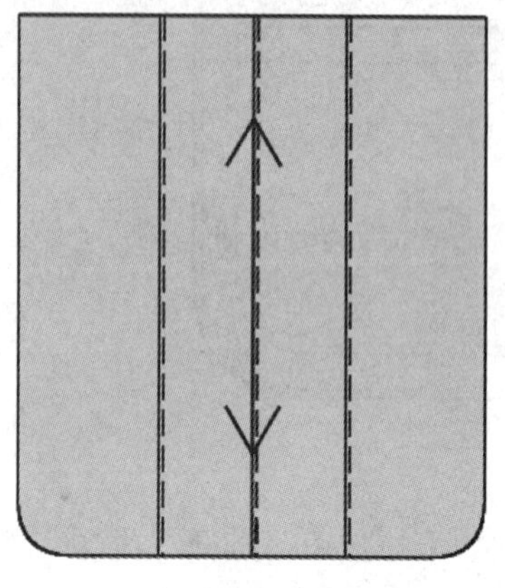

图 4—223　画平行虚线

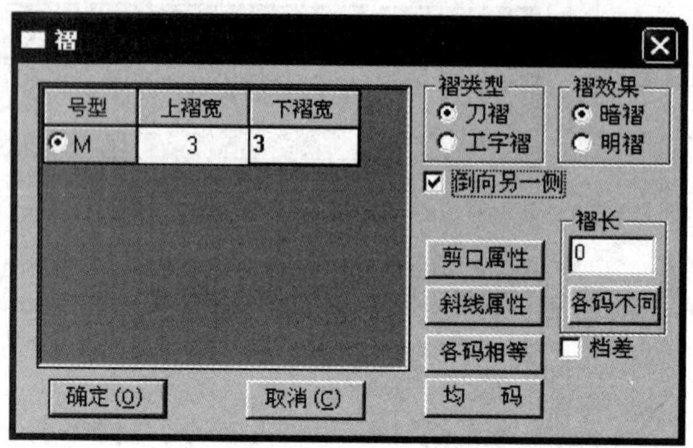

图 4—224　【褶】对话框

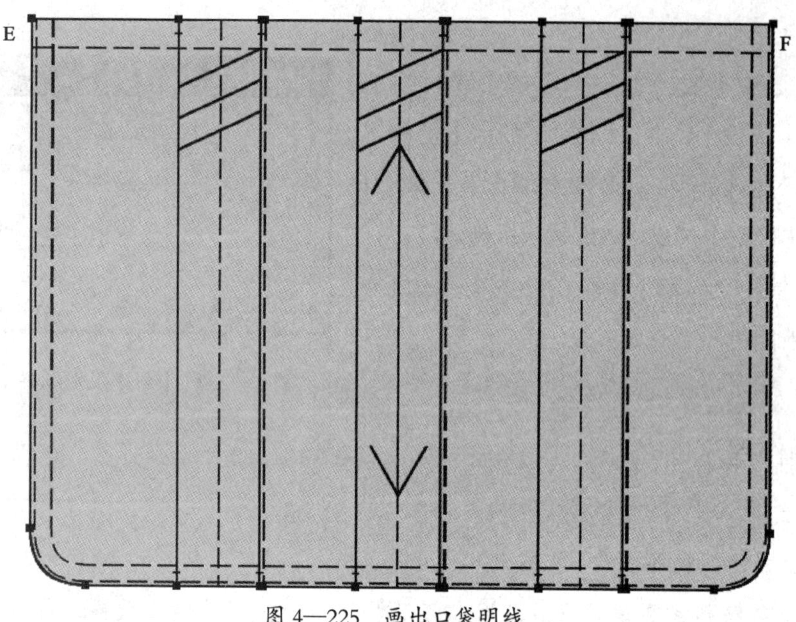

图 4—225　画出口袋明线

（4）按【Ctrl+F】键，隐藏纸样放码点。

八、多省袋结构设计

1. 多省袋款式图与结构图

多省袋款式图与结构图如图 4—226 所示。

2. 多省袋制图规格

多省袋制图需要 7 个尺寸，见表 4—11。

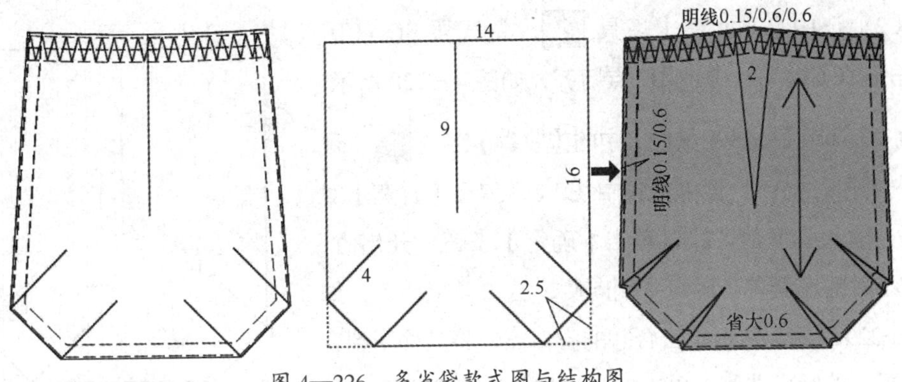

图 4—226　多省袋款式图与结构图

表 4—11　多省袋制图规格　　单位：cm

部位	袋长	袋宽	短省大	短省长	长省大	长省长	袋斜切角
规格	16	12	0.6	4	2	9	2.5

3. 多省袋 CAD 结构设计

在自由设计与放码模式下，多省袋 CAD 结构设计流程如下：

（1）新建一个工作画面。选中【矩形】工具，长 16 cm（袋长）、宽 12 cm（袋宽），画一个长方形 ABCD。选中【智能笔】工具，过 AB 的中点向下 9 cm（长省长）画垂直线 EF，分别距 C、D 两点的水平、垂直距离为 2.5 cm（袋斜切角）画斜线 C1C2、D1D2。选中【角度线】工具，长 4 cm（短省长），分别做 C1C2、D1D2 垂线，画出省中线 C1G、C2H、D1I 和 D2J，如图 4—227 所示。

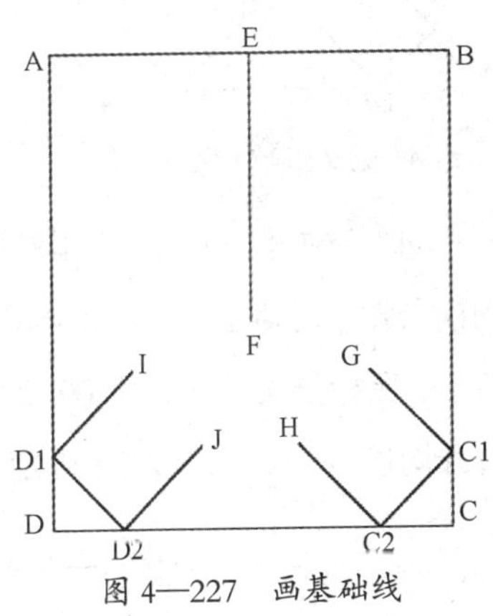

图 4—227　画基础线

提个醒

想要观看多省袋 CAD 结构设计完整视频，请扫描二维码。

（2）选中【智能笔】工具，将线段 BC、CD、DA 分别在 C1、C2、D1、D2 点切齐，如图 4—228 所示。

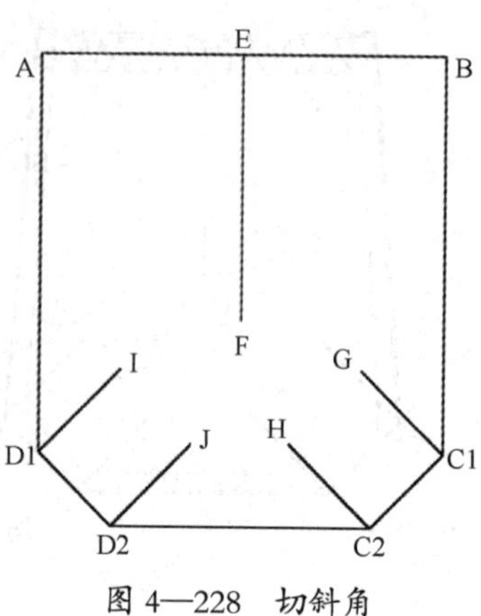

图 4—228　切斜角

（3）选中【设计工具栏】中的【收省】工具，鼠标单击开省线 AB，再单击省中线 EF，弹出【省宽】对话框，输入省宽值“2”，单击【确定】按钮，开出省，鼠标在省的左侧单击确定省倒向侧，省口模拟闭合，如图 4—229 所示，鼠标单击合并的省口点，将其移动到合适位置，然后在曲线上单击加点，将袋口线调圆顺，如图 4—230 所示，右键单击，画出袋口省，如图 4—231 所示。

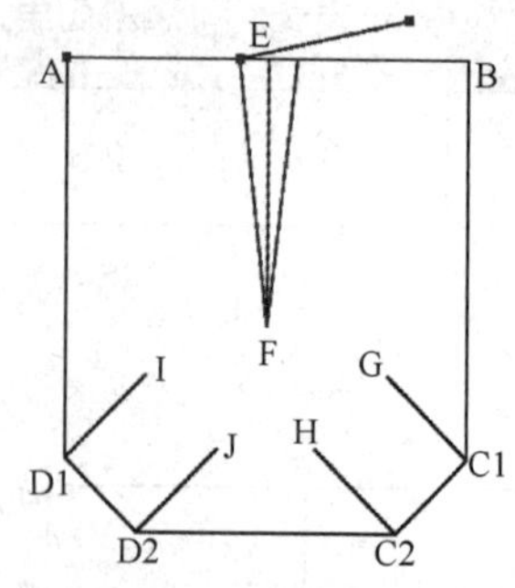

图 4—229　省口模拟闭合

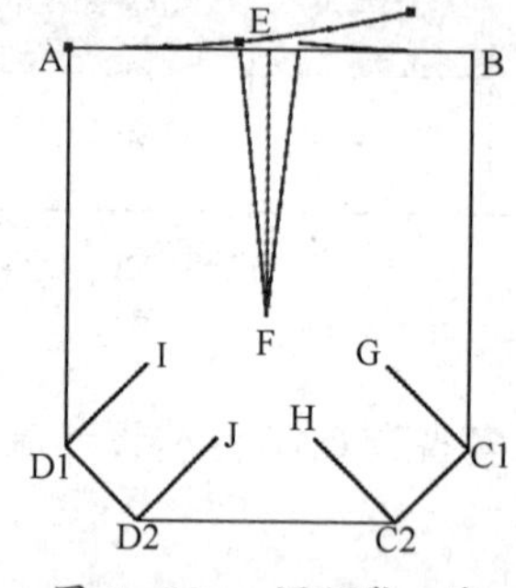

图 4—230　调顺袋口线

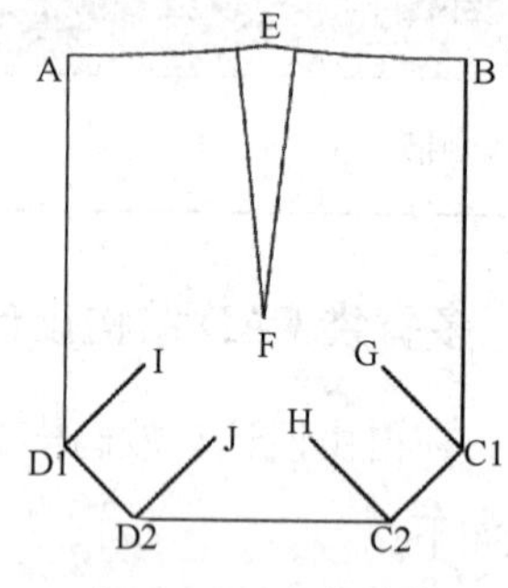

图 4—231　省画出

（4）选中【插入省褶】工具，鼠标依次单击线段 AD1 和 D1I，右键单击，弹出【指定线的插入省】对话框，输入展开均量值“0.6”，单击【确定】按钮，画出省 D1ID3，如图 4—232 所示。鼠标依次单击线段 D2C2 和 D2J，右键单击，弹出【指定线的插入省】对话框，输入展开均量值“0.6”，单击【确定】按钮，画省 D2JD4，如图 4—233 所示。

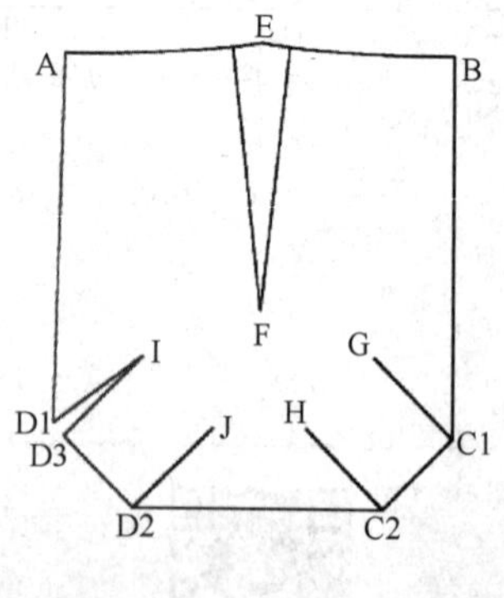

图 4—232　插入一个省

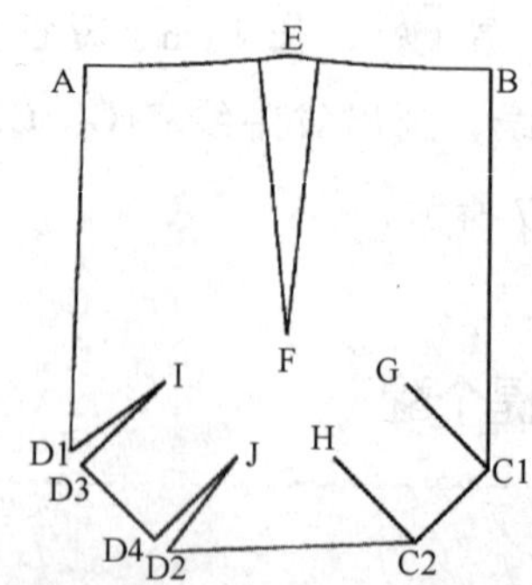

图 4—233　插入两个省

（5）同样的方法插入另一侧的省，如图 4—234 所示。

（6）选中【设计工具栏】中的【加省山】工具，鼠标依次单击线段 AD1、D1I、ID3 和 D3D4，加出第一个省山。鼠标依次单击线段 C2D2、D2J、JD4 和 D3D4，加出第二个省山。同样的方法加出另一侧的省山，如图 4—235 所示。

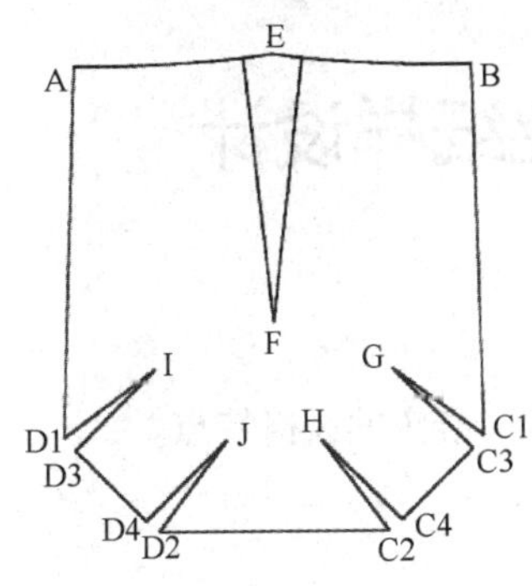

图 4—234　插入四个省

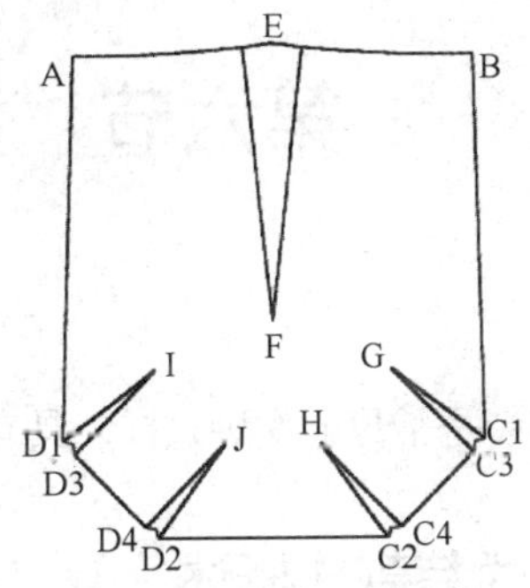

图 4—235　加省山

（7）选中【剪刀】工具，框选生成口袋纸样。

（8）按【Ctrl+F】键，显示纸样放码点。选中【缝迹线】工具，鼠标在袋口点 A 上按下左键拖动到 B 点上松开，弹出【缝迹线】对话框，设置如图 4—236 所示，画出袋口装饰明线，如图 4—237 所示。鼠标在袋口点 B 上按下左键拖动到 A 点上松开，弹出【缝迹线】对话框，直线类型设为“双虚线”，A1 宽度值设为“0.15”，B1 宽度值设为“0.6”，画出袋边双明线。按【Ctrl+F】键，隐藏纸样放码点，如图 4—238 所示。

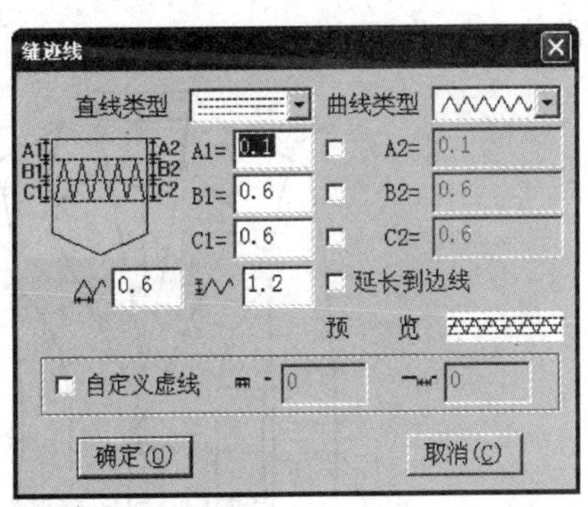

图 4—236【缝迹线】对话框

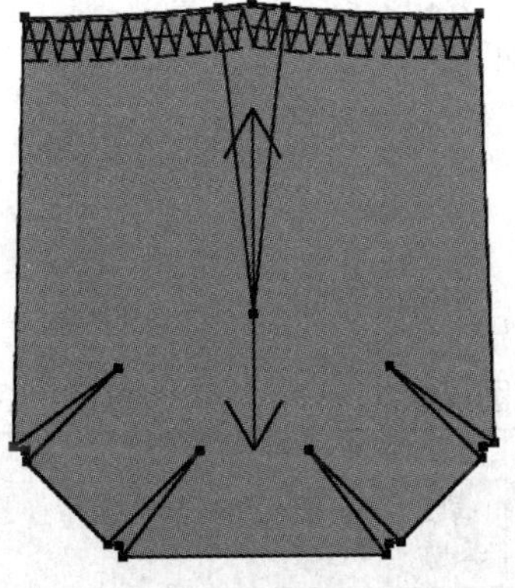
图 4—237　画袋口装饰明线

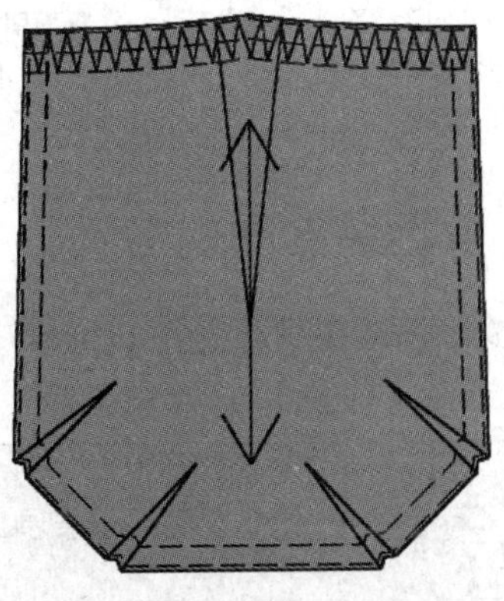
图 4—238　画袋边双明线

（9）单击【保存】工具，将多省袋纸样保存即可。

第六节 女西装工业纸样设计

女西装是常见的女装式样，具有简约、干练、优雅、端庄的风格特点。

一、女西装款式概述

该款女西装为八字平驳头，单排两粒扣，直下摆，前、后开刀背缝，前片左右两侧开双嵌条口袋，小圆角袋盖，后片在后中开缝，圆装袖，袖口做假袖衩，两粒装饰扣，如图 4—239 所示。

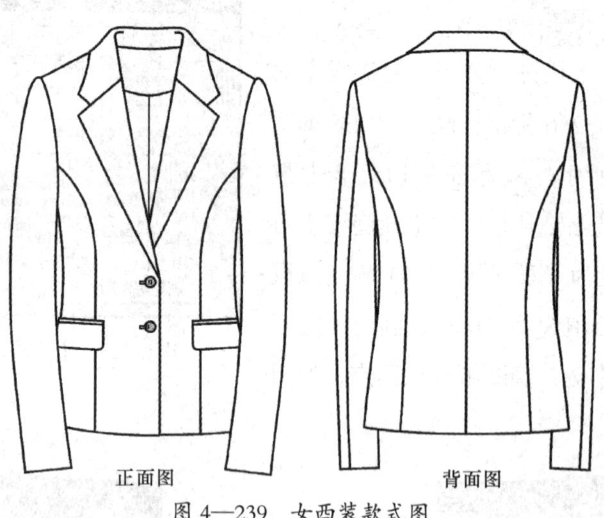

图 4—239 女西装款式图

二、女西装制图规格

女西装结构制图需要 11 个尺寸，见表 4—12。

表 4—12 女西装制图规格 单位：cm

部位 号型	领围	胸围	腰围	臀围	肩宽	衣长	背长	袖长	袖口	前宽	背宽
155/80A（S）	46.5	90	75	92.5	40	59	36	56.5	12.5	16.4	17.9

续表

号型＼部位	领围	胸围	腰围	臀围	肩宽	衣长	背长	袖长	袖口	前宽	背宽
160/84A（M）	47.5	94	79	96.5	41	61	37	58	13	17	18.5
165/88A（L）	48.5	98	83	100.5	42	63	38	59.5	13.5	17.6	19.1
档差	1	4	4	4	1	2	1	1.5	0.5	0.6	0.6

三、女西装基本纸样结构

女西装基本纸样结构如图 4—240、图 4—241 所示。

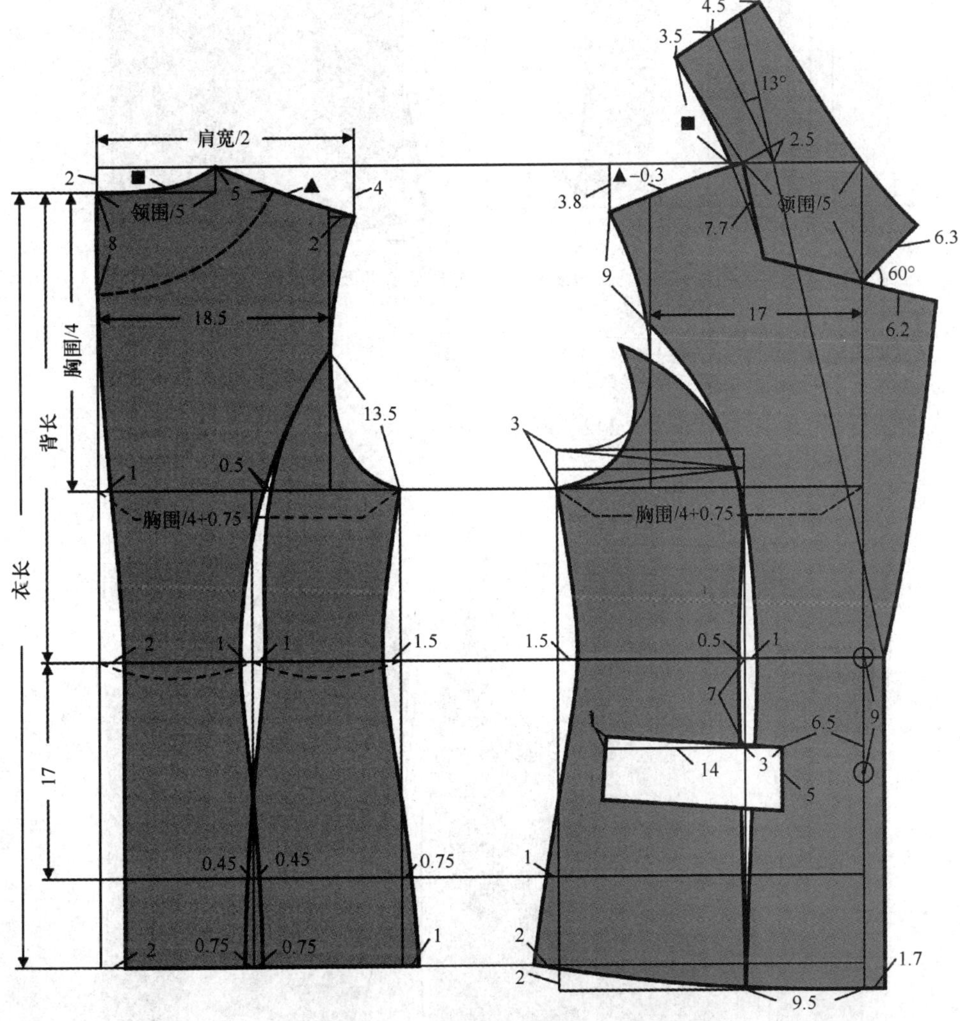

图 4—240　女西装大身与领子结构图

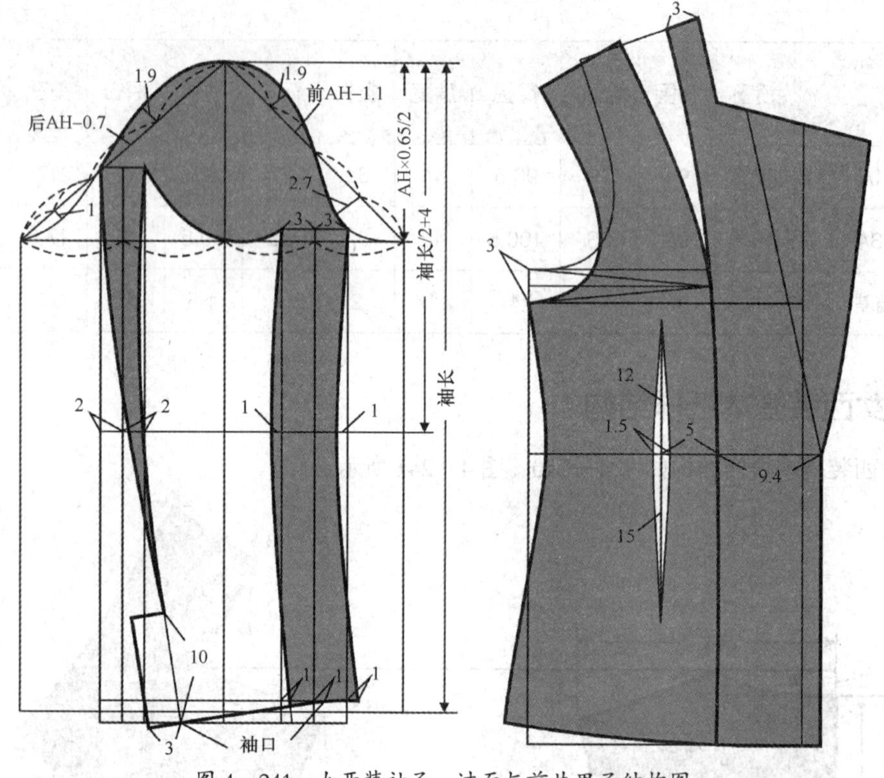

图 4—241　女西装袖子、过面与前片里子结构图

四、女西装基础工业纸样

女西装基础工业纸样如图 4—242、图 4—243 所示。

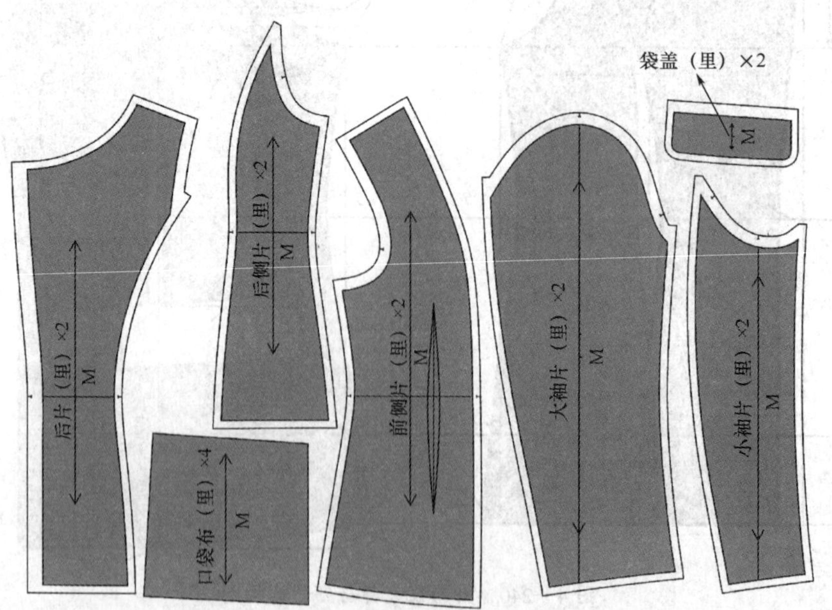

图 4—242　女西装里子基础工业纸样

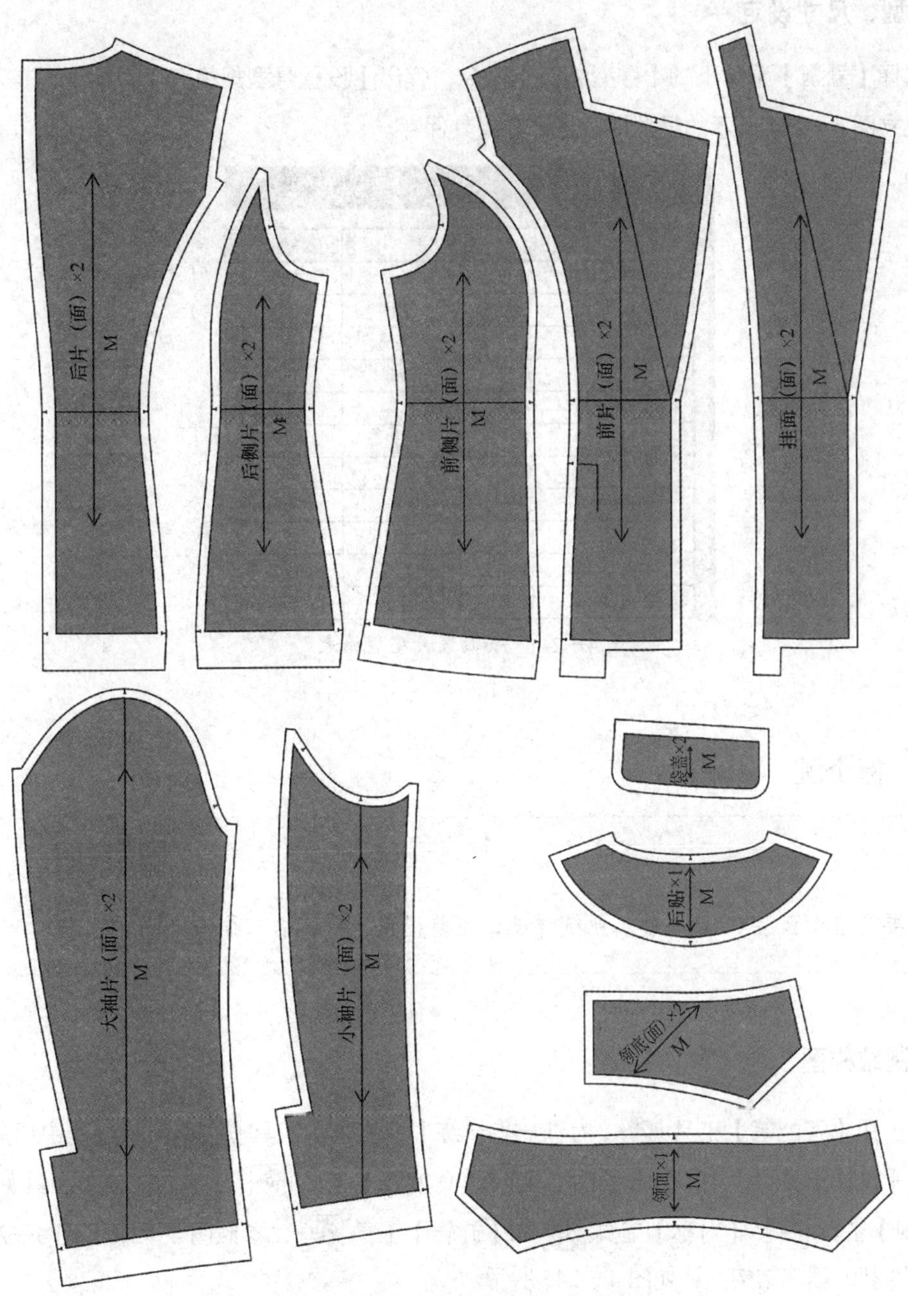

图 4—243　女西装面料基础工业纸样

五、女西装 CAD 基础工业纸样设计

在自由设计与放码模式下，女西装 CAD 基础工业纸样设计流程如下：

1. 号型、尺寸设定

选择【号型】菜单下的【号型编辑】命令，弹出【设置号型规格表】对话框，在对话框中建立图 4—244 所示的号型规格表，并将其保存。

设置号型规格表

号型名	S	M	L
领围	46.5	47.5	48.5
胸围	90	94	98
腰围	75	79	83
臀围	92.5	96.5	100.5
肩宽	40	41	42
衣长	59	61	63
背长	36	37	38
袖长	56.5	58	59.5
袖口	12.5	13	13.5
前宽	16.4	17	17.6
背宽	17.9	18.5	19.1

图 4—244 女西装号型规格表

提个醒

想要观看女西装 CAD 基础工业纸样设计完整视频，请扫描二维码。

2. 绘制结构图

（1）用【智能笔】工具（为进一步熟练【智能笔】工具，训练过程中尽量不要使用【设计工具栏】中的其他绘图工具）、【角度线】工具、【比较长度】工具、【等分规】工具、【对称】工具和【旋转】工具，参照图 4—240、图 4—241，画出女西装的基本结构图，如图 4—245 所示。

（2）选中【移动】工具，将领子和袋盖结构线复制一份；选中【橡皮擦】工具，将复制的结构线中不需要的删除；选中【旋转】工具，按一下【Shift】键，取消复制功能，将复制过来的领子摆正；选中【对称】工具，按【Shift】键取消复制功能，将摆正的领子垂直向下翻转。

（3）选中【圆角】工具，将复制过来的袋盖结构线进行圆角处理；选中【智能笔】

工具 ，画出口袋布。

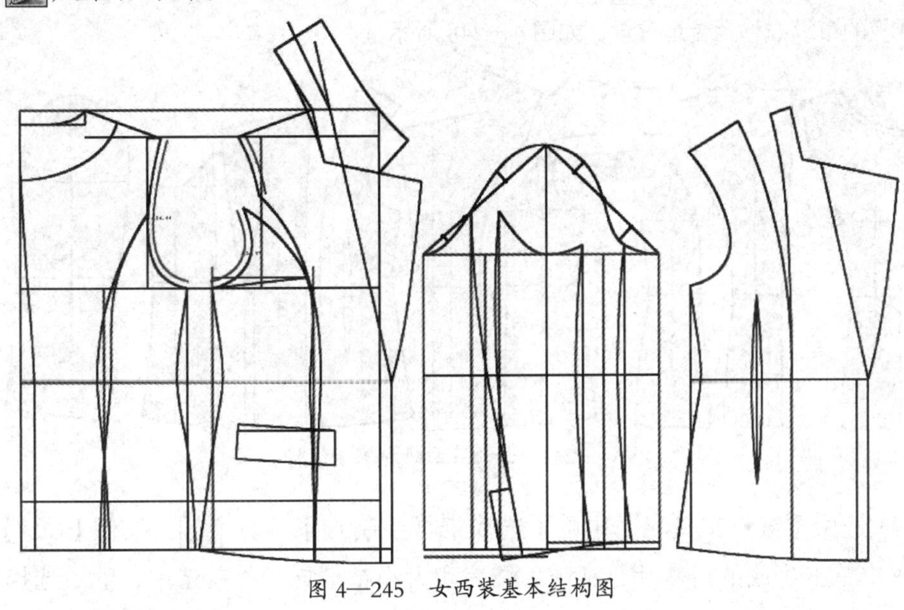

图 4—245　女西装基本结构图

3. 生成样板

（1）选中【选项】菜单下的【系统设置】命令，弹出【系统设置】对话框，单击【缺省参数】选项卡，勾选【显示缝份量】和【自动加缝份】选项，并将自动加缝份值设为“10”，如图 4—246 所示；再单击【布纹设置】选项卡，选择布纹线的缺省方向为“双向_垂直”，如图 4—247 所示，单击【确定】按钮完成设定。

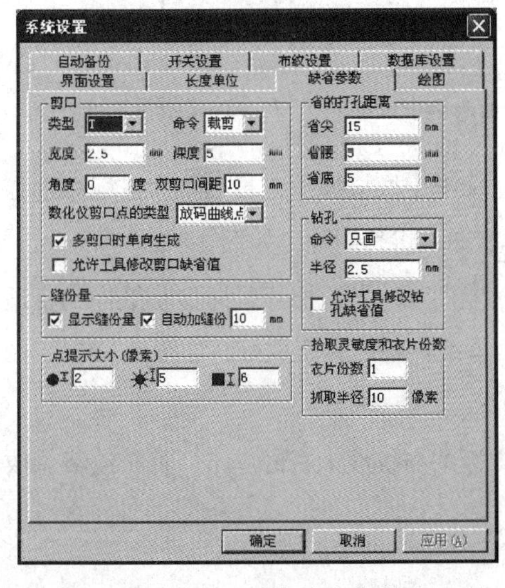

图 4—246　设定缝份宽度

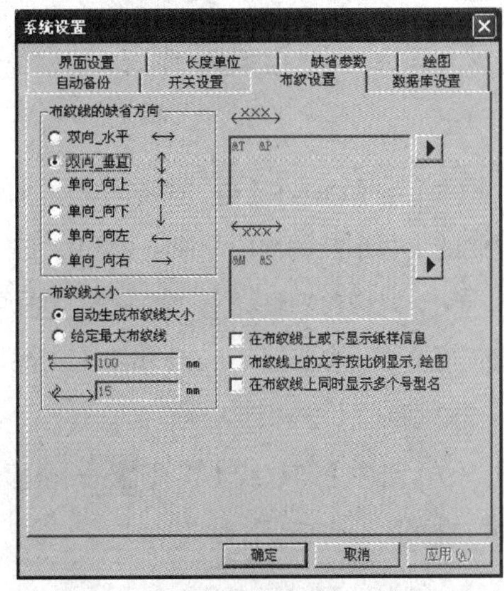

图 4—247　设定布纹线缺省方向

（2）选中【剪刀】工具，生成女西装面料和里子纸样；选中【布纹线】工具，将各样板的布纹线移至合适位置，如图 4—248 所示。

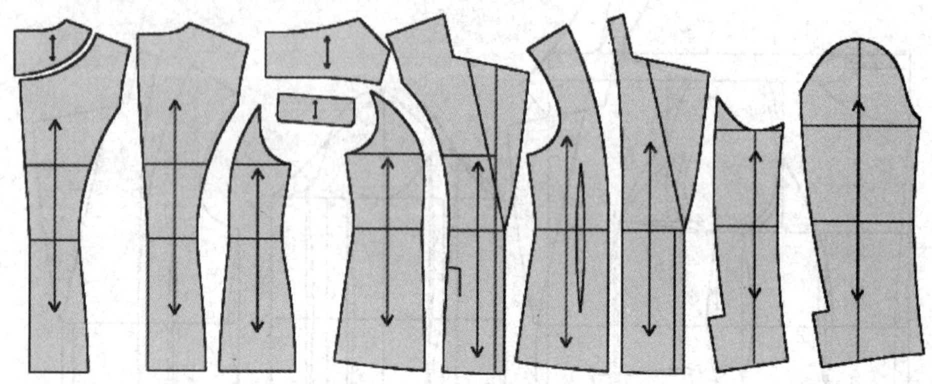
图 4—248 女西装面料和里子纸样

（3）选中【纸样工具栏】中的【选择纸样控制点】工具，按住【Ctrl】键，鼠标依次单击生成的后侧片、领子、袋盖和大小袖纸样，将其选中，然后选择【编辑】菜单下的【复制纸样】命令（或按【Ctrl+C】键），将选中的纸样复制一份，再选择【编辑】菜单下的【粘贴纸样】命令（或按【Ctrl+V】键），将复制的纸样粘贴到工作区。

（4）选中【纸样对称】工具，将后领贴和领子纸样对称展开，如图 4—249 所示。

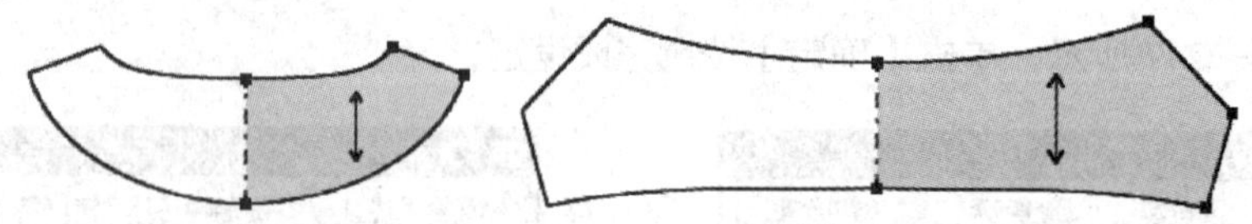
图 4—249 展开的后领贴和领子纸样

（5）按【Ctrl+F】键，显示样板上的放码点。选中【橡皮擦】工具，鼠标分别在复制的大、小袖的袖口开衩点 A、B、C、D 点上单击，将其删除，如图 4—250 所示。

（6）鼠标移到纸样上，按一下【空格】键，光标变成，松开鼠标移动纸样到合适位置再单击。参照图 4—242 和图 4—243，将面、里纸样的位置摆放好，如图 4—251、图 4—252 所示。

（7）选中【布纹线】工具，鼠标在领底样板的布纹线上右键单击，将布纹线调成 45° 斜向。

4. 样板编辑

（1）修改缝份

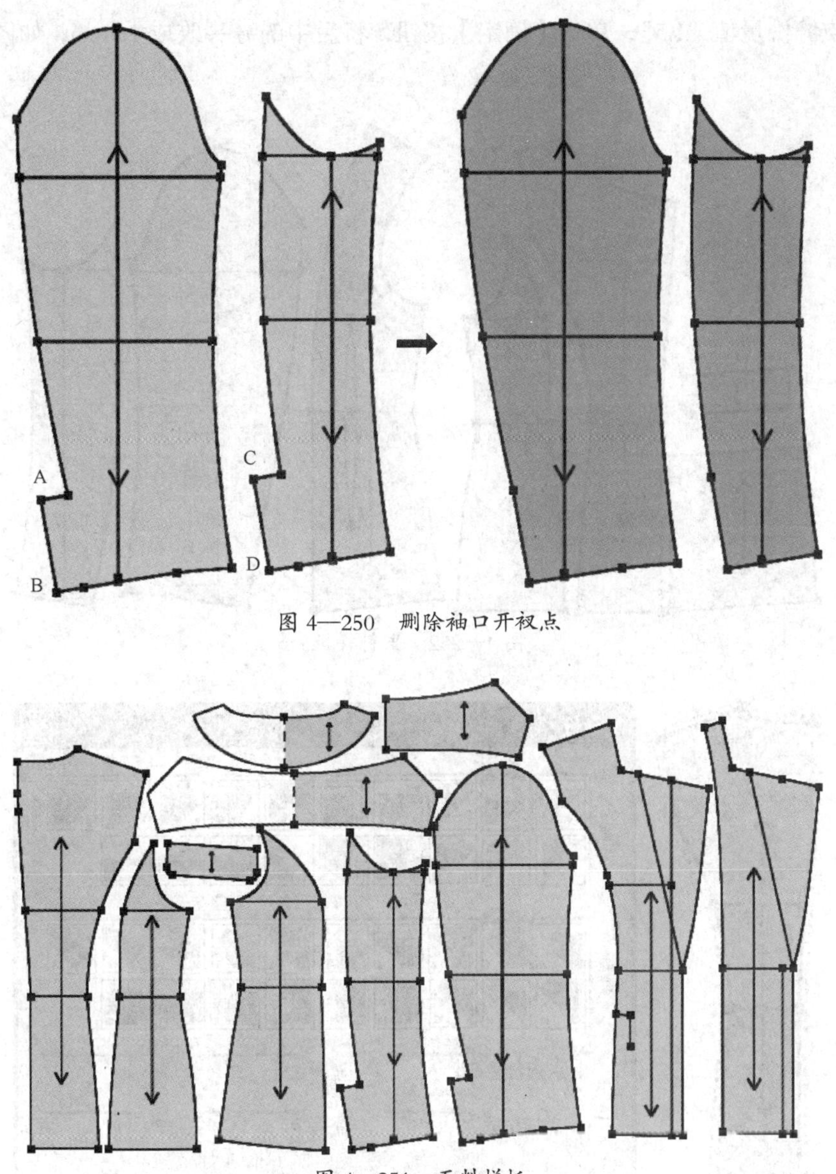

图 4—250　删除袖口开衩点

图 4—251　面料样板

1）按【F7】键，显示纸样缝份，此时所有纸样的缝份按照之前的设定统一为 1 cm。

2）选中【纸样工具栏】中的【加缝份】工具，鼠标在后中片面板的下摆线 AB 上单击，弹出【加缝份】对话框，选择起点缝份拐角类型为“1”、终点缝份拐角类型为“1”，输入起点缝份量值“4”，单击【确定】按钮，将下摆的缝头改成 4 cm，如图 4—253 所示。

3）鼠标移到 B 点上按下左键拖动到后领中点 C 松开，在弹出的【加缝份】对话框中输入起点缝份量值“1.5”，单击【确定】按钮，将后中的缝头改成 1.5 cm，如图 4—254 所示。

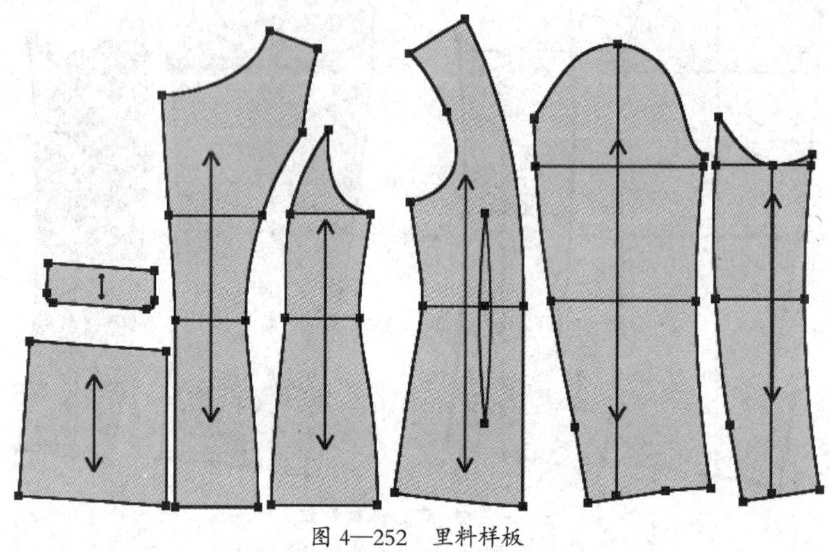

图 4—252　里料样板

图 4—253　设定后中片下摆的缝份量与拐角类型

4）鼠标移到 D 点上按下左键拖动到 F 点松开，如图 4—255 所示。在弹出的【加缝份】对话框中选择起点缝份拐角类型为“2”、终点缝份拐角类型为“10”，如图 4—256 所示，单击【确定】按钮，完成 D、F 两点位置缝份拐角类型的修改，如图 4—257 所示。后中片缝份修改基本完成。

5）按照与后中片下摆线 AB 相同的加缝方法，完成后侧片下摆线缝份的修改。鼠标单击后侧片的袖窿线 GH，在弹出的【加缝份】对话框中选择起点缝份拐角类型为“10”，单击【确定】按钮，完成 G、H 两点位置缝份拐角类型的修改，如图 4—258 所示。后侧片缝份修改基本完成。

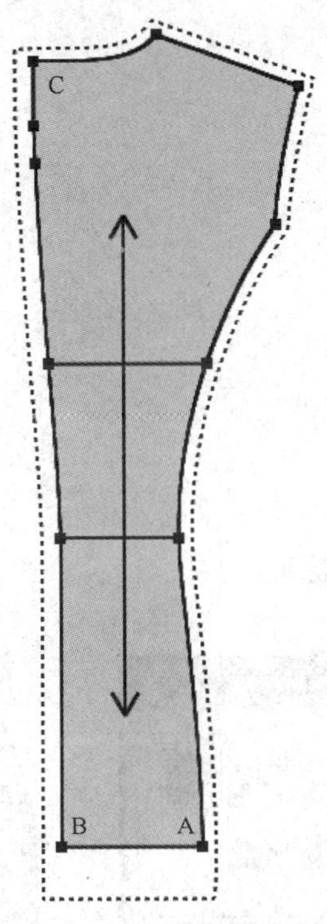

图 4—254　修改后中缝的缝份量

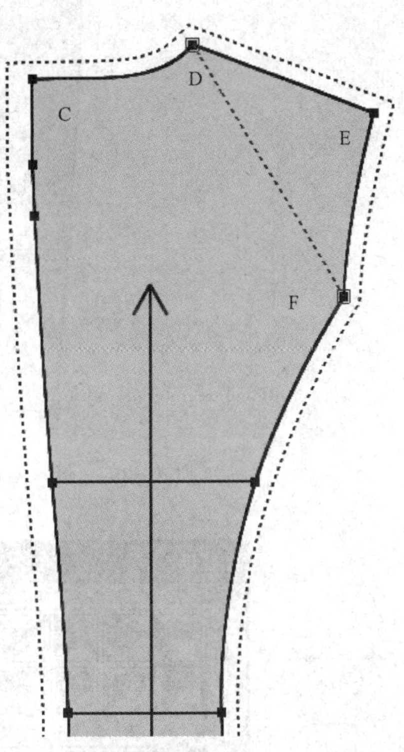

图 4—255　选择 D、F 两点

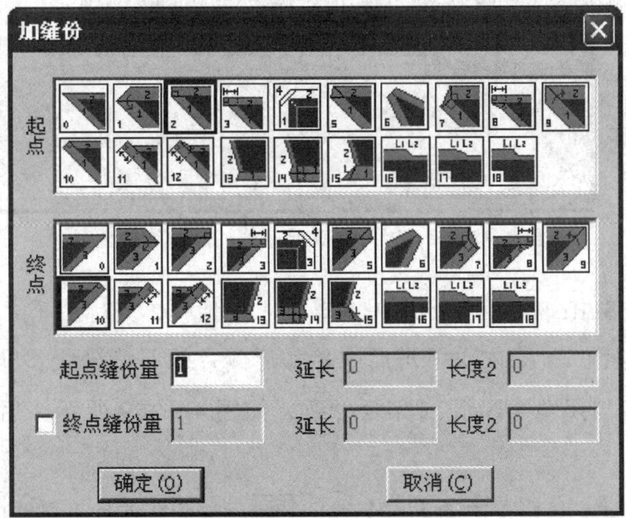

图 4—256　修改 D、F 两点缝份拐角类型

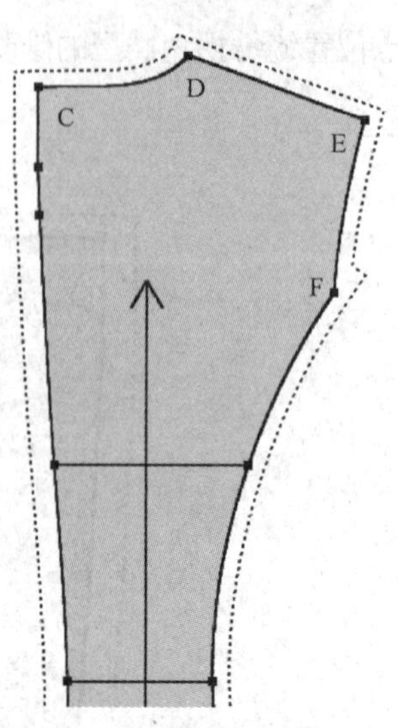

图 4—257 修改后的 D、F 两点缝份拐角类型

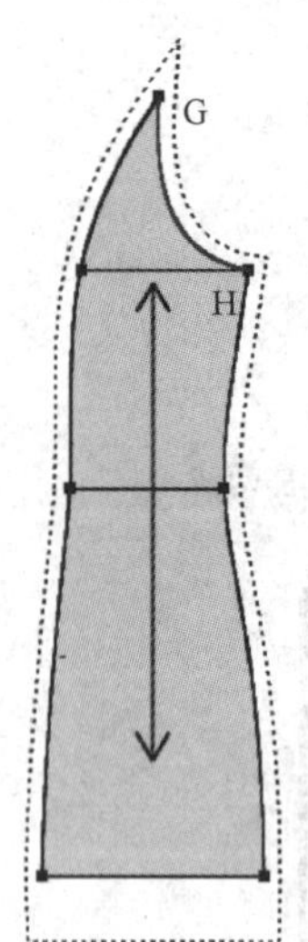

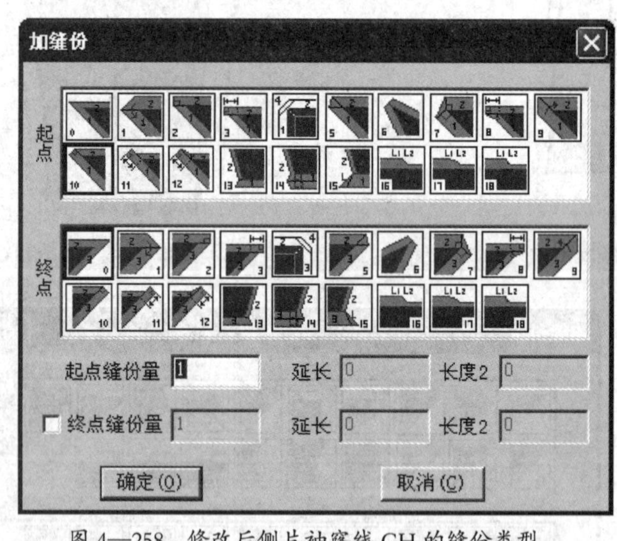

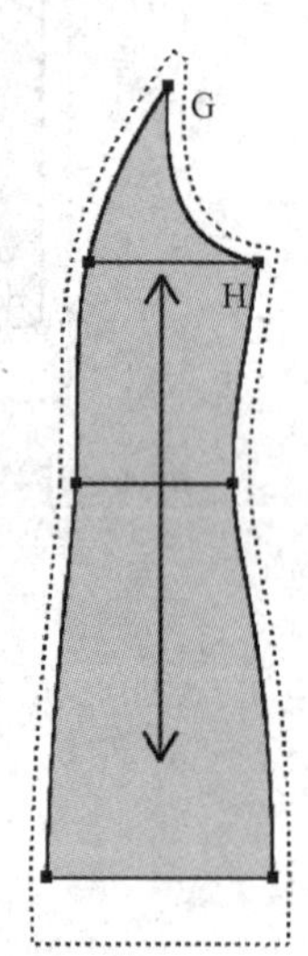

图 4—258 修改后侧片袖窿线 GH 的缝份类型

6）按一下【Shift】键，弹出【关联缝份】对话框，光标由 变为 后，选择第一种切角类型，鼠标依次单击后中片和后侧片的刀背缝线，即可将两块样板在该处的缝份长度与拐角类型调到完全一致，如图 4—259 所示。后中片与后侧片缝份修改完成。

7）选中【设计工具栏】中的【点】工具 ，鼠标在前片下摆线的右侧单击，弹出【线上加点】对话框，设置如图 4—260 所示，定出前片下摆的放码转折点 I；同样的方法，定出过面下摆的放码转折点 J。

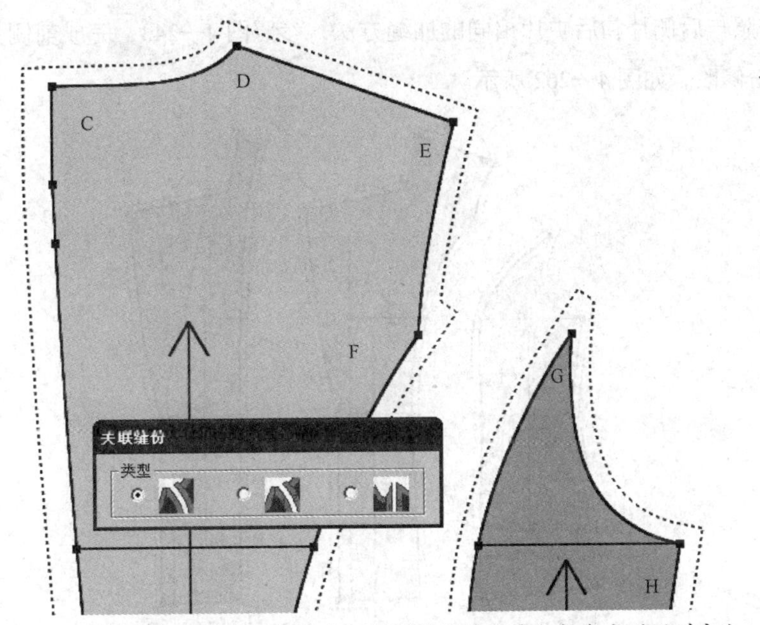

图 4—259　后中片与后侧片在刀背缝上口位置的缝份长度与拐角类型调到完全一致

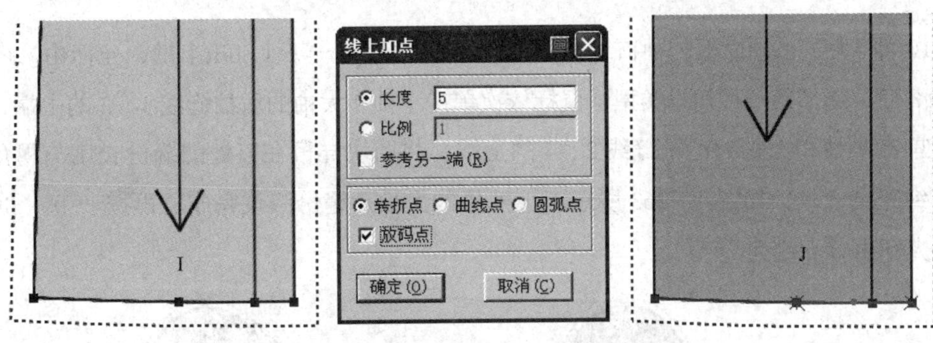

图 4—260　定出前片和过面的下摆转折点 I、J

8）选中【加缝份】工具，按一下【Shift】键，将光标由 变为 ，鼠标单击前片的下摆线 II1，将其缝份设为 1.1 cm，再单击前片的下摆线 II2，将其缝份设为 4 cm；同样的方法，缝份分别为 0.9 cm 和 4 cm，修改过面下摆的缝份。修改后的前片与过面下摆缝份如图 4—261 所示。

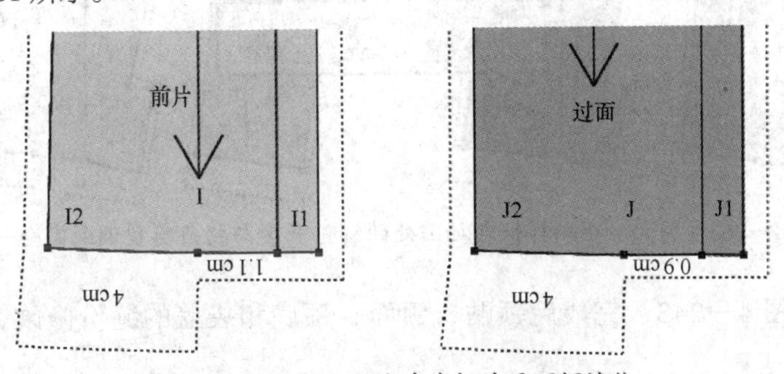

图 4—261　修改后的前片与过面下摆缝份

9）按照与后侧片和后中片相同的加缝方法，参照图 4—243，完成前侧片、前中片和过面的缝份修改，如图 4—262 所示。

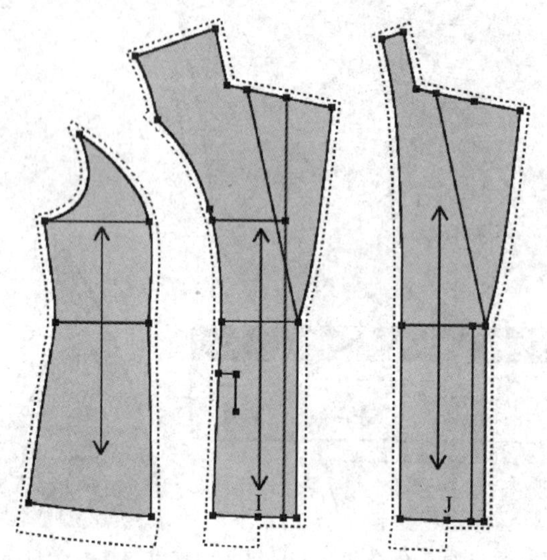

图 4—262　修改缝份后的前侧片、前中片与过面样板

10）将大、小袖面板的袖口缝份调成 4 cm；之后按一下【Shift】键，光标由 变为 后，选择第一种切角类型，鼠标依次单击小袖和大袖的后袖缝线 1、3 的上端，再依次单击小袖和大袖的前袖缝线 2、4 的上端，将两块样板在该处的缝份长度与拐角类型调到完全一致，如图 4—263 所示。小袖片与大袖片缝份修改完成。再按一下【Shift】键，光标由 变为 。

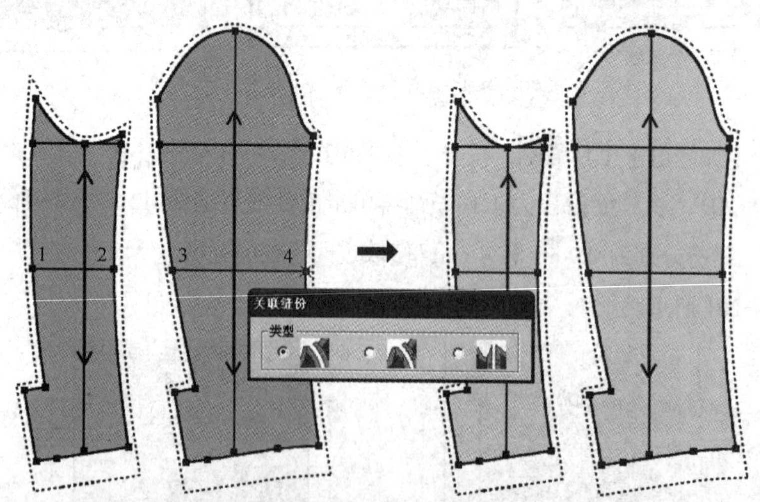

图 4—263　将大、小袖样板在袖山处的缝份长度与拐角类型调到完全一致

11）参照图 4—243，完成后领贴、领面、领底和袋盖的缝份修改，如图 4—264 所示。

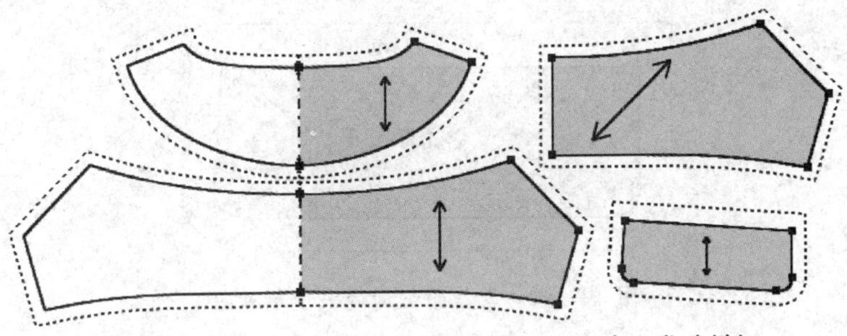

图 4—264 修改缝份后的后领贴、领面、领底和袋盖样板

12）参照图 4—242，完成里子样板缝份的修改，如图 4—265 所示。

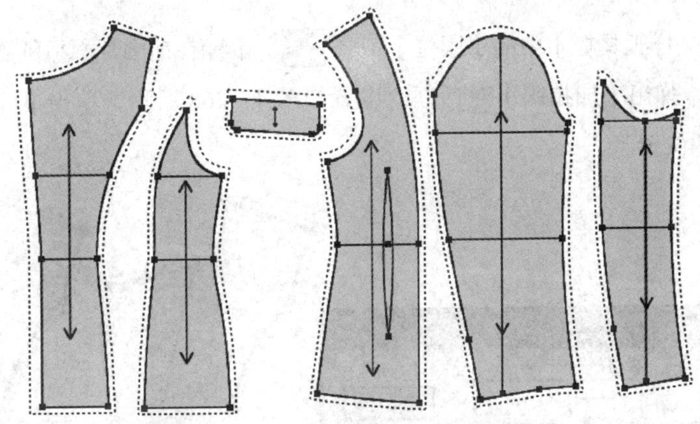

图 4—265 修改缝份后的里子样板

13）鼠标在口袋布样板的左上角点上单击，弹出【衣片缝份】对话框，设置如图 4—266 所示，去除口袋布样板的缝份。

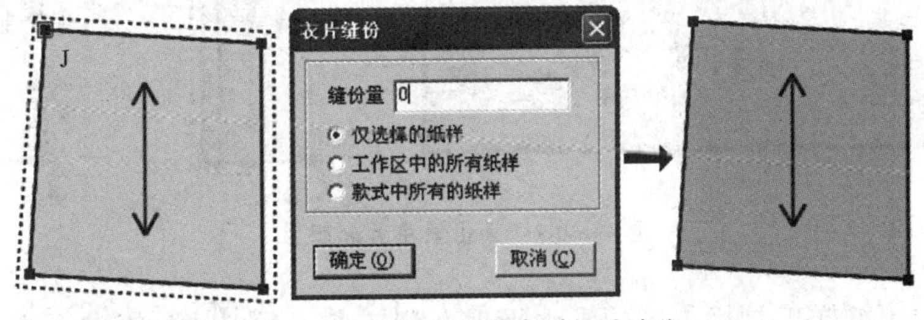

图 4—266 去除口袋布样板的缝份

操作提示

如果要查看加缝是否正确，可按【Ctrl+F7】键，即可显示每条缝份的宽度。图 4—267 所示为袋盖面板的加缝宽度示意图。

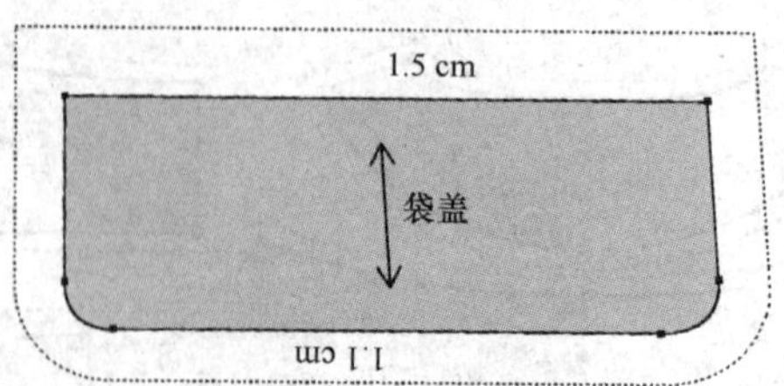

图 4—267 袋盖面板加缝宽度示意图

（2）钻孔与定纽位

1）选中【纸样工具栏】中的【眼位】工具，鼠标在前中片面板的腰线与前中线的交点 K 上单击，弹出【加扣眼】对话框，设置如图 4—268 所示，单击【确定】按钮，定出前中片扣眼的位置。

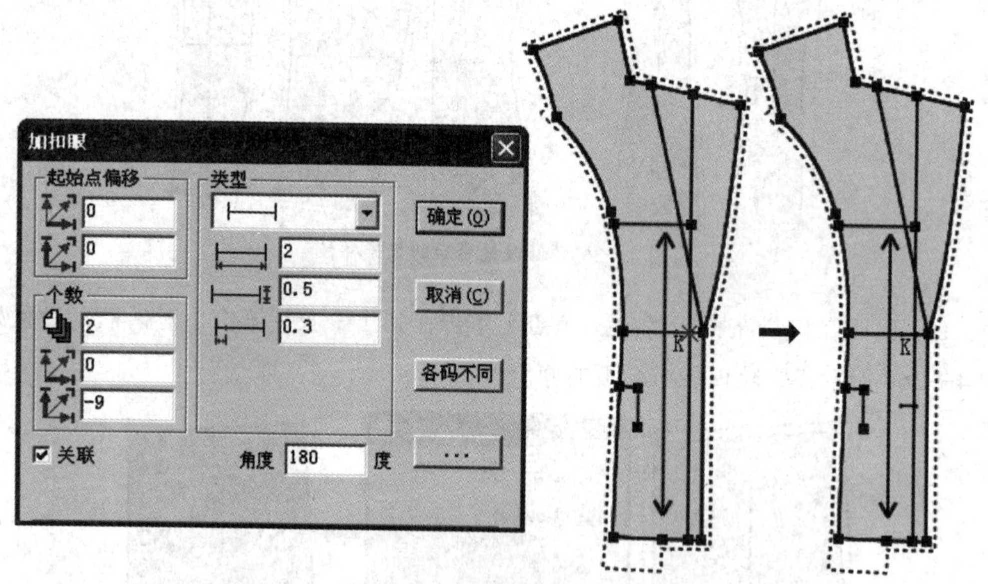

图 4—268 画出前中片扣眼位

2）选中【纸样工具栏】中的【水平垂直翻转】工具，将过面样板水平向右翻转。

3）选中【纸样工具栏】中的【钻孔】工具，鼠标在过面的腰线与前中线的交点 L 上单击，弹出【钻孔】对话框，在对话框中单击【钻孔属性】按钮，弹出【属性】对话框，在对话框中选择操作方式为“钻孔”，设定钻孔半径值为“1”，单击【确定】按钮，回到【钻孔】对话框，再进行个数与偏移距离设置，单击【确定】按钮，画出过面纽扣的位置，如图 4—269 所示。

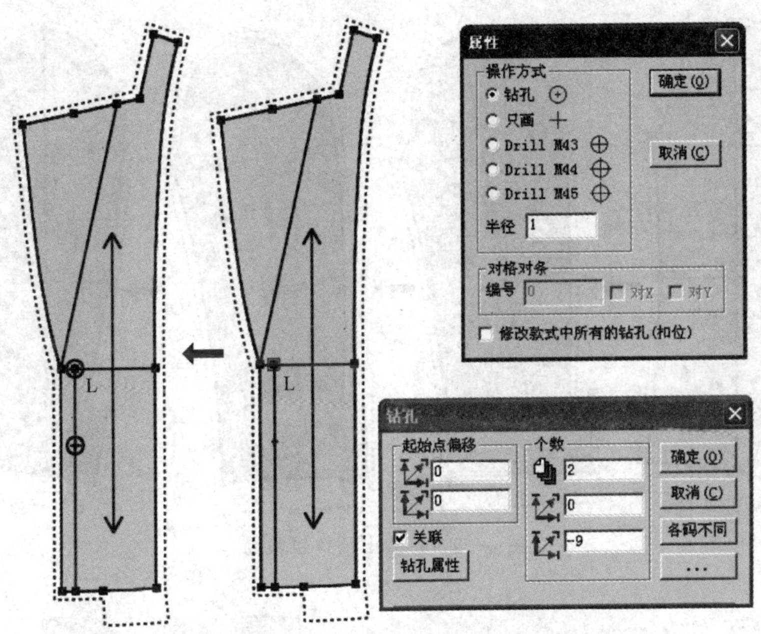

图 4—269　画出过面纽扣的位置

4）选中【智能笔】工具，向右 4 cm 做大袖面板开衩线 MN 的平行线段，再将该线段上端缩短 3.5 cm、下端缩短 4 cm，如图 4—270 所示。

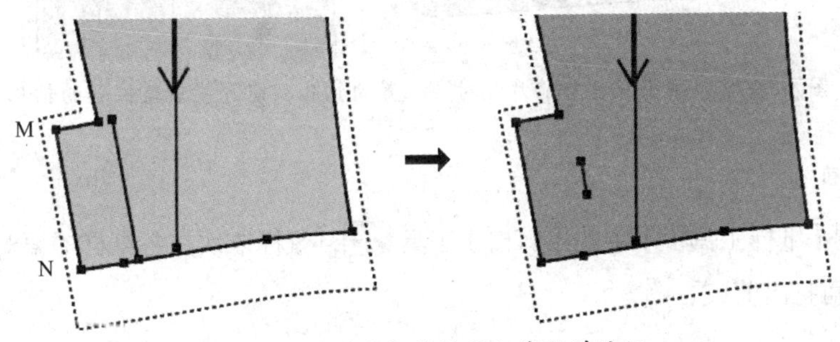

图 4—270　画开衩线的平行线段并缩短

5）选中【纸样工具栏】中的【旋转衣片】工具，鼠标依次单击大袖面板的开衩 N、M 两点，右键单击，将袖子样板开衩线 MN 调整为竖直摆放状态；选中【钻孔】工具，钻孔半径 0.75 cm，画出袖口开衩处纽扣的位置；选中【旋转衣片】工具，鼠标依次单击大袖面板的袖肘线 O、P 两点，右键单击，将袖子样板袖肘线调整为水平摆放状态。以上操作如图 4—271 所示。

6）选中【钻孔】工具，半径 0.25 cm，画出袋盖与前片相对应位置的钻孔、前片装袋盖位置的钻孔，如图 4—272 所示；再画出前片里子省尖和省肚位置的钻孔以及各块样板穿挂的孔位。

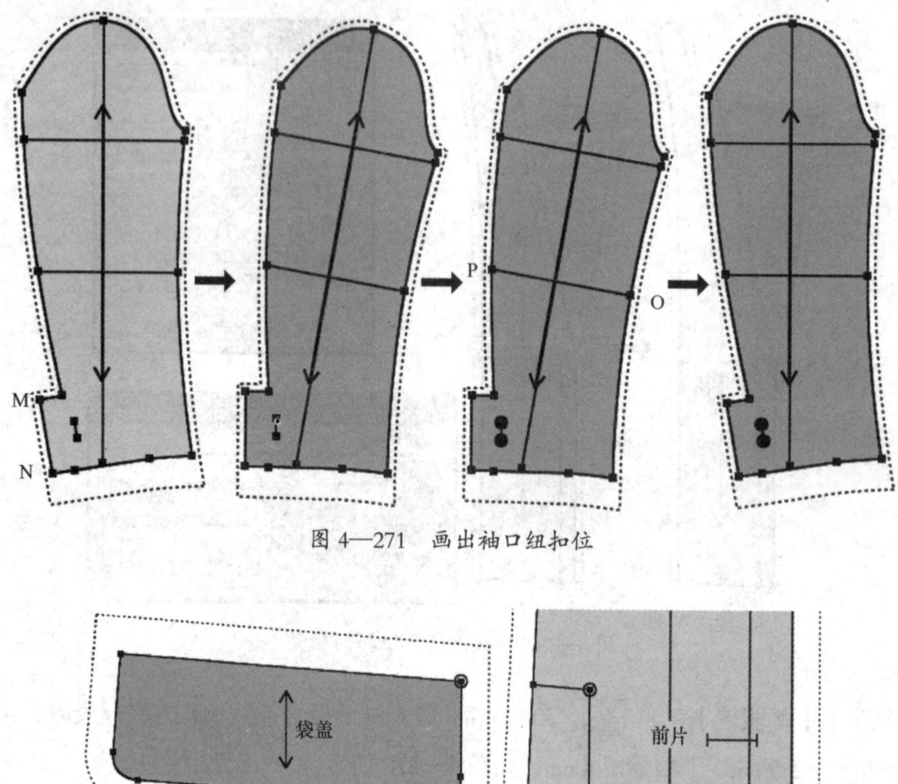

图 4—271 画出袖口纽扣位

图 4—272 画出袋盖与前片相对应位置的钻孔、前片装袋盖位置的钻孔

（3）打剪口

1）选中【纸样工具栏】中的【剪口】工具，鼠标依次在各纸样需要对位的放码点上单击，即可打出剪口。

操作提示

在富怡 V9 设计与放码系统中，放码点显示为黑色方块“■”，按【Ctrl+F】键控制显示与隐藏；非放码点显示为黑色圆点“●”按【Ctrl+K】键控制显示与隐藏；剪口默认为 T 形。图 4—273 所示为后中片面板打剪口示意图。

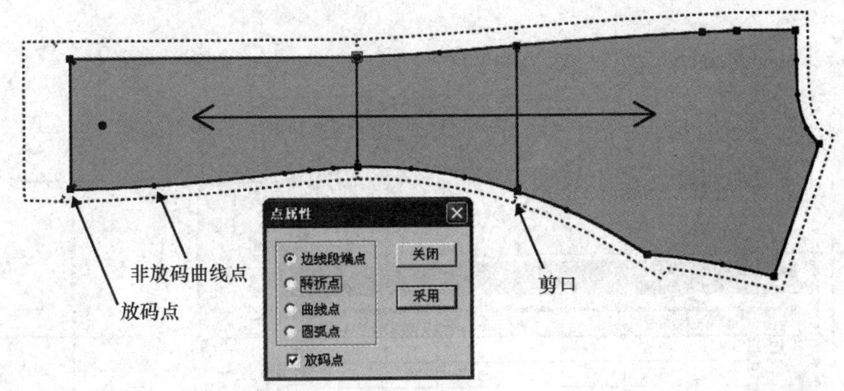

图 4—273　后中片面板打剪口示意图

2）剪口打出后，部分剪口的角度需要调整。仍以后中片面板为例，鼠标移到下摆处 A 点打出的剪口上，按下左键拖出绿色的调整线，将线移到下摆线上，出现红色的"×"号后单击，剪口调整到位。同样的方法将 B 点的剪口调整到位，如图 4—274 所示。

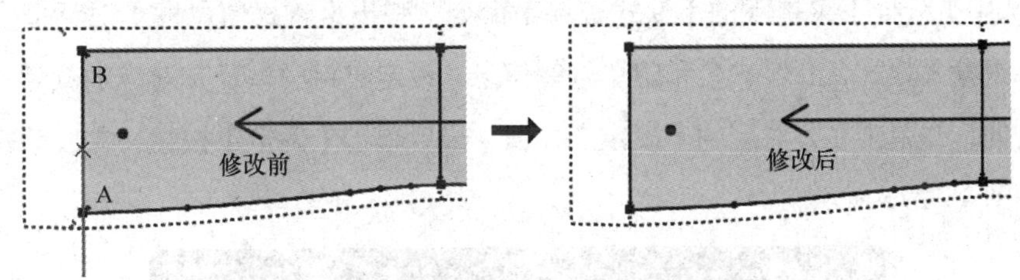

图 4—274　后中片面板下摆剪口调整示意图

3）将面板的后中片、后侧片、前侧片、前中片、小袖片和大袖片移动摆放到合适位置。选中【纸样工具栏】中的【袖对刀】工具，鼠标依次单击选中前袖窿弧线 1、2，右键单击；接着单击选中前袖山弧线 3、4，右键单击；然后单击选中后袖窿弧线 5、6，右键单击；最后单击选中后袖山弧线 7、8，右键单击，弹出【袖对刀】对话框，在对话框中 M 码对应的前袖窿输入框中输入值"10"，再单击【各项相等】按钮，设置好各码的袖窿对位剪口的位置，然后在 M 码对应的前袖山容量输入框中输入值"0.1"，再单击【各项相等】按钮，设置好各码的袖山对位剪口的位置；同样的方法设置后袖窿弧线与后袖山弧线对位剪口的位置，单击【确定】按钮，打出袖窿与袖山对应的对位剪口，如图 4—275 所示。

4）同样的方法打出里板袖窿与袖山部位的对位剪口。

（4）编辑款式与纸样基本信息

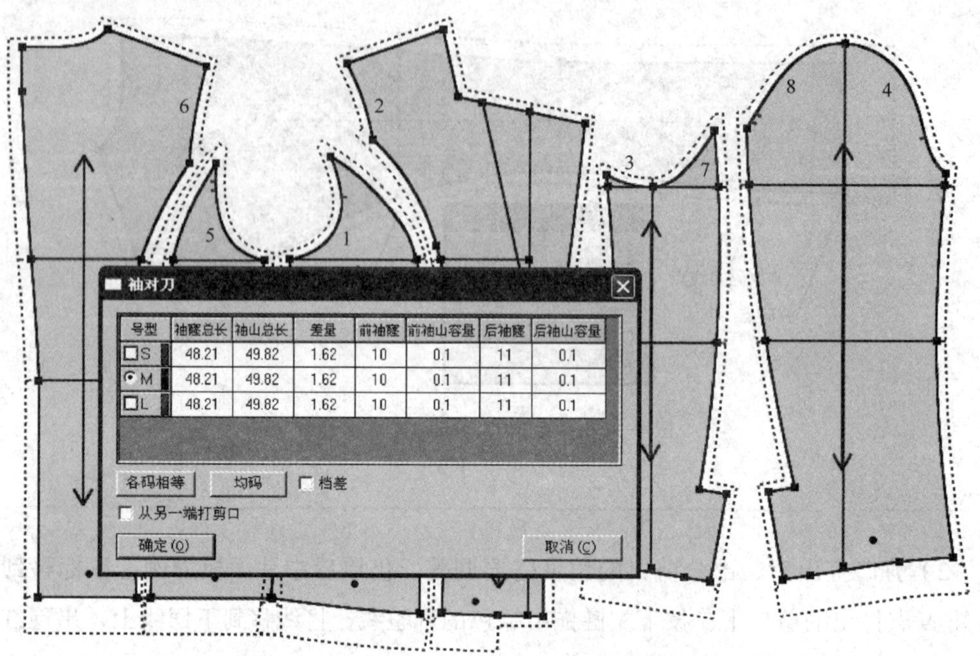

图 4—275　打出面板袖窿与袖山对位剪口示意图

1）选中【纸样】菜单下的【款式资料】命令，弹出【款式信息框】对话框，在对话框中选择或输入款式名、客户名和定单号等信息，设定布料类型及其对应的颜色，选择一种布纹方向，并单击右方对应的【设定】按钮，最后单击【确定】按钮，完成款式资料的编辑，如图 4—276 所示。

款式信息框
款式
款式名 女西装
简　述
客户名 美美艺术培训中心
定单号 MM-2017-01
款式图
纸样数 23
布料 颜色
面布
里布
设定
布纹线
单向 双向 四向 任意 设定
刀损耗 设定
最大倾斜角 设定
确定（O） 取消（C） 辅料（A）

图 4—276　【款式信息框】对话框

2）鼠标移到【衣片列表框】的后中片面板纸样上单击，或者用【纸样工具栏】中的【选择纸样控制点】工具 直接单击或框选工作区的纸样，将后中片面板选中，然后选择【纸样】菜单下的【纸样资料】命令，弹出【纸样资料】对话框，如图 4—277 所示。在对话框中选择或输入纸样名称，选择面料类型，设定纸样份数，单击【应用】按钮，系统会自动选择下一块纸样，按同样的方式进行纸样资料编辑，直到最后一块纸样，最后单击【关闭】按钮即可。

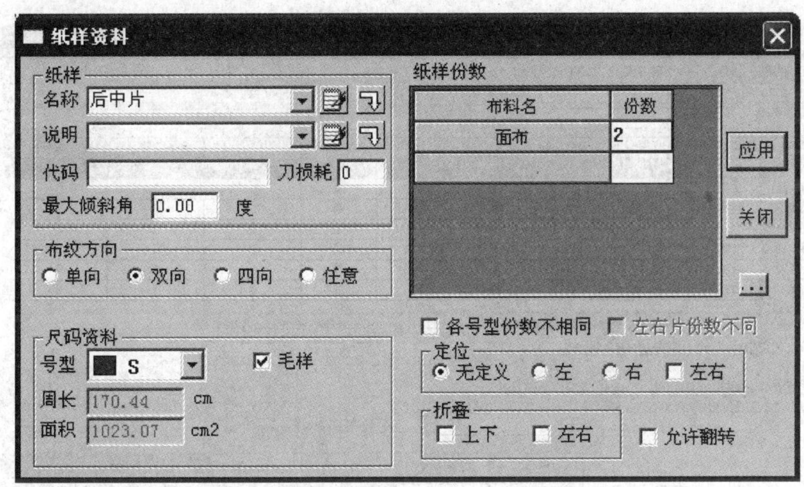

图 4—277 【纸样资料】对话框

操作提示

（1）双击【衣片列表框】中的纸样，可直接打开【纸样资料】对话框。

（2）在【款式资料】与【纸样资料】对话框中设置的不同面料在排料系统中会自动分床。

（3）默认【款式资料】与【纸样资料】对话框中的各项设置不直接显示在纸样上，只有进入排料系统，载入文件，在弹出的【纸样制单】对话框中才可以看到相关的设置，如图 4—278 所示。当然，这些信息也可以在【纸样制单】对话框中直接设置，这里暂不介绍。

（4）款式资料和纸样资料编辑后，在所编辑的纸样上看不到任何显示，原因是没有对布纹线信息格式进行设置。布纹线信息格式设置的方法如下：

选中【选项】菜单下的【系统设置】命令，弹出【系统设置】对话框，在对话框中选择【布纹设置】选项卡，先勾选【在布纹线上或下显示纸样信息】和【布纹线上的文字按比例显示，绘图】选项，再单击【布纹线上方信息编辑输入框】右上角的【信息选择】按钮 ▶，弹出【布纹线信息】选择框，勾选“订单名”“客户名”“日期”“款式名”“纸样

名”和“纸样份数”6项，然后单击【布纹线下方信息编辑输入框】右上角的【信息选择】按钮 ▶，在弹出的对话框中选择“号型名”和“布料类型”两项，选择的信息会自动进入【信息编辑输入框】，而且进入到【信息编辑输入框】的内容可编辑，具体如图4—279所示。

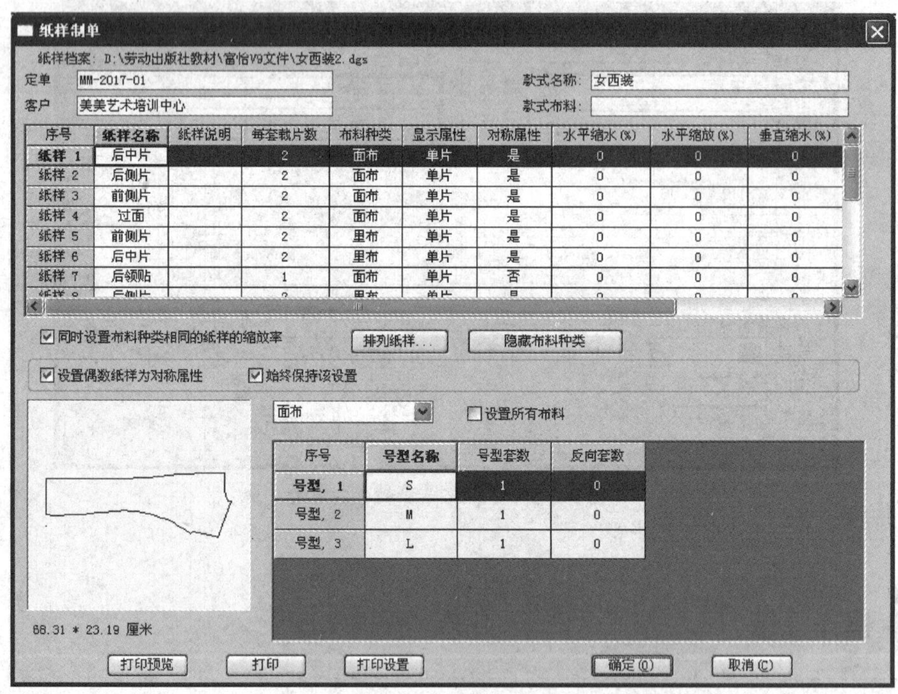

图 4—278 【纸样制单】对话框

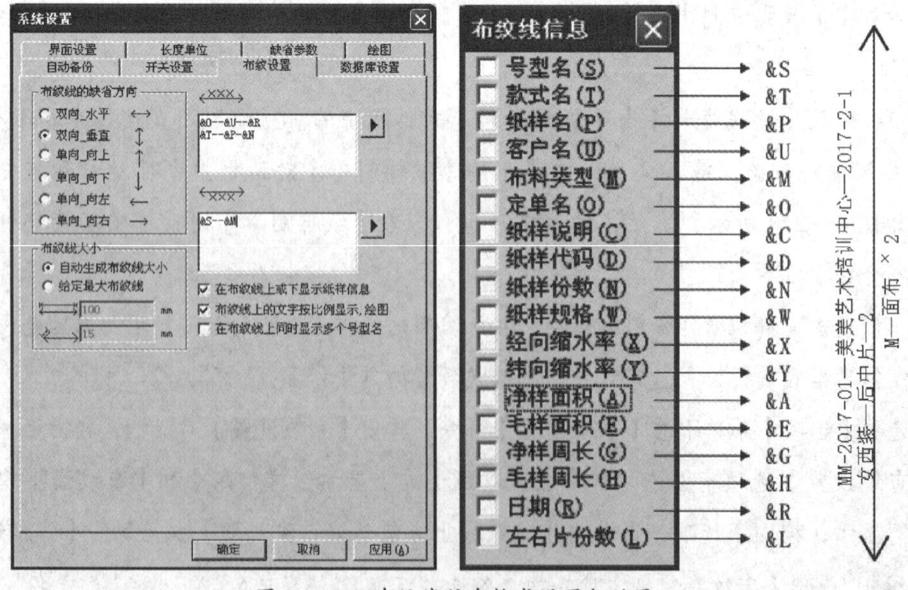

图 4—279 布纹线信息格式设置与效果

（5）布纹线信息格式设置后可一直保留，直到下一次修改设置为止。

（6）考虑到画面的简洁性，本书所有的纸样一般不做布纹线信息的标示。要去除纸样布纹线上信息的标示，只需在【布纹设置】选项卡的【信息编辑输入框】中将文字信息删除即可；要隐藏纸样布纹线上的信息，只需在【布纹设置】选项卡中取消【在布纹线上或下显示纸样信息】选项的勾选即可。

（7）布纹线上的文字大小和字体可以修改。选中【选项】菜单下的【字体】命令，弹出图 4—280 所示【选择字体】对话框，在对话框中选择【布纹线字体】选项，单击【设置字体】按钮，弹出【字体】对话框，如图 4—281 所示，可对字体进行相关设置。

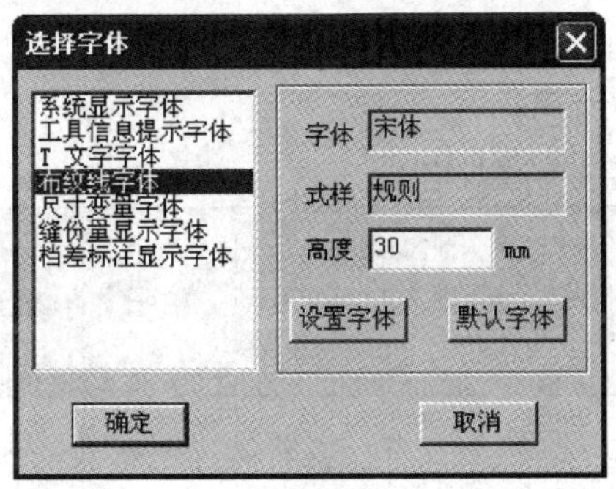

图 4—280　【选择字体】对话框

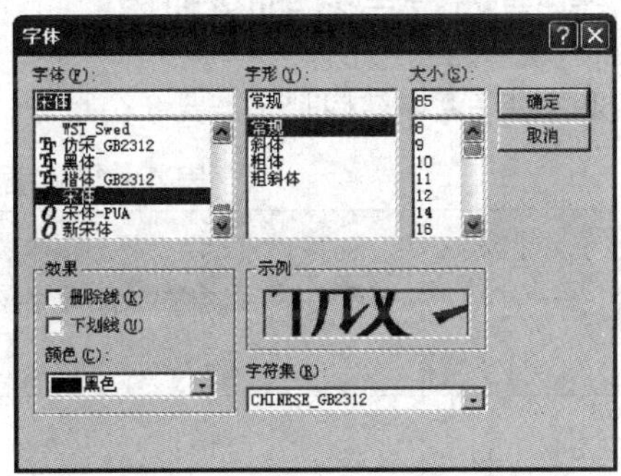

图 4—281　【字体】对话框

第七节　插肩袖夹克衫工业纸样设计

插肩袖夹克衫是现代服装的常见式样，具有款式多变、轻松随意的风格特点，男女老少、一年四季皆可穿用。

一、插肩袖夹克衫款式概述

该款夹克衫立领，插肩袖，前中装拉链，袖口和下摆抽松紧，前、后大身做公主线式分割，前片左、右做斜插单嵌条口袋，如图 4—282 所示。

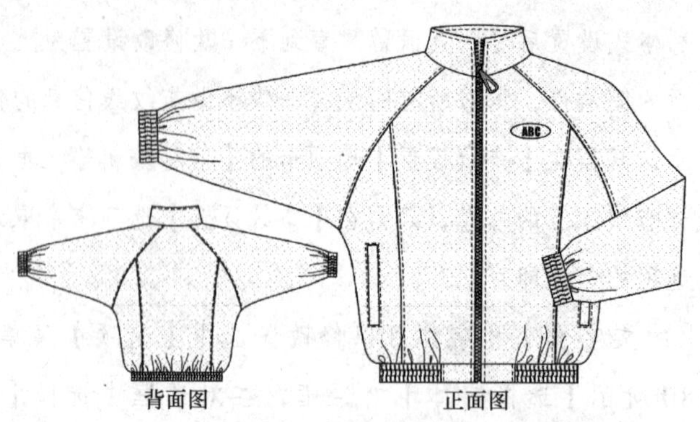

图 4—282　插肩袖夹克衫款式图

二、插肩袖夹克衫制图规格

插肩袖夹克衫结构制图需要 8 个尺寸，见表 4—13。

表 4—13　插肩袖夹克衫制图规格　　单位：cm

号型＼部位	领围	胸围	肩宽	衣长	袖长	袖口	袖肥	领宽
165/84A（S）	49	108	43.8	60	70	15.5	24.4	8
170/88A（M）	50	112	45	62	72	16	25.4	8
175/92A（L）	51	116	46.2	64	74	16.5	26.4	8
档差	1	4	1.2	2	2	0.5	1	0

三、插肩袖夹克衫基本纸样结构

插肩袖夹克衫基本纸样结构如图 4—283 所示。

四、插肩袖夹克衫 CAD 基础工业纸样设计

在自由设计与放码模式下，插肩袖夹克衫 CAD 基础工业纸样设计流程如下：

1. 结构制图

（1）单击【新建】按钮，新建一个工作画面。

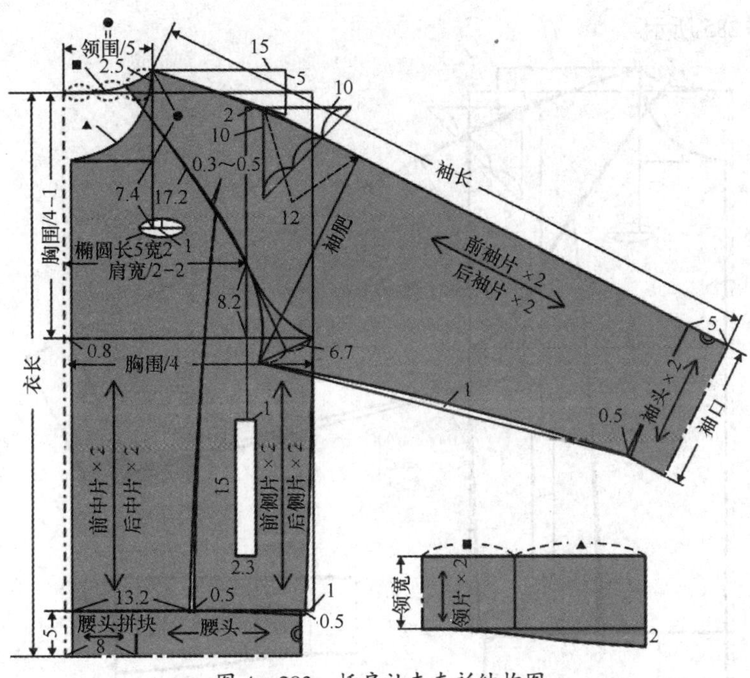

图 4—283　插肩袖夹克衫结构图

提个醒

想要观看插肩袖夹克衫 CAD 基础工业纸样设计完整视频，请扫描二维码。

（2）选择【号型】菜单下的【号型编辑】命令，弹出【设置号型规格表】对话框。在对话框中以 M 码为基准码，建立图 4—284 所示号型规格表，并将其保存。

设置号型规格表

号型名	☑S	⊙M	☑L
领围	49	50	51
胸围	108	112	116
肩宽	43.8	45	46.2
衣长	60	62	64
袖长	70	72	74
袖口	15.5	16	16.5
袖肥	24.4	25.4	26.4
领宽	8	8	8

图 4—284　插肩袖夹克衫号型规格表

（3）将输入法切换到英文输入状态，参照图 4—283，画出插肩袖夹克衫基本纸样结构图，如图4—285所示。

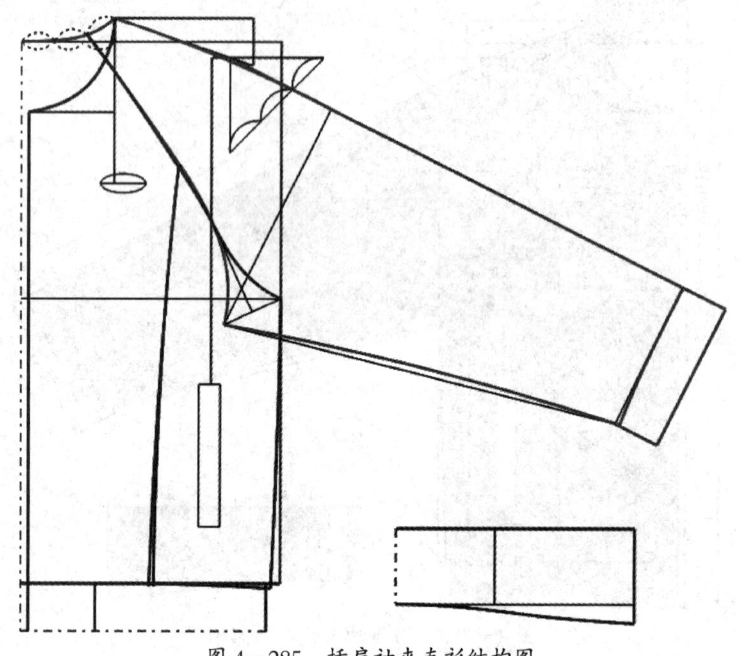

图4—285 插肩袖夹克衫结构图

（4）选中【剪刀】工具，生成插肩袖夹克衫各片纸样。选中【拾取内轮廓】工具，开出前中片左胸贴标的位置。

（5）选中【旋转衣片】工具，将袖头纸样水平摆正。选中【调整】工具，鼠标移到袖头纸样的右侧端点M上，按一下【Enter】键，弹出【偏移】对话框，输入水平偏移值“16”，单击【确定】按钮，将M点水平向右移动16 cm（袖口长），如图4—286所示。同样的方法将N点水平向右移动16 cm。

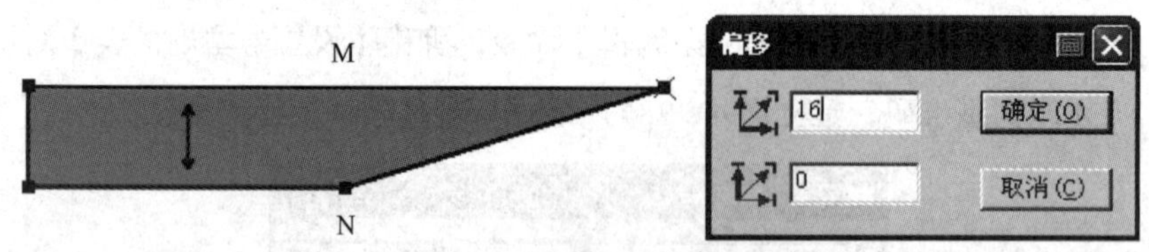

图4—286 设置并移动M点

（6）选中【选择纸样控制点】工具，鼠标单击选中前腰头纸样，按【Ctrl+C】键，再按【Ctrl+V】键，将该纸样复制、粘贴一份。鼠标移到需要移动的纸样上，按【空格】键，出现后，后腰头纸样居中，两块前腰头纸样分居左右，将三块纸样移动摆放到合适位置。

（7）选中【纸样工具栏】中的【合并纸样】工具，鼠标在左侧前腰头纸样上单击，松开鼠标移动到后腰头纸样上再单击，如图4—287（1）所示，前、后腰头合并。同样的方法完成右侧前腰头纸样与后腰头纸样的合并，合并后的腰头如图 4—287（2）所示。

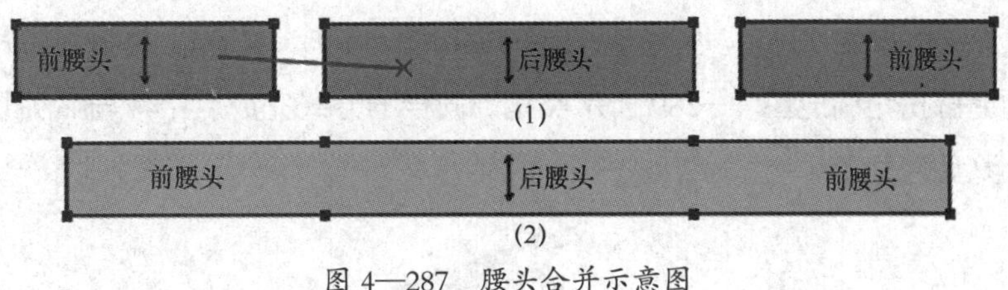

图 4—287　腰头合并示意图

（8）选中【橡皮擦】工具，将合并后的腰头下侧的放码点删除。选中【纸样对称】工具，将领子、后片、口袋、腰头、前腰头拼块和袖头纸样关联对称展开。

（9）选中【布纹线】工具，将袖头、腰头和前腰头拼块纸样的布纹线调成水平，再将领子、后片、口袋、袖头、腰头和前腰头拼块纸样的布纹线移到对称中线位置。鼠标依次单击前袖片的 A、B 两点，将布纹线调整到与线段 AB 平行；同样的方法将后袖片的布纹线调整到与线段 CD 平行。鼠标在布纹线的两端单击，松开鼠标移动，再单击，调整布纹线的长度。

（10）鼠标移到纸样上，按【空格】键，出现后将各纸样移动摆放到合适位置，如图 4—288 所示。

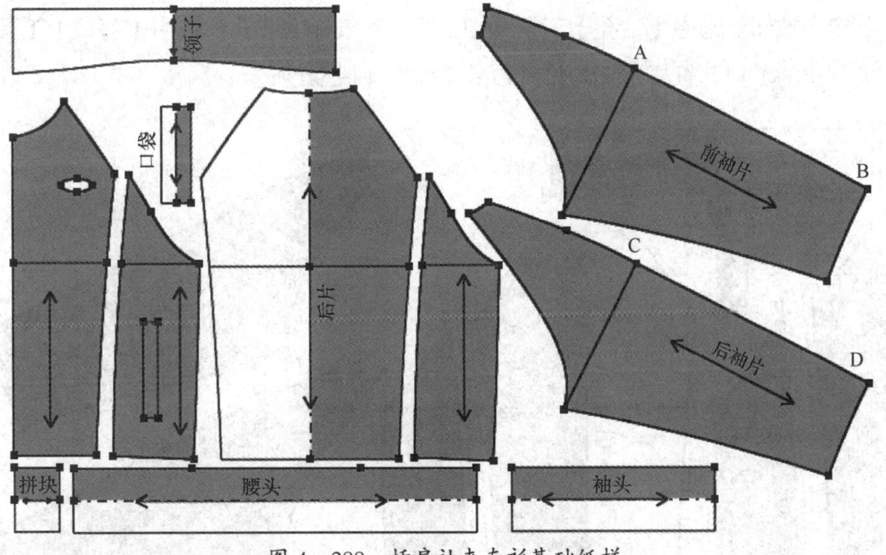

图 4—288　插肩袖夹克衫基础纸样

2. 纸样编辑

（1）修改缝份

1）按【F7】键，显示纸样缝份，此时所有纸样的缝份按照之前的设定统一为 1 cm。

2）选中【加缝份】工具 ，鼠标移到任一纸样的放码点上单击，弹出【衣片缝份】对话框，缝份量值设为“1.2”，将所有纸样的缝份统一调成 1.2 cm。再将前中片 E 点与前袖片 F 点的缝份拐角调成图 4—289 所示类型。同样的方式完成后中片与后袖片在对应位置缝份拐角类型的调整。

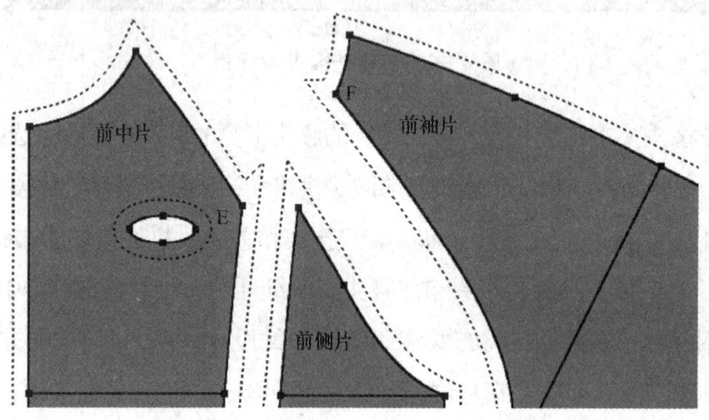

图 4—289　调整 E、F 点的缝份拐角类型

（2）钻孔、打剪口。选中【选项】菜单下的【系统设置】命令，在弹出的【系统设置】对话框中选中【缺省参数】选项卡，设定钻孔方式为“钻孔”、钻孔半径值为“5”，单击【确定】按钮。选中【钻孔】工具 ，开出各纸样的钻孔。选中【剪口】工具 ，打出相应部位的剪口。纸样钻孔与打剪口效果如图 4—290 所示。

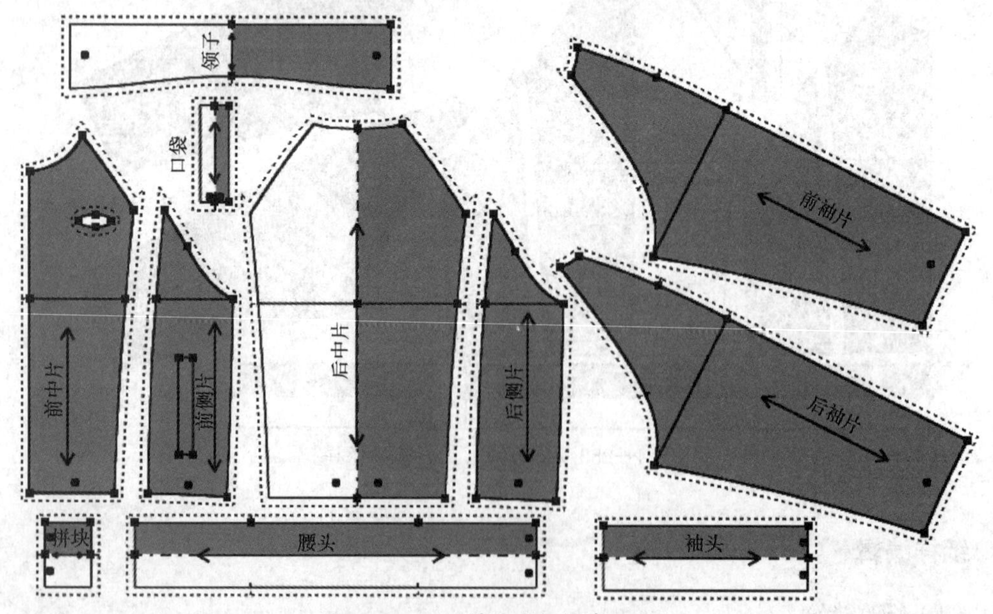

图 4—290　纸样钻孔与打剪口效果

（3）编辑款式与纸样基本信息。参照女西装，完成插肩袖夹克衫款式与纸样基本信息编辑。

本章小结

本章通过典型的服装结构设计制图与工业纸样设计实例，系统地介绍了【设计工具栏】与【纸样工具栏】中主要工具的用法、CAD 工业纸样设计的基本内容和流程，重点是操作的流程与方法，难点是工具与快捷键的灵活应用，学习的关键在于加强实践。

思考与练习

1. 本章用到了【智能笔】工具的哪些功能？
2. 用【智能笔】工具做线段的垂线与用【角度线】工具做线段的垂线有何不同？
3. 【Shift】键、【Ctrl】键、【空格】键、【F9】键、【F7】键、【Ctrl+F】键、【Ctrl+F7】键和【Ctrl+K】键的主要功能是什么？
4. 【插入省褶】工具、【褶展开】工具、【分割、展开、去除余量】工具、【荷叶边】工具的功能与操作方法有何不同？
5. 【转省】工具，【对接】工具、【旋转】工具的功能与操作方法有何不同？
6. 【合并调整】工具的主要作用是什么？
7. 样板编辑的内容主要包括哪些？在 CAD 操作时是否有先后顺序？
8. 纸样轮廓线上，起点与终点缝份宽度不同时该如何设置？
9. 剪口没有打在预定的位置该如何调整？
10. 钉多个纽扣和扣眼时，纽扣与扣眼的大小、具体位置该如何设定？
11. 在布纹线上设置了相关信息却没有显示，是什么原因呢？该如何调整？
12. 将本章介绍的内容反复练习 3 遍。
13. 利用保存的“纸样变化原型裙”，完成图 4—291、图 4—292 所示 A 字花瓣裙结构设计制图。
14. 利用保存的“纸样变化原型裙”，完成图 4—293 和图 4—294 所示辐射窄裙结构设计制图。

图 4—291 A 字花瓣裙款式图

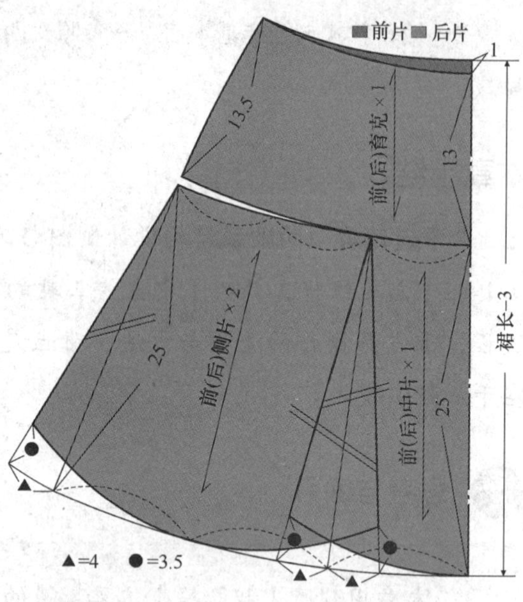

图 4—292 A 字花瓣裙结构图

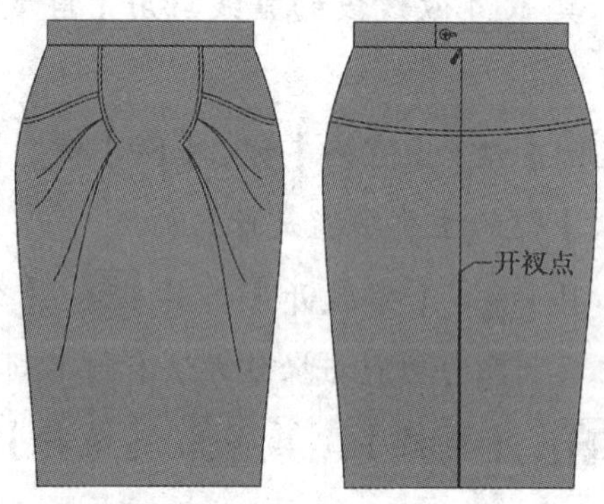

图 4—293 辐射窄裙款式图

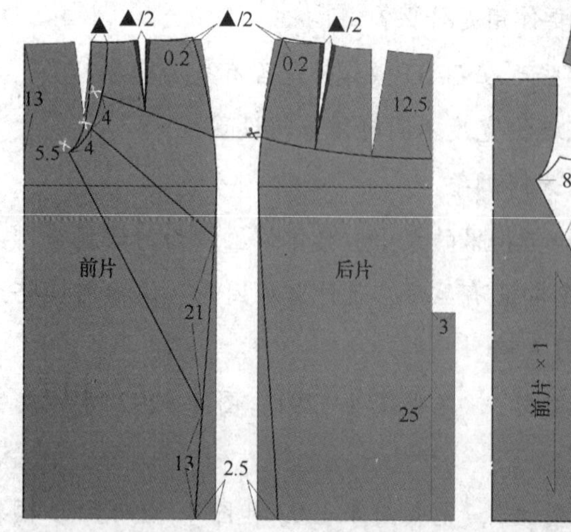

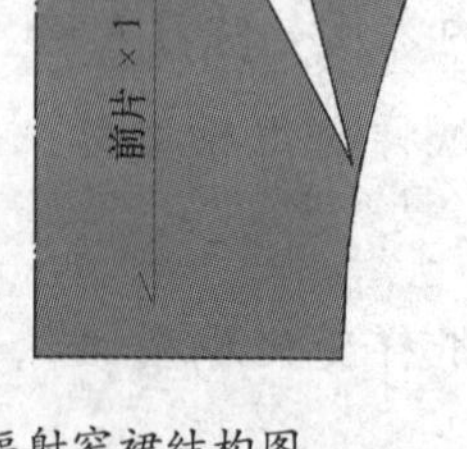

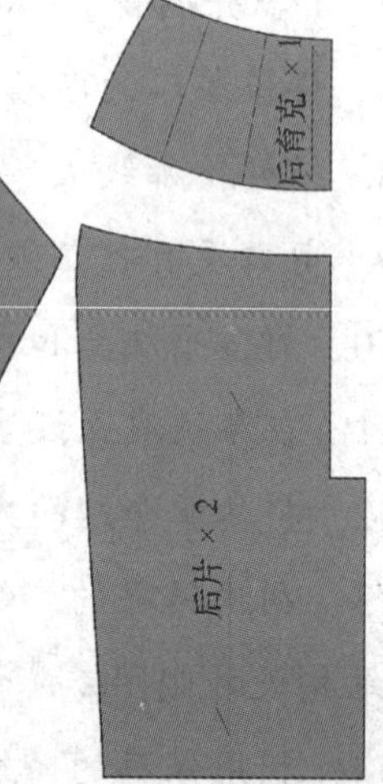

图 4—294 辐射窄裙结构图

15. 完成表4—14和图4—295、图4—296、图4—297所示英式原型上衣结构制图。

图4—295　英式原型上衣款式图

表4—14　英式原型上衣制图规格　　单位：cm

部位 号型	胸围	背长	袖窿深	颈宽	肩宽	背宽	胸宽	乳凸量
160/84A（M）	88	40	21	7.25	12.25	34.4	32.4	7

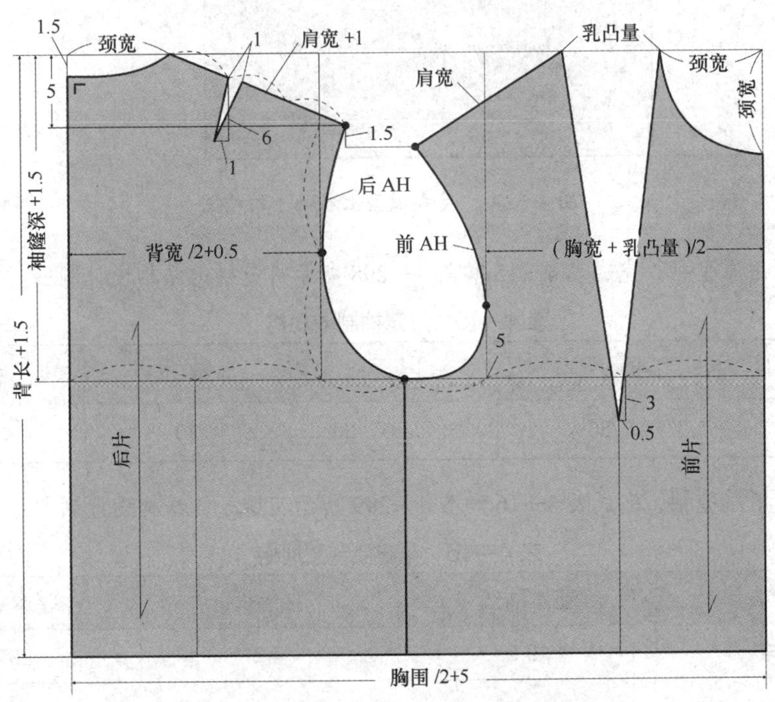

图4—296　英式原型上衣前、后片结构图

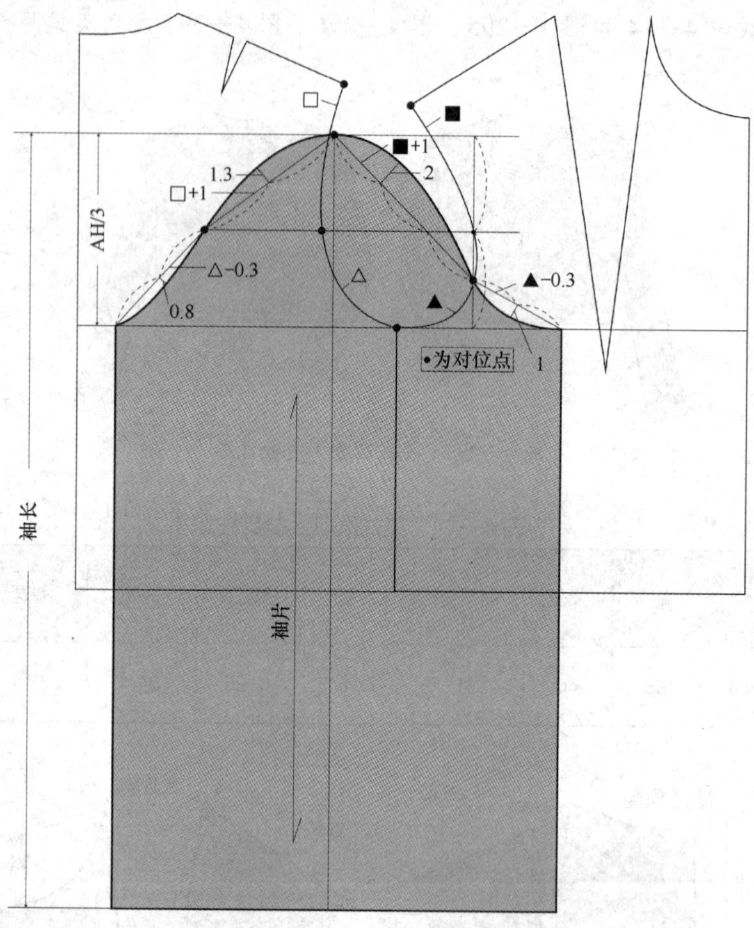

图4—297　英式原型上衣袖子结构图

16. 利用原型袖，完成表4—15和图4—298所示灯笼袖的结构设计制图。

表4—15　灯笼袖制图规格　　单位：cm

部位	袖长	上袖口	袖口	袖头长
规格	56	29	20	18

17. 利用原型袖，完成表4—16和图4—299所示花瓣袖的结构设计制图。

表4—16　花瓣袖制图规格　　单位：cm

部位	基本袖长	袖缝长	基本袖口
规格	19.5	7.2	30.8

18. 利用合体一片袖，完成表4—17和图4—300所示羊腿袖的结构设计制图。

19. 利用原型上衣的前片，完成图4—301所示荡领的结构设计制图。

20. 完成表4—18和图4—302所示锥裤的工业纸样设计。

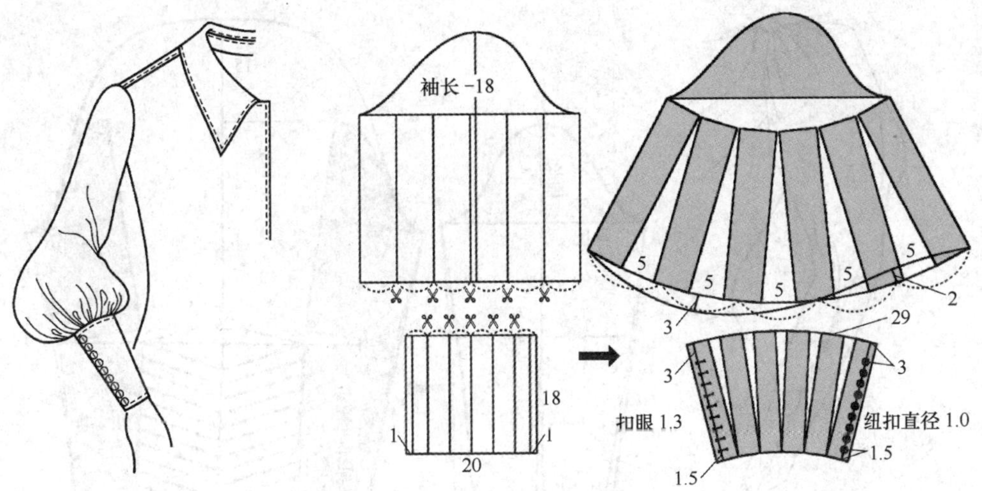

图 4—298 灯笼袖款式图与结构图

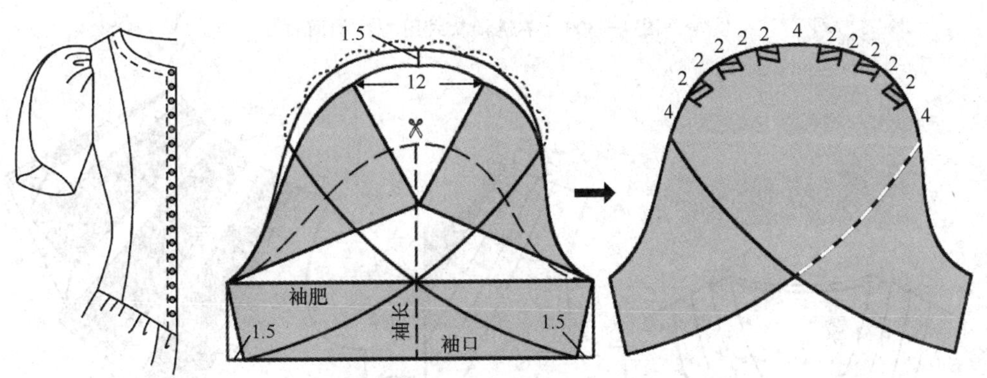

图 4—299 花瓣袖款式图与结构图

表 4—17 羊腿袖制图规格 单位：cm

部位	基本袖长	基本袖肥	袖口围
规格	56	30	19

表 4—18 锥裤制图规格 单位：cm

号型＼部位	裤长	腰围	臀围	裆深	脚口
155/66A（S）	98	68	90+14	26	35
160/70A（M）	101	72	94+14	27	36
165/74A（L）	104	76	98+14	28	37
档差	3	4	4	1	1

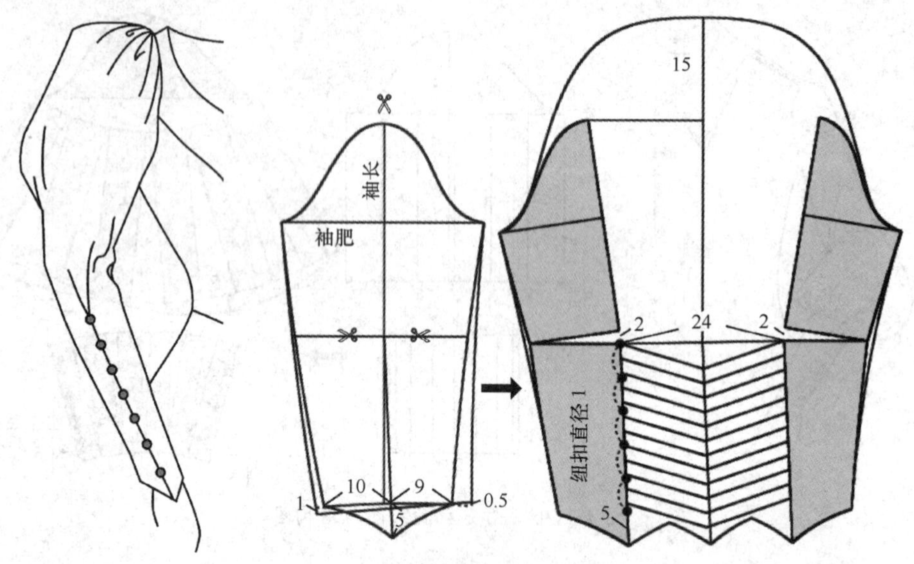

图 4—300 羊腿袖款式图与结构图

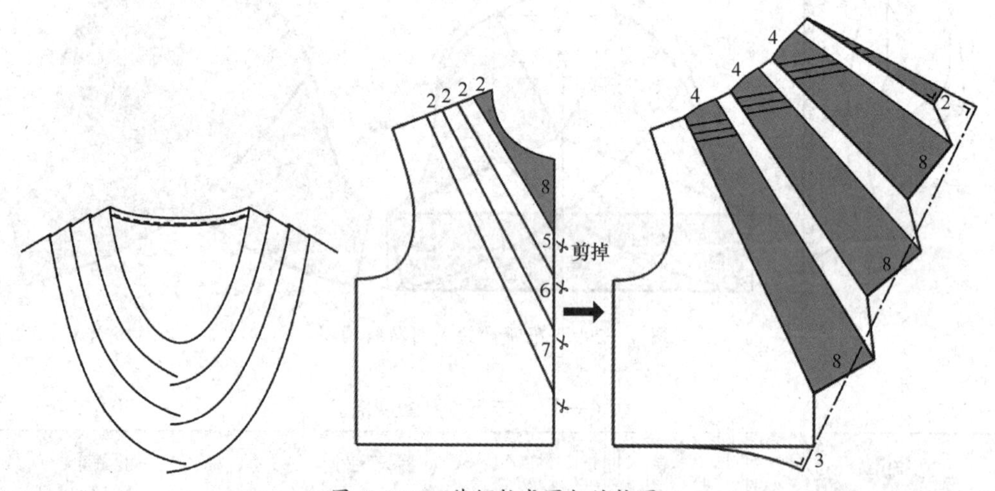

图 4—301 荡领款式图与结构图

21. 完成表 4—19 和图 4—303、图 4—304 所示女衬衫的工业纸样设计。

表 4—19 女衬衫制图规格 单位：cm

号型 \ 部位	领围	胸围	腰围	衣长	背长	袖长	肩宽	袖口
155/80A（S）	35	84	64	58	36.8	58.5	36.5	20
160/84A（M）	36	88	68	60	38	60	37.5	21
165/88A（L）	37	92	72	62	39.2	61.5	38.5	22
档差	1	4	4	2	1.2	1.5	1	1

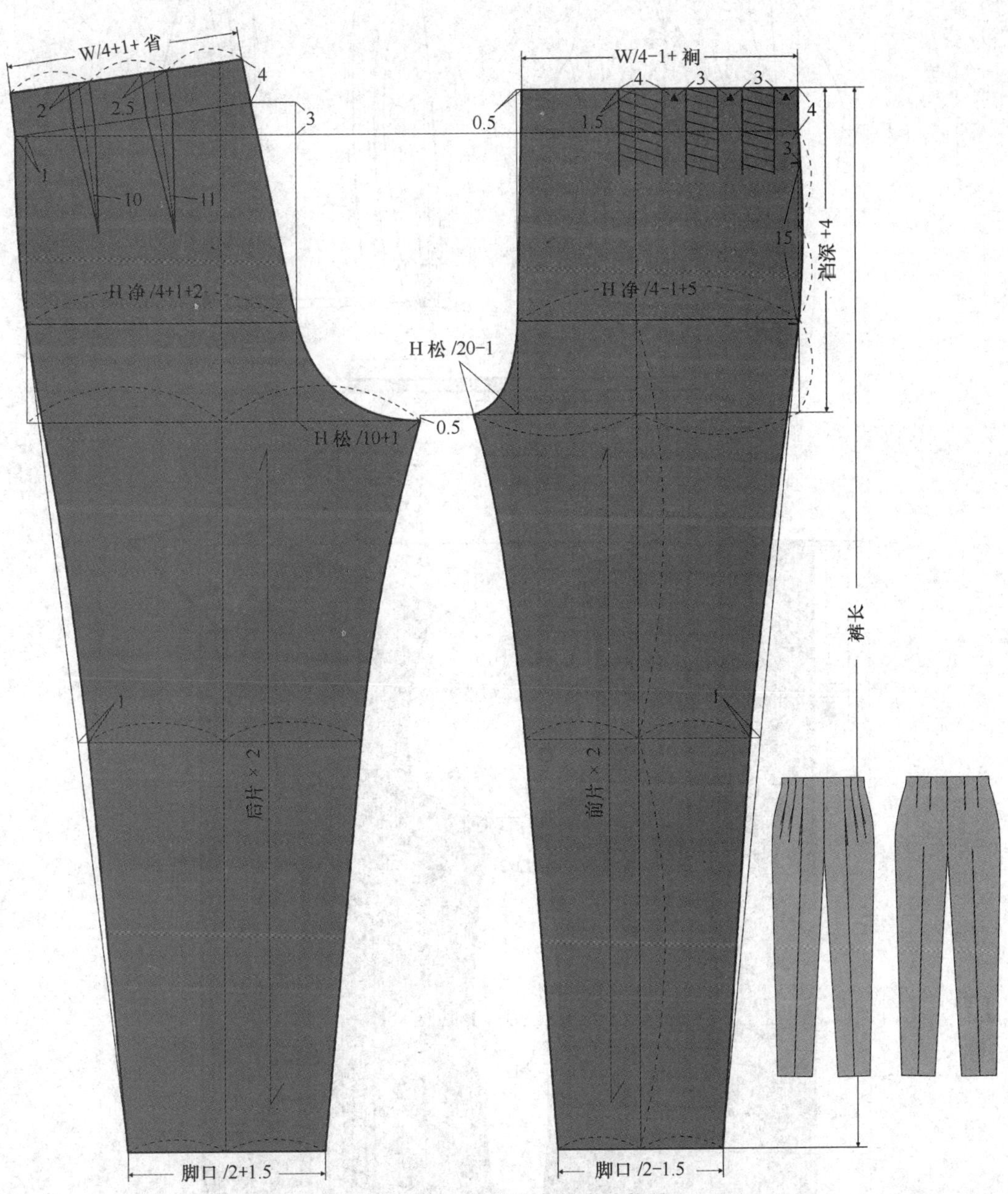

图 4—302　锥裤款式图与结构图

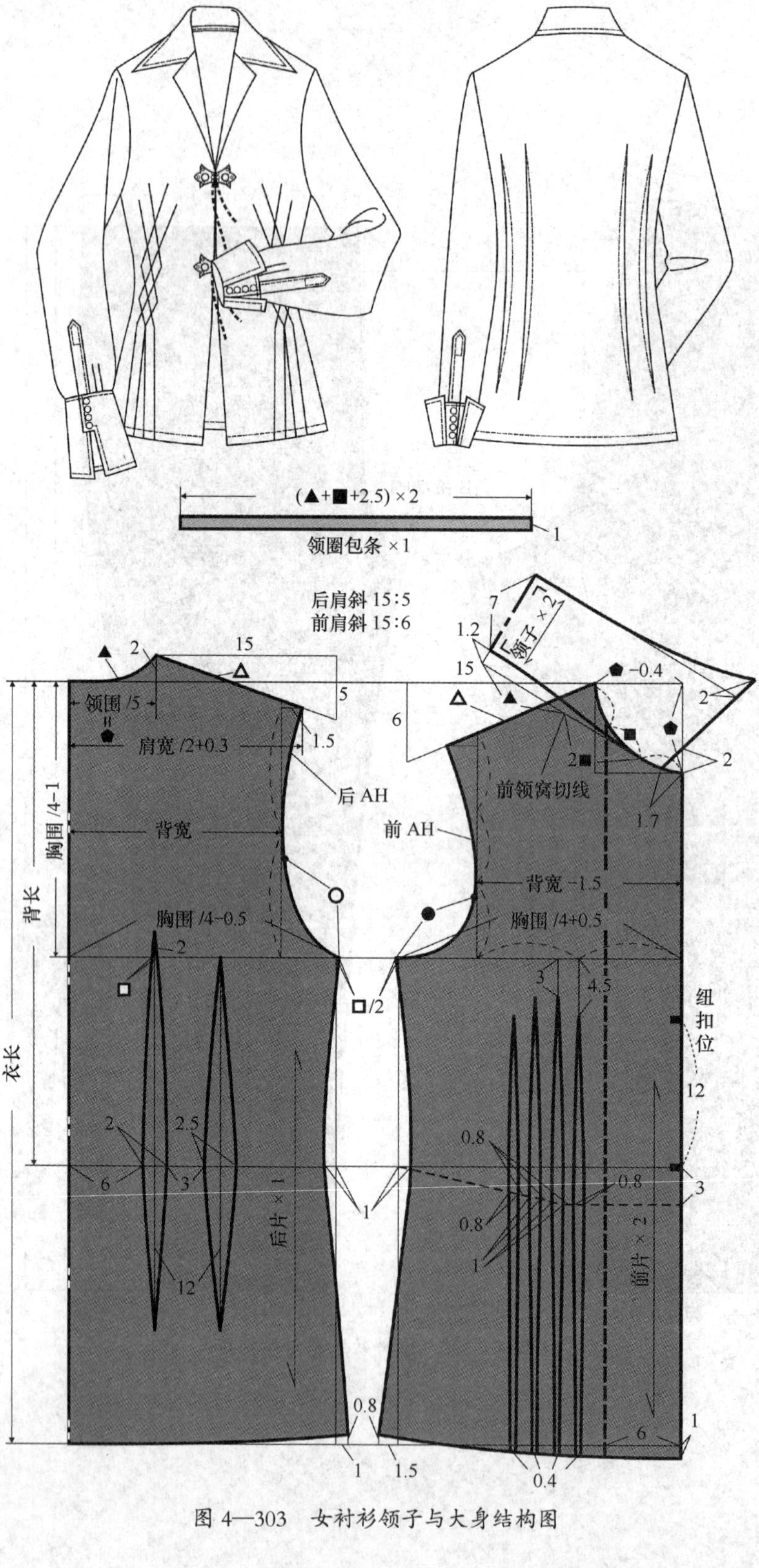

(▲+■+2.5) × 2

领圈包条 ×1

后肩斜 15:5
前肩斜 15:6

领圈 /5
肩宽 /2+0.3
后 AH
背宽
胸围 /4−1
背长
胸围 /4−0.5
衣长
后片 × 1
□/2
领子 × 2
前领窝切线
前 AH
背宽 −1.5
胸围 /4+0.5
纽扣位
前片 × 2

图 4—303　女衬衫领子与大身结构图

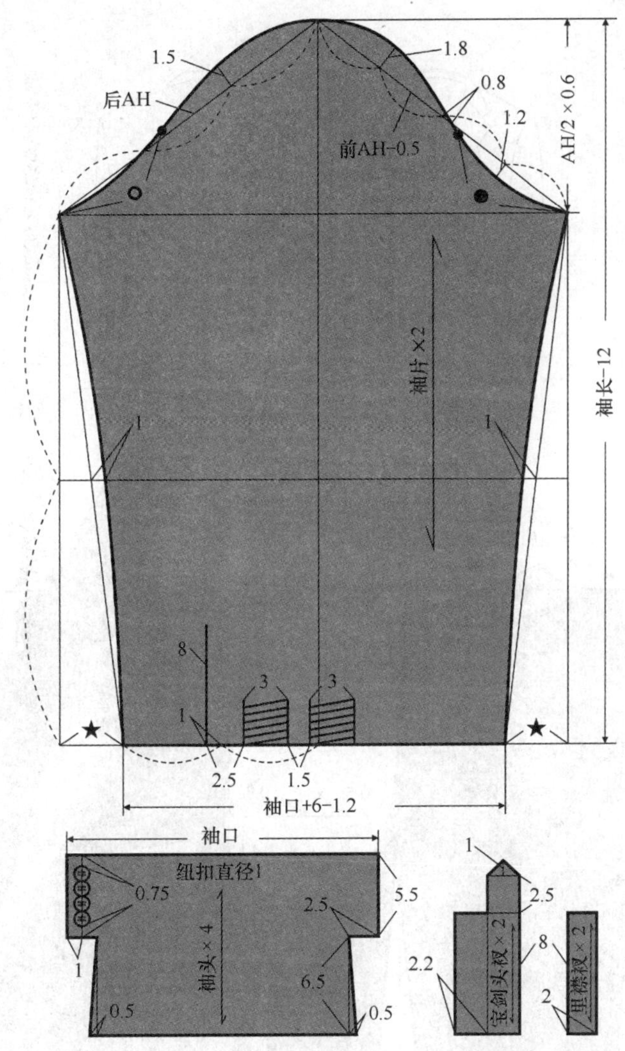

图 4—304 女衬衫袖子结构图

22. 完成表 4—20 和图 4—305、图 4—306 所示男西装的工业纸样设计。

表 4—20 男西装制图规格 单位：cm

号型＼部位	衣长	领围	胸围	肩宽	背长	袖长	袖口
165/84A（S）	74	42	106	44.8	42.8	59	14.5
170/88A（M）	76	43	110	46	44	60.5	15
175/92A（L）	78	44	114	47.2	45.2	62	15.5
档差	2	1	4	1.2	1.2	1.5	0.5

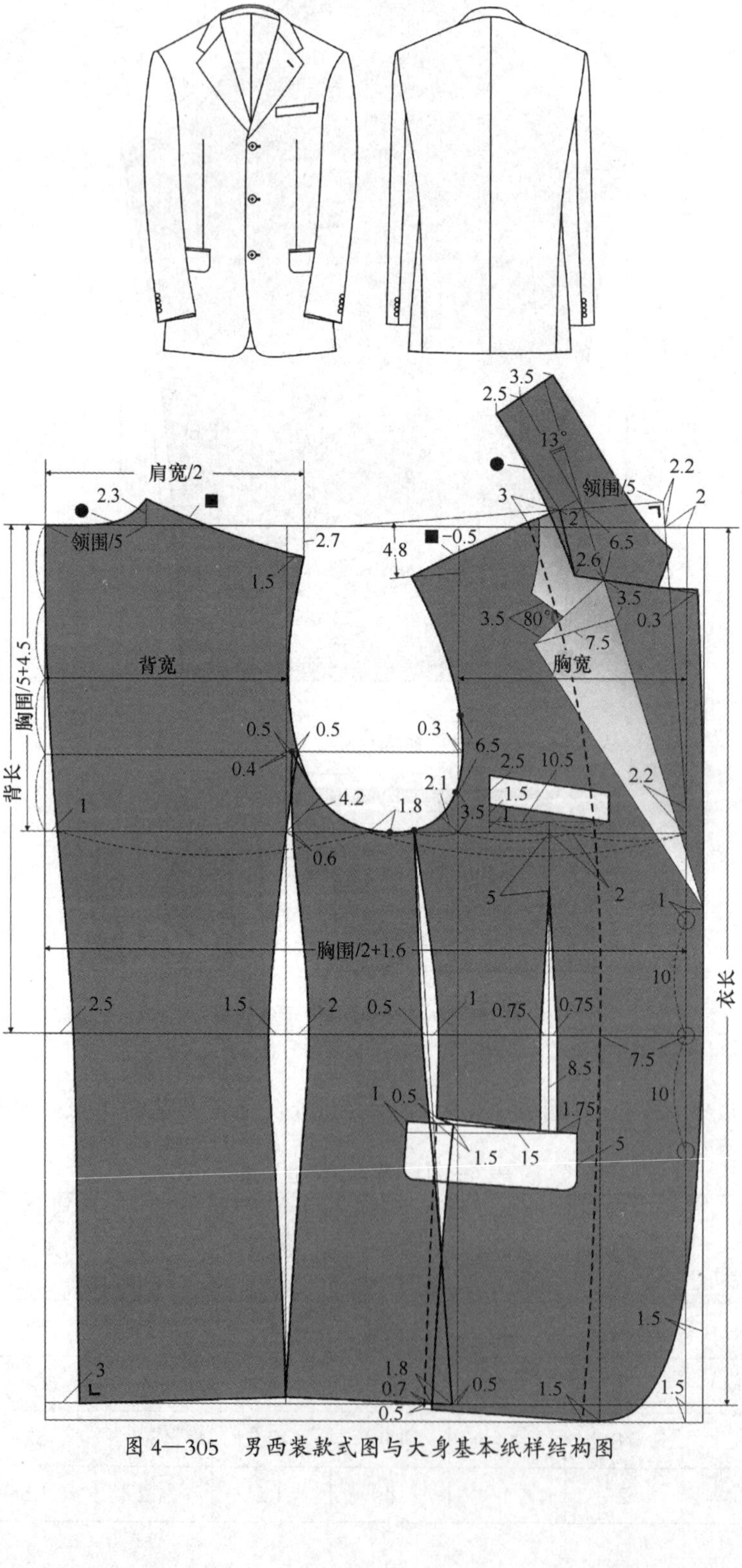

图 4—305　男西装款式图与大身基本纸样结构图

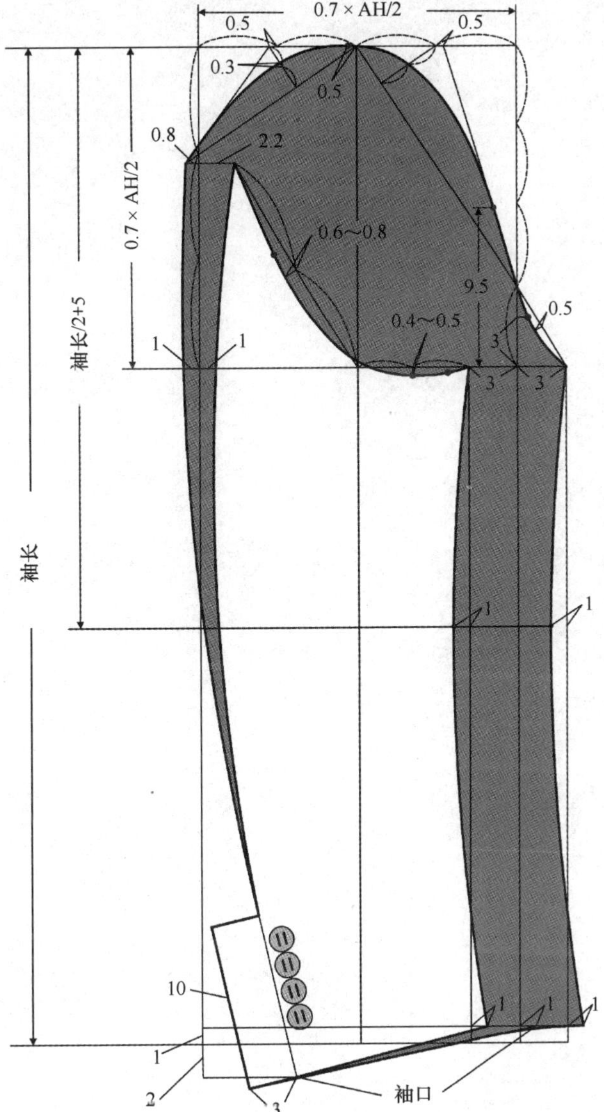

图 4—306　男西装袖子基本纸样结构图

第五章

服装 CAD 放码

富怡 V9 服装 CAD 设计与放码系统提供的放码方式主要有点放码、线放码、规则放码和按方向键放码，并支持多种特殊方式的放码。

学习目标

通过本章的学习，学生应能够：

1. 在教师的必要指导下，结合教材内容和视频，完成女装原型上衣逐点放码、直筒裙单方向点放码、女式直筒裤切开线放码和插肩袖夹克衫综合放码。

2. 简述逐点放码、单方向点放码、切开线放码和角度放码的异同，并依据不同放码要求灵活选择放码方法。

3. 以独立探究或小组合作的方式，完成女装原型上衣和直筒裙的切开线放码。

4. 以独立探究或小组合作的方式，完成女装原型上衣和女式直筒裤的单方向点放码。

第一节 女装原型上衣逐点放码

本节以女装原型上衣为例，具体介绍 CAD 逐点放码的操作流程和方法。

一、女装原型上衣放码方向与放码量标示图

女装原型上衣放码方向与放码量标示如图 5—1 所示。

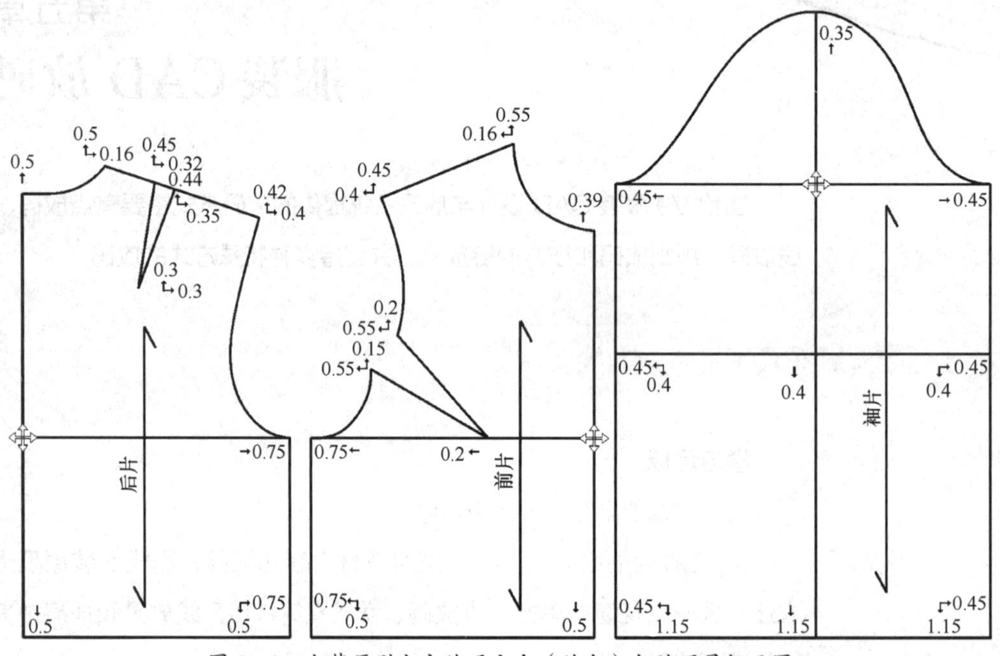

图 5—1 女装原型上衣放码方向（放大）与放码量标示图

二、女装原型上衣放码网状图

女装原型上衣放码网状图如图 5—2 所示。

三、女装原型上衣 CAD 逐点放码

打开已保存的女装原型上衣文件。

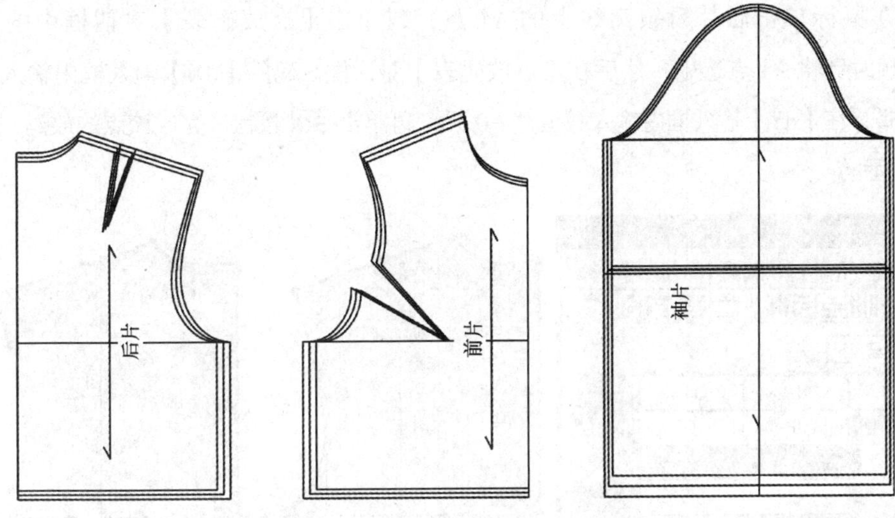

图 5—2　女装原型上衣放码网状图

1. 后片放码

（1）将【快捷工具栏】上的【显示结构线】按钮按起，隐藏结构线。

提个醒

想要观看女装原型上衣 CAD 逐点放码完整视频，请扫描二维码。

（2）选中【选项】菜单下的【系统设置】命令，在弹出的【系统设置】对话框的【布纹设置】选项卡中取消【在布纹线上或下显示纸样信息】选项的勾选。

（3）按【F7】键，将缝份线隐藏。按【Ctrl+F】键，显示放码点。按【Ctrl+K】键，隐藏非放码点。

（4）鼠标单击【快捷工具栏】上的【点放码表】按钮，弹出【点放码表】对话框。单击按钮，将其按起，取消“自动判断放码量正负”的功能。

（5）选中【选择纸样控制点】工具，鼠标单击或框选，选中后片的后领中点 A，然后移到【点放码表】对话框 S 码的【dY】输入框内单击，输入数值“－0.5”，再单击按钮，完成该点放码量的输入，如图 5—3 所示，放码结果会自动显示，如图 5—4 所示。

（6）鼠标单击后片后领窝线上的 A1 点，或单击【点放码表】对话框中的按钮 ，顺时针将 A1 点选中，然后在【点放码表】对话框 S 码的【dX】输入框内输入数值“－0.05”，在【dY】输入框内输入数值“－0.5”，再单击 按钮，完成该点的放码，如图 5—5 所示。

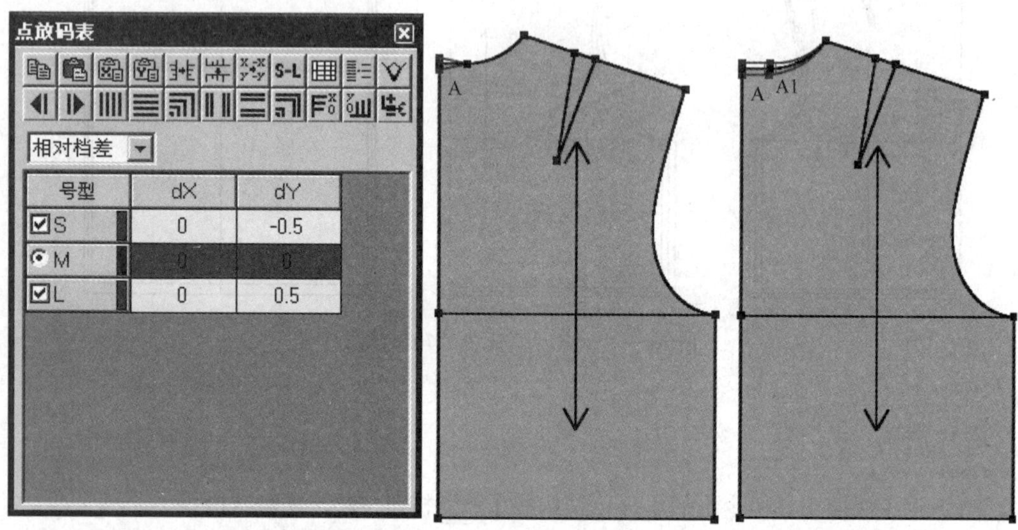

图 5—3　设置放码量　　图 5—4　后领中点放码　　图 5—5　领窝线上 A1 点放码

（7）继续单击按钮 ，选中颈侧点 B，【dX】值设为“－0.16”，【dY】值设为“－0.5”，再单击 按钮，完成 B 点的放码。

（8）继续单击按钮 ，选中肩点 C，【dX】值设为“－0.4”，【dY】值设为“－0.42”，再单击 按钮，完成 C 点的放码。

（9）继续单击按钮 ，选中后片袖窿底点 D，【dX】值设为“－0.75”，再单击 按钮，完成 D 点的放码。

（10）继续单击按钮 ，选中侧缝线下端点 E，【dX】值设为“－0.75”，【dY】值设为“0.5”，再单击 按钮，完成 E 点的放码。

（11）最后单击按钮 ，选中后中线下端点 F，【dY】值设为“0.5”，再单击 按钮，完成 F 点的放码。

以上操作结果如图 5—6 所示。

（12）选中【放码工具栏】上的【肩斜线放码】工具 ，鼠标依次单击点 F、点 A 和点 C，或者先单击布纹线再单击点 C，弹出【肩斜线放码】对话框，选择参照平行的方式为“与前放码点平行”，单击【确定】按钮，将后肩斜线调成完全平行，如图 5—7 所示。

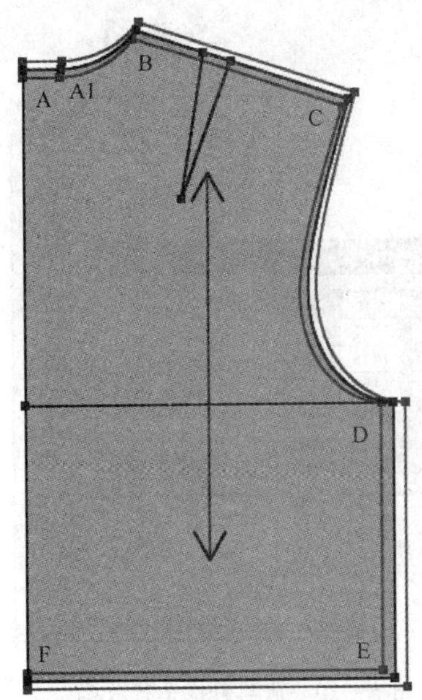

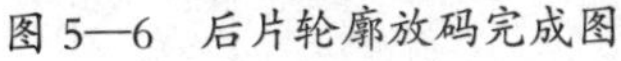
图 5—6　后片轮廓放码完成图

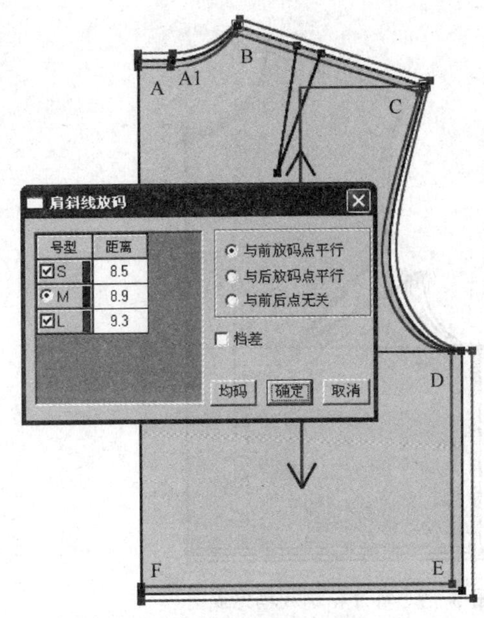

图 5—7　后肩斜线平行放码

（13）【dX】值设为“-0.3”，【dY】值设为“-0.3”，再单击 按钮，完成省尖点 G 的放码。选中【放码工具栏】上的【辅助线平行放码】工具 ，鼠标先单击后片肩胛骨省的左侧省线，再单击肩斜线 BC，然后单击右侧省线，再次单击肩斜线 BC，完成后片肩胛骨省的放码，如图 5—8 所示。

后片逐点放码完成。

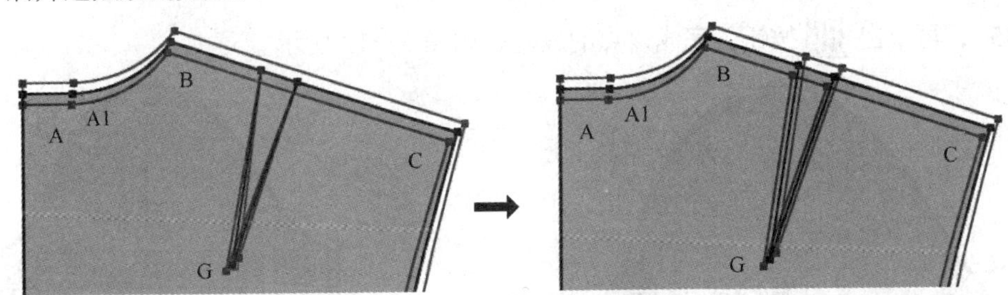

图 5—8　后片肩胛骨省放码

2. 前片放码

（1）参照图 5—1，按照与后片放码相同的方式，完成前片的放码，放码效果如图 5—9 所示。

（2）选中【肩斜线放码】工具 ，鼠标单击前片布纹线，再单击前片肩点，弹出【肩斜线放码】对话框，选择参照平行的方式为“与后放码点平行”，单击【确定】按钮，将前肩斜线调成完全平行，如图 5—10 所示。

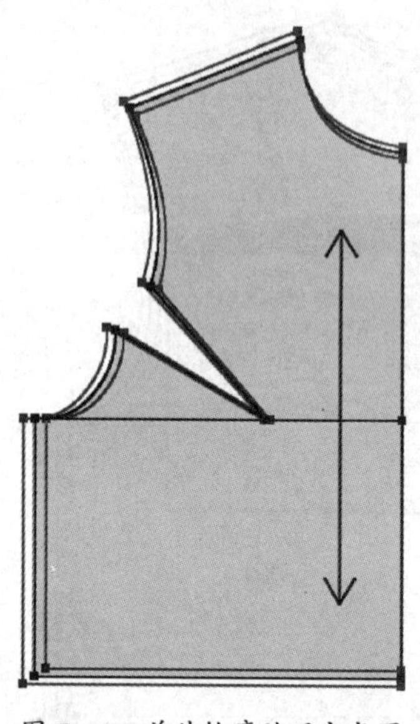

图 5—9　前片轮廓放码完成图

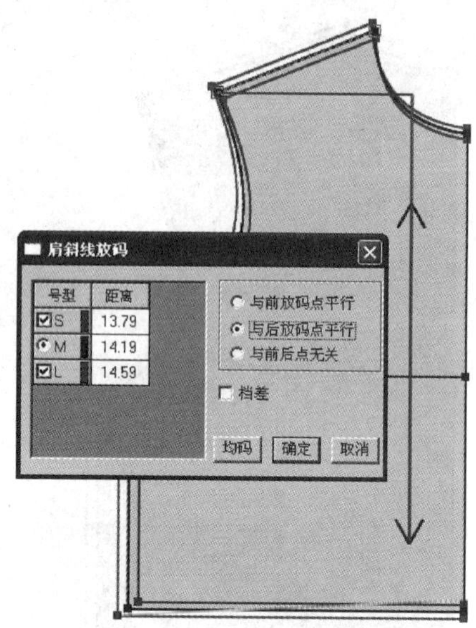

图 5—10　前肩斜线平行放码

3. 袖片放码

（1）选中【选择纸样控制点】工具 ，鼠标框选袖山顶点，【点放码表】对话框 S 码的【dY】输入框内单击，输入数值“-0.35”，再单击 按钮，完成该点放码量的输入，放码结果如图 5—11 所示。

（2）鼠标框选右侧袖肥点，【点放码表】对话框 S 码的【dX】输入框内输入数值“-0.45”，再单击 按钮，完成该点的放码，如图 5—12 所示。

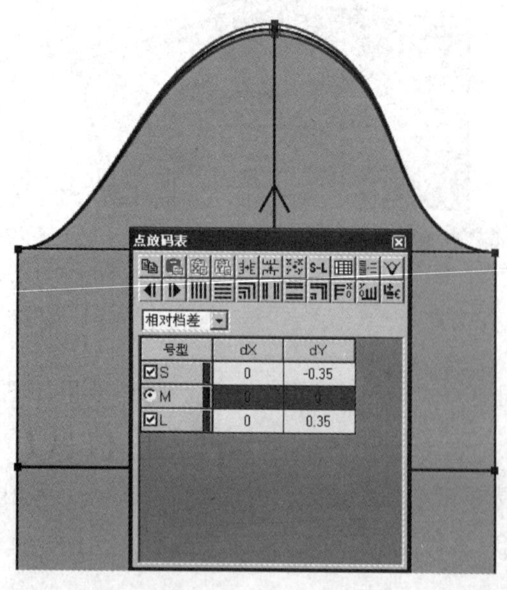

图 5—11　袖山顶点放码

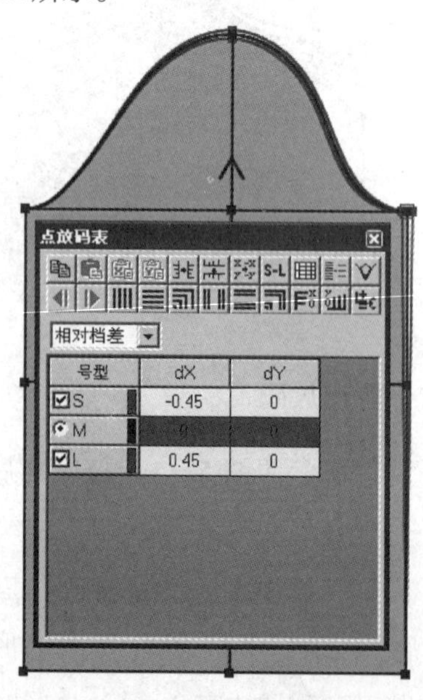

图 5—12　右侧袖肥点放码

（3）鼠标框选右侧袖肘点，【点放码表】对话框 S 码的【dX】输入框内输入数值“-0.45”，【dY】输入框内输入数值“0.4”，再单击 按钮，完成该点的放码；鼠标框选右侧袖口点，【点放码表】对话框 S 码的【dX】输入框内输入数值“-0.45”，【dY】输入框内输入数值“1.15”，再单击 按钮，完成该点的放码。放码效果如图 5—13 所示。

（4）参照图 5—1，完成袖子其他放码点的放码。

袖子最终放码效果如图 5—14 所示。

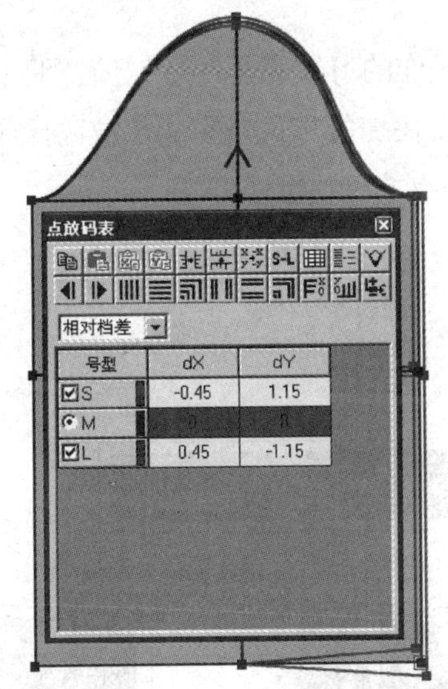

图 5—13 右侧袖肘点与袖口点放码

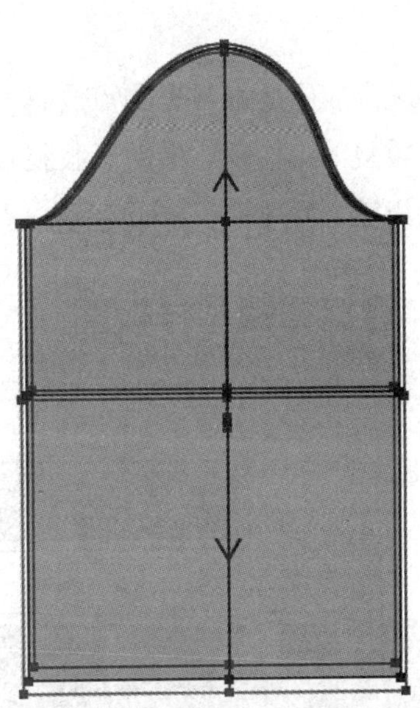
图 5—14 袖子放码效果图

女装原型上衣最终放码效果如图 5—15 所示。

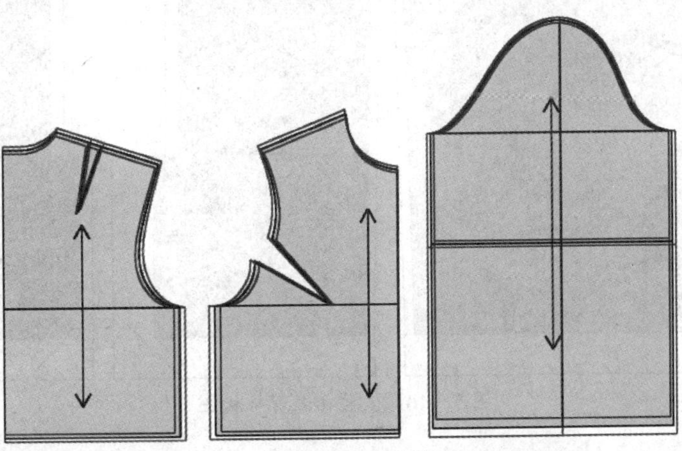
图 5—15 女装原型上衣最终放码效果图

第二节　直筒裙单方向点放码

逐点放码是最常见的点放码方式，与手工操作的习惯完全一致，简捷明了，但速度慢，重复的工作多。借助于服装 CAD，可以用更快捷的方式来完成点放码操作。这里以直筒裙前、后片样板放码为例，具体介绍单方向点放码的操作方法。

一、直筒裙裁剪样板图

直筒裙裁剪样板如图 5—16 所示。

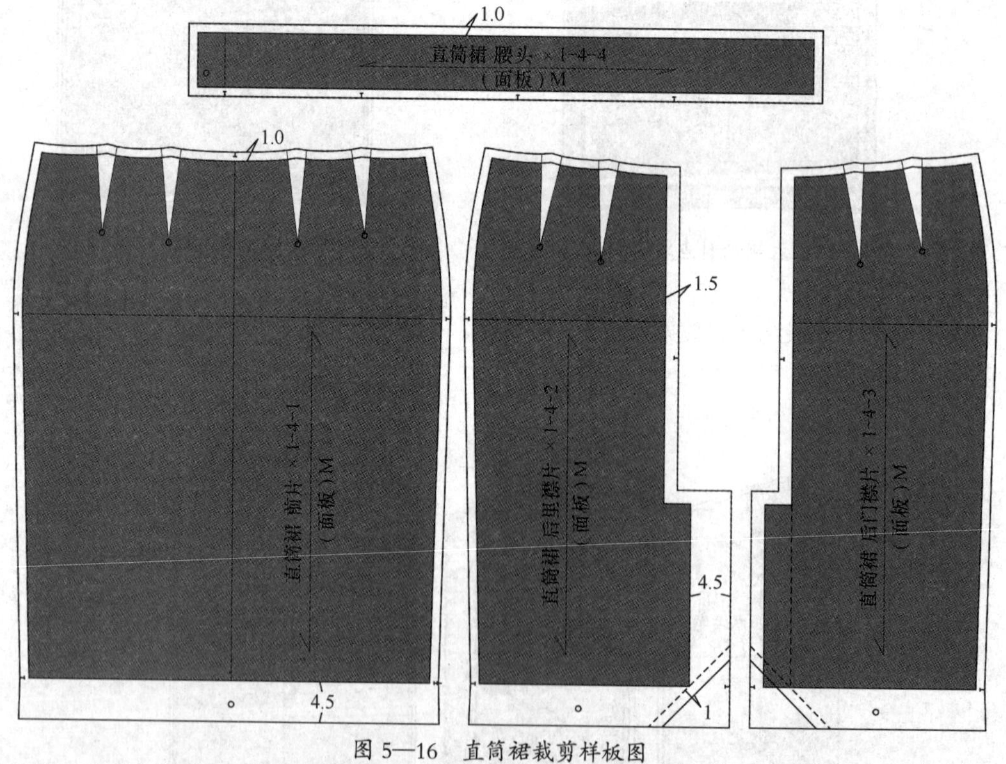

图 5—16　直筒裙裁剪样板图

二、直筒裙放码方向与放码量标示图

直筒裙放码方向与放码量标示如图 5—17 所示。

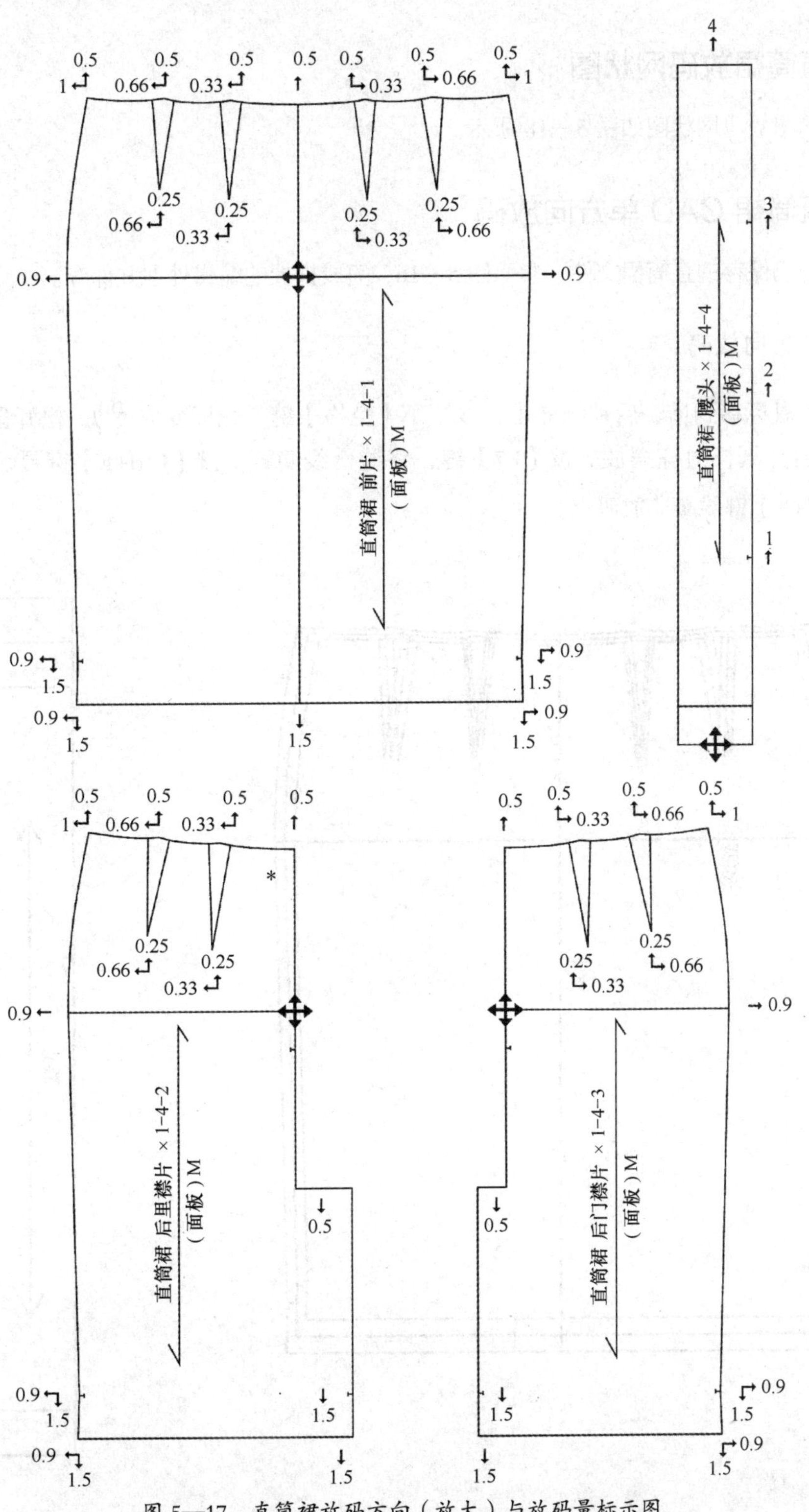

图 5—17　直筒裙放码方向（放大）与放码量标示图

三、直筒裙放码网状图

直筒裙放码网状图如图 5—18 所示。

四、直筒裙 CAD 单方向放码

打开已保存的直筒裙文件，参照图 5—16，完成样板的编辑处理并保存。

1. 单 Y 方向放码

（1）鼠标移到前、后片纸样上，按一下【空格】键，光标变成 ，松开鼠标移动，将前、后片纸样对齐摆放。按【F7】键，将缝份线隐藏，按【Ctrl+F】键显示放码点，按【Ctrl+K】键隐藏非放码点。

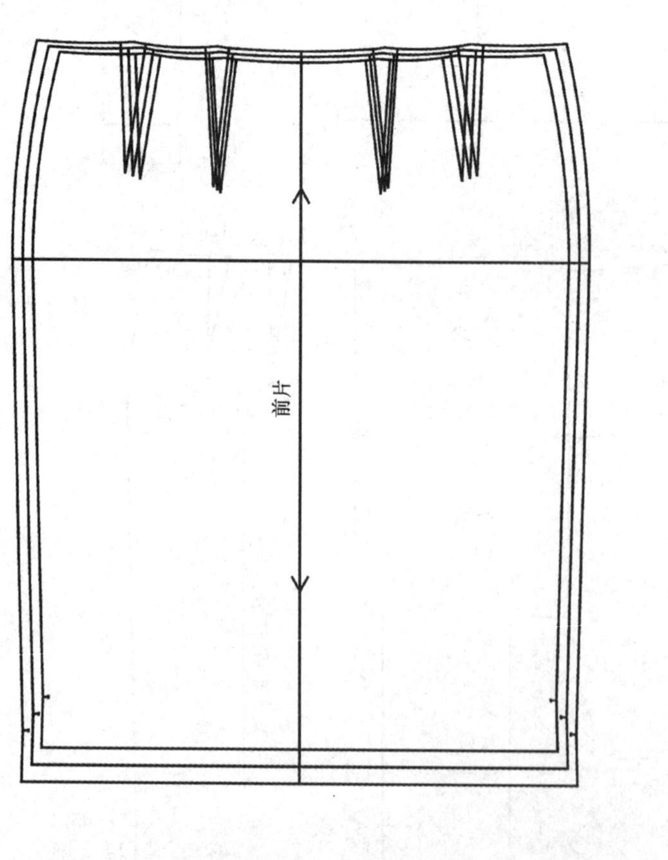

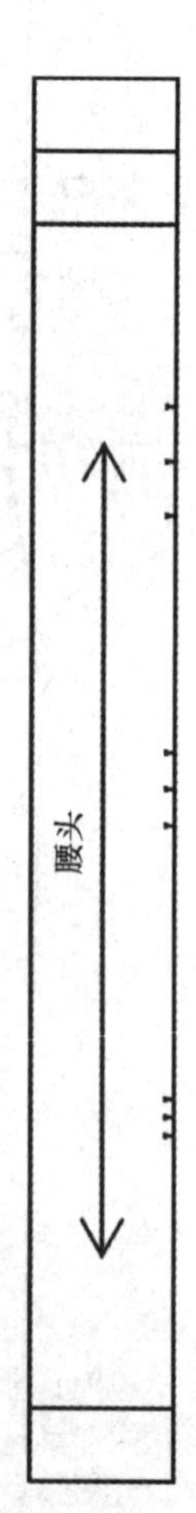

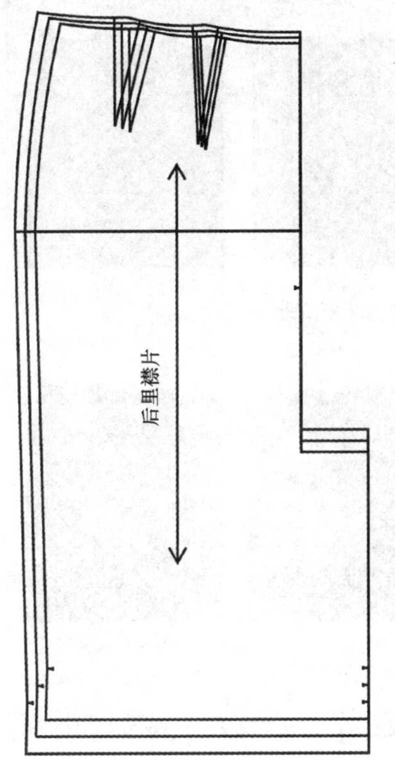

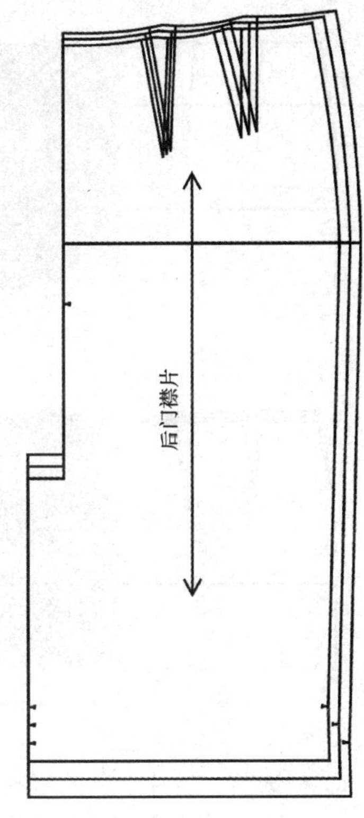

图 5—18　直筒裙放码网状图

提个醒

想要观看直筒裙 CAD 单方向放码完整视频，请扫描二维码。

（2）选中【选择纸样控制点】工具，框选前、后片腰线上的所有放码点，如图 5—19 所示，S 码【dY】输入框内单击，输入数值“－0.5”，再单击按钮，完成框选点 Y 方向的放码，如图 5—20 所示。空白处单击，取消对点的选择。

（3）框选前、后片的所有省尖点，S 码【dY】输入框内单击，输入数值“－0.25”，再单击按钮，完成省尖点 Y 方向的放码。空白处单击，取消对点的选择。

（4）框选后片开衩的上端点，S 码【dY】输入框内单击，输入数值“0.5”，再单击按钮，完成框选点 Y 方向的放码。空白处单击，取消对点的选择。

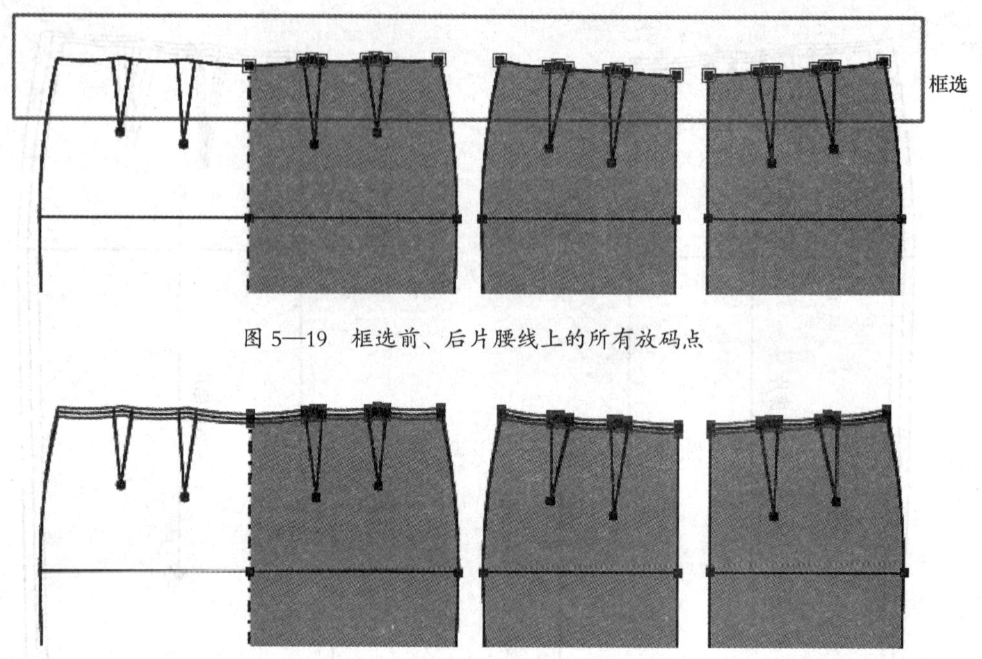

图 5—19 框选前、后片腰线上的所有放码点

图 5—20 前、后片腰线 Y 方向放码完成

（5）框选前、后片下摆的所有放码点，如图 5—21 所示，S 码【dY】输入框内单击，输入数值“1.5”，再单击 按钮，完成下摆所有点 Y 方向的放码，如图 5—22 所示。前、后片纸样 Y 方向的放码完成。空白处单击，取消对点的选择。

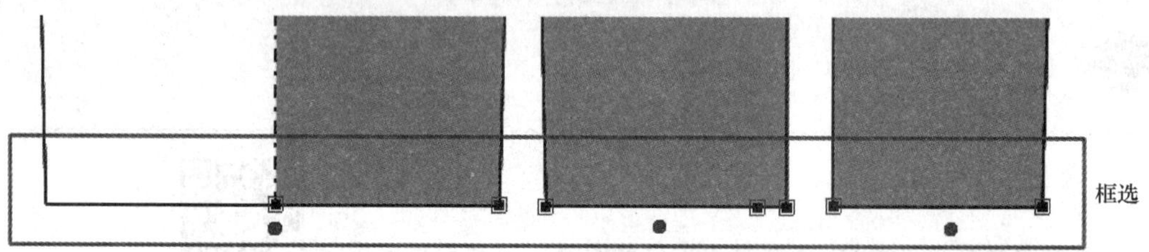

图 5—21 框选前、后片下摆的所有放码点

2. 单 X 方向放码

（1）选中【水平垂直翻转】工具 ，按一下【Shift】键，切换到垂直翻转模式，鼠标在后片里襟纸样上单击，将其垂直翻转。

（2）选中【选择纸样控制点】工具 ，框选前、后片侧缝线上的臀围点和下摆点，如图 5—23 所示，S 码【dX】输入框内单击，输入数值“－0.9”，再单击 按钮，完成框选点 X 方向的放码，如图 5—24 所示。空白处单击，取消对点的选择。

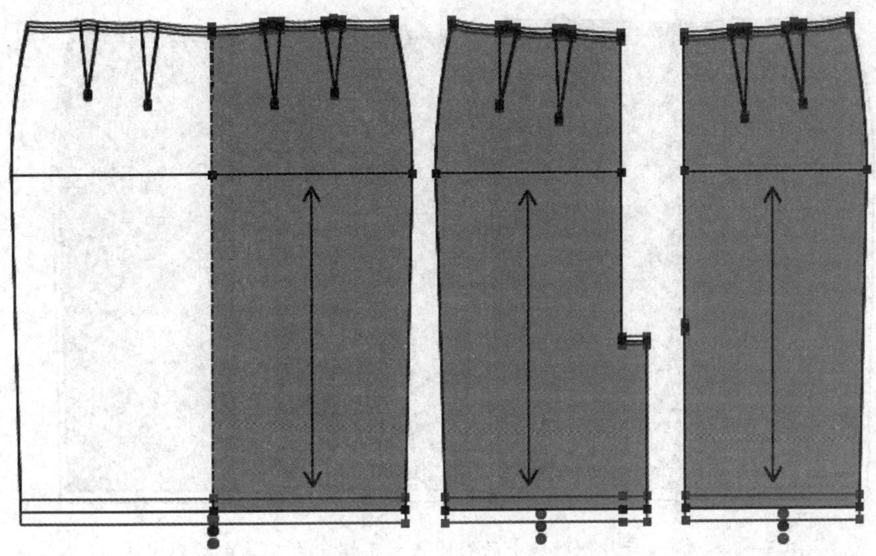

图 5—22 前、后片下摆 Y 方向放码完成

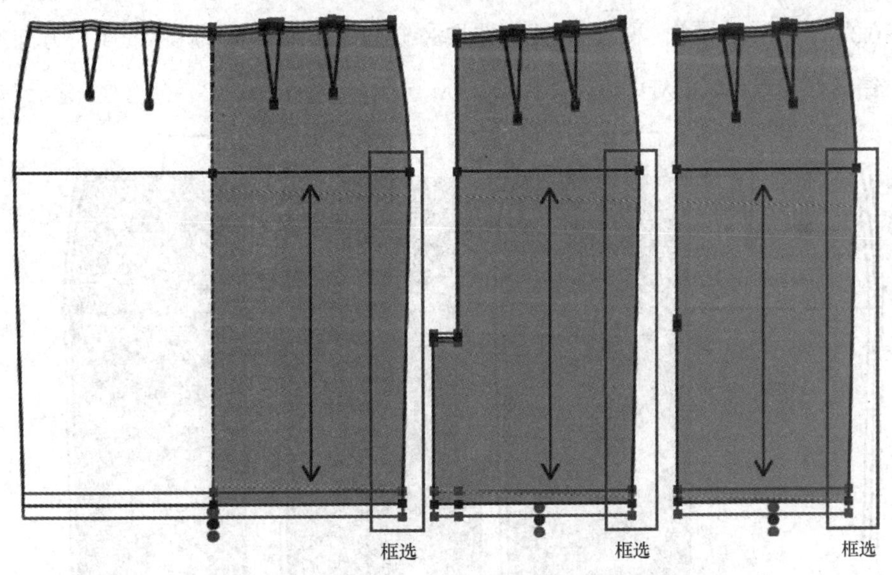

图 5—23 框选前、后片侧缝线上的臀围点和下摆点

（3）框选前、后片侧缝线上的侧腰点，S 码【dX】输入框内单击，输入数值“-1”，再单击 按钮，完成框选点 X 方向的放码。空白处单击，取消对点的选择。

（4）框选前、后片侧缝线一侧的省，S 码【dX】输入框内单击，输入数值“-0.66”，再单击 按钮，完成框选点 X 方向的放码。空白处单击，取消对点的选择。

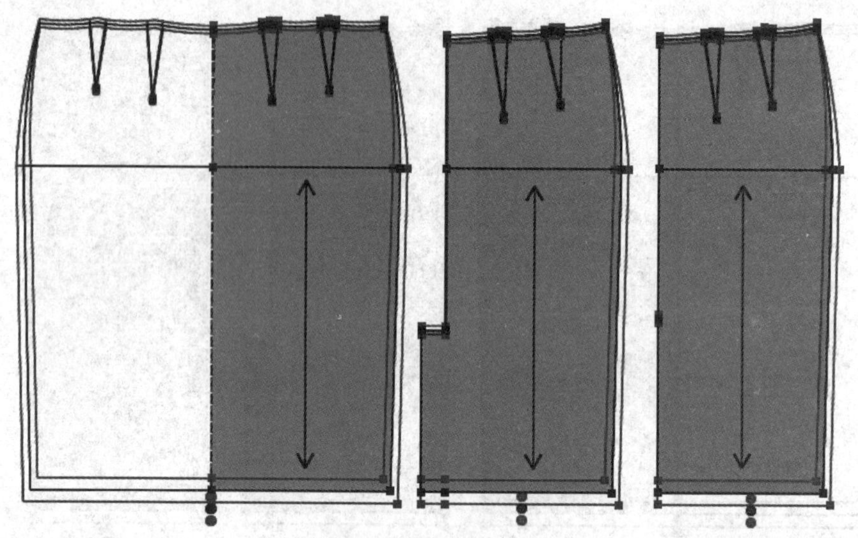

图 5—24　前、后片侧缝线上的臀围点和下摆点的 X 方向放码完成

（5）框选前、后片中线一侧的省，如图 5—25 所示，S 码【dX】输入框内单击，输入数值“-0.33”，再单击 按钮，完成框选点 X 方向的放码。前、后片纸样 X 方向的放码完成。空白处单击，取消对点的选择。

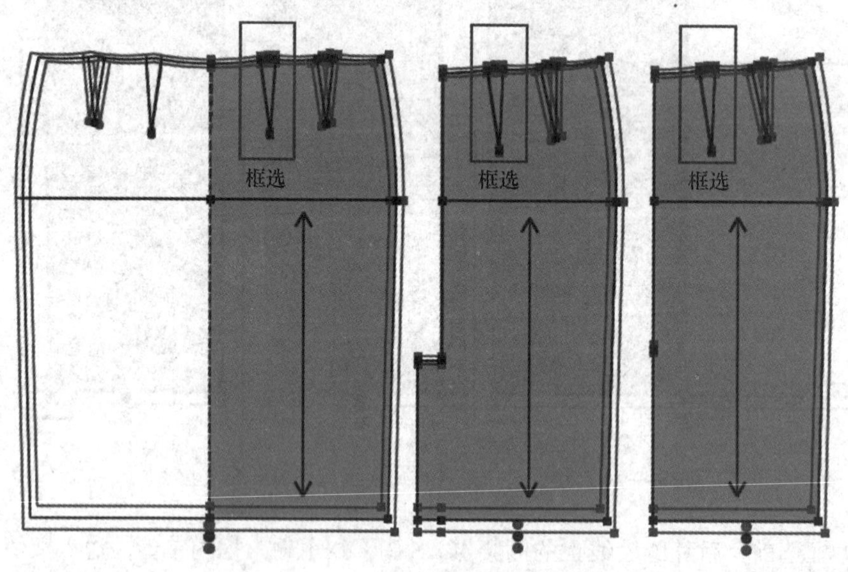

图 5—25　框选前、后片中线一侧的省

（6）选中【水平垂直翻转】工具 ，将后片里襟纸样垂直翻转。按【F7】键，显示缝份；按【Ctrl+F】键，隐藏放码点。

直筒裙前、后片最终放码效果如图 5—26 所示。

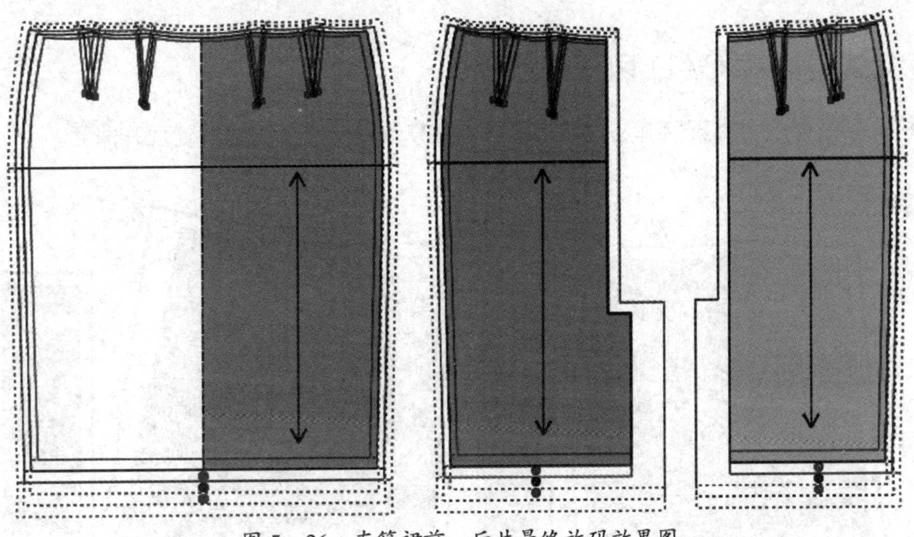

图 5—26　直筒裙前、后片最终放码效果图

第三节　女式直筒裤切开线放码

除了点放码以外，线放码也是一种常用的方式。线放码的基本原理与点放码是一样的，通过将纸样切开，在每条切开线中加入一定的放码量，累加以后，实现放码的目的。这里以女式直筒裤前、后片样板放码为例，具体介绍线放码的操作方法。

一、女式直筒裤裁剪样板图

女式直筒裤裁剪样板如图 5—27 所示。

二、女式直筒裤放码方向与放码量标示图

女式直筒裤放码方向与放码量标示如图 5—28 所示。

三、女式直筒裤放码网状图

女式直筒裤放码网状图如图 5—29 所示。

四、女式直筒裤 CAD 切开线放码

打开已保存的女式直筒裤文件，参照图 5—27，完成样板的编辑处理并保存。

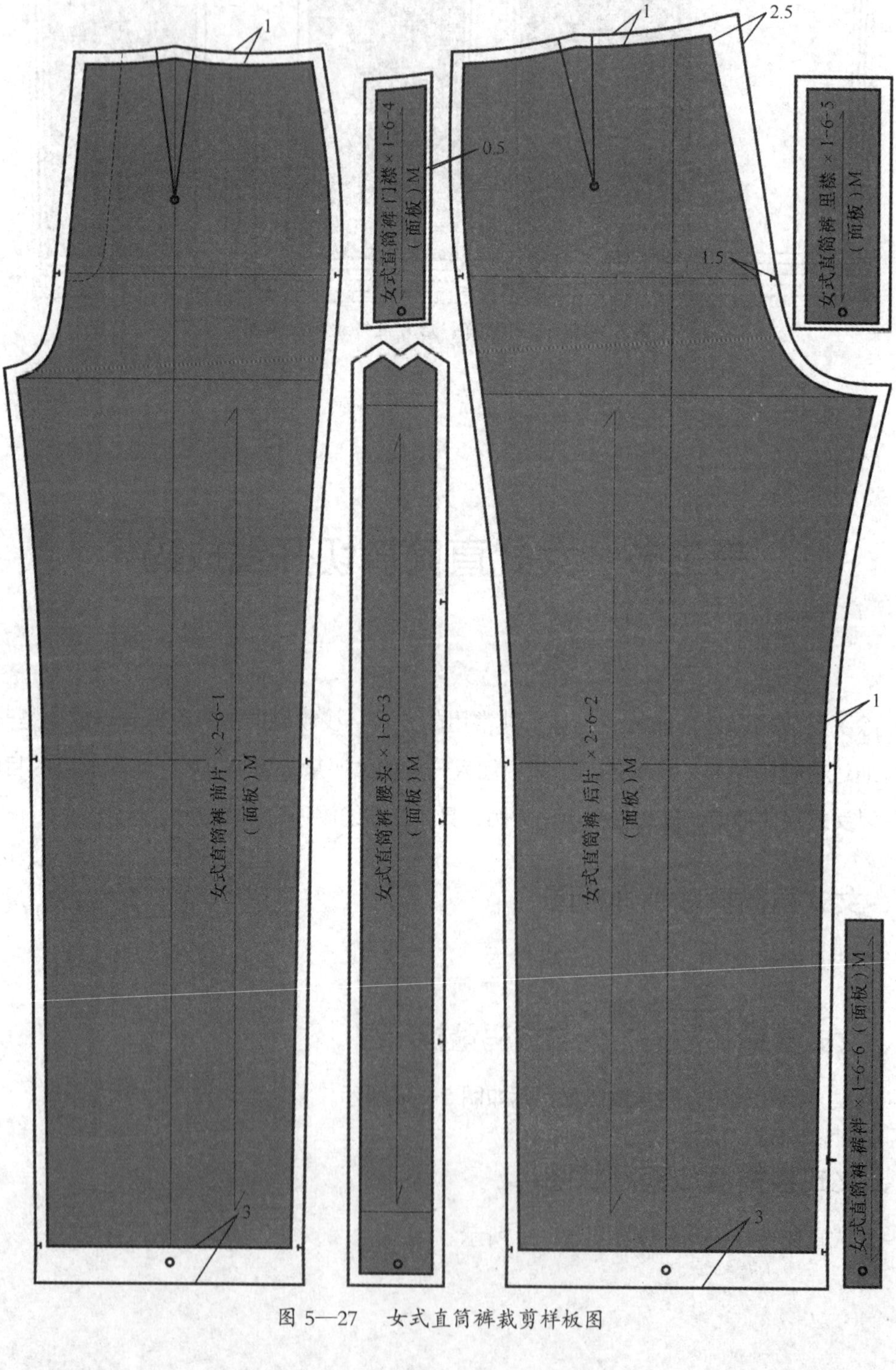

图 5—27　女式直筒裤裁剪样板图

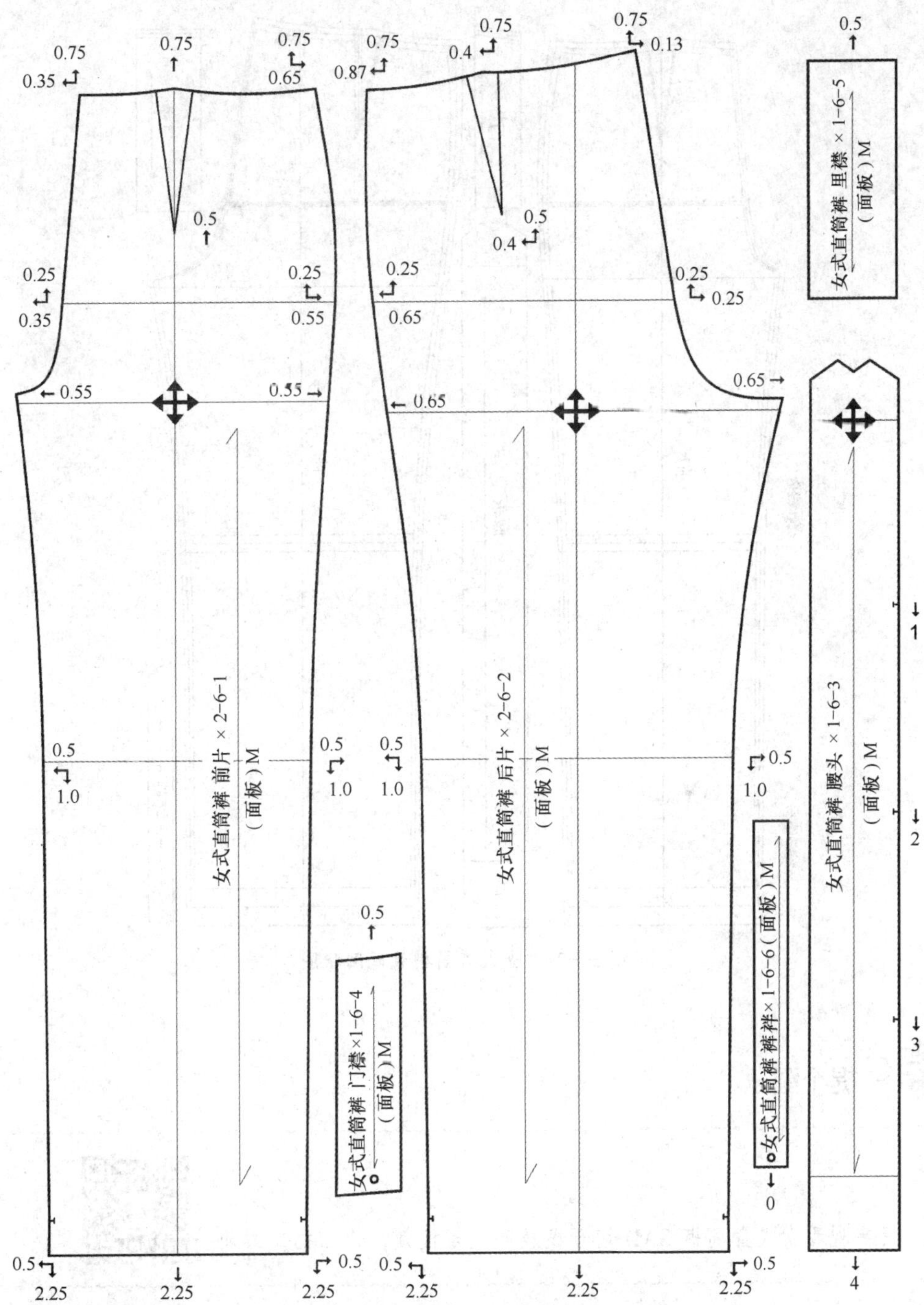

图 5—28　女式直筒裤放码方向（放大）与放码量标示图

1. 画切开放码线

（1）按【Ctrl+F】键，隐藏放码点。

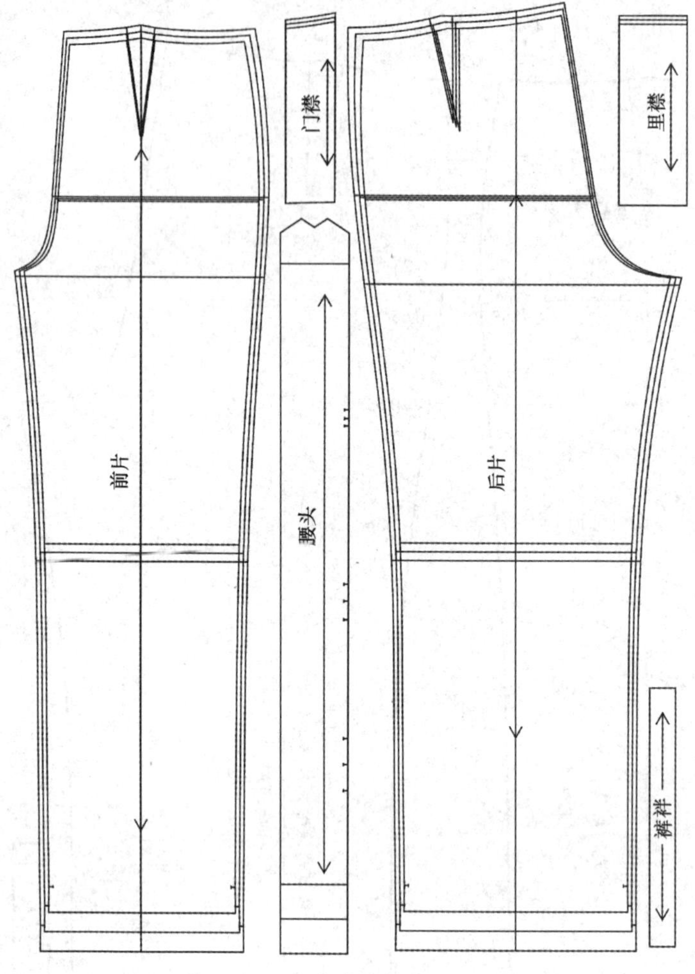

图 5—29　女式直筒裤放码网状图

提个醒

想要观看女式直筒裤 CAD 切开线放码完整视频，请扫描二维码。

（2）鼠标单击【快捷工具栏】上的【线放码表】按钮，弹出【线放码表】对话框。

（3）鼠标单击选中【线放码表】对话框中的【输入水平放码线】工具按钮，按照左键单击画起点和终点、右键单击结束的方式，依次画出 1、2、3、4、5 共 5 条水平放码线。再选中【线放码表】对话框中的【输入垂直放码线】工具按钮，依次画出 A、B、C、D、E、F、G、H、I、J、K、L、M、N 共 14 条垂直放码线。以上操作如图 5—30 所示。

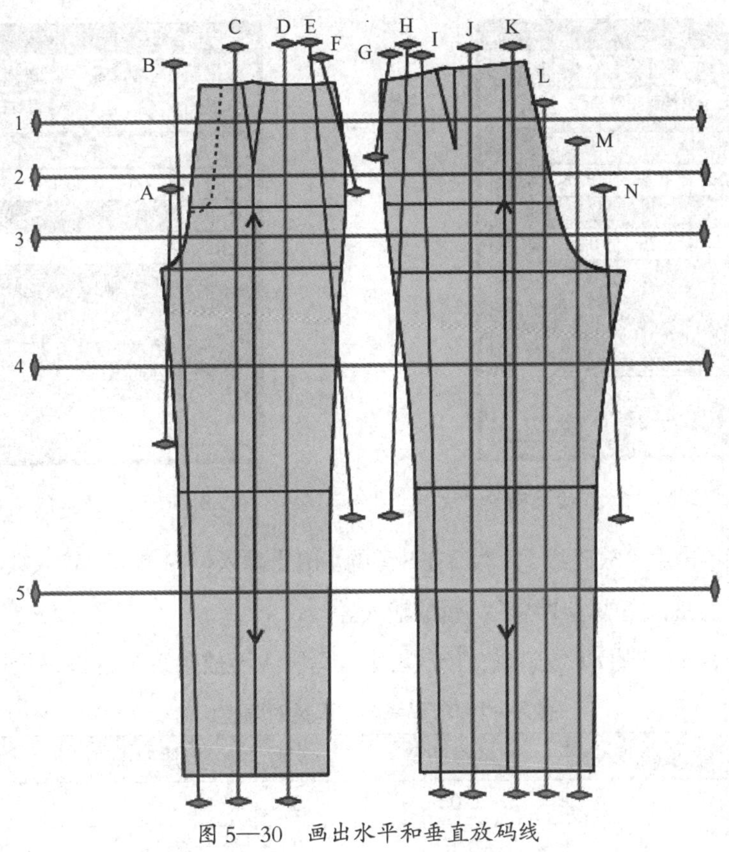

图 5—30　画出水平和垂直放码线

操作提示

（1）水平放码线不一定要完全水平，垂直放码线也不一定要完全竖直，这对放码没有任何影响。

（2）要画不完全水平的水平放码线或不完全竖直的垂直放码线，可在定出线的起点后，按住【Ctrl】键，再单击定出线的终点，右键单击结束即可。

（4）选中【选择放码线】工具按钮，鼠标框选水平放码线 1、2、3，q1、q2、q3 各码的放码量输入框被激活。鼠标在 S 码的【q1】输入框内单击，输入数值“－0.25”，其他输入框中的放码量会按照均码的方式自动生成，如图 5—31 所示。鼠标单击【应用】按钮，完成框选线放码量的输入。

（5）鼠标单击水平放码线 4，然后在 S 码的【q1】输入框内单击，输入数值“－1”，如图 5—32 所示，单击【应用】按钮，完成选中线放码量的输入。

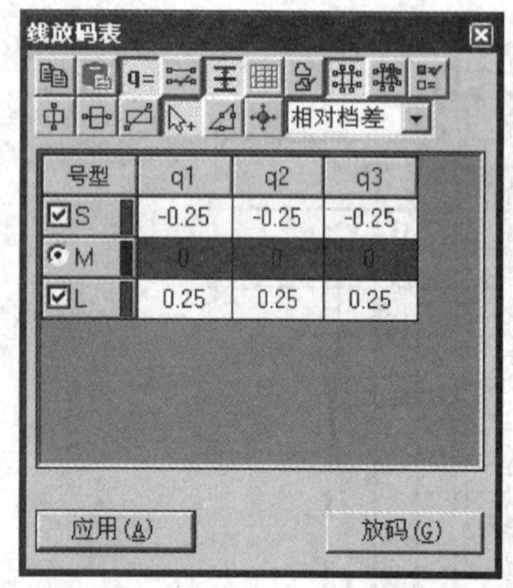

图 5—31 输入线 1、2、3 的放码量

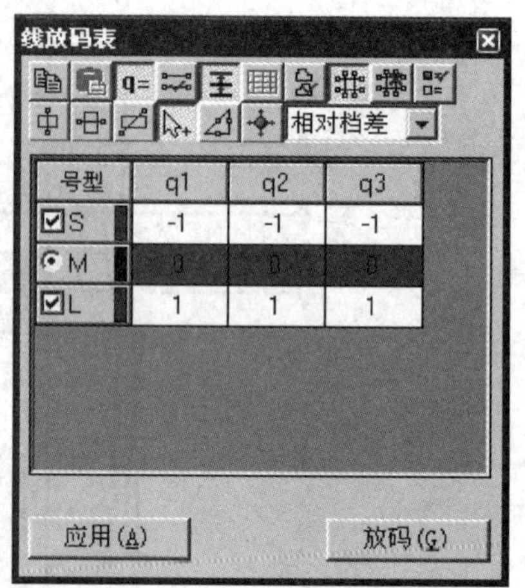

图 5—32 输入线 4 的放码量

（6）鼠标单击水平放码线 5，然后在 S 码的【q1】输入框内单击，输入数值“－1.25”，单击【应用】按钮，完成选中线放码量的输入。

（7）参照表 5—1 的 q1 放码量，依次设定放码线 A 至放码线 N 的放码量。

表 5—1 放码线与放码量对照表 单位：cm

序号	放码线	q1 的放码量	序号	放码线	q1 的放码量
1	A	−0.05	8	H	−0.15
2	B	−0.15	9	I	−0.1
3	C	−0.35	10	J	−0.4
4	D	−0.5	11	K	−0.13
5	E	−0.05	12	L	−0.12
6	F	−0.1	13	M	−0.25
7	G	−0.22	14	N	−0.15

2. 放码与样板对齐

（1）鼠标单击【放码】按钮，完成女式直筒裤前、后片样板的放码，如图 5—33 所示。

（2）鼠标单击【显示 / 隐藏放码线】按钮，将其按起，隐藏放码线，如图 5—34 所示。

（3）按【Ctrl+F】键，显示放码点。选中【放码工具栏】中的【各码对齐】工具，鼠标依次单击前、后片横裆线与挺缝线的交点，以选择点为放码基准点，将女式直筒裤前、后片样板各码纸样对齐，如图 5—35 所示。按【F7】键，显示缝份，女式直筒裤前、后片样板放码完成，如图 5—36 所示。

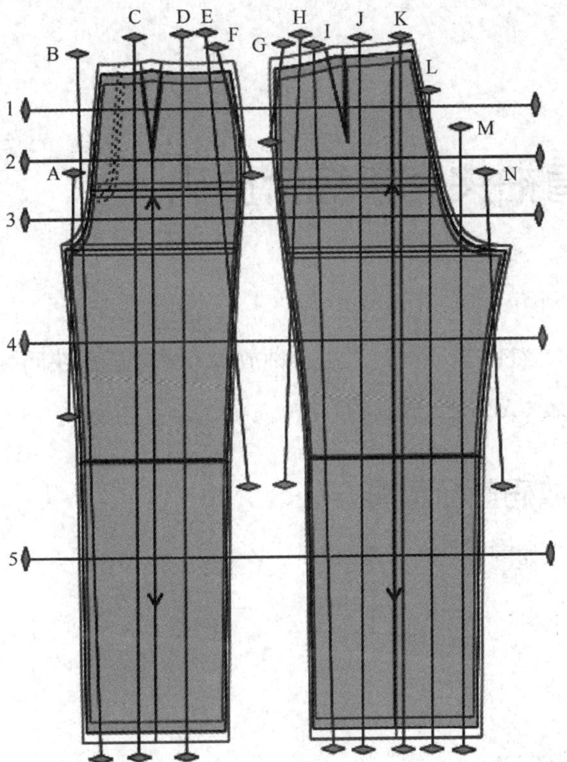

图 5—33　女式直筒裤前、后片样板放码网状图

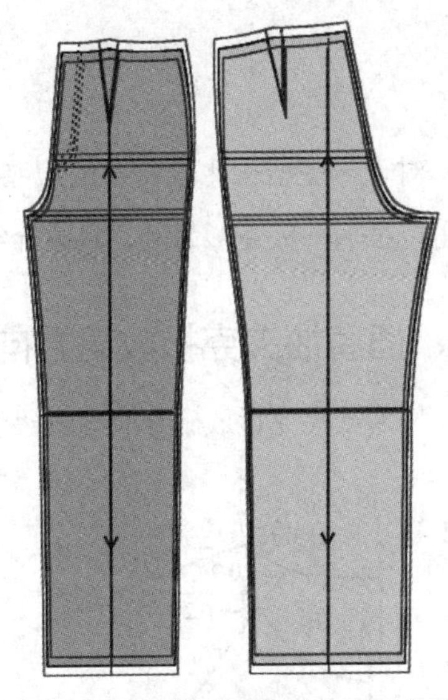

图 5—34　隐藏放码线的放码网状图

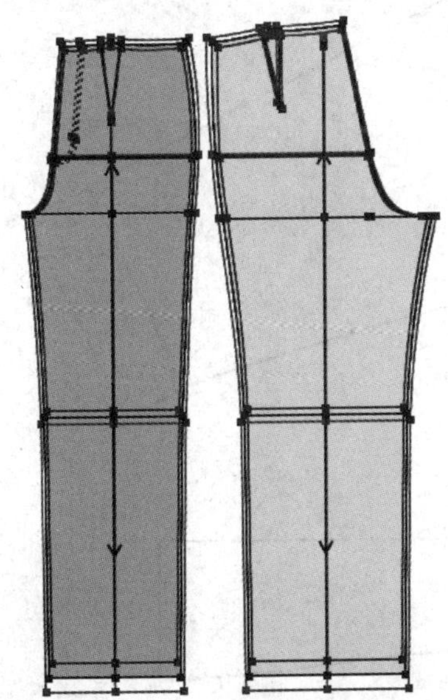

图 5—35　对齐前后片各码样板

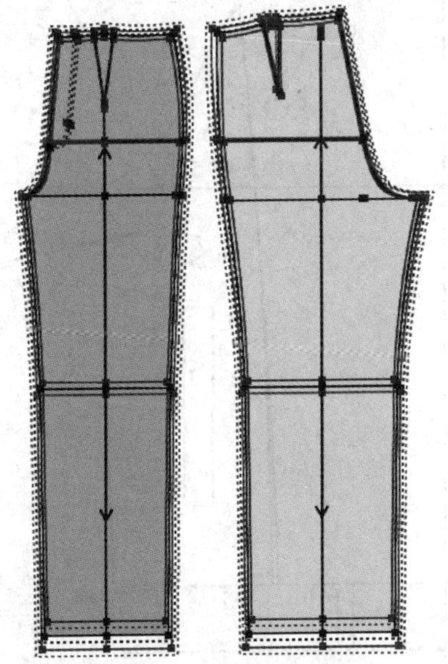

图 5—36　女式直筒裤前、后片最终放码效果图

第四节　插肩袖夹克衫综合放码

对于一些结构比较特殊的服装款式，往往需要同时采用多种放码方式才能解决问题。这里以插肩袖夹克衫为例，具体介绍服装 CAD 综合放码的方法。

一、插肩袖夹克衫放码方向与放码量标示图

插肩袖夹克衫放码方向与放码量标示如图 5—37 所示。

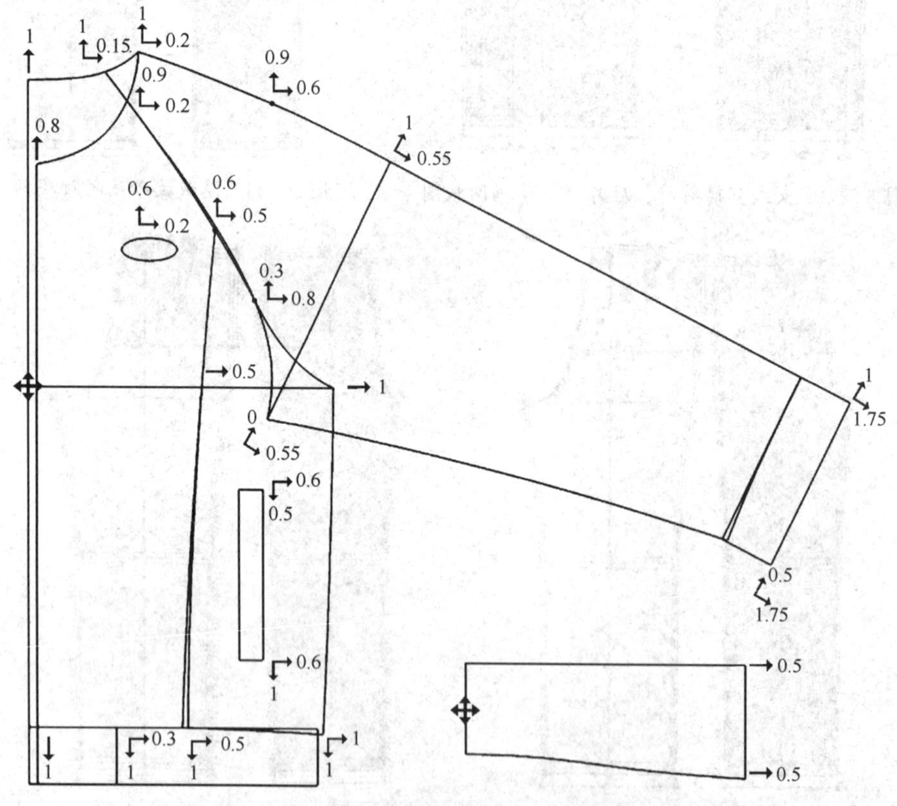

图 5—37　插肩袖夹克衫放码方向（放大）与放码量标示图

二、插肩袖夹克衫放码网状图

插肩袖夹克衫放码网状图如图 5—38 所示。

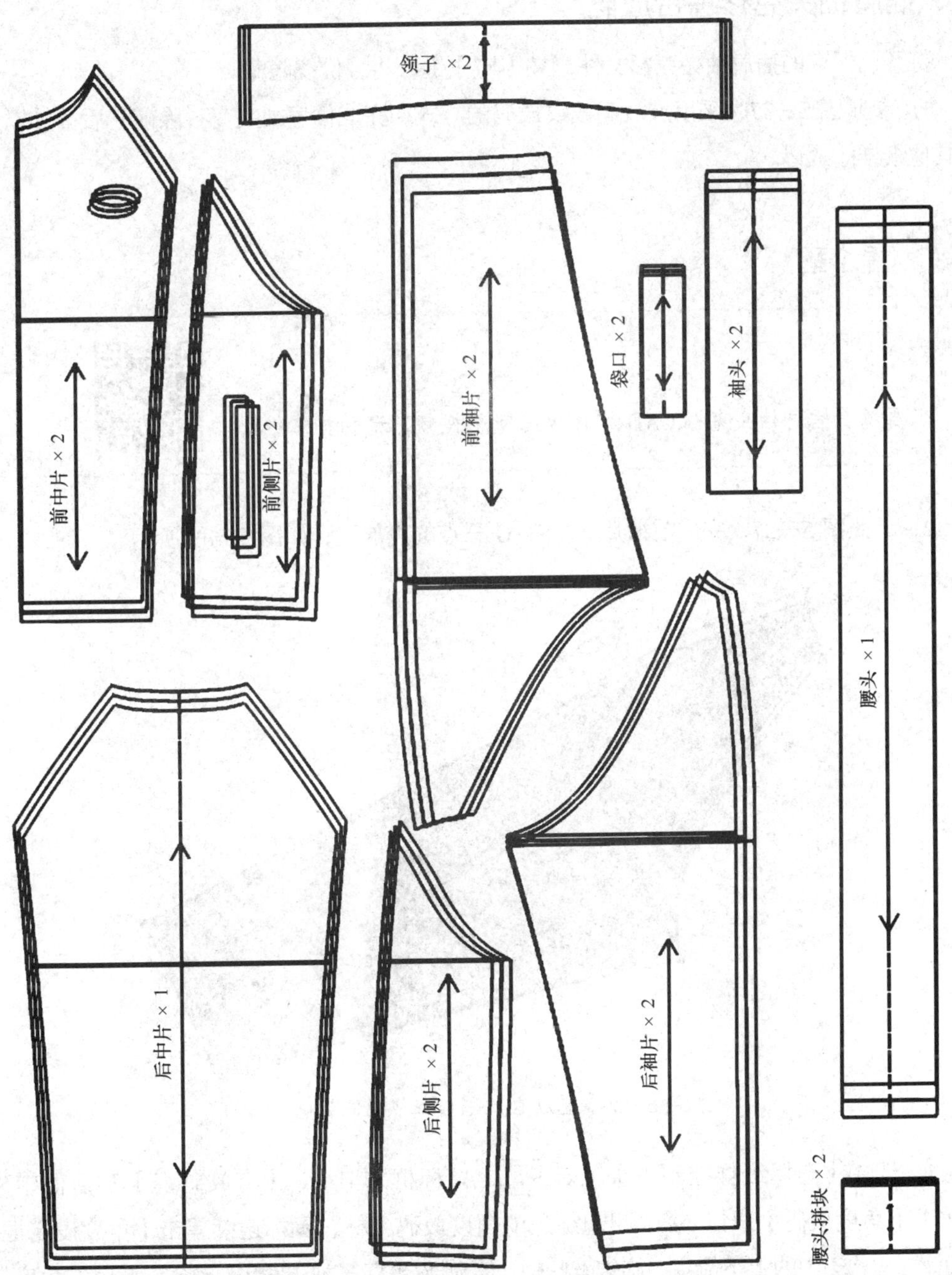

图 5—38　插肩袖夹克衫放码网状图

三、插肩袖夹克衫综合放码

打开已保存的插肩袖夹克衫文件，按【F7】键，将缝份线隐藏。

1. 参照图 5—37，采用点放码或线放码的方式，完成插肩袖夹克衫除前、后袖片以外的其他纸样的放码。

提个醒

想要观看插肩袖夹克衫 CAD 综合放码完整视频，请扫描二维码。

2. 参照图 5—37，完成前袖片 E、F、G 三点的点放码，如图 5—39 所示。

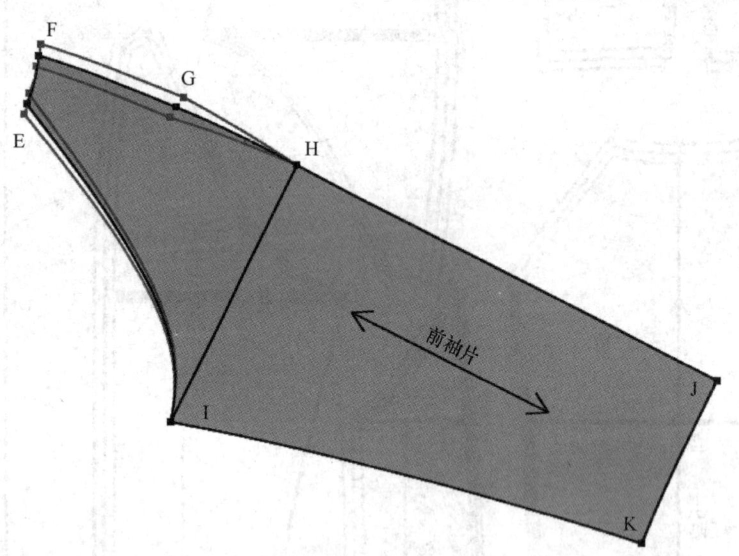

图 5—39 完成 E、F、G 三点的点放码

3. 选中【选择纸样控制点】工具，鼠标框选 H 点，【点放码表】对话框中单击按下【角度放码】按钮，出现绿色的角度放码坐标，鼠标连续单击【角度设定框】0.00 中的上下箭头，旋转坐标轴，直到 X 坐标与袖中线 HJ 重合，此时的角度值为“−25.33”，S 码【dX】输入框内输入数值“−0.55”、【dY】输入框内输入数值“−1”，再单击按钮，完成 H 点的放码，如图 5—40 所示。

4. 在 H 点选中状态下，单击【点放码表】对话框中的【复制放码量】按钮，空白处单击，取消对点的选择。鼠标框选 I 点，再单击【点放码表】对话框中的【粘贴 X】按钮，将 H 点 X 方向的放码量复制到 I 点上，如图 5—41 所示。

5. 同样的方法，S 码【dX】、【dY】输入框内分别输入数值“－1.75”和“－1”、“－1.75”和“－0.5”，完成 J、K 两点的角度放码。前袖片最终放码效果如图 5—42 所示。

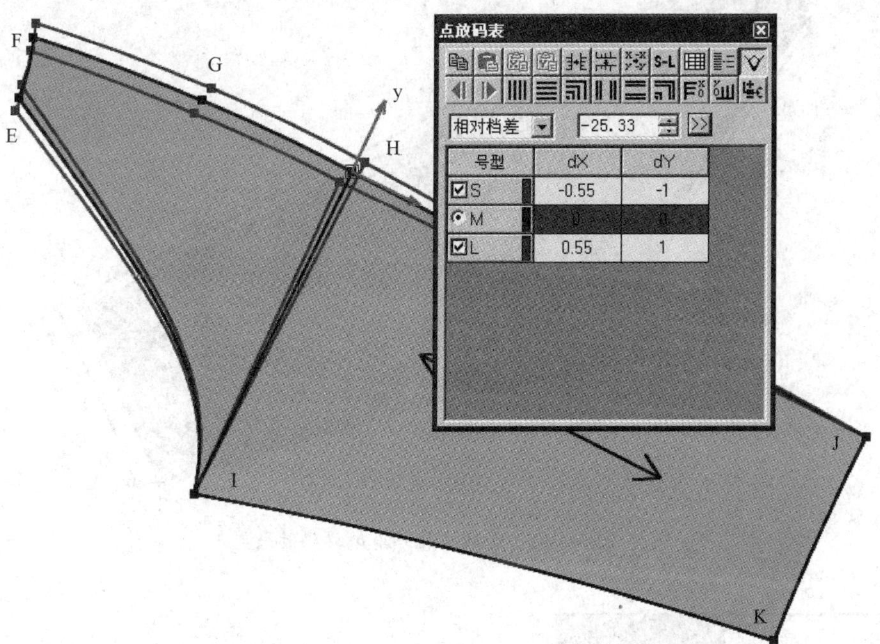

图 5—40 设置并完成 H 点的角度放码

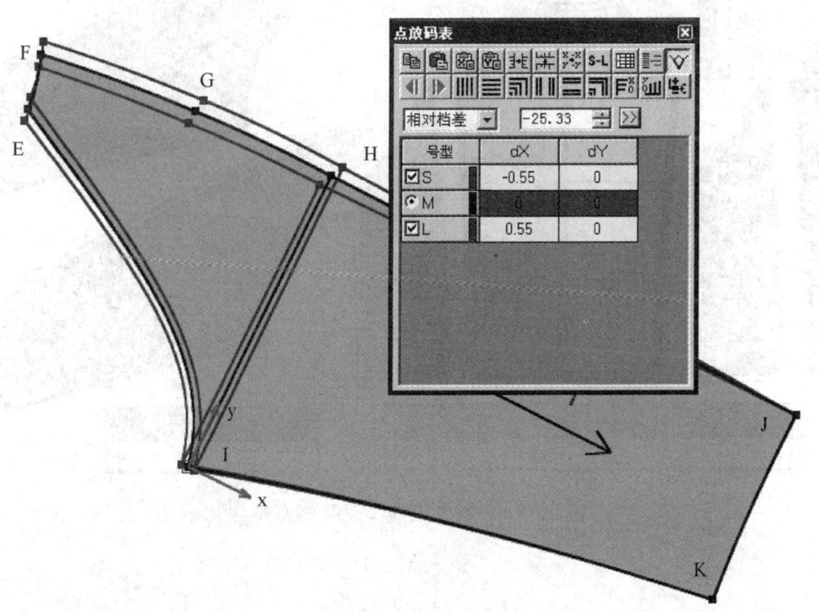

图 5—41 设置并完成 I 点的角度放码

6. 参照图 5—37 和前袖片的放码方法，完成后袖片的放码。

7. 按【Ctrl+F】键，隐藏放码点。

插肩袖夹克衫最终放码效果如图 5—43 所示。

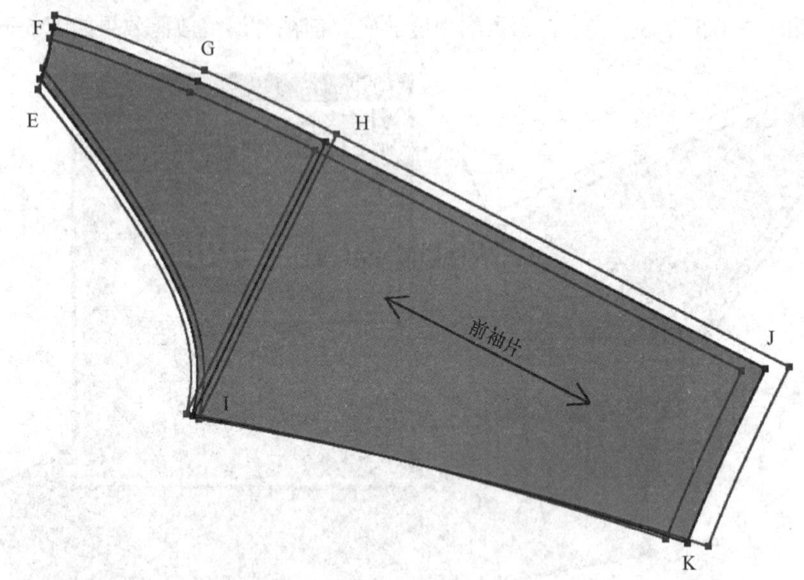

图 5—42　前袖片最终角度放码效果

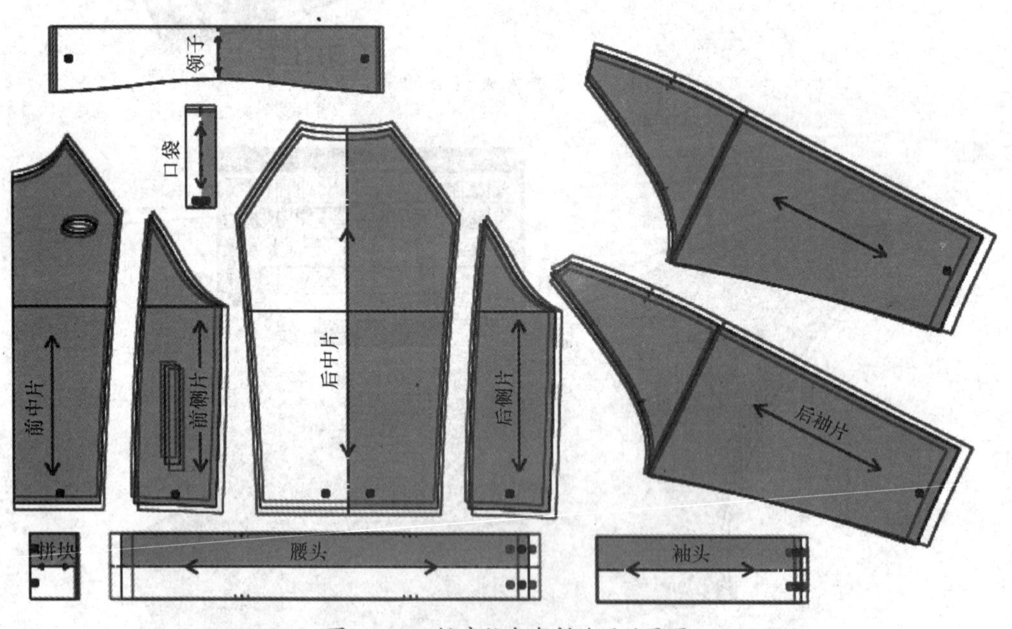

图 5—43　插肩袖夹克衫放码效果图

操作提示

（1）放码完成后，需要用【比较长度】工具 测量检验一下前、后片的插肩线长度档差是否一致，如果不一致，可微调袖肥线在X方向的放码量。

（2）之前介绍的女式原型上衣、直筒裙、女式直筒裤和插肩袖夹克衫放码都是规则放码。如果要不规则放码，则需在【点放码表】对话框中各码对应的【dX】、【dY】输入框内输入档差值，之后根据放码要求选择单击【X不等距】按钮 、【Y不等距】按钮 或【XY不等距】按钮 即可；或在【线放码表】对话框中将【均码】 按钮按起，各码对应的【q1】输入框内输入档差值，之后单击【应用】按钮，再单击【放码】按钮即可。

（3）放完码后，如果需要增加号型，可打开【设置号型规格表】对话框，直接添加，单击【确定】按钮，系统会按照已设定的档差自动放码。

本章小结

本章介绍了富怡服装CAD设计与放码系统中进行逐点放码、单方向点放码、切开线放码和综合放码的具体操作流程和方法，其中，单方向点放码和切开线放码是重点，综合放码是难点，反复练习勤实践是学习的关键。

思考与练习

1. 在【点放码表】对话框中设定放码量之前，为什么要将【自动判断放码量正负】按钮 按起？

2. 在点放码时，【点放码表】对话框中S码的【dX】、【dY】数值的正、负如何判定？

3. 在切开线放码时，是否一定要将放码点隐藏？为什么？

4. 框选放码点和单击选取放码点有什么不同？如果要通过单击的方式选取多个放码点，该如何做？

5. 放码时如果要显示全码或基码，该如何做？如果要显示某一指定的号型，该如何做？

6. 如何才能显示、隐藏或删除放码点的放码量标注？

7. 将女装原型上衣逐点放码、直筒裙单方向点放码、女式直筒裤切开线放码和插肩袖夹克衫综合放码反复练习3遍。

8. 尝试用切开线放码的方式对女装原型上衣、直筒裙进行放码。

9. 尝试用单方向点放码的方式对女装原型上衣、女式直筒裤进行放码。

第六章
服装 CAD 排料

目前的服装 CAD 系统，其排料方式主要有自动排料、手动排料和智能排料三种。从发展趋势来看，智能排料将成为服装 CAD 排料的主流，这也使得在现代服装企业中电脑排料逐渐取代手工排料成为必然。

富怡服装 CAD 排料系统通过人机交互或电脑自动排版，可完成单一排料、混合排料、分床排料、混合分床排料和对条对格排料等多种方式的排料。

学习目标

通过本章的学习，学生应能够：

1. 依据教材内容介绍，对照软件，简述排料系统的工作画面组成。
2. 对照教材内容介绍，写出排料系统中的常用快捷键及其功能，并在软件中进行实践操作。
3. 简述在排料系统中进行排料设定与操作的基本流程和方法。
4. 简述【唛架设定】对话框和【纸样制单】对话框设定的要点和注意事项。
5. 参照教材内容介绍，在排料系统中完成单一排料、分床排料、混合分床排料和对格对条排料设定与排料的全过程。

第一节　服装 CAD 排料系统介绍

富怡服装 CAD 排料系统主要用于排唛架和用料核算，可进行手工、人机交互、全自动排料和智能超级排料。唛架排完后，可自动计算出用料长度、布料利用率、纸样总片数和放置片数。另外，富怡服装 CAD 排料系统实现了对不同布料的唛架自动分床，并具有对条、对格功能。

一、工作画面

双击 Windows 桌面上的快捷图标，进入富怡服装 CAD 排料系统的工作画面。

工作画面主要由标题栏、菜单栏、主工具匣、纸样窗、尺码列表框、唛架区、状态条等组成，如图 6—1 所示。

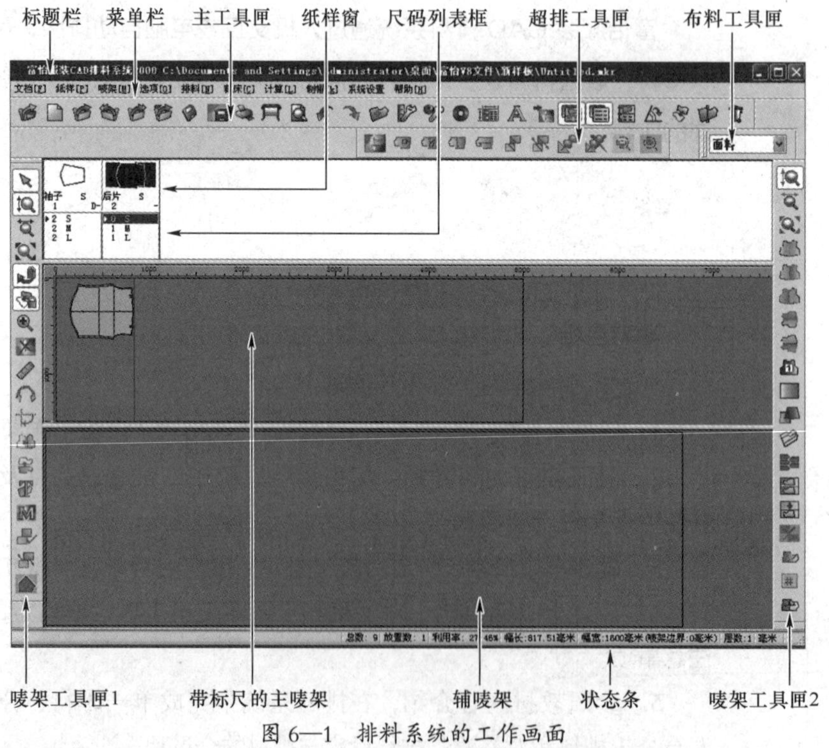

图 6—1　排料系统的工作画面

1. 标题栏

【标题栏】位于富怡服装CAD排料系统工作画面顶部，其作用和操作方法同设计与放码系统的标题栏，此处不再赘述。

2. 菜单栏

【菜单栏】位于【标题栏】下方，共有10个菜单，分别是【文档】、【纸样】、【唛架】、【选项】、【排料】、【裁床】、【计算】、【制帽】、【系统设置】和【帮助】，如图6—2所示。按住【Alt】键，再按菜单命令后面括号内的字母可打开其子菜单。

文档[F]　纸样[P]　唛架[M]　选项[O]　排料[N]　裁床[C]　计算[L]　制帽[k]　系统设置　帮助[H]

图6—2　菜单栏

3. 主工具匣

【主工具匣】位于【菜单栏】下方，上面放置了新建、打开、保存、打印、绘图、后退、参数设定、定义唛架、分割纸样、删除纸样等常用命令的快捷图标，如图6—3所示。

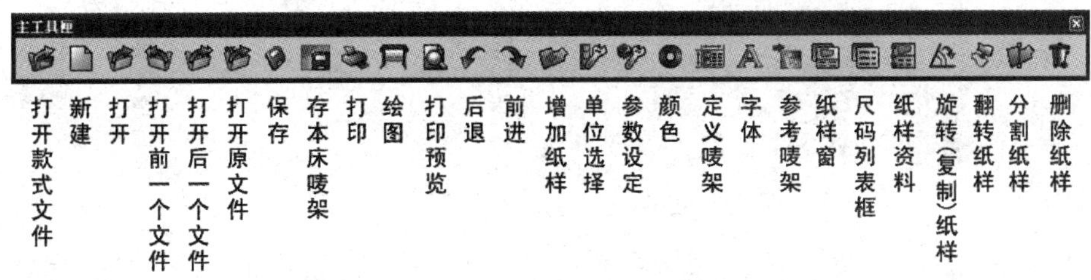

图6—3　主工具匣

4. 布料工具匣

【布料工具匣】位于【主工具匣】下方，用来选择显示当前排料文件中不同布料对应的纸样，如图6—4（1）所示。

单击布料选择框右边的三角形下拉按钮，会显示当前排料文件中所有布料的种类，如图6—4（2）所示。选择其中任意一种布料，【纸样窗】里就会显示该布料对应的所有纸样。

5. 超排工具匣

【超排工具匣】位于【主工具匣】下方，用来对载入的纸样文件实施超级排料，如图6—5所示。超级排料通过全自动排料，可在短时间内产生比手工排料布料利用率更高的排料方案。

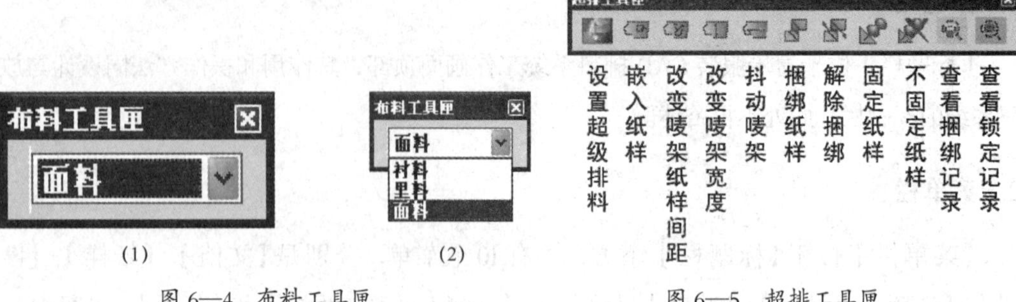

图 6—4　布料工具匣　　图 6—5　超排工具匣

6. 唛架工具匣 1

【唛架工具匣 1】位于工作画面窗口左侧，该工具条的工具主要用于对主唛架上的纸样进行选择、移动、旋转、翻转、放大、尺寸测量、添加文字等操作，如图 6—6 所示。

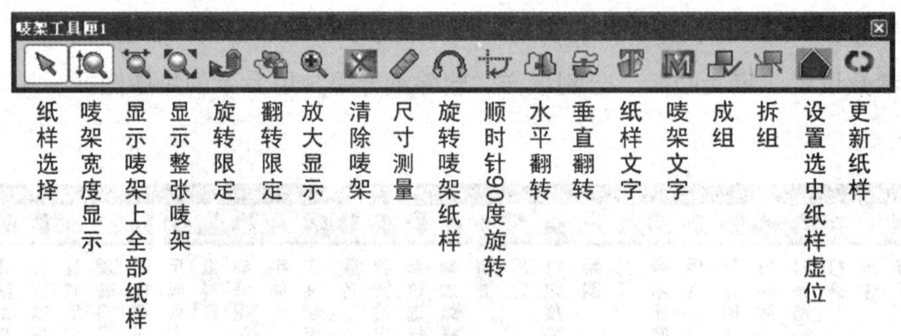

图 6—6　唛架工具匣 1

7. 唛架工具匣 2

【唛架工具匣 2】位于工作画面窗口右侧，该工具条的工具主要用于对辅唛架上的纸样进行折叠、展开、缩放等操作，如图 6—7 所示。

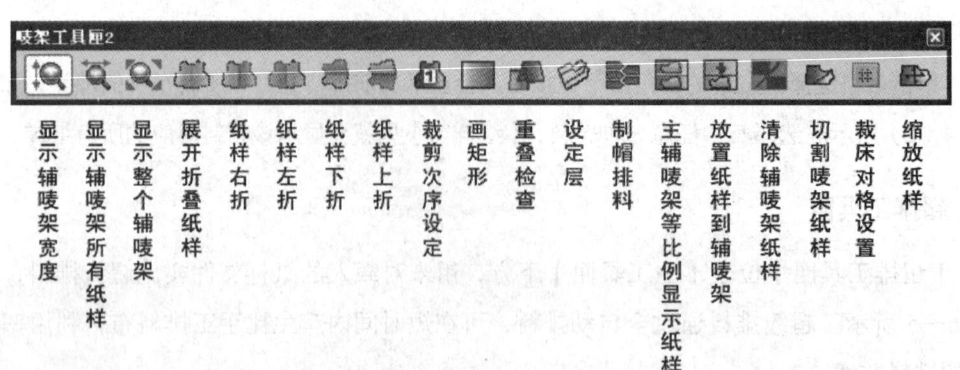

图 6—7　唛架工具匣 2

8. 自定义工具栏

富怡服装 CAD 排料系统允许用户根据自己排料的喜好和要求自定义工具栏。系统允许用户最多设定 5 个自定义工具栏，分别是【自定义工具栏 1】至【自定义工具栏 5】。图 6—8 所示是编者设定的【自定义工具栏 1】。

图 6—8　自定义工具栏 1

操作提示

选中【选项】菜单下的【自定义工具匣】命令，即可弹出图 6—9 所示【自定义工具】对话框。对话框中共有 96 个快捷图标工具，其中 76 个被分布到相应的工具匣中，余下的 20 个可根据需要自行设定在自定义工具栏中。

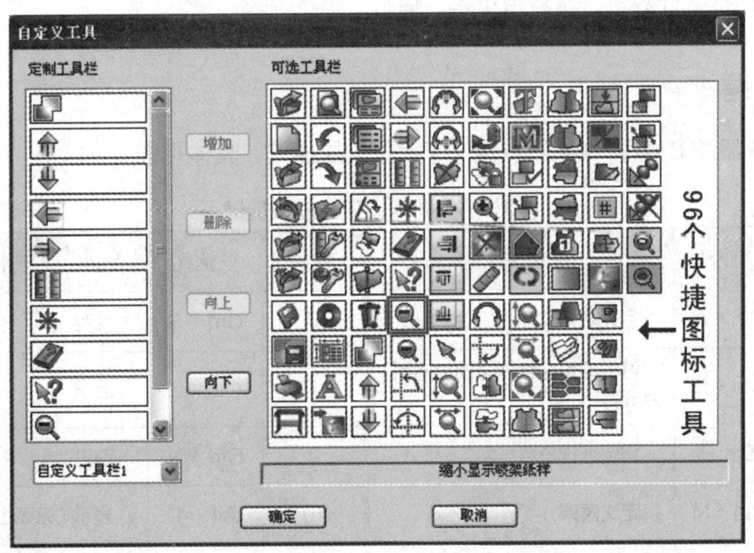

图 6—9　【自定义工具】对话框

9. 纸样窗

【纸样窗】位于【主工具匣】下方，用来放置当前面料对应的纸样，每一块纸样单独放置在一小格纸样显示框中。

10. 尺码列表框

【尺码列表框】位于【纸样窗】下方，用来显示对应纸样的所有尺码、每个尺码的片数、已排片数和未排片数。

11. 主唛架

主唛架位于【尺码列表框】下方，是电脑排料的工作区，可在上面进行多种方式的排料。

12. 辅唛架

辅唛架位于主唛架下方。排料时，可将纸样按码数分开排列在辅唛架上，然后按照需要将其调入主唛架工作区排料。

13. 状态条

【状态条】位于工作画面窗口下方，可显示一些排料的重要信息，如当前光标的位置、纸样总数、已排纸样数量、布料用布率、幅长、幅宽等。

二、快捷键

富怡 V9 服装 CAD 排料系统也定义了大量的快捷键，具体见表 6—1。

表 6—1　排料系统功能快捷键

序号	快捷键	功能	序号	快捷键	功能
1	Ctrl + A	另存唛架文档	7	Ctrl + S	保存
2	Ctrl + D	将主唛架区纸样全部放回到尺寸表中	8	Ctrl + Z	后退
3	Ctrl +I	编辑纸样资料	9	Ctrl + X	前进
4	Ctrl + M	定义唛架	10	Alt + 1	显示 / 隐藏主工具匣
5	Ctrl + N	新建	11	Alt + 2	显示 / 隐藏唛架工具匣 1
6	Ctrl + O	打开	12	Alt + 3	显示 / 隐藏唛架工具匣 2

续表

序号	快捷键	功能	序号	快捷键	功能
13	Alt + 4	显示 / 隐藏纸样窗和尺码列表框	24	3	将唛架上选中纸样进行逆时针旋转
14	Alt + 5	显示 / 隐藏尺码列表框	25	4	将唛架上选中纸样向左滑动，直至碰到其他纸样
15	Alt + 0	显示 / 隐藏状态条	26	5	将唛架上选中纸样进行水平、垂直翻转
16	空格键	1. 在【纸样选择】工具选中状态下，空格键为放大工具与纸样选择工具的切换 2. 在其他工具选中状态下，空格键为该工具与纸样选择工具的切换	27	6	将唛架上选中纸样向右滑动，直至碰到其他纸样
17	F3	重新按号型套数排列辅唛架上的样片	28	7	将唛架上选中纸样进行垂直翻转
18	F4	将选中的整套样片旋转 180°	29	8	将唛架上选中纸样向上滑动，直至碰到其他纸样
19	F5	刷新	30	9	将唛架上选中纸样进行水平翻转
20	Delete	移除所选纸样	31	↑	将唛架上选中纸样向上移动一个步长，无论纸样是否碰到其他纸样
21	双击	1. 双击唛架上选中纸样可将选中纸样放回到尺码列表框中 2. 双击尺码列表框中某一纸样，可将其放于主唛架上	32	↓	将唛架上选中纸样向下移动一个步长，无论纸样是否碰到其他纸样
22	1	将唛架上选中纸样进行顺时针旋转	33	→	将唛架上选中纸样向右移动一个步长，无论纸样是否碰到其他纸样
23	2	将唛架上选中纸样向下滑动，直至碰到其他纸样	34	←	将唛架上选中纸样向左移动一个步长，无论纸样是否碰到其他纸样

操作提示

（1）表 6—1 中的数字键是指数字键盘区的数字键。

（2）9 个数字键与键盘最左边的 9 个字母键相对应，有相同的功能，其对应关系见表 6—2。

表 6—2　数字键与字母键对应表

数字键	1	2	3	4	5	6	7	8	9
字母键	Z	X	C	A	S	D	Q	W	E

（3）【8】&【W】、【2】&【X】、【4】&【A】、【6】&【D】、【↑】、【↓】、【→】、【←】键的功能跟【NUM LOCK】键有关。当【NUM LOCK】键打开时，【8】&【W】、【2】&【X】、【4】&【A】、【6】&【D】键移动纸样是一步一步滑动的，【↑】、【↓】、【→】、【←】键的移动则是将纸样直接移至唛架的最上、最下、最左或最右端；当【NUM LOCK】键关闭时，其功能正好相反。

（4）只有当【旋转限定】按钮按起时，按【1】&【Z】、【3】&【C】才能旋转纸样。

（5）只有当【翻转限定】按钮按起时，按【5】&【S】、【7】&【Q】、【9】&【Q】才能翻转纸样。

第二节　直筒裙单一排料

单一排料是指一个款式的单个、多个或所有号型的所有纸样在同一种面料上排版。这里以直筒裙为例，介绍单一排料的具体操作过程。

一、排料设定

1. 双击 Windows 桌面上的快捷图标，进入富怡服装 CAD 排料系统的工作画面。选中【唛架】菜单下的【单位选择】命令，弹出【量度单位】对话框，如图 6—10 所示，选择相关的量度单位，设定唛架的长度单位、宽度单位和显示格式，单击【确定】按钮，完成单位设定。

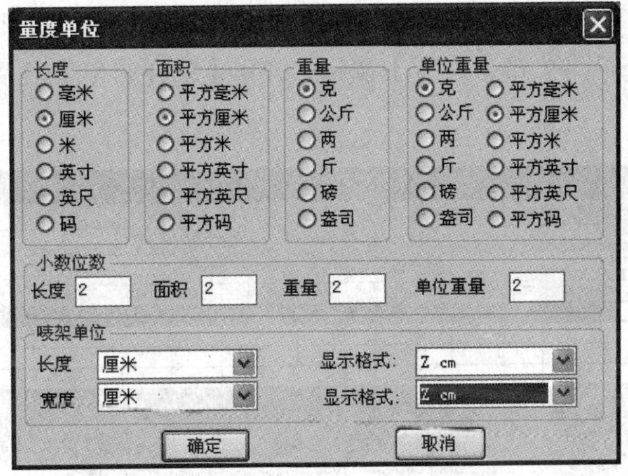

图 6—10　【量度单位】对话框

提个醒

想要观看直筒裙单一排料完整视频，请扫描二维码。

2. 单击【主工具匣】上的【新建】工具，弹出【唛架设定】对话框，如图 6—11 所示。在对话框中设定唛架的宽度和长度、宽度和长度方向的缩水率、边界宽度以及面料的层数，选择料面模式，单击【确定】按钮，弹出【选取款式】对话框，如图 6—12 所示。

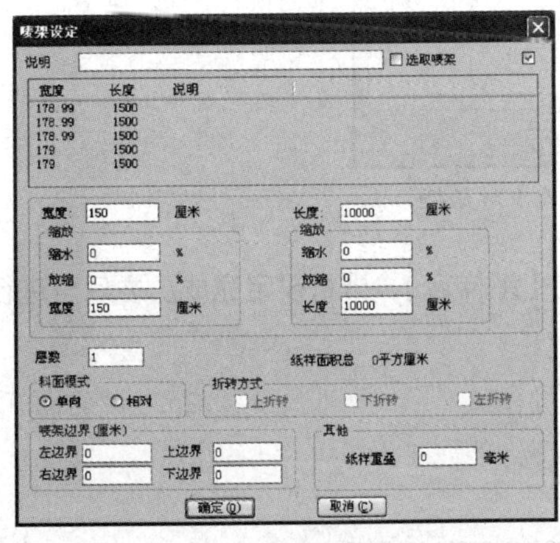

图 6—11　【唛架设定】对话框

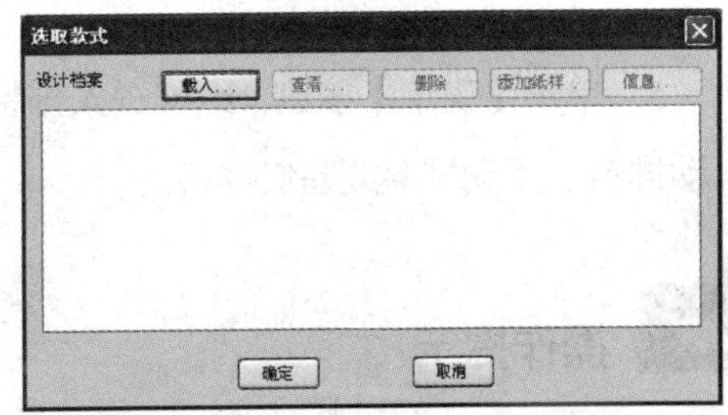

图 6—12　【选取款式】对话框

3. 单击【载入】按钮，弹出【选取款式文档】对话框。选中需要打开的款式文件“直筒裙 .dgs”，单击【打开】按钮，弹出【纸样制单】对话框，如图 6—13 所示。

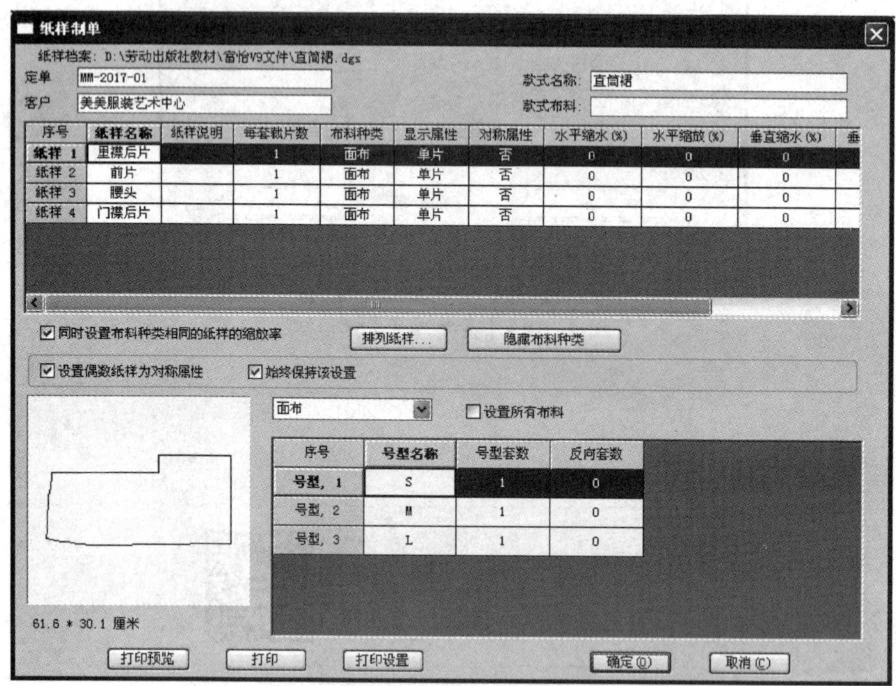

图 6—13 【纸样制单】对话框

4. 单击【确定】按钮，回到【选取款式】对话框，如图 6—14 所示。

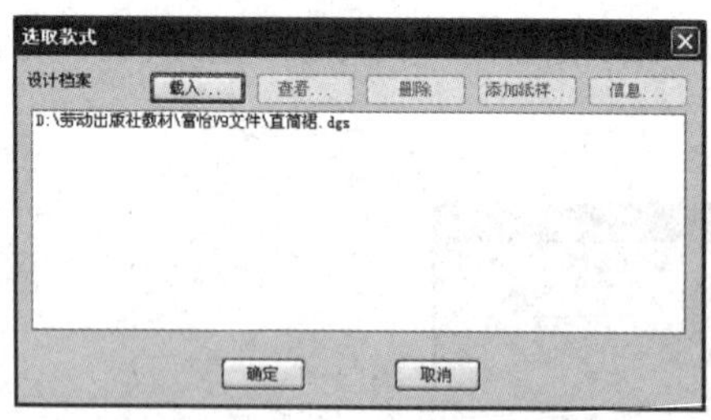

图 6—14 【选取款式】对话框

5. 单击【确定】按钮，纸样进入排料系统的【纸样窗】，排料设定完成。之后可进行自动排料、手动排料或超级排料。

操作提示

在排料设定过程中，【唛架设定】和【纸样制单】对话框的设定是关键。

1.【唛架设定】对话框

（1）幅宽与幅长。幅宽的设置以面料的实际可用幅宽为准，幅长的设置以大于排版的实际用料长度为准。

1）如果设置的幅长小于实际排版用料的长度，则在排料时只能对部分纸样进行排料，从而导致在排料时出现少排、漏排或不能将所有的纸样全部排下的现象。

2）如果设置了唛架边界，则实际幅宽=唛架上边界宽度+唛架下边界宽度+可用幅宽，实际幅长=唛架左边界宽度+唛架右边界宽度+可用幅长，如图6—15所示。

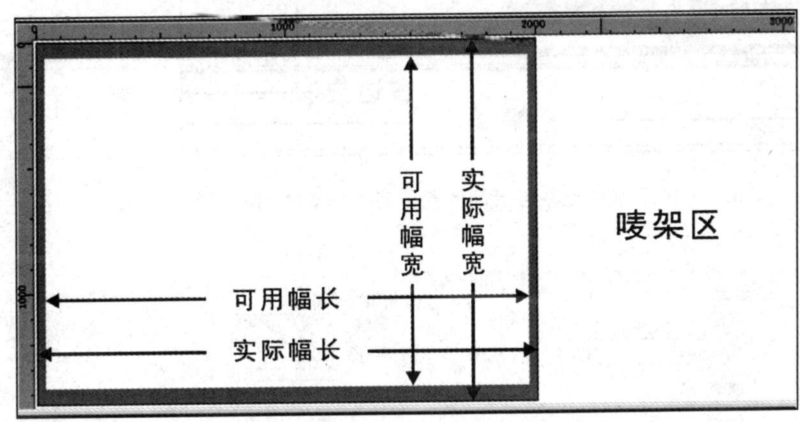

图6—15 设置唛架边界后的幅宽与幅长

3）唛架边界与实际幅宽和实际幅长之间的位置对应关系如图6—16所示。

4）面料在织造过程中一般都需要留出布边，因此在进行唛架设定时，必须留出唛架上下边界，左右边界则要视具体情况而定。

（2）缩放

1）缩放包括两种形式：缩水和放缩。二者的区别在于，假定一块纸样的长和宽都是1 000 mm，如果缩水10%，则所需的面料长和宽均为1 111.11 mm，其放缩率为11.11%；如果放缩10%，则所需的面料长和宽均为1 099.99 mm，其缩水率为9.09%。具体如图6—17所示。

2）假定面料的幅宽为1 500 mm、幅长为10 204.08 mm，幅宽的缩水率4%，幅长的缩水率2%，则在【宽度】输入框中输入“1 440”、【长度】输入框中输入“10 000”、宽度【缩水】输入框中输入“4”、长度【缩水】输入框中输入“2”即可达到设定效果，具体如图6—18所示。这时进入唛架区的所有纸样都会在经向加2%的缩水率、在纬向加4%的缩水率，即如果纸样的长和宽都是1 000 mm，在进入排料区后其宽度变为1 041.7 mm、长度变为1 020.4 mm。

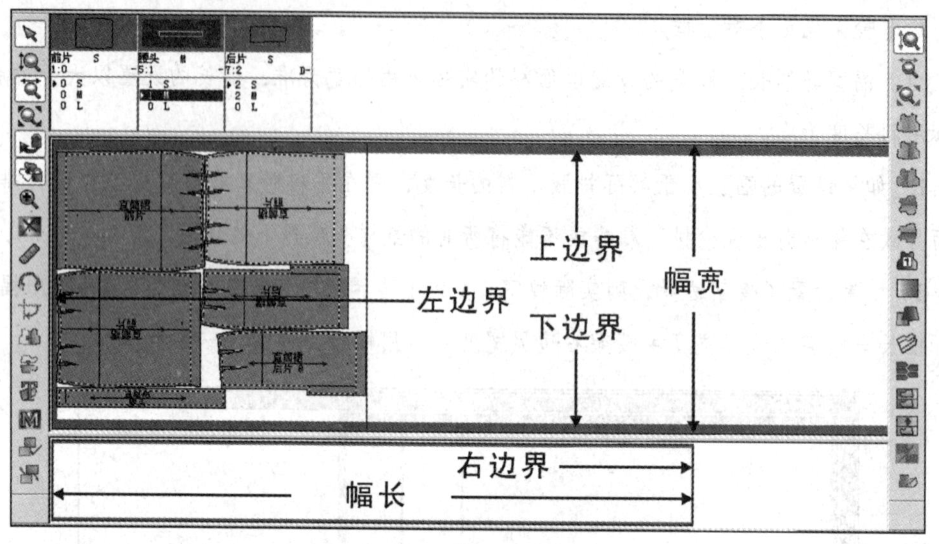

图 6—16　唛架边界与实际幅宽和实际幅长之间的位置对应关系图

宽度: 1000 毫米　　长度: 1000 毫米
缩放　　缩放
缩水 10 %　　缩水 10 %
放缩 11.11 %　　放缩 11.11 %
宽度 1111.11 毫米　　长度 1111.11 毫米

（1）缩水率为10%

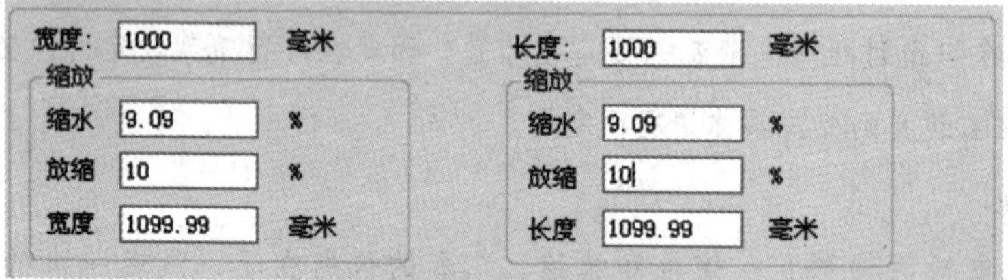

（2）放缩率为10%

图 6—17　缩水率与放缩率对应关系图

3）实际生产过程中，很多时候都要对面料进行缩水处理。这种处理过程一般不在打板系统中进行，而要在排料系统中进行。【唛架设定】对话框的缩水处理只适合于所有纸样缩水率相同的情况，如果用于排料的纸样缩水率各不相同，则要在【纸样制单】对话框中先取消【同时设置布料种类相同的纸样的缩放率】选项的勾选，之后逐一对每块纸样进行设置，如图 6—19 所示。

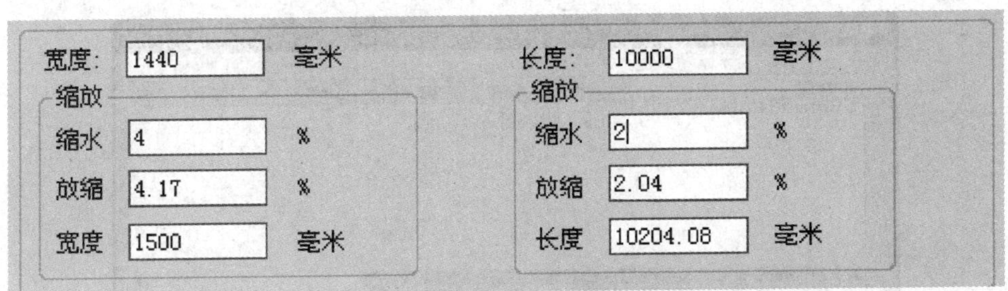

图 6—18　缩水设置示意图

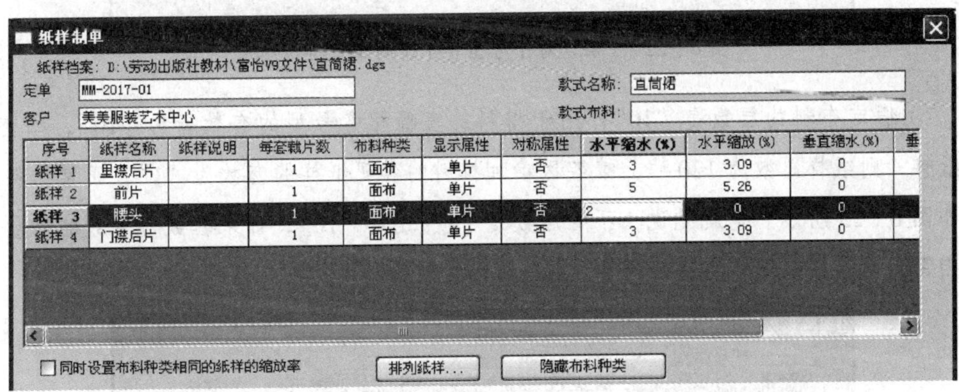

图 6—19　【纸样制单】对话框中单独设置每块纸样的缩水率

（3）层数与套数。层数是指布料铺床的层数，层数必须小于或等于号型套数，且套数必须是层数的正整数倍，否则将不能正常排料。

1）假定布料的层数是“1”，如图 6—20 所示，用于排料的直筒裙各号型的套数皆为“1”，如图 6—21 所示，每套 4 块纸样，则纸样总数为 12 块。排料完成后，选中【排料】菜单下的【排料结果】命令，弹出的【排料结果】对话框中显示正常排料结果，如图 6—22 所示。

图 6—20　设定布料层数为“1”

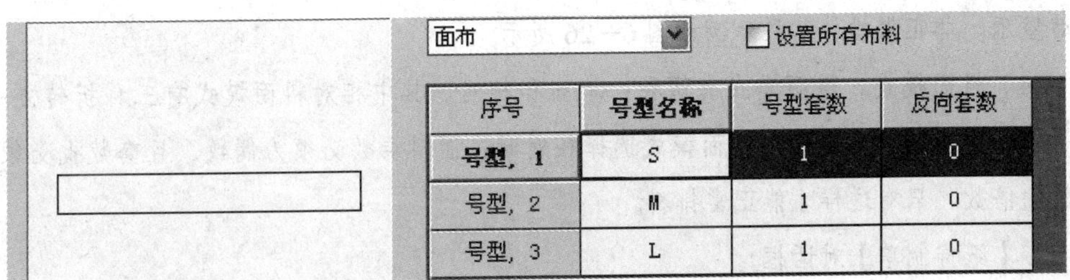

图 6—21　设定各号型的套数均为“1”

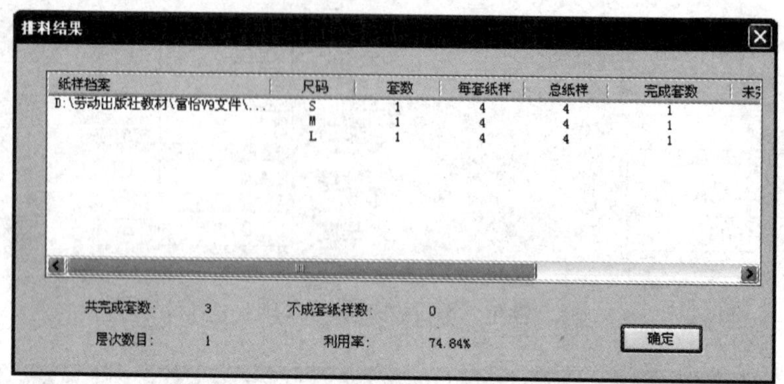

图 6—22　1 层、每个号型各 1 套的正常排料结果

2）假定布料的层数是“10”，用于排料的直筒裙各号型的套数皆为“10”，每套 4 块纸样，则纸样总数为 120 块，唛架区参加排料的各码纸样的套数为“1”，正常排料结果如图 6—23 所示。也就是说，不管层数是“1”还是“10”，如果套数与层数的倍数关系相等，由于每套纸样的块数相等，则其自动排料的结果都是一样的。

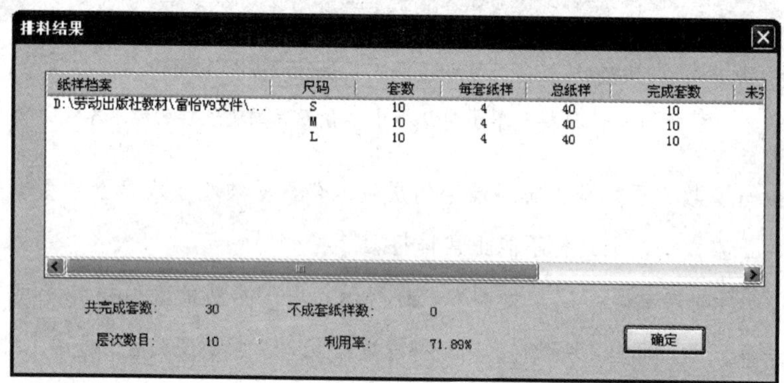

图 6—23　10 层、每个号型各 10 套的正常排料结果

3）当套数大于等于层数可正常排料，但必须保证套数是层数的正整数倍。图 6—24 所示是层数为“10”、套数为“20”的正常排料结果。此时唛架区参加排料的各码纸样的套数为“2”，如图 6—25 所示。

4）当套数小于层数或不是层数的整数倍时，不能正常排料，且非正常排料的结果会自动显示。非正常排料结果示例如图 6—26 所示。

（4）料面模式。料面模式有两种：单向和相对。其中相对料面模式有三种折转方式：上折转、下折转和左折转。料面模式选择相对时，面料层数必须为偶数，且套数也必须是层数的倍数，只有这样才能正常排料。

2.【纸样制单】对话框

【纸样制单】对话框中的订单名、客户名、款式名称和纸样名称等内容在设计与放码系统的【款式信息框】和【纸样资料】对话框中已经设置好了，进入排料系统后会自动生成。当然，这些基本信息也可以在【纸样制单】对话框中重新设定和修改。

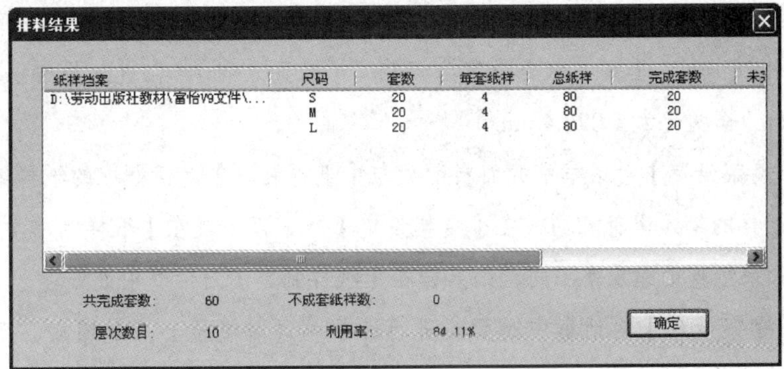

纸样档案	尺码	套数	每套纸样	总纸样	完成套数	未
D:\劳动出版社教材\富怡V9文件\...	S	20	4	80	20	
	M	20	4	80	20	
	L	20	4	80	20	

图 6—24　10 层、每个号型各 20 套的正常排料结果

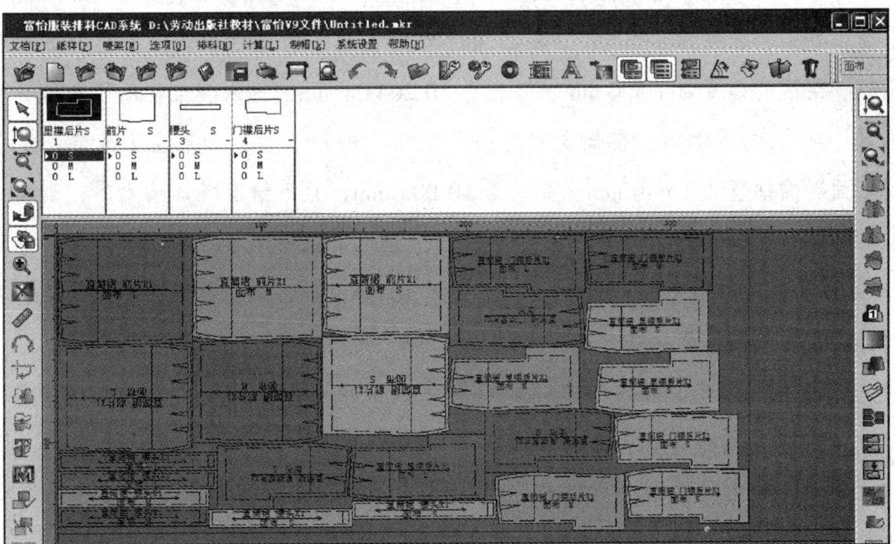

图 6—25　各码纸样各 2 套在唛架区参加排料

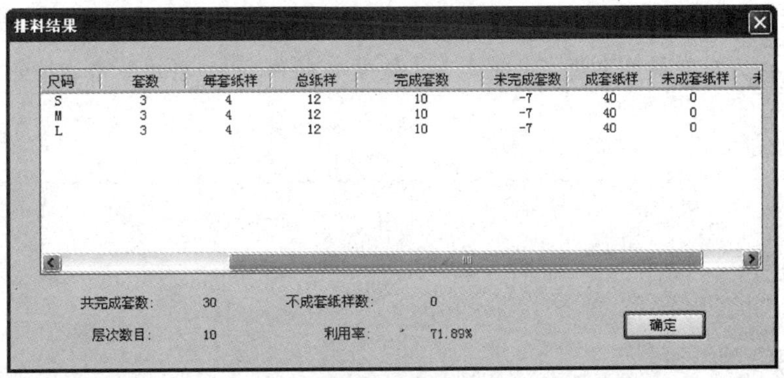

尺码	套数	每套纸样	总纸样	完成套数	未完成套数	成套纸样	未成套纸样	未
S	3	4	12	10	-7	40	0	
M	3	4	12	10	-7	40	0	
L	3	4	12	10	-7	40	0	

图 6—26　10 层、每个号型各 3 套的非正常排料结果

（1）如果在【唛架设定】对话框中没有设定面料的缩水率或缩放率，也可以在【纸样制单】对话框中设定。

假定纸样的长和宽都是1 000 mm，在【纸样制单】对话框中将水平缩水率设定为"2%"（幅长方向）、垂直缩水率设定为"4%"（幅宽方向），在进入排料区后其宽度变为1 041.7 mm、长度变为1 020.4 mm。

（2）【唛架设定】对话框中的面料缩放与【纸样制单】对话框中的纸样缩放略有差异。如果所有纸样的缩水率都相同，在【唛架设定】对话框中或在【纸样制单】对话框中都可以设置；如果纸样的缩水率不同，则只能在【纸样制单】对话框中设置。

（3）【唛架设定】对话框中对面料进行缩放的同时纸样会一起缩放，而【纸样制单】对话框中对纸样进行缩放的同时面料不进行缩放。

例如在【唛架设定】对话框中设定面料的幅宽为1 440 mm、幅长为10 000 mm，宽度缩水率为"4%"、长度缩水率为"2%"，在【纸样制单】对话框中就无需再对纸样进行设置，此时唛架区的幅宽为1 500 mm、幅长为10 204.08 mm，进入唛架区的所有纸样在宽度方向加了"4%"的缩水率、在长度方向加了"2%"的缩水率；如果在【唛架设定】对话框中设定面料的幅宽为1 440 mm、幅长为10 000 mm，且不给面料加缩水率，则在【纸样制单】对话框中就需要对纸样进行缩水率设置，假定垂直缩水率为"4%"、水平缩水率为"2%"，此时唛架区的幅宽为1 440 mm、幅长为10 000 mm，进入唛架区的所有纸样在宽度方向加了"4%"的缩水率、在长度方向加了"2%"的缩水率。

（4）在【纸样制单】对话框中，如果要使采用相同面料的纸样具有相同的缩水率，则要勾选【同时设置布料种类相同的纸样的缩放】选项，如果缩水率各不相同，则要取消勾选；勾选【设置偶数纸样为对称属性】选项，可将【纸样列表框】中的所有偶数纸样设为对称。

（5）另外，单击【排列纸样…】按钮，会弹出【排列纸样次序】对话框。在对话框中可选择纸样按不同的方式在【纸样列表框】中排列次序；单击【隐藏布料种类】按钮，可将所有纸样的布料属性隐藏，按钮变为【恢复布料种类】，再次单击该按钮，所有纸样的布料属性显示。

二、排料

1. 自动排料

（1）选中【排料】菜单下的【开始自动排料】命令，【纸样窗】中的所有纸样会自动排列在【主唛架】区，如图 6—27 所示。

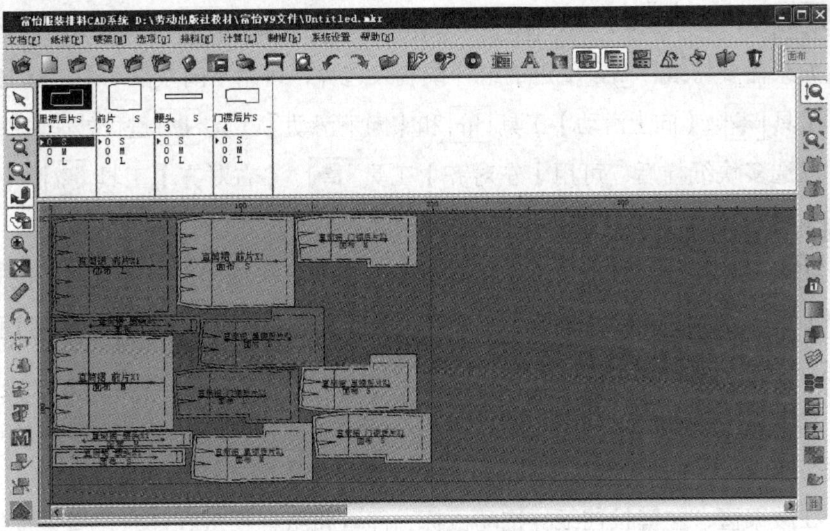

图 6—27　自动排料图

（2）选中【排料】菜单下的【排料结果】命令，弹出【排料结果】对话框，对话框中会显示相关的排料信息。单击【确定】按钮，关闭该对话框，自动排料完成。

（3）单击【主工具匣】上的【保存】工具，弹出【另存唛架文件为】对话框，在对话框中选择文件保存的目标文件夹，输入文件名，单击【保存】按钮，全自动排料过程结束。

2. 手动排料

手动排料的方式有两种：一种是在自动排料结束后，通过手动的方式对排料图进行调整；另一种是纸样进入【纸样窗】后，鼠标在【纸样窗】各纸样对应的【尺码列表框】的尺码上双击，该尺码的纸样会自动进入【主唛架】区，且后进入的纸样会自动贴齐之前进入的纸样。

（1）纸样进入【主唛架】区后，单击可选择一块纸样，按住【Ctrl】键单击或框选可一次性选择多块纸样。

（2）在【主唛架】区左键按住需要移动调整位置的纸样，将其移到需要摆放的位置后松开鼠标，即完成该纸样位置的移动。

（3）排料过程中，如果需要旋转纸样，则要将【旋转限定】按钮按起。之后就可用【旋转唛架纸样】工具、【中点旋转】工具、【边点旋转】工具、【顺时针 90 度旋转】工具、【逆时针 90 度旋转】工具以及【180 度旋转】工具对纸样进行旋转处理。

（4）如果需要翻转纸样，则要将【翻转限定】按钮 按起，之后就可用【水平翻转】工具、【垂直翻转】工具 以及【翻转纸样】工具 对纸样进行翻转处理。

（5）如果需要将纸样贴紧就近的纸样或唛架边界，可用【向左滑动】工具、【向右滑动】工具、【向上滑动】工具 和【向下滑动】工具 进行处理。

（6）框选多块纸样后，可用【左对齐】工具、【右对齐】工具、【上对齐】工具 和【下对齐】工具 将选中的纸样以相应的方式对齐。

（7）如果需要将单块纸样放回【纸样窗】中，则可在纸样上左键双击。按【Ctrl+D】键，弹出【富怡服装排料 CAD 系统】对话框，单击【是】按钮，可将【主唛架】区的所有纸样清空，全部放回【纸样窗】中。

（8）双击【尺码列表框】中的纸样尺码号，可将纸样重新放入【主唛架】区。鼠标按住纸样直接拖放，可将纸样在【主唛架】区与【辅唛架】区之间移动。

（9）在唛架区，左键按住纸样拖动鼠标，即可将纸样摆放在任意位置；按住右键拖选，可使纸样自动紧靠排放。纸样内出现斜纹表示该纸样被选中，纸样轮廓变黑色表示该纸样重叠在其他纸样的上方，纸样轮廓变红色表示该纸样重叠在其他纸样的下方。

（10）手动排料结束后，单击【保存】工具，可将排料图保存。

操作提示

（1）系统默认【旋转限定】按钮 和【翻转限定】按钮 为按下状态，即不允许纸样随意旋转或翻转，其目的是杜绝在排料过程中出现“偏斜”和“一顺跑”现象。其中，旋转限定是为了防止出现“偏斜”现象，翻转限定则是为了防止出现“一顺跑”现象。“偏斜”是指纸样的丝绺方向与布料的经纬向不在一条直线上或不垂直；“一顺跑”是指在排料过程中，需要左右对称的纸样被排成只有两个左片或只有两个右片。

（2）在实际操作过程中，考虑到节约成本，提高用布率，在不影响质量的前提下，可对纸样进行小幅度的偏斜。

（3）完成纸样的翻转操作后，一定要仔细核对左右配对的纸样是否有“一顺跑”现象。当纸样很多、排料幅长很长时，这个过程将非常复杂，因此，不到万不得已，不要对纸样进行翻转操作。

（4）单击【参数设定】按钮，弹出【参数设定】对话框，选择【排料参数】选项卡，在【纸样移动步长】输入框中输入每次移动的距离，在【纸样旋转角度】输入框中输入旋转的角度，之后再按小键盘上的“2”“4”“6”“8”键，被选中纸样可按照【纸样移动步长】输入框中设定的距离下、左、右、上移动；按小键盘上的“1”“3”键，被选中纸样可按照【纸样旋转角度】输入框中设定的角度顺时针、逆时针旋转（前提是【旋转限定】按钮 按起）。

（5）按小键盘上的“←”“↑”“→”“↓”键，被选中纸样可自动移动到最左、最上、最右和最下。

操作提示

（1）排料时，以幅长最短、利用率最高为佳，二者相权取幅长。

（2）排料过程中，系统的状态条上会同步动态显示最新的排料结果，如图 6—28 所示。通过查看该信息，可以准确估算服装的用料情况。

总数: 12 | 放置数: 12 | 利用率: 71.89% | 幅长:198.02厘米 | 幅宽:150厘米(139.89厘米) | 层数:1 | 厘米

图 6—28　状态条

3. 超级排料

（1）纸样进入【纸样窗】后，选中【排料】菜单下的【超级排料】命令，会弹出【超级排料设置】对话框，如图 6—29 所示。

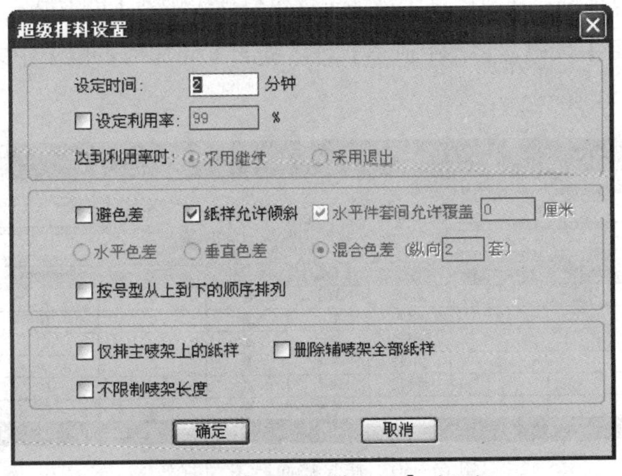

图 6—29 【超级排料设置】对话框

（2）设定排料时间，根据排料需要勾选相关排料设置选项，单击【确定】按钮，开始排料，并弹出【超级排料】对话框，系统会按照设定的时间不断优化排料方案。

（3）设定时间到，超排结束。通常情况下，超级排料可以达到比自动排料更高的排料率。

第三节　分床排料与混合分床排料

分床排料指一个款式的单个、多个或所有号型的分属不同材料的所有样板分别在不同的面料上排版。混合分床排料指 2 个或 2 个以上款式的单个、多个或所有号型的分属不同材料的所有纸样分别在不同的面料上排版。

一、男衬衫分床排料

1. 先在富怡服装 CAD 设计与放码系统中编辑好男衬衫的款式资料与纸样资料，设置样片的不同面料属性，并保存文件。

2. 进入富怡服装 CAD 排料系统的工作画面，设定唛架，注意不要给幅宽和幅长加缩水率，选择款式，弹出【纸样制单】对话框，在对话框中单击【排列样片】按钮，弹出【排列样片次序】对话框，在对话框中选择【按布料种类排列】的方式。

3. 单击【确定】按钮，【纸样制单】对话框的【样片列表框】中共有 15 块样片、3 种面料，如图 6—30 所示。

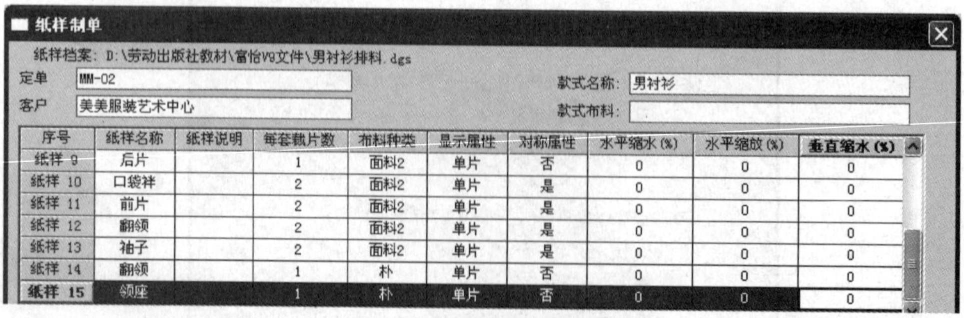

纸样制单

纸样档案：D:\劳动出版社教材\富怡V9文件\男衬衫排料.dgs

定单：MM-02　　款式名称：男衬衫

客户：美美服装艺术中心　　款式布料：

序号	纸样名称	纸样说明	每套裁片数	布料种类	显示属性	对称属性	水平缩水(%)	水平缩放(%)	垂直缩水(%)
纸样 9	后片		1	面料2	单片	否	0	0	0
纸样 10	口袋袢		2	面料2	单片	是	0	0	0
纸样 11	前片		2	面料2	单片	是	0	0	0
纸样 12	翻领		2	面料2	单片	是	0	0	0
纸样 13	袖子		2	面料2	单片	是	0	0	0
纸样 14	翻领		1	朴	单片	否	0	0	0
纸样 15	领座		1	朴	单片	否	0	0	0

图 6—30　样片按面料类型排列

4. 在对话框中设置所有样片的缩水率，如图 6—31 所示。

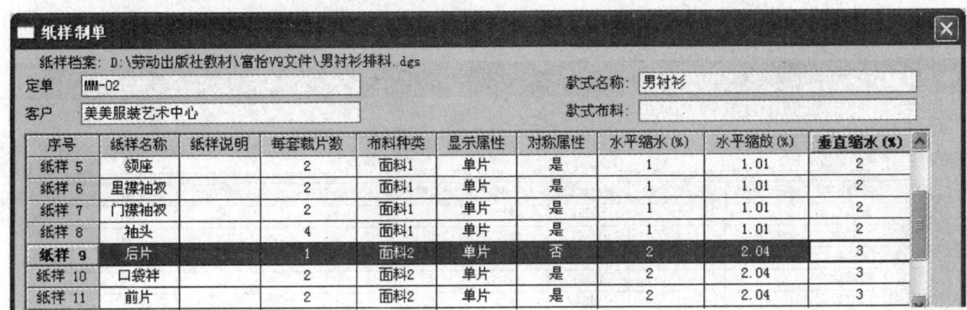

图 6—31　设置所有样片的缩水率

5. 单击【确定】按钮，样片进入排料系统的【纸样窗】。【布料工具匣】自动激活，其中会自动生成所有布料的列表，如图 6—32 所示。

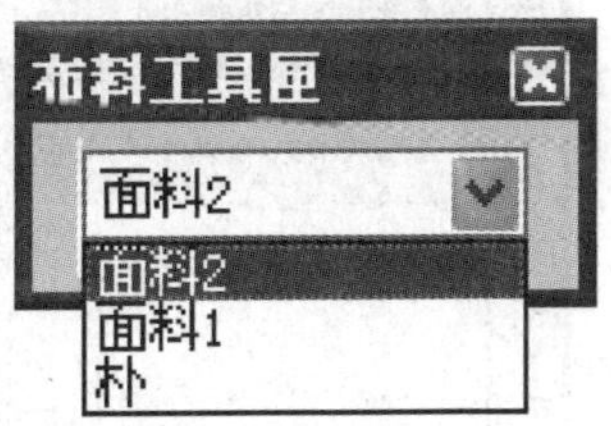

图 6—32　布料工具匣

6. 单击【布料工具匣】中的下拉按钮，选择一种面料，【纸样窗】中即可显示与之相对应的样片，这些样片可在与之相对应的面料的唛架区分床排料。

7. 所有样板排好后，单击【主工具匣】上的【保存】工具，弹出【另存唛架文件为】对话框，在对话框中选择文件保存的目标文件夹，输入文件名，单击【保存】按钮，分床排料过程结束。

二、直筒裙、女式直筒裤与女西装混合分床排料

1. 先在富怡服装 CAD 设计与放码系统中编辑好直筒裙、女式直筒裤与女西装的款式资料和纸样资料，设置纸样的不同面料属性，并保存文件。

提个醒

想要观看直筒裙、女式直筒裤与女西装混合分床排料完整视频，请扫描二维码。

2. 进入富怡服装 CAD 排料系统的工作画面，新建文件，设定唛架（注意不要给幅宽和幅长加缩水率），载入款式——直筒裙，弹出【纸样制单】对话框，在对话框中单击【排列纸样…】按钮，弹出【排列纸样次序】对话框，在对话框中选择【按布料种类排列】的方式，回到【纸样制单】对话框，之后设定不同面料在水平方向和垂直方向的缩水率，

如图 6—33 所示，单击【确定】按钮，回到【选取款式】对话框，如图 6—34 所示。

纸样制单

纸样档案：D:\劳动出版社教材\富怡V9文件\直筒裙混合排料.dgs

定单 MM-2017-01　　款式名称：直筒裙

客户 美美服装艺术中心　　款式布料：

序号	纸样名称	纸样说明	每套裁片数	布料种类	显示属性	对称属性	水平缩水（%）	水平缩放（%）	垂直缩水（%）	垂
纸样 1	里襟后片		1	面料1	单片	否	2	2.04	3	
纸样 2	前片		1	面料1	单片	否	2	2.04	3	
纸样 3	腰头		1	面料1	单片	否	2	2.04	3	
纸样 4	门襟后片		1	面料1	单片	否	2	2.04	3	
纸样 5	门襟后片		1	里料	单片	否	1	1.01	2	
纸样 6	前片		1	里料	单片	否	1	1.01	2	
纸样 7	里襟后片		1	里料	单片	否	1	1.01	2	

☑同时设置布料种类相同的纸样的缩放率　排列纸样...　隐藏布料种类

☑设置偶数纸样为对称属性　☑始终保持该设置

面料1　☐设置所有布料

序号	号型名称	号型套数	反向套数
号型，1	S	1	0
号型，2	M	1	0
号型，3	L	1	0

图 6—33　设定直筒裙不同面料在水平、垂直方向的缩水率

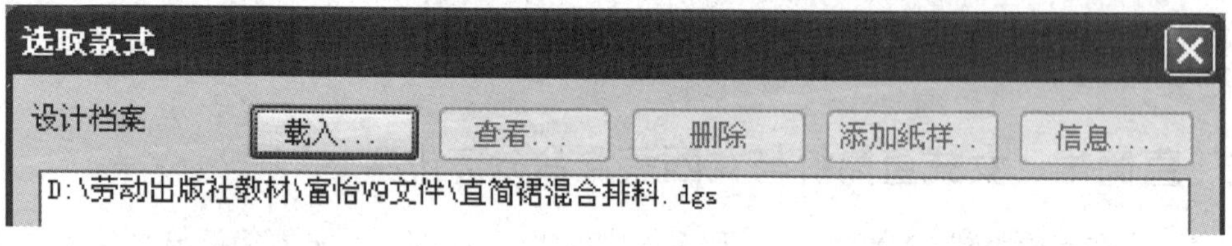

图 6—34　【选取款式】对话框

3. 单击【载入】按钮，载入款式——女式直筒裤，弹出的【纸样制单】对话框设置如图 6—35 所示，单击【确定】按钮，回到【选取款式】对话框，如图 6—36 所示。

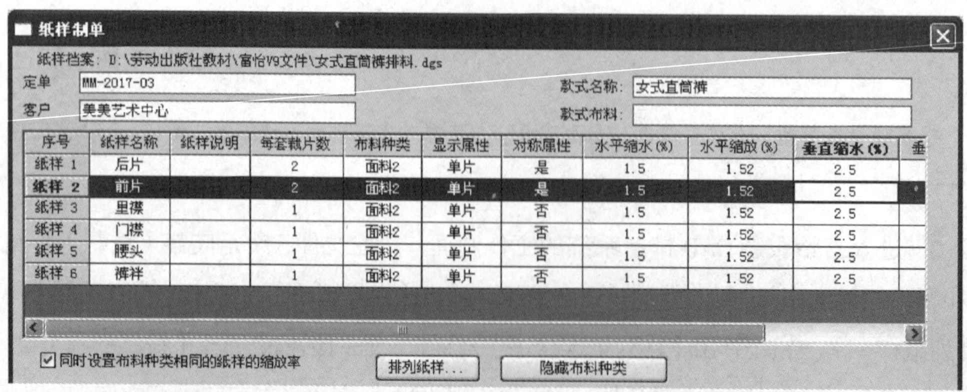

纸样制单

纸样档案：D:\劳动出版社教材\富怡V9文件\女式直筒裤排料.dgs

定单 MM-2017-03　　款式名称：女式直筒裤

客户 美美艺术中心　　款式布料：

序号	纸样名称	纸样说明	每套裁片数	布料种类	显示属性	对称属性	水平缩水（%）	水平缩放（%）	垂直缩水（%）	垂
纸样 1	后片		2	面料2	单片	是	1.5	1.52	2.5	
纸样 2	前片		2	面料2	单片	是	1.5	1.52	2.5	
纸样 3	里襟		1	面料2	单片	否	1.5	1.52	2.5	
纸样 4	门襟		1	面料2	单片	否	1.5	1.52	2.5	
纸样 5	腰头		1	面料2	单片	否	1.5	1.52	2.5	
纸样 6	裤袢		1	面料2	单片	否	1.5	1.52	2.5	

☑同时设置布料种类相同的纸样的缩放率　排列纸样...　隐藏布料种类

图 6—35　设定女式直筒裤面料在水平、垂直方向的缩水率

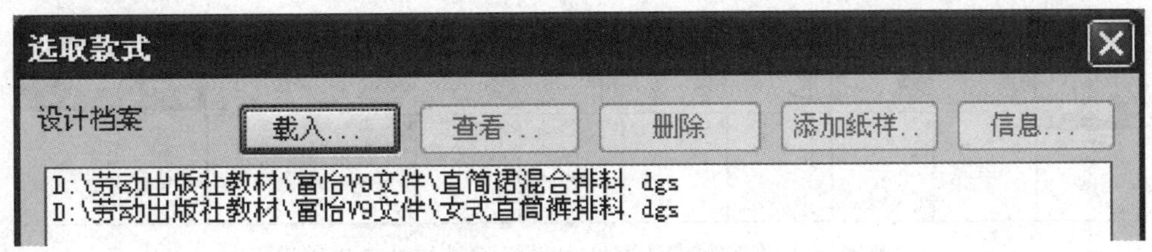

图 6—36　【选取款式】对话框

4. 单击【载入】按钮，载入款式——女西装，弹出的【纸样制单】对话框设置如图 6—37 所示，单击【确定】按钮，回到【选取款式】对话框，如图 6—38 所示。

纸样制单

纸样档案：D:\劳动出版社教材\富怡V9文件\女西装排料.dgs

定单 MM-2017-01　　款式名称：女西装

客户 美美艺术培训中心　　款式布料：

序号	纸样名称	纸样说明	每套裁片数	布料种类	显示属性	对称属性	水平缩水(%)	水平缩放(%)	垂直缩水(%)
纸样 12	领底		2	面料1	单片	是	2	2.04	2
纸样 13	小袖片		2	面料1	单片	是	2	2.04	2
纸样 14	大袖片		2	面料1	单片	是	2	2.04	2
纸样 15	前中片		2	面料1	单片	是	2	2.04	2
纸样 16	过面		2	面料2	单片	是	1.5	1.52	2.5
纸样 17	领面		1	面料2	单片	否	1.5	1.52	2.5
纸样 18	袋盖		2	面料2	单片	是	1.5	1.52	2.5

☑同时设置布料种类相同的纸样的缩放率　排列纸样...　隐藏布料种类

图 6—37　设定女西装不同面料在水平、垂直方向的缩水率

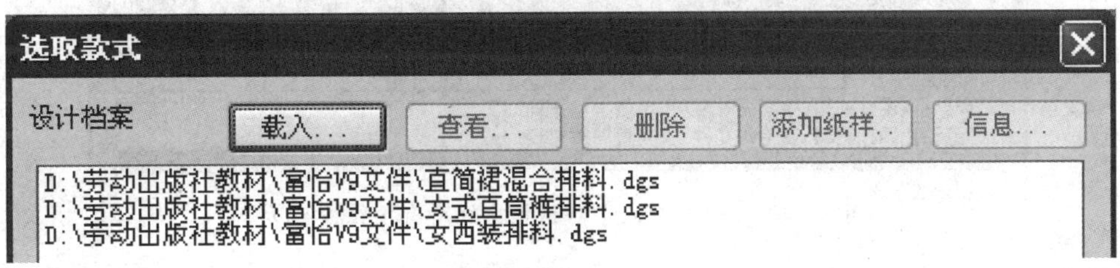

图 6—38　【选取款式】对话框

5. 单击【确定】按钮，三个款式的所有纸样进入排料系统的【纸样窗】。【布料工具匣】自动激活，自动生成所有布料的列表。

6. 单击【布料工具匣】中的下拉按钮，选择一种面料，【纸样窗】中即可显示与之相对应的纸样，如图 6—39 所示。这些纸样可在与之相对应的面料的唛架区分床排料。之后的排料方式与分床排料完全相同。

7. 料排好后，单击【保存】工具，将文件保存，混合分床排料过程结束。

后片 1 S D-	前片 2 S D-	里襟 3 S -	门襟 4 S -	腰头 5 S -	裤袢 6 S -	过面 7 S D-	领面 8 S S-	袋盖 9 S D-
2 S	2 S	1 S	1 S	1 S	1 S	2 S	1 S	2 S
2 M	2 M	1 M	1 M	1 M	1 M	2 M	1 M	2 M
2 L	2 L	1 L	1 L	1 L	1 L	2 L	1 L	2 L

布料工具匣 面料2

图6—39 【纸样窗】显示与选择面料相对应的纸样

操作提示

（1）混合分床排料能成功实现的关键是参与排料的所有款式的款式资料与纸样资料的形式必须相同。

（2）在【选取款式】对话框中，单击选中一个已经载入的款式，所有按钮被激活，如图6—40所示。单击【查看】按钮，可重新打开选择款式的【纸样制单】对话框；单击【删除】按钮，可将选择的款式删除；单击【添加纸样】按钮，会弹出【选取款式文档】对话框，在对话框中选取号型数与选择款式相同的款式文件，将其打开，会弹出【添加纸样】对话框，在对话框中选择需要添加的纸样，单击【确定】按钮，即可将另一个款式的部分或全部纸样添加到选择款式的纸样制单对话框中一起进行排料。

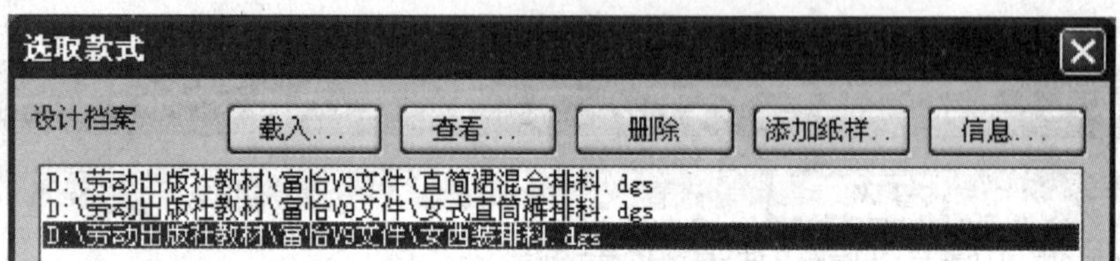

图6—40 【选取款式】对话框中的所有按钮被激活

第四节 女西装对格对条排料

女西装对格对条排料具体操作步骤如下：

1. 在设计与放码系统中做好女西装各纸样的对位标记（其中袋盖需打钻孔，且与前片的钻孔要相对应，其他各纸样打对位剪口），确保各纸样的布纹方向一致（顺向）。

提个醒

想要观看女西装对格对条排料完整视频，请扫描二维码。

2. 进入排料系统，新建排料文件，载入女西装纸样。

3. 鼠标单击选中【纸样窗】中的后中片纸样，选择【唛架】菜单下的【定义对格对条】命令，弹出【对格对条】对话框，如图6—41所示。

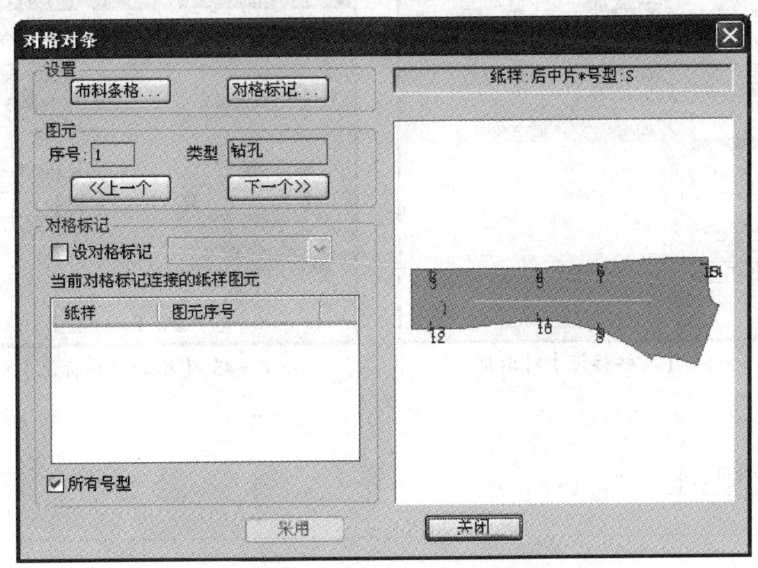

图6—41 【对格对条】对话框

4. 单击【布料条格…】按钮，弹出【条格设定】对话框，如图6—42所示。在对话框中设置水平条格和垂直条格重复距离，如果是斜纹格，可设定水平角 α 和垂直角 β 的角度，如图6—43所示，单击【确定】按钮，回到【对格对条】对话框。

5. 单击【对格标记…】按钮，弹出【对格标记】对话框，如图6—44所示。单击【增加】按钮，弹出【增加对格标记】对话框，如图6—45所示，输入标记名称，勾选【水平方向属性】与【垂直方向属性】的相关选项，单击【确定】按钮，对话框自动关闭，输入的标记名称出现在【对格标记】对话框的【名称】显示框中。如果需要设定多个对格标记，需在此一次性全部设定好。这里共设定了4处对格标记，分别是后领中标记、窿底标记、过面标记和袋盖标记。如果要修改已增加标记的属性，可单击【修改】按钮，在弹出的【增加对格标记】对话框中重新设置。

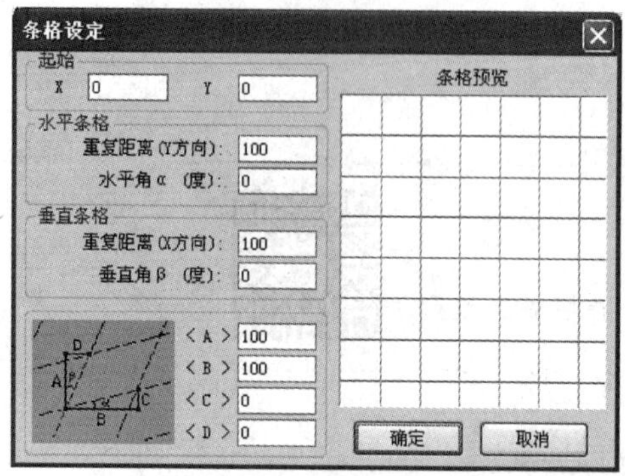

图 6—42 【条格设定】对话框

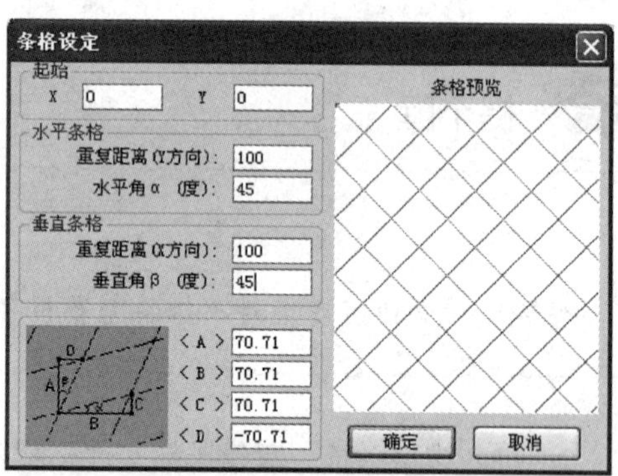

图 6—43 设置斜纹格

图 6—44 【对格标记】对话框

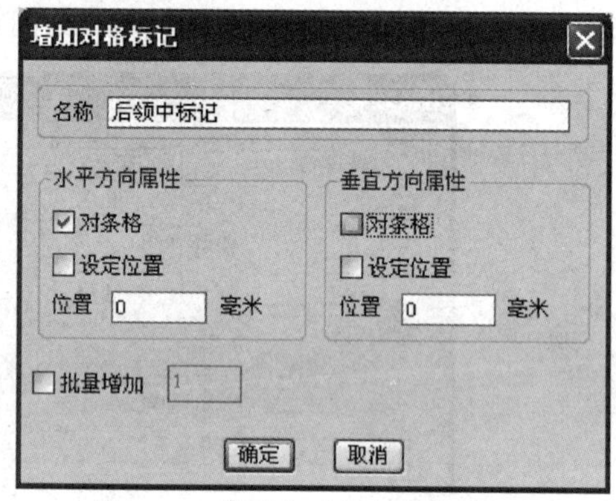

图 6—45 【增加对格标记】对话框

小贴士

后领中标记为水平方向对条格；窿底标记为垂直方向对条格；过面标记为垂直方向对条格；袋盖标记为水平方向、垂直方向对条格。

6. 单击【关闭】按钮，回到【对格对条】对话框。

7. 连续单击 下一个>> 或 <<上一个 按钮，直到需要对格对条的标记选中变成红色，【图元】显示框中会显示选中标记的序号和类型。勾选【设对格标记】选项，鼠标单击右侧对格标记选择下拉按钮，选择标记名称——后领中标记，勾选【所有号型】选项，单击【采用】按钮，该标记所属的纸样名称和图元序号会自动显示在【当前对格标记连接的纸样图元】显示框中，如图 6—46 所示。

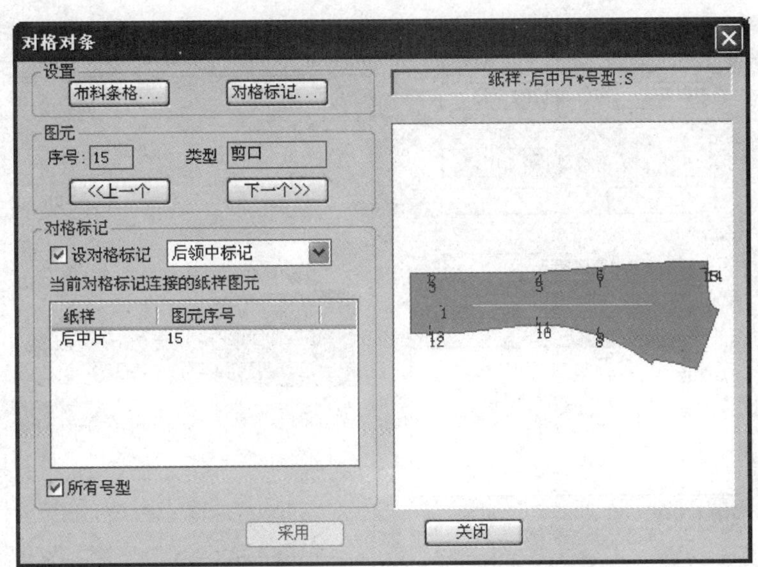

图 6—46 设定后中片 15 号对格对条标记为后领中标记

8. 按照与步骤 7 相同的方法，选中后中片的 9 号标记，将其设为窿底标记，如图 6—47 所示。

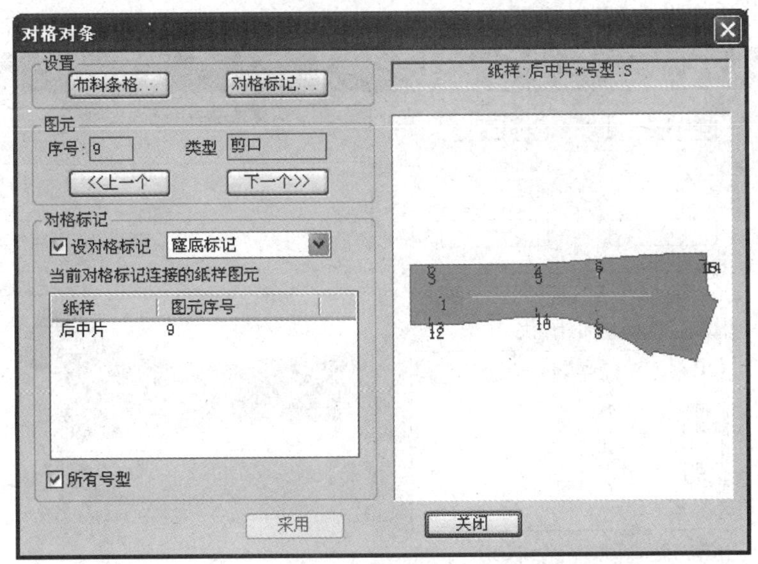

图 6—47 设定后中片 9 号对格对条标记为窿底标记

9. 鼠标单击选中【纸样窗】中的后侧片纸样，连续单击 下一个>> 或 <<上一个 按钮，选中后侧片的窿底对位剪口，勾选【设对格标记】选项，选择标记名称——窿底标记，单击【采用】按钮，设定后侧片与后中片的对格对条，如图 6—48 所示。

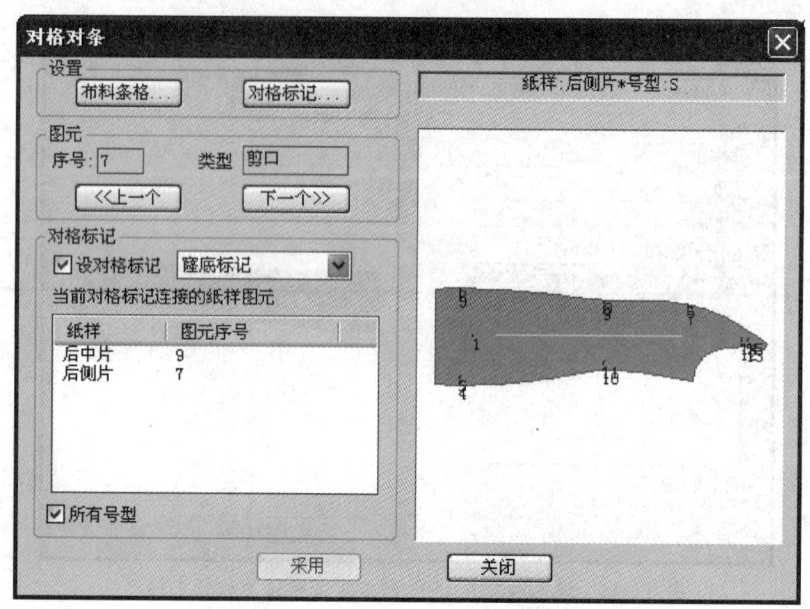

图 6—48　设定后侧片与后中片的窿底对格对条标记

10. 按照与步骤 9 相同的方法，设定前侧片、小袖片、大袖片和前中片与后片的对格对条，如图 6—49 所示。

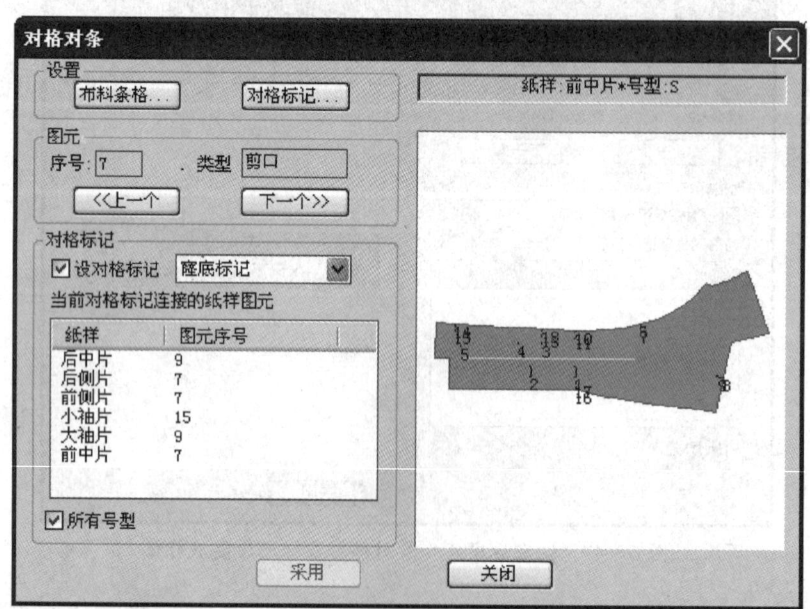

图 6—49　设定各片与后中片的窿底对格对条标记

11. 鼠标单击选中【纸样窗】中的领面纸样，连续单击 下一个>> 或 <<上一个 按钮，选中领面的后领中对位剪口，勾选【设对格标记】选项，选择标记名称——后领中标记，单击【采用】按钮，设定领面与后中片的对格对条，如图 6—50 所示。

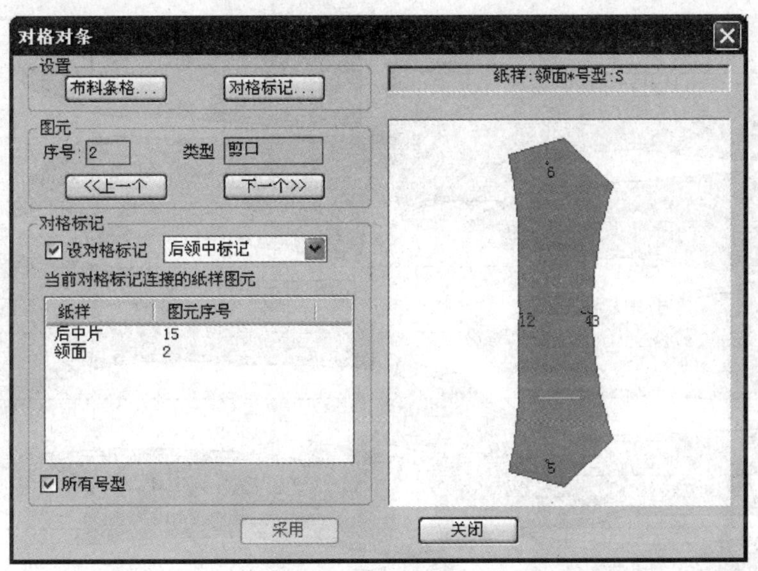

图 6—50　设定领面与后中片的后领中对格对条标记

12. 鼠标单击选中【纸样窗】中的前中片纸样，依次将其 3 号和 17 号标记设为袋盖标记和过面标记。

13. 鼠标单击选中【纸样窗】中的过面纸样，勾选【设对格标记】选项，选择标记名称——过面标记，单击【采用】按钮，设定过面与前中片的对格对条。同样的方法完成袋盖与前中片的对格对条。所有设置完成后单击【关闭】按钮。以上操作如图 6—51 所示。

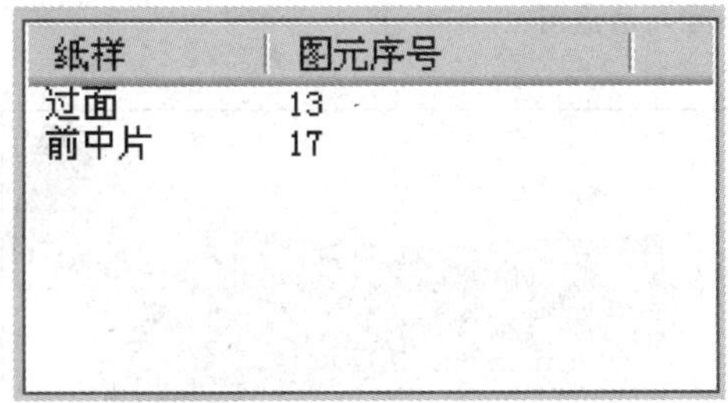

纸样	图元序号
过面	13
前中片	17

纸样	图元序号
袋盖	1
前中片	3

图 6—51　设定过面、袋盖与前中片对格对条标记

14. 勾选【选项】菜单下的【对格对条】和【显示条格】命令，【主唛架】显示设置的条格。

15. 双击【纸样窗】中的后中片纸样，纸样自动进入主唛架区，摆放好后中片纸样的位置，再双击其他纸样，这些纸样会按照之前的设置自动进行对格对条，如图 6—52 所示，且偶数片的纸样自身也会自动进行对格对条，如图 6—53 所示。

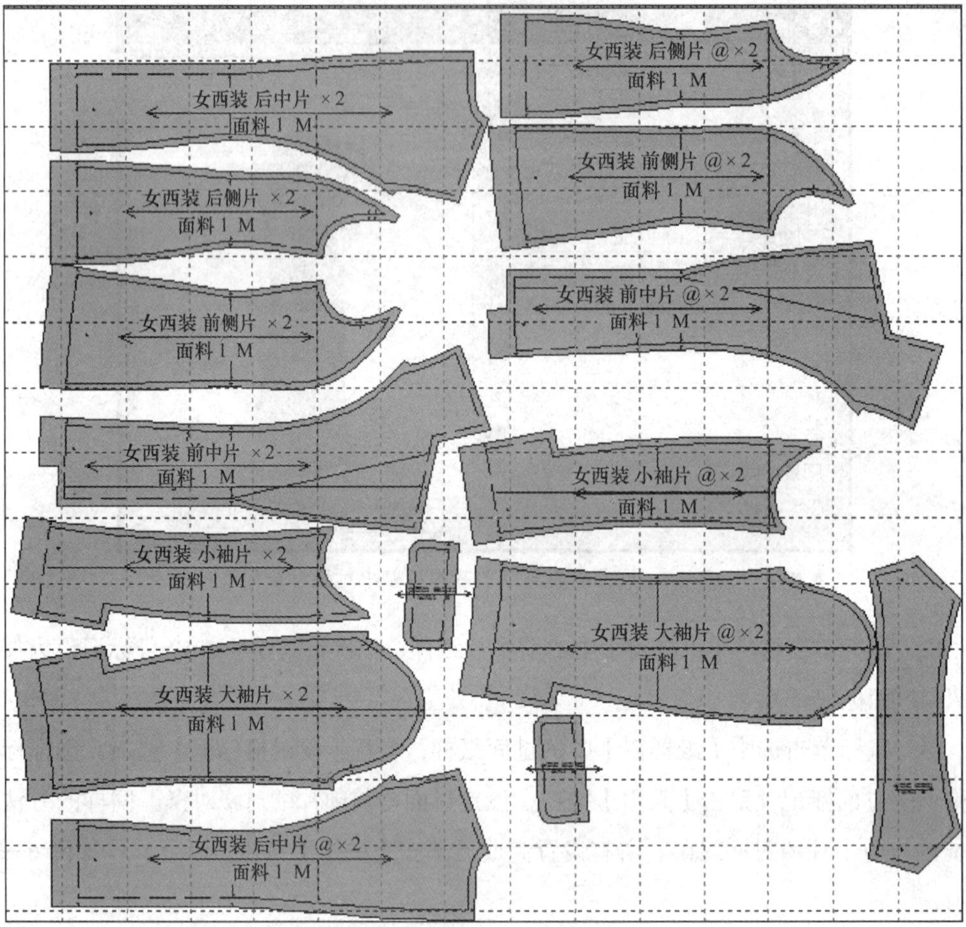

图 6—52　对格对条示意图

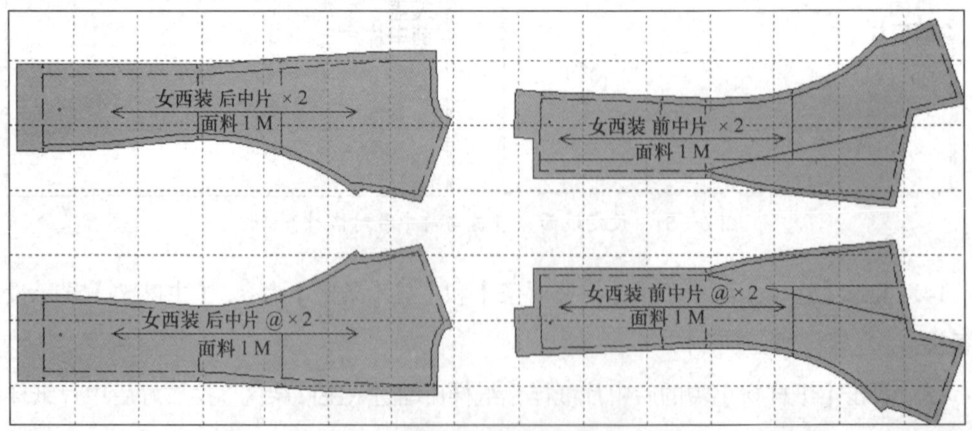

图 6—53　偶数片纸样自动对格对条示意图

操作提示

（1）对格对条只能在一个号型的所有纸样之间进行，且一次只能设定一个号型。如果要每个号型的所有纸样都能对格对条，则需要分别设置。例如 M 码设置并完成排料后，要再选中 S 码，按照与 M 码相同的设定方法完成设置，才能进行 S 码的对格对条排料，L 码同理。否则，只有 M 码能进行对格对条排料。

（2）对格对条只适用于手动排料，不适合全自动排料和超级排料。

本章小结

本章介绍了富怡服装 CAD 排料系统以及在系统中进行单一排料、分床排料、混合分床排料和对格对条排料的具体操作流程和方法，其中排料设定、对格对条是重点也是难点，严格按照教材介绍的流程操作依然是关键。

思考与练习

1. 在执行自动排料时，为什么会出现少排、漏排等不能将所有的纸样全部排下的现象？

2. 【唛架设定】对话框中的缩放功能与【纸样制单】对话框中的缩放功能有何区别与联系？

3. 为什么系统默认的【旋转限定】按钮和【翻转限定】按钮为按下状态，即不允许纸样随意旋转或翻转？

4. 为什么在混合分床排料时选择的款式有的能参与排料，有的却不能？

5. 女西装对格对条排料设定时，第一块选择的纸样是否必须为后片？为什么？

6. 将混合分床排料设定与实施过程反复练习 3 遍。

7. 将女西装对格对条排料设定与实施过程反复练习 3 遍。

第七章

纸样输入与输出

目前，在国内服装企业，手工打板、电脑放码的方式依然很普遍，这就使得纸样输入成为一项必不可少的工作。电脑打板只是将手工制板的方式转移到电脑上，并不能直接生成用于工业生产的纸样，要得到用于实际生产的纸样就必须输出。现代服装企业中，用于纸样输入的设备主要是数字化仪，用于纸样或排料图输出的设备主要是切割机和绘图机。

富怡服装 CAD 系统的纸样输入与输出都是在设计与放码系统中进行的，排料图则是在排料系统中输出。

学习目标

通过本章的学习，学生应能够：

1. 简述富怡服装 CAD 系统中数字化仪设置的基本流程、方法和内容。

2. 简述富怡服装 CAD 系统中绘图机设置的基本流程、方法和内容。

3. 对照教材内容介绍，完成数字化仪和绘图机的设置。

4. 对照教材内容介绍，在富怡服装 CAD 系统中进行纸样输入和输出。

第一节　纸 样 输 入

一、数字化仪设置

1. 设备选择与端口连接

（1）在富怡服装 CAD 设计与放码系统中选中【文档】菜单下的【数化板设置】命令，弹出【数化板设置】对话框，如图 7—1 所示。

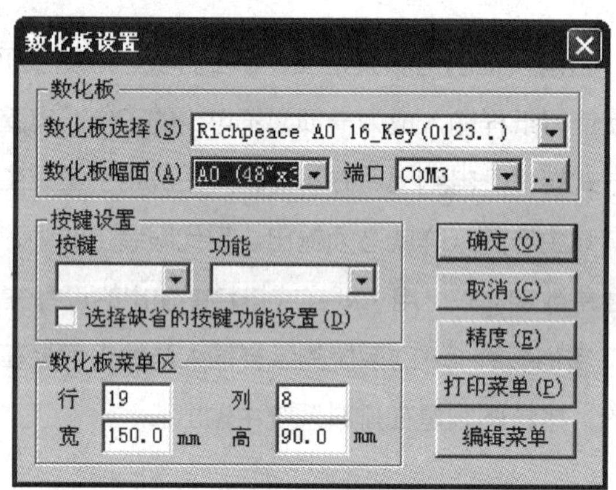

图 7—1 【数化板设置】对话框

（2）鼠标单击【数化板选择】选择框右侧的下拉按钮，在弹出的下拉菜单中选择所连接的数字化仪的名称；再单击【数化板幅面】选择框右侧的下拉按钮，选择数化板的幅面宽度，服装企业常用的是 A0 幅面；然后单击【端口】选择框右侧的下拉按钮，选择数化板在电脑上的连接端口，通常选择 COM1 端口。

具体设置时，要以实际选择连接的设备和端口为准。本教材在编写时，所选择的数化板是 Richpeace A0 16_Key 读图板，其幅面为 A0，连接端口为 COM3。

（3）单击【端口】选择框右侧的 ... 按钮，弹出【密码】对话框，如图 7—2 所示，输入密码“56789”，单击【确定】按钮，弹出【数化板通信配置】对话框，具体设置如图 7—3 所示，单击【确定】按钮，回到【数化板设置】对话框。

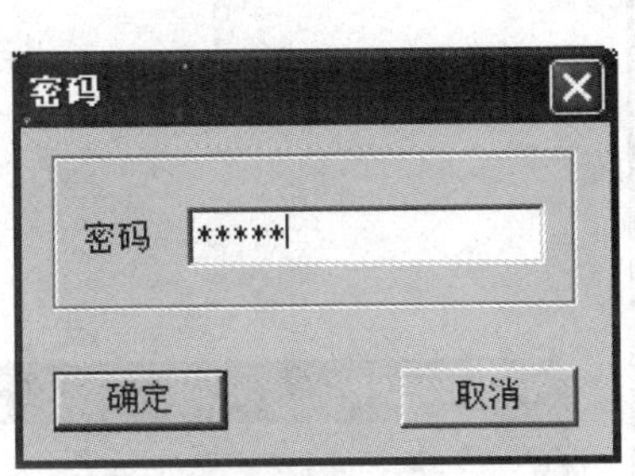

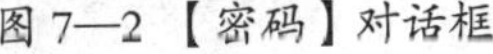
图 7—2 【密码】对话框

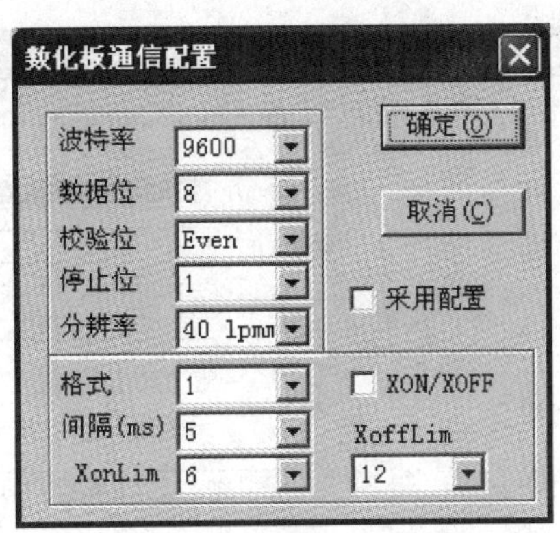

图 7—3 【数化板通信配置】对话框

【数化板通信配置】对话框中的设置要与 Windows 的设置保持一致。右键单击桌面上“我的电脑”，在弹出的快捷菜单中选择【属性】命令，弹出【系统属性】对话框，选择【硬件】选项卡，再单击【设备管理器】按钮，弹出【设备管理器】对话框，单击端口（COM 和 LPT）左侧的展开按钮，显示端口类型，如图 7—4 所示，鼠标双击“Prolific USB-to-Serial Comm Port（COM3）”，弹出【Prolific USB-to-Serial Comm Port（COM3）属性】对话框，如图 7—5 所示。

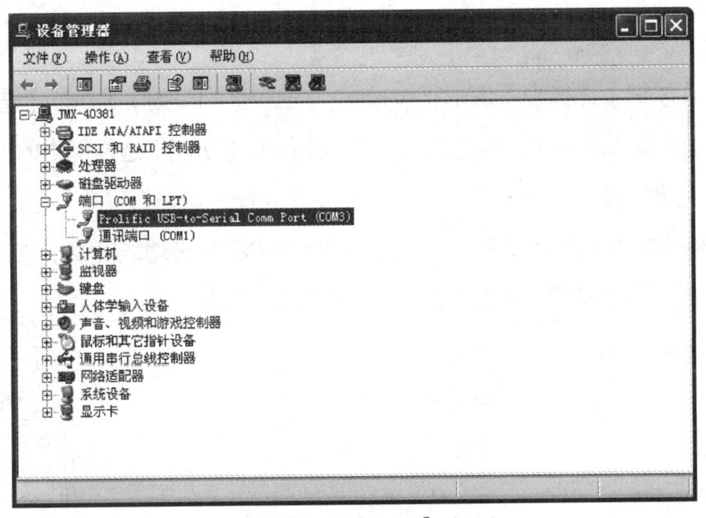

图 7—4 【设备管理器】对话框

（4）手工画一个 100 cm × 50 cm 的矩形框，通过数化板在设计与放码系统中读入矩形，测出其长、宽值。然后打开【数化板设置】对话框，鼠标单击【精度】按钮，弹出【密码】对话框，输入密码“56789”，单击【确定】按钮，弹出【数字化仪精度校正】对话框，如图 7—6 所示，填入测出的实际长、宽值，单击【确定】按钮即可。

图 7—5 【属性】对话框

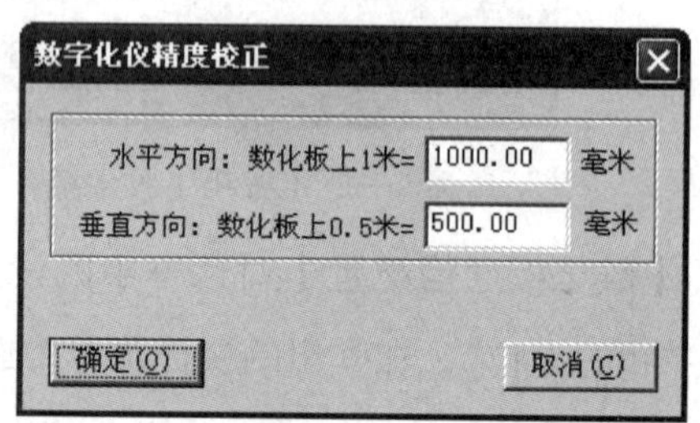

图 7—6 【数字化仪精度校正】对话框

通常情况下，设备在出厂前厂商已经校正完毕，因此一般不需要校正，除非读入的纸样确实有偏差。

2. 按键设置

鼠标单击【按键】选择框右侧的下拉按钮，先选择“1”键，【功能】选择框中会自动出现该键的功能，如果希望该键执行其他功能，则打开【功能】选择框中的下拉菜单，选择一种功能即可。【按键】选择框中定义了 16 个键，【功能】选择框则有与之相对应的 16 项功能。如果不想修改软件的默认设置，只需将【选择缺省的按键功能设置】选项勾选即可，建议采用这种方式。通常情况下只需设置这两项即可。单击【确定】按钮，完成设置。

系统缺省的按键功能设置如图 7—7 所示。

0 按键…圆
1 按键…放码转折点
2 按键…闭合 / 完成
3 按键…剪口点
4 按键…非放码曲线点
5 按键…省褶
6 按键…钻孔点
7 按键…放码曲线点
8 按键…无定义
9 按键…眼位
A 按键…非放码转折点
B 按键…读新纸样
C 按键…撤销
D 按键…布纹线
E 按键…放码
F 按键…切换读图模式

图 7—7 缺省按键功能设置图

3. 菜单设置

（1）将电脑与 A4 打印机连接好。

（2）在【数化板设置】对话框中单击【打印菜单】按钮，会打印出一张菜单，如图 7—8 所示。

边线	开口辅助线	闭合辅助线	内边线	数化板放码	V形省	内V形省	菱形省
锥形省	内锥形省	明刀褶	暗刀褶	明工字褶	暗工字褶	顺倒向	逆倒向
T	V	U	I	Box	读新纸样	重读纸样	结束读样
0	1	2	3	4	5	6	7
8	9	A	B	C	D	E	F
G	H	I	J	K	L	M	N
O	P	Q	R	S	T	U	V
W	X	Y	Z	+	–	*	/
~	!	@	#	$	%	&	空格键
(	)	,	"	|	,	.	回车键
纸样名	布料名	份数	左片	右片	纸样说明	纸样代码	客户名
款式名	定单号	款式简述	大写字母	小写字母	文字串		
前幅	后幅	袖	领	门襟	担干	机头	袋盖
前中	后中	大袖	上级领	里襟	前担干	前机头	前袋
前侧	后侧	小袖	下级领	挂面	后担干	后机头	后袋
前腰头	后腰头	腰头	袢	袖衩	介英	贴	袋布
面	里	朴	衬布	撞色	实样		

图 7—8　读图菜单

（3）用剪刀将打印出来的菜单剪下，粘贴在读图板读图区域的左上角。

（4）鼠标单击设计与放码系统【快捷工具栏】上的【读纸样】工具，弹出【读纸样】对话框，如图 7—9 所示。

（5）鼠标单击【设置菜单】按钮，弹出【盈瑞恒设计与放码 CAD 系统】对话框，如图 7—10 所示，单击【是】按钮，然后在读图板上用游标在贴上的菜单的左上角、左下角及右下角依次按 ① 键，【读纸样】对话框工作区域的左上角会出现灰色矩形框，如图 7—11 所示，菜单设置完成。

二、数字化仪输入说明

1. 游标的使用方法

在确保数字化仪正常工作（指示灯亮）并与计算机有效连接，【读纸样】对话框打开的情况下，将游标定位器的“+”字准星与需要输入的点对齐，按下按键进行输入。

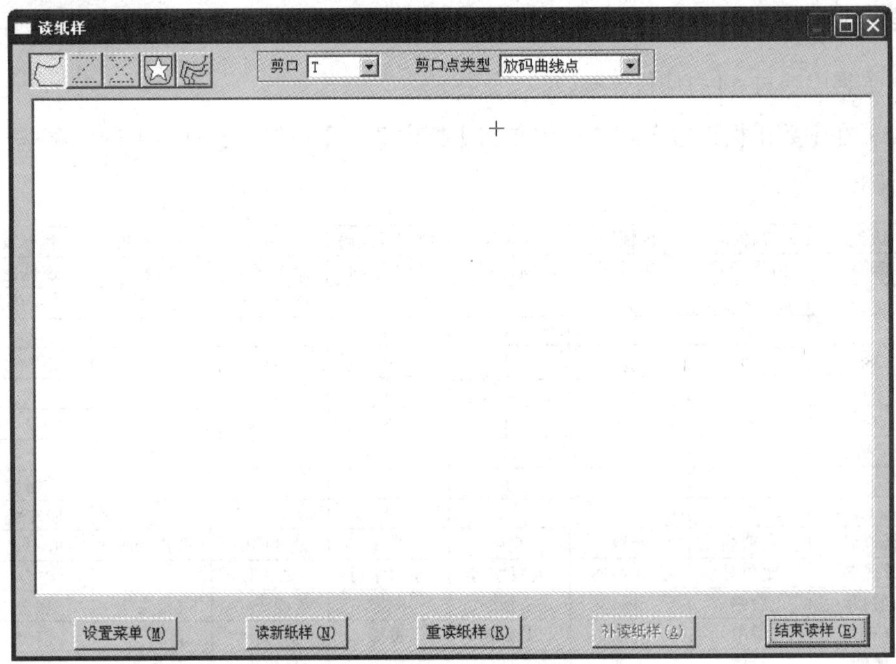

图 7—9 【读纸样】对话框

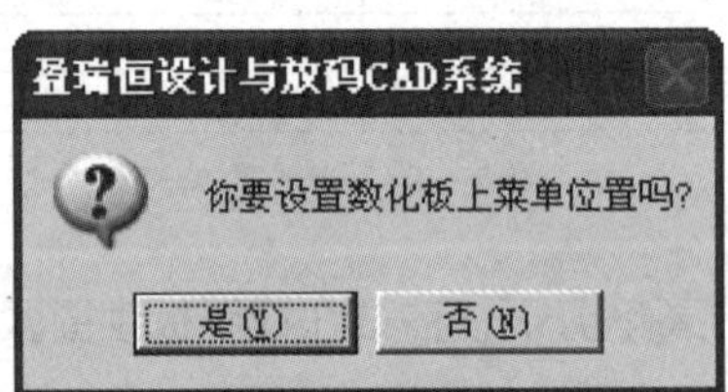

图 7—10 【盈瑞恒设计与放码 CAD 系统】对话框

图 7—11 【读纸样】对话框出现灰色矩形框

2. 纸样的输入方法

（1）输入布纹线——在布纹线的起点与终点按 D 键。

（2）直线——在直线的起点和终点按 1 键。

（3）连续直线——按 1 键指示各点。

（4）曲线——按①键或Ⓐ键，指示曲线端点；按④键或⑦键，依次指示曲线上中间各点；按①键或Ⓐ键，指示曲线终点。

（5）输入剪口——剪口可依附在放码转折点、放码曲线点、非放码转折点和非放码曲线点上，读图时先按①、⑦、Ⓐ或④键，之后再按③键即可；也可以单独读入，但必须在轮廓线输入结束后才可以。

（6）输入外轮廓线——按下【读纸样】对话框中的【读轮廓线】工具按钮，放码转折点按①键，非放码曲线点按④键，最后按②键结束。

（7）输入开口辅助线——按下【读纸样】对话框中的【读不闭合的纸样辅助线】工具按钮，或按Ⓕ键选中按钮，按照与读轮廓线相同的方法读入，最后按②键结束。

（8）输入闭合辅助线——按下【读纸样】对话框中的【读闭合的纸样辅助线】工具按钮，或按Ⓕ键选中按钮，按照与读轮廓线相同的方法读入，最后按②键结束。

（9）输入内边线——按下【读纸样】对话框中的【读内边线】工具按钮，或按Ⓕ键选中按钮，按照与读轮廓线相同的方法读入，最后按②键结束。

四种线型读入效果如图7—12所示。

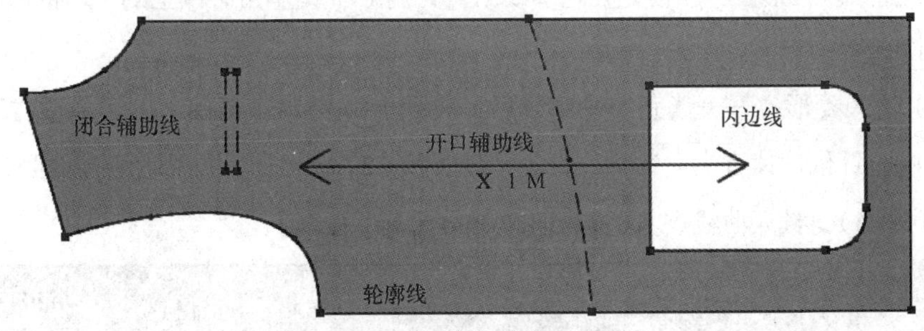

图7—12　四种线型读入效果图

（10）输入放码网状图——先将基础码衣片外轮廓线输入完毕，然后在【读纸样】对话框中按下【读放码网状图】工具按钮，或按Ⓕ键选中按钮，用游标键①输入基码纸样的某一放码点，再用Ⓕ键按从小到大的顺序读入与该点相对应的其他各码的点，基码除外，直到各点全部读入，最后按②键结束。

（11）输入V形省——读边线读到V形省时，先用①键单击菜单上的“V形省”（软件默认为V形省，如果没读其他省而读此省时，就不需要在菜单上进行选择），再按⑤键依次读入省口起点、省尖点、省口终点。如果省线是曲线，在读省口起点后按④键读入曲线点。由于省是对称的，读弧线省时，用④键读一边就可以了，具体如图7—13所示。

（12）输入锥形省——读边线读到锥形省时，先用①键单击菜单上的“锥形省”，再按⑤键依次读入省口起点、省腰、省尖、省口终点。如果省线是曲线，在读省口起点后按④键读入曲线点。由于省是对称的，读弧线省时，用④键读一边就可以了，具体如图7—13所示。

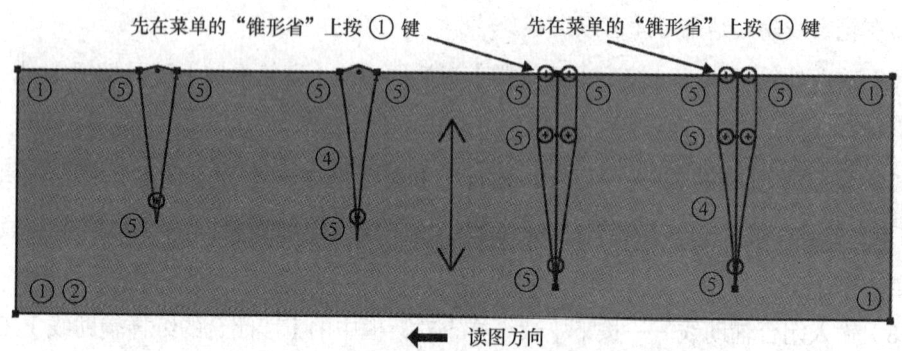

图7—13 输入V形省和锥形省示意图

（13）输入内V形省——读完外轮廓线后，先用①键单击菜单上的“内V形省”，再读操作同V形省。

（14）输入内锥形省——读完外轮廓线后，先用①键单击菜单上的“内锥形省”，再读操作同锥形省。

（15）输入菱形省——读完外轮廓线后，先用①键单击菜单上的“菱形省”，再按⑤键，顺时针依次读省尖、省腰、省尖，最后按②键闭合。如果省线是曲线，在读入省尖后可按④键读入曲线点。具体如图7—14所示。

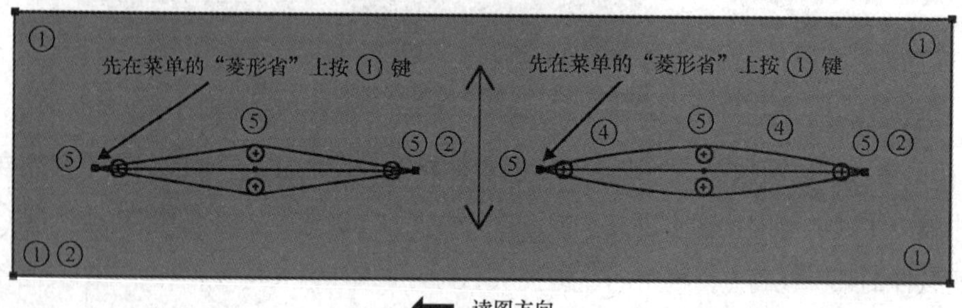

读图方向

图7—14 输入菱形省示意图

（16）输入褶——读边线读到褶时，先用①键单击菜单上的“褶”（包括明刀褶、暗刀褶、明工字褶和暗工字褶4种，其读图的操作方法完全相同），再按⑤键，顺时针依次读入褶底、褶深。具体如图7—15所示。

（17）输入扣眼——轮廓线完成之前或之后，按⑨键输入扣眼的两个端点。

（18）输入钻孔——轮廓线完成之前或之后，在孔心位置按⑥键。

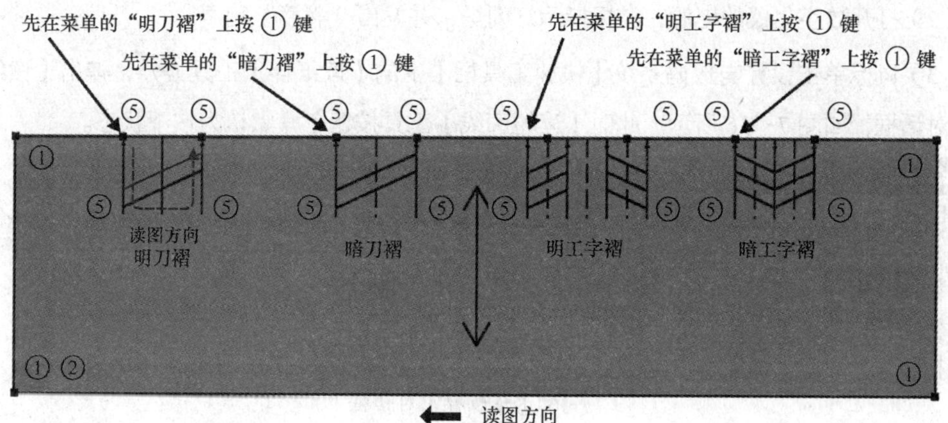

图 7—15　输入褶示意图

（19）输入圆——轮廓线完成之前或之后，按 ⓪ 键在圆周上定 3 个点。

（20）消除——当纸样读入错误时，按 Ⓒ 键依次向前返回，可多次撤销，一直到头。

（21）纸样闭合——读轮廓线时，按 ② 键，闭合纸样，完成一块纸样轮廓的输入。

（22）结束读内线——读内线时，按 ② 键，内线读入结束，可进行下一条内线的读入。

（23）重读纸样——如果前一块纸样输入有误，单击【重读纸样】按钮，将这一纸样重新读一遍。

（24）读下一块纸样——一块纸样读完后，按 Ⓑ 键，或单击【读新纸样】按钮，读下一块纸样。

（25）结束——所有纸样读完后，单击【结束读样】按钮，结束数字化仪输入。

操作提示

（1）在用数字化仪输入纸样时，建议先关闭其他应用程序。

（2）曲度小的曲线，输入时点距要大；曲度大的曲线，输入时点距要小。

三、纸样输入具体操作实例

1. 基本纸样输入

（1）用胶带把准备好的纸样贴在数字化仪的面板上（如果是带塑料盖板的，纸样放好后，盖下盖板即可，不需要用胶带贴），纸样可以以任何方向放置，但必须放在指定的读图区域内。

（2）打开数字化仪的电源，游标指示灯闪烁，并发出“滴滴”响声。

（3）鼠标单击设计与放码系统【快捷工具栏】上的【读纸样】工具，弹出【读纸样】对话框，如图 7—16 所示。此时【读轮廓线】工具按钮默认为按下状态。

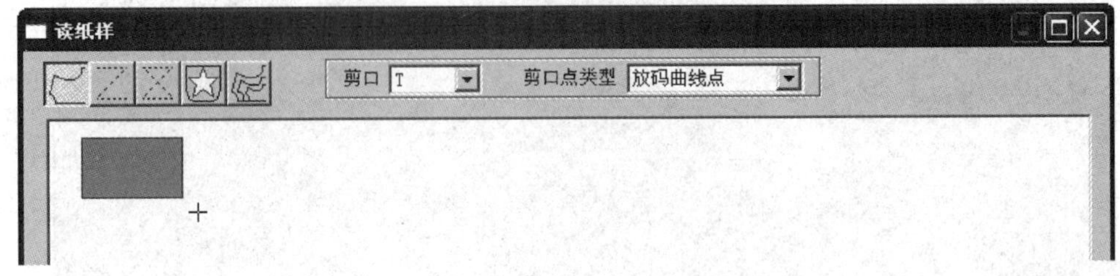

图 7—16 【读纸样】对话框

（4）在对话框中选择剪口类型（软件默认是“T”型剪口）和剪口点类型，然后开始读图。

操作提示

（1）【读纸样】对话框中有 5 个工具按钮，分别控制 5 种不同的读图模式：工具按钮按下表示读轮廓线；工具按钮按下表示读不闭合的纸样辅助线；工具按钮按下表示读闭合的纸样辅助线；工具按钮按下表示读内边线；工具按钮按下表示读放码网状图。

（2）5 种读图模式用 Ⓕ 键切换。

（5）先读纸样的外轮廓，将游标的十字准星对齐需要输入的轮廓线上的点，按照顺时针顺序依次读入。读图时，建议先从放码转折点开始，具体过程如图 7—17 所示。

1）图 7—17 所示的纸样的轮廓线上共设置了 30 个读入点，并按照顺时针读图的先后顺序依次编号。读图时先从 1 号点开始，在该点上按下游标的 ① 键，移动游标到 2 号点按下 ④ 键，然后移动游标到 3 号点按下 ⑦ 键……一直移动游标到 30 号点上先按 ④ 键，再按 ② 键，外轮廓线读入完成。

2）在图 7—17 中，1、10、16、21、24、25、27、28 号点都为放码转折点，按 ① 键；2、4、5、9、11、12、13、15、22、23、29、30 号点都为非放码曲线点，按 ④ 键，其中 13 号点上打了剪口，按 ④ 键后，还要再按 ③ 键；3、14 号点都为放码曲线点，按 ⑦ 键；26 号点为非放码转折点，按 Ⓐ 键。

3）6、7、8、17、18、19、20 号点是省褶点，按 ⑤ 键。其中，在读 17 号点之前，要先用 ① 键单击菜单上的“明刀褶”。

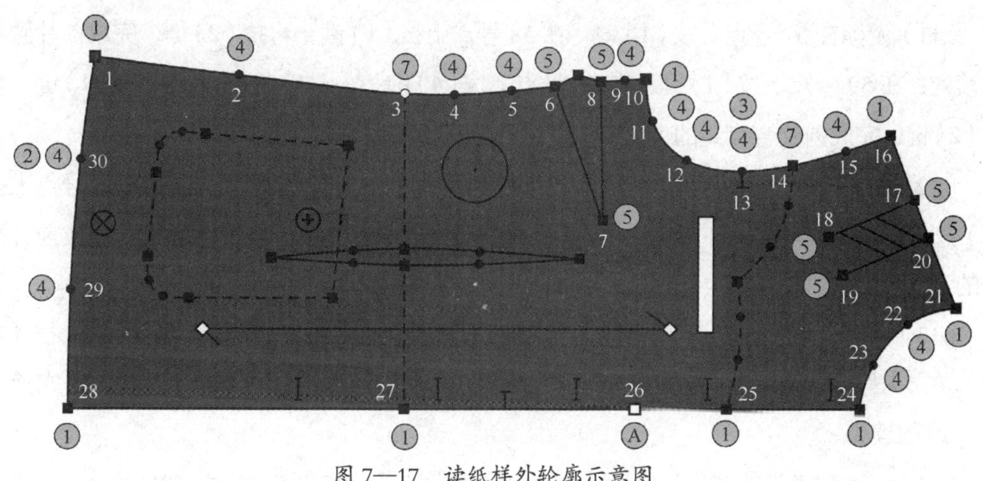

图 7—17　读纸样外轮廓示意图

4）3、14 号点为多性质的点，可以是放码转折点，按①键，也可以是放码曲线点，按⑦键，要视这几点的性质而定。

（6）之后在 31、32 号点上按Ⓓ键，读入布纹线；在 33 号点上按③键，读入前中线上的剪口。

（7）然后读入前门襟的扣眼位置，依次在 34、35、36、37、38、39、40、41、42、43 号点上按⑨键。

（8）接下来读入钻孔和纽扣位，在 44、45 号点上按⑥键，在 46、47、48 号点上按⓪键。

（9）在 49、50、51 号点上按⓪键，读入圆。

（10）先用①键单击菜单上的“菱形省”，然后在 52、53、54、55、56 号点上依次按⑤④⑤④⑤键，最后按②键，系统会自动完成菱形省的输入。

（6）～（10）步的操作如图 7—18 所示。

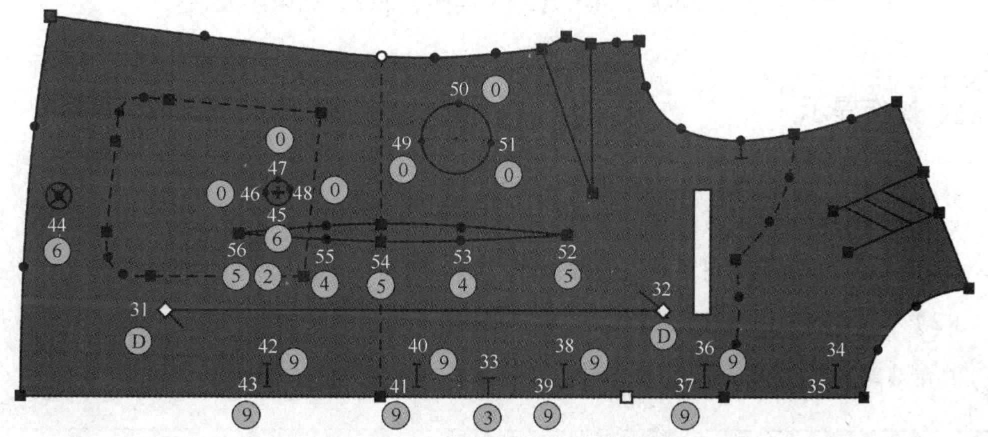

图 7—18　读布纹线、扣眼、钻孔、纽扣位和菱形省示意图

（11）游标在 57 号点上按①键，在 58 号点上按①键，再按②键，完成前片腰线的读入；在 59 号点上按①键，在 60 号点上按④键……最后在 65 号点上按①键，再按②键，完成前片育克线的读入。

（12）按Ⓕ键，切换到【读闭合的纸样辅助线】工具按钮 。游标在 66 号点上按①键，在 67 号点上按①键……最后在 75 号点上按①键，再按②键，完成前片贴袋的读入。

（13）按Ⓕ键，切换到【读内边线】工具按钮 。游标在 76 号点上按①键，在 77 号点上按①键……最后在 79 号点上按①键，再按②键，完成前片内边线的读入。

（11）～（13）步的操作如图 7—19 所示。至此，第一块纸样的读入操作完成。

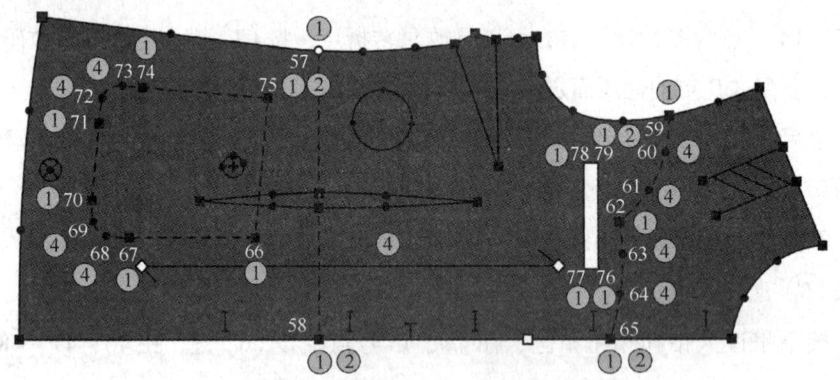

图 7—19　读开口辅助线、闭合辅助线和内边线示意图

（14）按Ⓑ键，或单击【读纸样】对话框中的【读新纸样】按钮，同样的方法，进行第二块纸样的读入，完成后再单击【读新纸样】按钮，读第三块纸样……直到所有纸样都读完。

（15）所有纸样都输入完成后，单击【结束读样】按钮，结束读板。

操作提示

（1）读纸样时，建议首先读轮廓线，之后再读其他的内容如剪口、布纹线、纽扣、辅助线等，这些内容在读的时候没有先后顺序。

（2）要充分利用粘贴在读图板上的菜单表。菜单表上列出的，需要读入时，只要先用①键在菜单上单击将其选中，之后读入即可。

2. 网状图输入

（1）将各码纸样按从小到大的顺序，以某一边为基准，整齐地交叠在一起，并将之固定在数字化仪面板上。

（2）选中设计与放码系统中【号型】菜单下的【号型编辑】命令，在弹出的【设置号型规格表】对话框中对纸样的号型进行编辑，要求编辑的号型数量与读入的放码网状图的号型数量一致。

（3）按读图的规则先读入基码纸样，然后在【读纸样】对话框中按下【读放码网状图】工具按钮 ，或使用 Ⓕ 键切换。

（4）按 ① 键输入基码纸样的某一放码点，再用 Ⓔ 键按从小到大的顺序读入与该点相对应的其他各码的点，基码除外。参照此法，输入各码其他放码点，直到最后一点设置完成，如图 7—20 所示，最后按 ② 键。

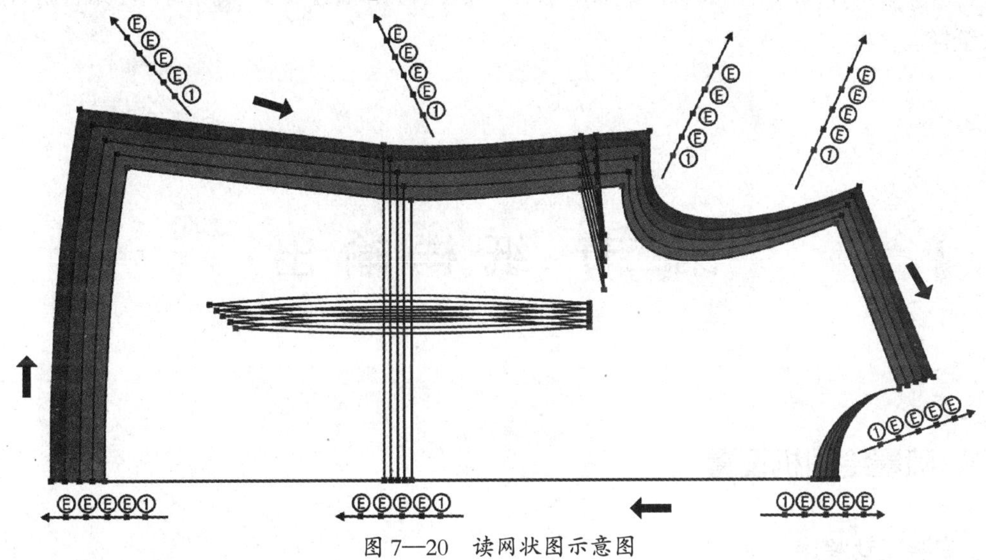

图 7—20　读网状图示意图

（5）单击【结束读样】按钮，纸样进入【衣片列表框】。

（6）鼠标单击选中纸样，纸样以网状图的形式出现在工作区。

（7）打开【点放码表】，选中纸样的放码点，放码表中可显示该点的放码量。

操作提示

（1）图 7—20 所示灰色点为基础码的轮廓点，读图时按 ① 键，黑色点为各码的放码网格点，读图时按Ⓔ键，整个一组点的读入键顺序是由内向外①ⒺⒺⒺⒺ。

（2）如果基码不是最小码，则基码读图完成并切换到读放码网状图模式后，依然是先在基码的放码点按①键，之后与基码放码点对应的其他各点的读入键顺序由小到大依次是ⒺⒺⒺⒺ（假设有5个码）。

3. 超大范围纸样输入

当纸样太大，超过数字化仪的读图范围时，可采用以下步骤将纸样输入：

（1）在纸样上画临时分割线，把大纸样分割成几个小纸样。在每个小纸样上画上与大纸样相同的纱向。

（2）按读图规则分别将各小纸样读入。

（3）各纸样输入后，在设计与放码系统中用【合并纸样】工具将各小纸样拼合成大纸样。

第二节 纸样输出

一、喷墨绘图机设置

1. 安装驱动程序

（1）在确保绘图机与电脑正确连接并准备就绪、软件正确安装的情况下，打开驱动程序所在的文件夹，将文件全部选中，如图7—21所示。

（2）按【Ctrl+C】键，复制文件。之后找到软件安装的根目录，按【Ctrl+V】键粘贴文件，驱动程序安装完成。

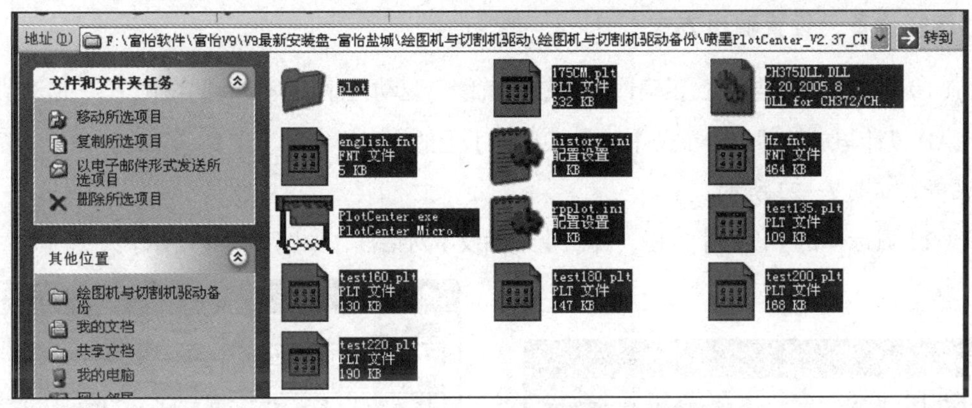

图 7—21　选中全部文件

操作提示

本教材在操作时，电脑连接了两个输出设备，一个是 RP MJ Plotter 喷墨绘图机，一个是 RP TM Cutting Plotter 切绘图一体机，它们所采用的驱动程序不一样。为了避免程序覆盖和输出方便，需将两个设备的驱动程序放在不同的文件夹中，并在【绘图仪】对话框中设定不同设备对应的工作目录，如图 7—22 所示。

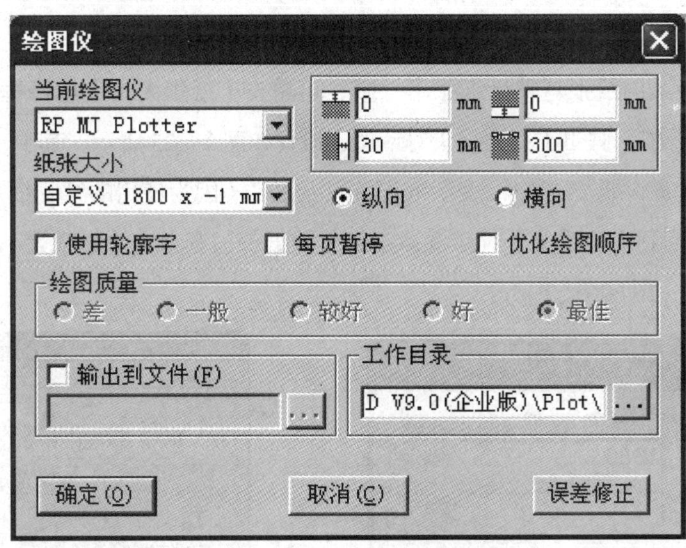

图 7—22 【绘图仪】对话框

2. 选择设备、设置输出方式

（1）确保绘图机与电脑正确连接并准备就绪、驱动程序正确安装的情况下，在富怡服装CAD设计与放码系统中单击【快捷工具栏】上的【纸样绘图】工具，弹出【绘图】对话框，如图7—23所示。

（2）鼠标单击【设置】按钮，弹出【绘图仪】对话框，如图7—24所示。

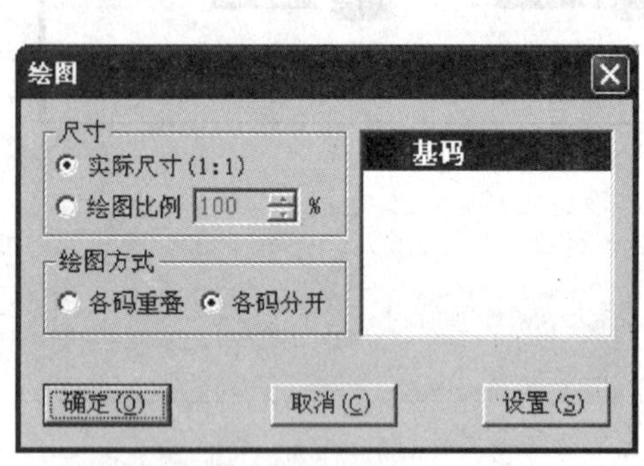
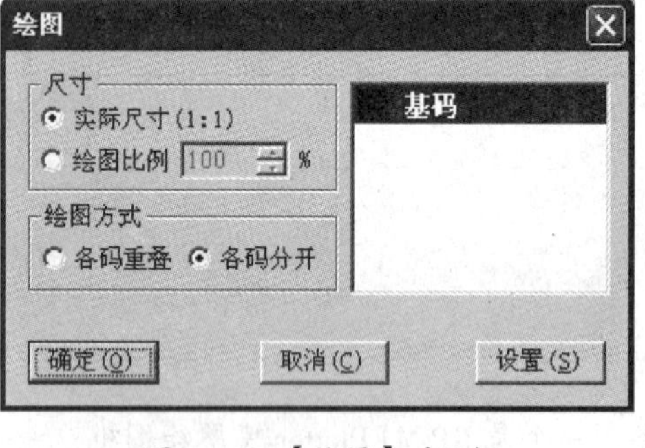

图7—23 【绘图】对话框

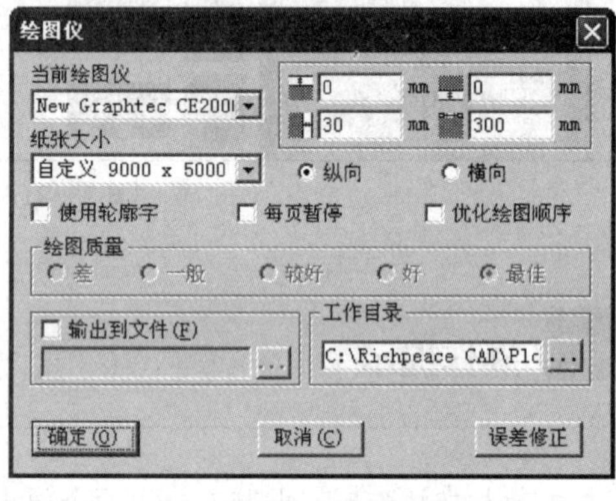

图7—24 【绘图仪】对话框

（3）在对话框中根据绘图要求确定是否勾选【使用轮廓字】和【每页暂停】。【优化绘图顺序】选项勾选后，可以选择绘图质量的等级。

（4）鼠标单击【当前绘图仪】选择框右侧的下拉按钮，选择“RP MJ Plotter”绘图机，【纸张大小】选择框中会自动显示与之匹配的纸张类型。

（5）如果装入的纸张与默认纸张不一致，可单击【纸张大小】选择框右侧的下拉按钮，选择“自定义”，弹出【页大小】对话框，设置如图7—25所示。其中，纸宽“1 800”是实际装入的纸宽，纸长“－1”表示纸长可以无限长（因为使用的绘图纸是卷纸）。单击【确定】按钮，回到【绘图仪】对话框，自定义的纸长、宽会在【纸张大小】选择框中显示出来，如图7—26所示。

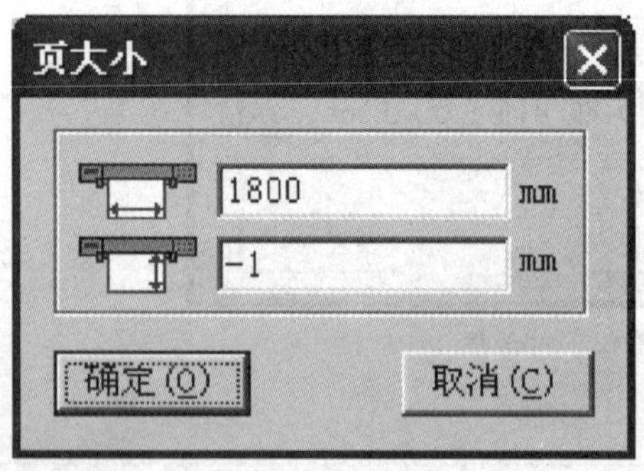

图7—25 【页大小】对话框

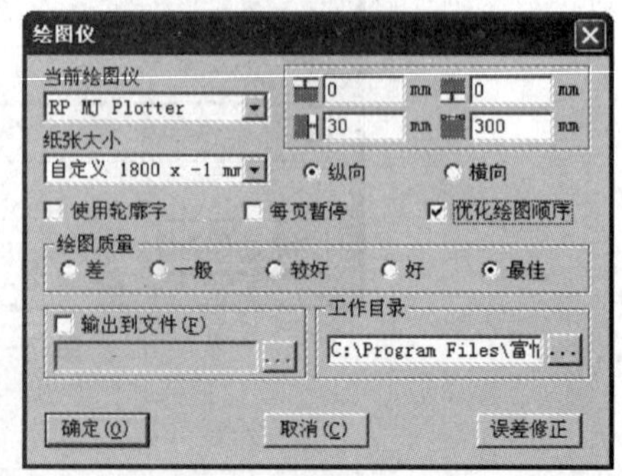

图7—26 【绘图仪】对话框

（6）如果鼠标单击【绘图仪】对话框中【工作目录】右侧的 ... 按钮，弹出【选择绘图工作目录】对话框，如图 7—27 所示。

（7）鼠标单击 C 盘前面的目录展开按钮，按照“C:\Program Files\ 富怡服装 CAD V9.0（企业版）\Plot”路径找到驱动程序所在的文件夹，如图 7—28 所示，单击【确定】按钮，回到【绘图仪】对话框，完成绘图仪工作路径的设定。

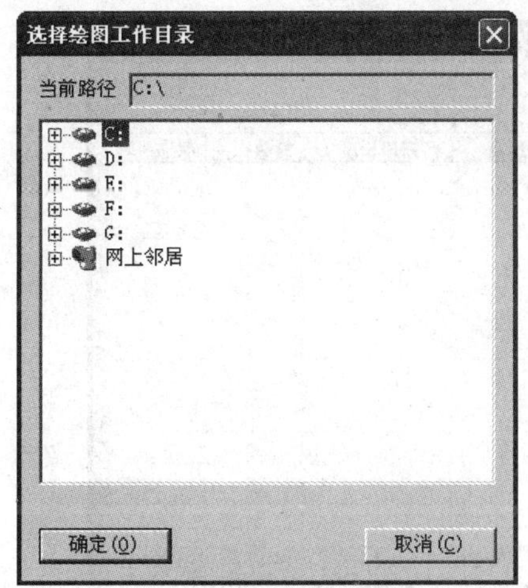

图 7—27 【选择绘图工作目录】对话框

图 7—28 找到驱动程序所在的文件夹

（8）如果将【输出到文件】复选框选中，再单击 ... 按钮，会弹出【输出文件名】对话框，如图 7—29 所示。可将文件只以“plt”格式保存，但不输出。“plt”格式文件可以在任何一台绘图机上输出。

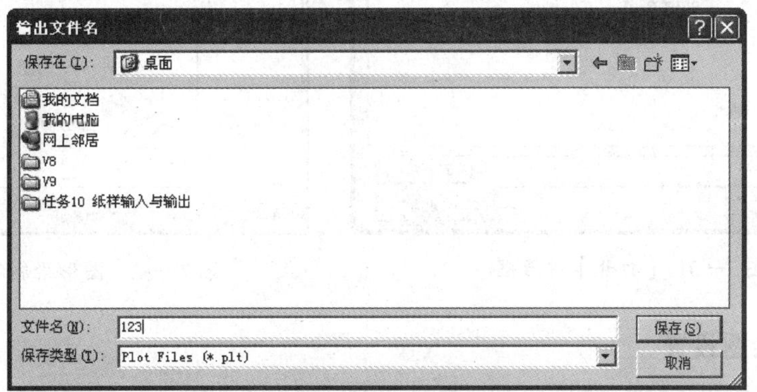

图 7—29 【输出文件名】对话框

（9）“plt”格式文件保存后，回到【绘图仪】对话框，单击【确定】按钮，回到【绘图】对话框，单击【确定】按钮，关闭【绘图】对话框即可。

（10）如果需要将保存的“plt”格式文件输出，可在软件安装的根目录下找到可执行文件 PlotCenter.exe，双击该图标即可打开【新喷墨绘图中心（V2.37）】对话框，如图 7—30 所示。选择【文件】菜单下的【打开】命令，弹出【打开】对话框，如图 7—31 所示。

（11）将保存的“plt”格式文件选中，单击【打开】按钮，弹出【图形绘制】对话框，如图 7—32 所示，输入份数，单击【绘制】按钮，即可进行绘图输出（前提是绘图机已经完成连接设置）。

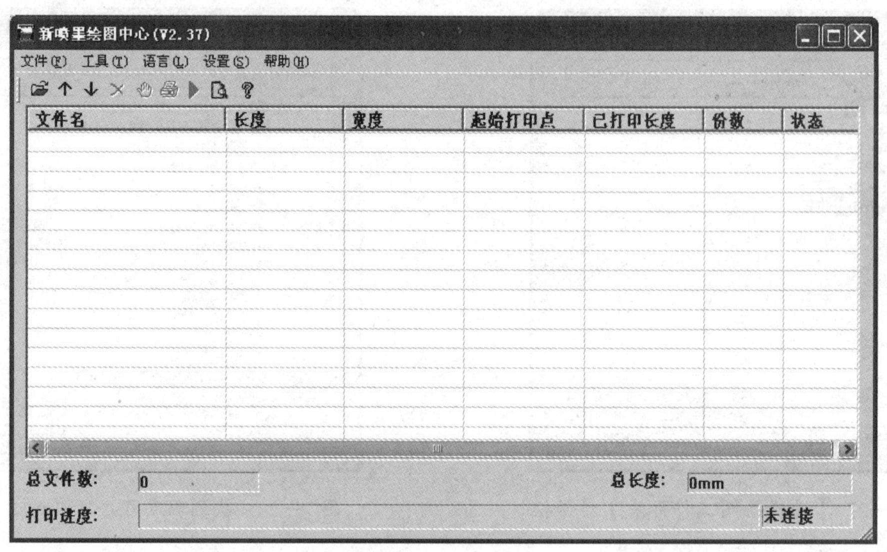

图 7—30 【新喷墨绘图中心（V2.37）】对话框

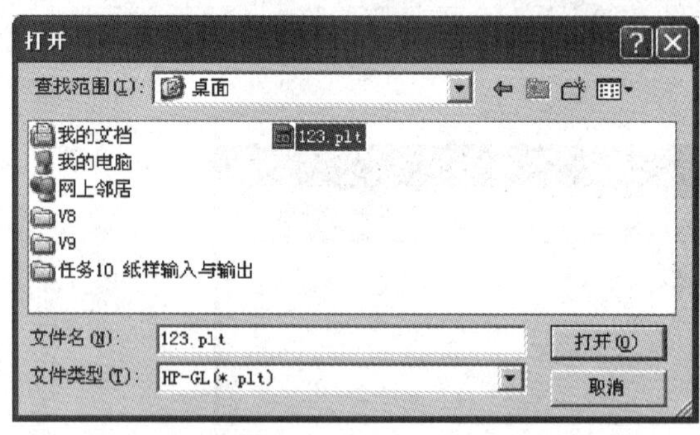

图 7—31 【打开】对话框

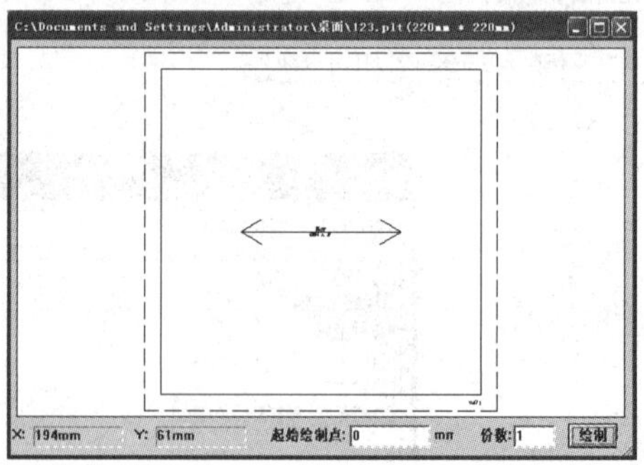

图 7—32 图形绘制对话框

3. 端口与绘图设置

（1）在【新喷墨绘图中心（V2.37）】对话框中选中【设置】菜单下【通信设置】中的 USB 选项，选定绘图机的连接端口，如图 7—33 所示。

（2）选中【文件】菜单下的【建立连接】命令，将绘图机与电脑接通，如图 7—34 所示。

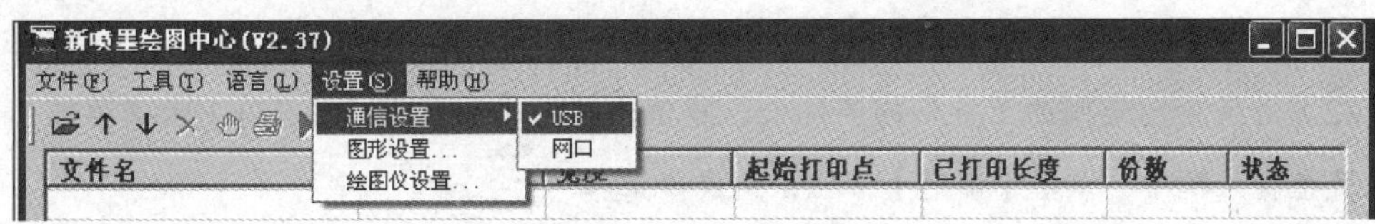

图 7—33　选择 USB 端口

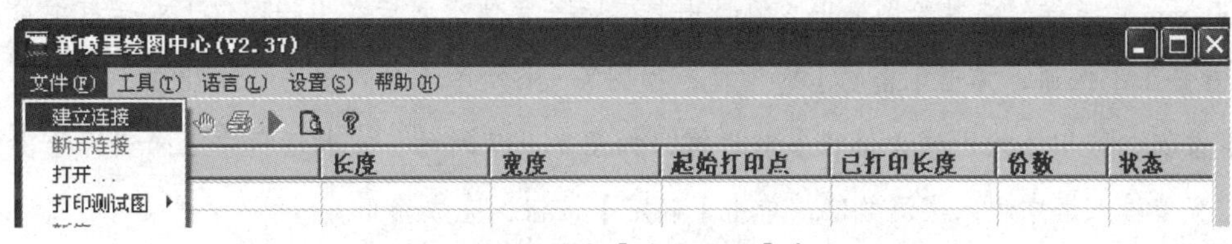

图 7—34　选中【建立连接】命令

（3）选中【设置】菜单下的【图形设置】命令，弹出【图形设置】对话框，可在对话框中进行纸张宽度、边界及对位间距的设置。

（4）选中【设置】菜单下的【绘图仪设置】命令，弹出【绘图仪设置】对话框，如图 7—35 所示，可在对话框中进行打印模式和喷头的选择，还可进行各种误差修正，具体操作方法参见该设备使用手册。

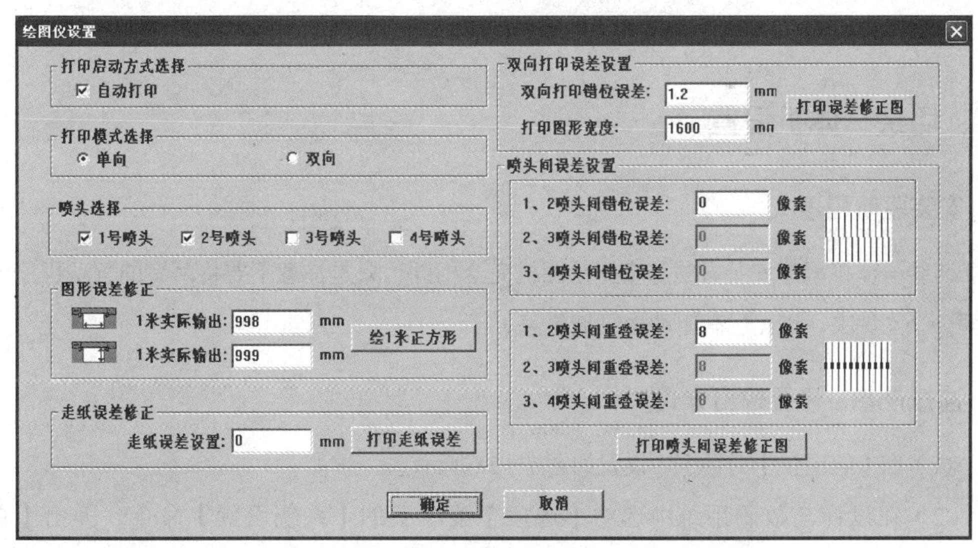

图 7—35　【绘图仪设置】对话框

操作提示

绘图机第一次绘图前，一定要在【绘图仪设置】对话框中进行各种误差的修正。其中图形误差修正的方法是：

（1）单击【绘 1 米正方形】按钮，绘图机绘出一个正方形。

（2）用尺量出绘制的正方形的实际长、宽值，填入【图形误差修正】1 米实际输出的长、宽值输入框中，单击【确定】按钮，完成修正。

（3）在实际出图过程中，如果还存在绘图误差，可在系统中先绘制一个 1 000 mm × 1 000 mm 的纸样，将其绘图输出，测量出其实际长宽值，之后在【绘图仪】对话框中单击【误差修正】按钮，弹出【密码】对话框，如图 7—36 所示。输入密码“56789”，单击【确定】按钮，弹出【绘图误差修正】对话框，如图 7—37 所示。在对话框中 1 米实际绘出的长、宽值输入框中填入实测数值，单击【确定】按钮，完成修正。

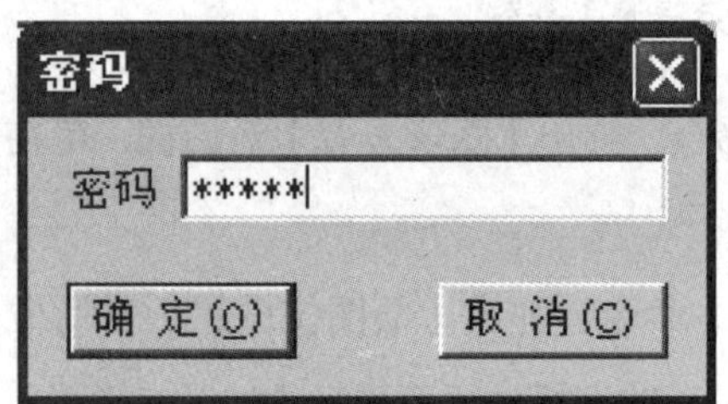

图 7—36 【密码】对话框

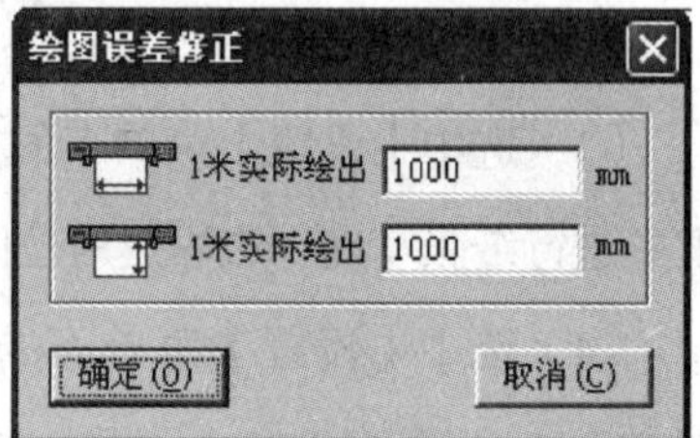

图 7—37 【绘图误差修正】对话框

二、切绘一体机设置

1. 安装驱动程序

切绘一体机程序安装方法与喷墨绘图机完全相同，只是注意不要将两者的驱动程序放在同一个文件夹，以免已有驱动程序被覆盖。

2. 选择设备、设置输出方式

（1）在【绘图仪】对话框中设置如图 7—38 所示。

（2）在设计与放码系统中选中【选项】菜单下的【系统设置】命令，弹出【系统设置】对话框，选中【绘图】选项卡，勾选【切割轮廓线】命令，如图 7—39 所示。

（3）如果是在排料系统中，则应选中【选项】菜单下的【参数设定】命令，弹出【参数设定】对话框，如图 7—40 所示，选中【绘图打印】选项卡，按输出要求进行相关设置即可。

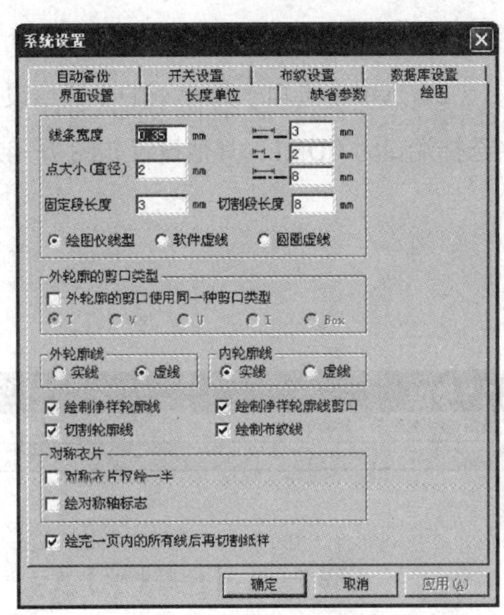

图 7—38　在【绘图仪】对话框中进行设置

图 7—39　勾选【切割轮廓线】命令

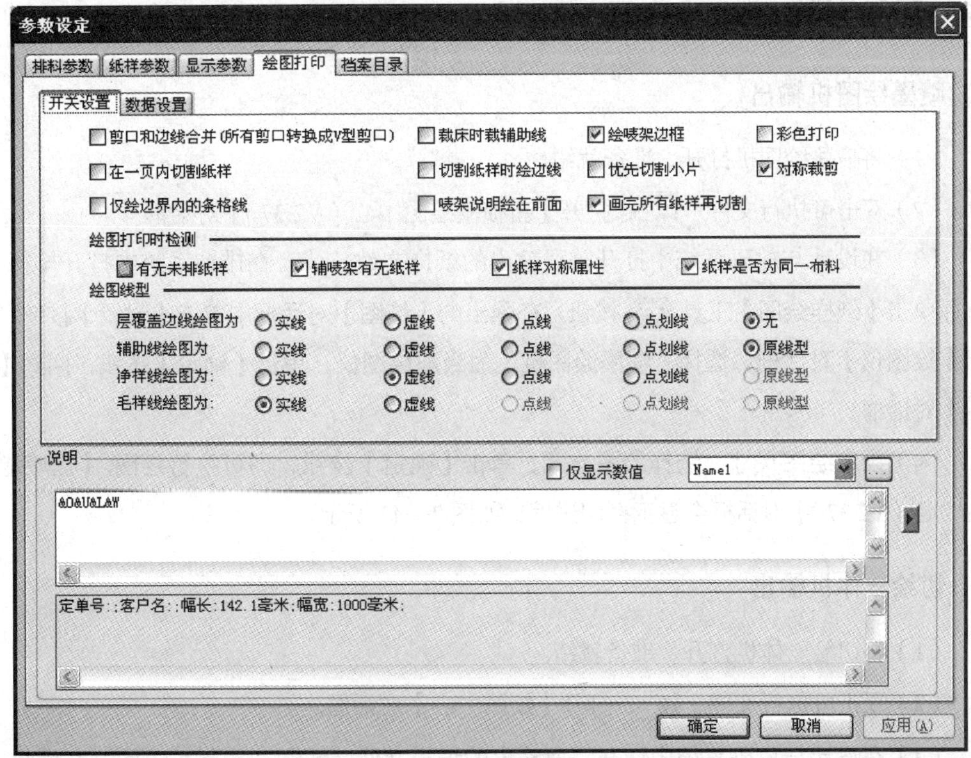

图 7—40　【参数设定】对话框

3. 通信设置

（1）在程序安装目录下找到可执行文件 PlotCenter.exe，双击该图标即可打开【绘图中心】对话框，如图 7—41 所示。

（2）选中【选项】菜单下的【通信设置】命令，弹出【通信设置】对话框，在对话框中选择端口为 COM1，其他设置如图 7—42 所示，单击【确定】按钮即可。

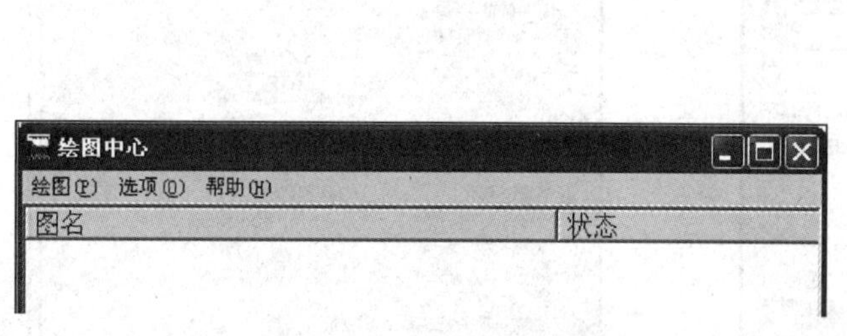

图 7—41 【绘图中心】对话框

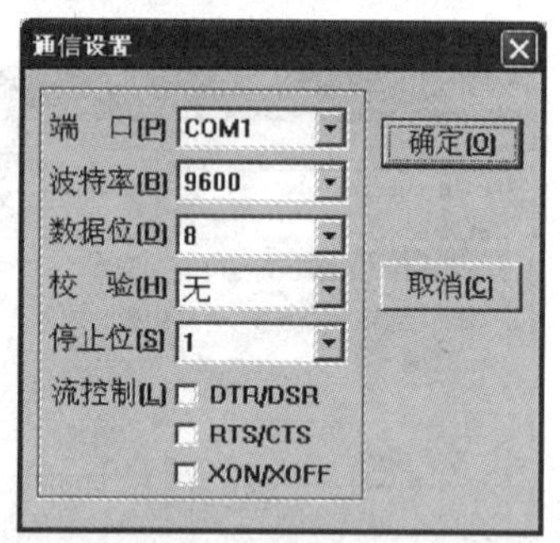

图 7—42 【通信设置】对话框

三、纸样绘图

1. 喷墨绘图机输出

（1）将喷墨绘图机打开，准备就绪。

（2）双击可执行文件 PlotCenter.exe，打开【新喷墨绘图中心（V2.37）】对话框。

（3）在设计与放码系统中打开需要输出的纸样文件，或者在排料系统中打开排料图，鼠标单击【纸样绘图】工具按钮，在弹出的【绘图】对话框中单击【设置】按钮，弹出【绘图仪】对话框，选择“喷墨绘图机”为当前绘图仪，单击【确定】按钮，回到【绘图】对话框。

（4）设定绘图尺寸，选择绘图方式，单击【确定】按钮，即可执行绘图。【新喷墨绘图中心（V2.37）】对话框会显示打印进度，如图 7—43 所示。

2. 切绘一体机输出

（1）将切绘一体机打开，准备就绪。

（2）双击可执行文件 PlotCenter.exe，打开【绘图中心】对话框。

（3）在设计与放码系统中打开需要输出的纸样文件，或者在排料系统中打开排料图，鼠标单击【纸样绘图】工具按钮，在弹出的【绘图】对话框中单击【设置】按钮，弹出【绘图仪】对话框，选择“切绘一体机”为当前绘图仪，单击【确定】按钮，回到【绘图】对话框。

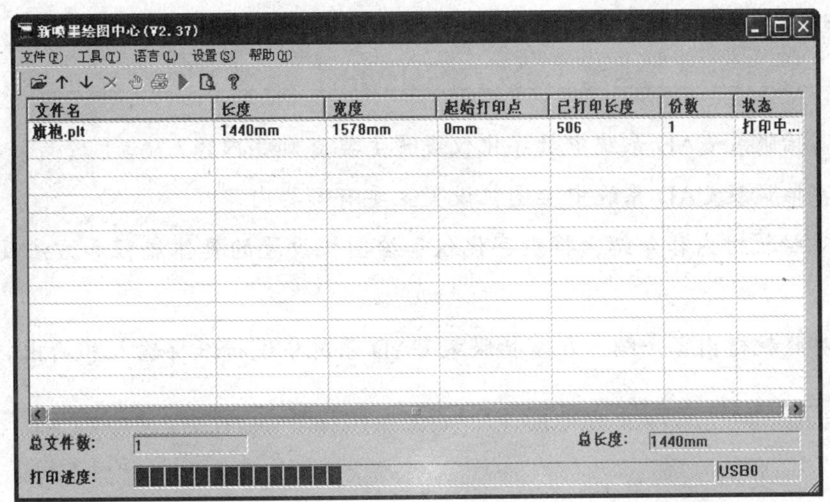

图 7—43 【新喷墨绘图中心（V2.37）】对话框中显示打印进度

（4）设定绘图尺寸，选择绘图方式，单击【确定】按钮，【绘图中心】窗口显示数据传输进度，如图 7—44 所示，数据传输完成即执行绘图。

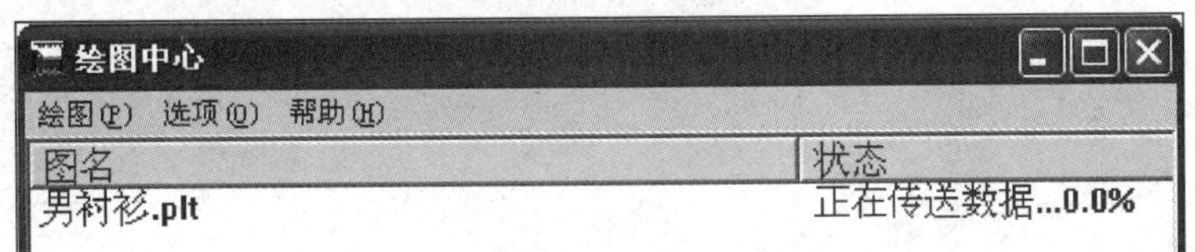

图 7—44 【绘图中心】窗口显示数据传输进度

操作提示

（1）在切换喷墨绘图机和切绘一体机输出纸样或排料图时，需要重新启动电脑。

（2）【绘图中心】和【新喷墨绘图中心（V2.37）】可以打开“plt”格式的文件，将其输出。富怡服装 CAD 系统的【绘图中心】是一个相对独立的模块，只要是 plt 格式的文件，都可以在该中心输出。

本章小结

本章主要介绍了富怡服装 CAD 系统中纸样输入、输出的具体流程和方法，重点是数字化仪和绘图机的设置，难点是用数字化仪进行纸样输入，学习的关键在于加强实践。

思考与练习

1. 富怡服装CAD系统中数字化仪设置主要有哪些内容？

2. 富怡服装CAD系统中绘图机设置主要有哪些内容？

3. 对照教材内容介绍，将数字化仪和绘图机设置的具体流程和方法反复练习3遍。

4. 对照教材内容介绍，在富怡服装CAD系统中进行纸样输入和输出。

参 考 文 献

[1] 鲍卫君，张芬芬．服装裁剪实用手册（袖型篇）[M]．上海：东华大学出版社，2005.

[2] 胡迪·利普森，梅尔芭·库曼．3D 打印：从想象到现实 [M]．赛迪研究院专家组，译．北京：中信出版社，2013.